机网次同步扭振抑制机理
与工程实践

宋　畅　武云生　王　坤
孙海顺　卓　华　李延兵 等 编著

科 学 出 版 社
北 京

内 容 简 介

本书系统论述了电力系统机网次同步扭振抑制机理与工程应用技术。在实际的多机并列运行的复杂电力送出系统中，侧重介绍发电厂侧接入FACTS型装置以抑制机组轴系次同步扭振的原理、实用技术及最新发展。全书共16章，主要论述了以下四个方面的内容：机网耦合次同步扭振的建模与计算，包括机组实际复杂结构轴系的等值简化建模方法；机组轴系S-N曲线与暂态扭矩下机组轴系寿命损失计算和分析，TSR整定值与监测系统设计；基于FACTS型装置构建的SSO抑制装置原理、控制策略、参数设计及现场调试技术；SSO抑制装置在各种复杂机网次同步扭振中的选型、系统设计及应用技术。

本书可供电力系统运行规划设计及热力发电装备相关人员或 FACTS型装置设计制造人员参考，也可作为高等院校电力、动力专业对次同步扭振抑制问题感兴趣的高年级学生及研究人员的参考资料。

图书在版编目（CIP）数据

机网次同步扭振抑制机理与工程实践 / 宋畅等编著. —北京：科学出版社，2021.12

　ISBN 978-7-03-070384-2

　Ⅰ. ①机… Ⅱ. ①宋… Ⅲ. ①电力系统-扭转振动-振动控制-研究 Ⅳ. ①TM7

中国版本图书馆 CIP 数据核字（2021）第 222350 号

责任编辑：吴凡洁　王楠楠 / 责任校对：彭珍珍
责任印制：师艳茹 / 封面设计：蓝正设计

科学出版社 出版
北京东黄城根北街 16 号
邮政编码：100717
http://www.sciencep.com

北京汇瑞嘉合文化发展有限公司 印刷
科学出版社发行　各地新华书店经销
*

2021 年 12 月第 一 版　开本：787×1092 1/16
2021 年 12 月第一次印刷　印张：23 3/4
字数：532 000

定价：298.00 元
（如有印装质量问题，我社负责调换）

本书编撰委员会

技 术 顾 问：程时杰

主　　　编：宋　畅

副 主 编：武云生　王　坤　孙海顺　卓　华　李延兵

编 校 组：杜正春　赵永梅　张象荣　吴清亮　温长宏

　　　　　　张艳亮　何　文　袁　丁　高过斌　李凤军

　　　　　　林惊涛　鲁鹏飞　何　师　贾树旺　刘月富

刘吉臻院士序

　　《机网次同步扭振抑制机理与工程实践》一书是作者团队在工程实践中发现问题、解决问题的基础上的理论总结。书中针对锦界电厂多台大容量火电机组大型电源基地（3720MW）远距离输送中遇到的次同步扭振问题，采用了基于SVC电纳调制技术的次同步扭振动态稳定器（SSR-DSⅠ），实现了动态稳定技术的重大突破，取得了显著的抑制效果和经济效益。之后，团队又经多年艰苦工作，进一步开发出基于STATCOM电流调制技术的次同步扭振动态稳定器（SSR-DSⅡ），将抑制效果和综合效益提升到一个新的水平，并在锦界电厂三期（2×660MW）和呼伦贝尔电厂（2×600MW）项目上得到成功应用。上述技术的研发和应用为在我国更大范围内推广机侧次同步振荡抑制技术奠定了坚实的基础，为更好地降低机组轴系扭振风险提供了一条经济可靠的技术路线。

　　SSR-DSⅠ和SSR-DSⅡ作为抑制次同步扭振的有效技术，其抑制效果受控制器参数、容量、接线方式等诸多因素影响，具有一定的复杂性和较强的经验性，现有关电力系统次同步扭振的文献更多侧重原理方法，在工程实践方面对这两种方法的介绍不够系统详尽。该书系统深入地论述了机组轴系扭振动力学相关理论与方法，包括轴系扭振动力建模分析及轴系扭振疲劳强度分析方法，尤其是对轴系扭振疲劳分析中关键性的$S\text{-}N$曲线估算、扭振保护设置和扭振特性参数测量做了详细介绍，进而对SSR-DSⅠ和SSR-DSⅡ的技术原理和装置特性进行了系统论述。该书还结合工程案例，详实地介绍了机组次同步扭振的风险评估、抑制措施的比选论证、抑制方案的系统设计、工程现场的调整试验，完整地呈现了SSR-DSⅠ和SSR-DSⅡ的应用过程和运行效果。这些内容在以往文献中很少提及，但在工程实践中极为重要。书中还结合工程案例分析了HVDC和风电场对机组次同步扭振的影响，这也是今后次同步扭振研究值得重视的内容。该书为相关从业者提供了机组轴系次同步扭振理论和抑制方法的基础知识，对从事该领域研究工作的人员也是一部极具参考价值的著作。

　　根之茂者其实遂，膏之沃者其光晔。作者团队在这一领域开展了十多年富有成效的研究与应用工作，先后承担了多个火电基地的次同步扭振风险评估与抑制工程实践，并取得良好效果。展望未来，随着我国推进源网荷储一体化和多能互补发展的新发展战略，提升可再生能源开发消纳比重是必然的发展方向，火电与新能源打捆送出会对机网次同步扭振产生什么样的影响？随着电力系统可控性和灵活性进一步提升，次同步扭振问题研究将面临哪些新的挑战？这些都是值得深入思考的问题。希望读者可以从书中了解到次同步扭振的最新研究成果，并以此为起点开展更深入的研究。

刘吉臻

中国工程院院士

2021 年 8 月

杨昆常务副理事长序

电力系统的稳定性是电力工业的核心问题，也是电力运行部门的关注重点。机网次同步谐振现象属于系统的振荡失稳，与电力系统其他形式的动态行为不同，它是发电机组的机械系统(旋转的转子轴系)与相连电力系统(电气设备和回路)相互作用而产生的振荡行为。显然，无论是机械系统还是电气系统，在系统的总体动态行为中都占有非常重要的地位。这种严重的机电耦合作用可能直接导致大型汽轮发电机组转子轴系的严重损坏，造成重大事故，危及电力系统的安全稳定运行。早在 20 世纪 30 年代，同步发电机组带容性负载或经串联电容补偿的线路接入系统引发次同步频率自激振荡的研究就已经开始了。直到 20 世纪 70 年代，通过交流串补线路送出电力的美国 Mohave 电厂先后发生过两起汽轮发电机组轴系严重次同步扭振导致机组解列、大轴损坏的严重事故，次同步扭振问题才真正引起电力系统学术界和工程界的高度关注。1977 年，由高压直流输电引发的次同步扭振现象在美国 Square Butte 高压直流输电系统换流站的一次试验中被发现。随后的研究还发现，其他很多有源快速控制装置在一定的条件下，也能激发次同步扭振和轴系扭振现象。21 世纪以来，随着我国电力系统规模的扩大和结构的日益复杂化，电力系统中的次同步谐振问题也更加凸显，从次同步谐振的产生机理、研究方法、监测控制等多方面开展深入研究，建立系统深入的理论框架体系和可靠经济的技术方案服务于工程实践已迫在眉睫。

该书作者在这一领域进行了多年的深入研究和探索，在大量仿真分析和物理实验的基础上，先后提出、开发了基于 SVC 电流调制的 SSR-DS I 型和基于 STATCOM 电流调制的 SSR-DS II 型国产化动态稳定器方案，并成功地将其应用于工程实践，保证了大型电厂机组安全稳定地送出电力，取得了良好的经济效益和社会效益。特别是作者提出的同厂多机组多模态综合抑制技术，一套 SSR-DS II 型装置匹配六台不同型号不同扭振模态频率发电机组轴系，具有可靠性和经济性具优的突出特点，可显著降低火电厂建设和运行成本，提高机组扭振抑制系统费效比，具有极高的推广价值。

作者将自身工作总结而最后呈现给大家的这本书，展现了以问题为导向、从技术研究到工程应用的特色，可为相关行业人员提供有价值的参考。

该书首先论述了电力系统次同步扭振和轴系扭振的基本理论、电力系统次同步扭振的主要分析方法、轴系扭振的动力学分析模型与方法、轴系扭振的疲劳强度分析理论与方法、电力系统次同步扭振抑制方法和实现技术，然后结合近年来我国大规模火电外送基地存在的次同步扭振问题，以目前国内典型的大型火电基地为例，介绍了串补送出系统、多机型多模态系统、HVDC 与串补混联外送系统、风光火捆绑经特高压交流串补和直流线路混合外送系统次同步扭振的 SSR-DS I 和 SSR-DS II 解决方案与工程案例。

该书具有一些特别值得读者关注的地方，如对于目前行业内研究较少的暂态扭矩放大问题，通过实际案例中电流和暂态扭矩的定量分析，找到了扰动发生后各分量的变化规律和趋势；针对行业内轴系疲劳跳闸定值争议较大的问题，详细论述了不同疲劳损伤分析计算方法，向读者展示了同一轴系计算方法不同对计算结果的影响；介绍了次同步扭振与扭振在线监测与分析评估系统在实际应用中对机组轴系疲劳损伤的评估和次同步扭振事故原因的分析所起的重要作用。

　　该书中的科技成果经过了工程实践的检验，是时代背景下电力与其他科技的交叉融合。读者可以从中了解到该领域的最新研究成果，并以此为起点进行更深入的研究。

　　希望该书能够有益于该领域人才的培养和技术的创新，成为我国次同步谐振抑制的科研成果的一个展示的窗口，推动国内外学术交流和创新发展！

　　值此书付梓之际，谨向作者致以祝贺。

中国电力企业联合会党组书记、常务副理事长

2021 年 8 月

前　言

随着我国能源工业的迅猛发展，大量煤电一体化基地相继建成投产，将我国西北地区丰富煤矿资源就地转化为电能，以超/特高压技术远距离传送至我国东南部负荷中心区域。为提高电网输送能力，减少土地占用，交流串补和直流输电技术得到广泛采用，带来了大型发电机组和电网之间发生次同步振荡的隐患。同时，在电网智能化和柔性化改造过程中大量采用的电力电子器件和设备，在国家碳排放和碳中和政策的强力推动下新能源发电在电网中占比的迅速提高，以及"风、光、火、储"综合电源基地政策的推广实施，均使网机耦合次同步扭振现象变得更加复杂和频繁。

机网次同步扭振问题涉及机械振动、电网运行、力学材料、电力电子、自动控制、信号测量、系统保护等多个领域，该问题的分析和研究需要考虑复杂的机电耦合作用及多种影响因素。有效解决次同步扭振问题，在世界范围内都是一个日久弥新，既需要深入理论研究又需要一定工程实践创新的综合性课题。

作者团队长期从事电力系统电能质量的试验测量和治理研究，对电网高次谐波和负序治理、无功补偿技术尤为熟悉。2000年初，在110kV系统中采用SVC调整技术成功解决神朔铁路以单相有功分量为主的负序平衡，该方法属世界首例，这为后面采用基于SVC和STATCOM技术解决轴系次同步扭振问题奠定了基础。

2007年以前，国内外工程上解决SSR问题的主要方法是阻塞滤波器和SEDC以及其他的一些辅助方案，未见有基于SVC或STATCOM技术的抑制装置成功运行。2006~2008年，作者团队采用"产、学、研、用"相结合的科学研究方式，在点对网远距离输电SSR问题及抑制技术方面进行了深入研究和探索，特别是控制策略和抑制机理，首次采用了基于SVC式次同步波形调制技术进行次同步电流调制，研制出了SSR-DS I（次同步动态调制器）抑制装置，并将其成功应用于国家能源集团陕西国华锦界能源有限责任公司（以下简称国华锦界电厂）的SSR抑制问题。国华锦界电厂SSR问题比较明显，其发电机组模态3分量在电网正常运行方式下呈自然发散，若不能有效抑制则机组无法正常运行，作者团队研发的SSR-DS I型抑制装置一次性顺利投运，对目标轴系SSR扭振进行了有效抑制。十多年的运行数据表明，装置运行良好，抑制效果显著。该抑制技术的成功应用，为解决机组轴系次同步扭振开创了新的方向，有力推动了我国汽轮发电轴系扭振抑制技术的应用和发展，多项技术达到国内领先和国际先进水平，互为冗余控制技术和接入方式属当时国际首创。

在2017~2019年国华锦界电厂三期扩建工程中，作者团队对国内目前最为复杂的锦-府串补送出系统的机网次同步扭振问题进行了进一步的深入研究，研究了同型机组和异型机组间的相互影响，详细分析了在机网轴系扭振下的稳态、暂态、次暂态变化和抑制过程，明确了次同步扭振与暂态扭矩放大现象之间的区别和联系。在SSR-DS I型装置基础上，研制出了基于STATCOM电流调制的SSR-DS II抑制装置，该装置采用500kV

网侧直接接入方式，首次实现单套 SSR-DS Ⅱ 对两种机型、六台发电机、六种模态的同时抑制，实现了一套 SSR-DS Ⅱ 设备(一套备用)对多机、多模态的综合抑制，任何情况下均可对发电机轴系实施全方位的保护，且接入方式和抑制技术本身对电厂建设和发电机保护系统没有任何影响，工程性价比更为突出。团队还深入研究了有交流串补、直流输电及新能源发电的复杂系统机网次同步扭振问题；并成功解决了内蒙古呼伦贝尔发电有限公司(以下简称呼贝电厂)和中国神华能源股份有限公司胜利能源分公司(以下简称胜利电厂)的机网次同步扭振抑制问题。

十多年来，作者团队在次同步扭振分析与抑制技术的研究和实践中不断进步，取得了可喜的科研成果，给企业带来显著的经济效益。为了推广这些成果，促进我国次同步扭振问题研究和次同步扭振抑制技术的进一步发展，为我国电力事业贡献自己的力量，作者团队撰写了本书。书中结合近年来我国大规模火电外送基地存在的机组次同步扭振问题，论述了电力系统次同步扭振与机组扭振一般原理与建模分析方法、电力系统次同步扭振抑制方法和实现技术，并对机组轴系扭振动力学与疲劳寿命损失评估方法做了详细介绍。期望本书为存在次同步扭振问题和抑制需求的电厂工程研究、设计及运行维护等提供借鉴和指导，为相关领域技术人员、大专院校师生和科研院所学者提供理论分析与实际工程案例相结合的资料参考。

在本书涉及的技术研究和项目实践过程中，曾得到华中科技大学、西安交通大学、华北电力大学等高校的参与和指导，在工程实施中先后有刘建海、顾强、焦林生、邹宏明、高帅、赵明远、栗奇磊、薛成勇、王新等参加了部分内容的资料补充和起草工作，付出了大量辛勤工作，提出了很多有价值的建议和意见，这里也一并表示感谢。同时，我们还要对书中所引用参考文献的作者表示真挚的感谢。

限于作者的学识水平，书中不妥之处在所难免，恳请读批评指正。

作　者
2021 年 8 月

目　　录

第1章 绪 论

1.1 大型火电机组轴系次同步扭振问题的由来

人们对大型火电机组轴系次同步扭振问题的认识源于 1970 年和 1971 年发生在美国 Mohave 电厂串联电容器补偿(以下简称串补)送出系统的两次机组大轴严重损坏事故。后来工程上又发现直流输电和某些控制装置也会引发火电机组轴系次同步扭振问题。

1.1.1 串补引发的次同步谐振问题

美国 Mohave 电厂在 1970 年 12 月和 1971 年 10 月,先后发生两起严重的机组大轴损坏事故。两次事故几乎是在相同的运行工况下由相同的线路跳闸事故引发,且线路电流中出现了 30.5Hz 的分量。研究发现,事故是由于串联补偿系统发生电气谐振时,电气系统与汽轮发电机组大轴之间通过机电耦合相互作用,激发了轴系扭振(Hall and Hodges,1976)。

Mohave 电厂 500kV 送出系统结构如图 1-1 所示。两起事故发生时,Mohave 电厂仅有一台发电机运行,该发电机所带负荷大约为 300MW,在 Mohave 至 Lugo 的 500kV 输电线路上,8 组串补中的 7 组投入运行。两次事故均起源于在 Eldorado 变电站保护装置跳开 Mohave—Eldorado 500kV 输电线路。Eldorado 变电站处的线路断开后,运行人员发现在 Mohave 控制室内有闪光出现。这时,发电机负荷功率稳定,励磁电压和励磁电流也稳定正常。闪光持续了 1~2min,随后运行人员感觉到控制室地板震动,从仪表上观察到高压发电机的励磁电流从正常值 1220A 跳变到全量程的 4000A。接着监控系统相

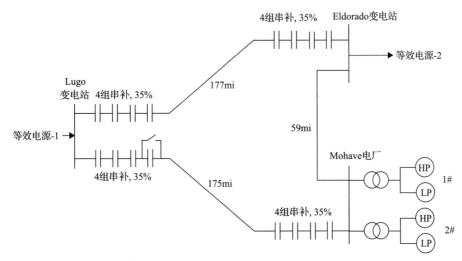

图 1-1 Mohave 电厂 500kV 送出系统结构图

1mi=1.609344km;HP-高压缸;LP-低压缸

继发出振动过大、高压发电机励磁系统接地短路和负序保护动作等警报。在这种状况下，由于继电保护和自动装置未能切除发电机，因此立即采用了人工停机的措施，使发电机和励磁机在主汽门关闭 15s 后解列。

两起事故的现象：

(1)线路电流的振荡曲线显示在两起事故中电流均含有 30.5Hz 的分量。

(2)发电机和交流励磁机转子之间的连接处持续振动摩擦。

(3)中压缸转子两端之间的连接处持续振动摩擦。

(4)电刷、刷握和汇流环表面无损。

在这两起事故中用户没有受到影响，但在振荡过程中，距 Mohave 电厂 175mi 和 222mi 的 Lugo 变电站和 Vincent 变电站检测到了 500kV 电压的波动，持续了大约 1min。

第二次事故发生后，研究人员提出了这样一种假设，即 Mohave 电厂发电机的感应发电机效应引起的电气系统自励磁与电力系统中的 30.5Hz 谐振频率产生了耦合，导致在这个频率上的持续振荡。但按照感应发电机效应的假设，应该得到这样的结论：投入的串补单元越多，在较高次同步电气频率上的感应发电机效应的负阻值就越大，从而次同步谐振就越容易持续下去。但是实际情况并非这样，在两次轴系事故中，当断开 Mohave—Eldorado 500kV 线路引发次同步谐振时，Mohave—Lugo 500kV 线路上有 7 组串补投入运行(图 1-1)。但是在第二次事故前有六次在偶然的情况下断开了 Mohave—Eldorado 500 kV 线路，同时 Mohave—Lugo 500kV 线路上有 8 组串补投入运行，在这些情况下，并没有发生系统的振荡。

进一步对 Mohave 的事故调查发现，30.5Hz 次同步电流流入 Mohave 电厂发电机电枢会在发电机转子上产生一个"滑差频率"即 29.5(60–30.5)Hz 的扭矩分量。如果这个扭矩分量的频率与汽轮发电机组轴系的固有频率(自然频率)接近，则会激发起轴系的扭振并形成共振现象，如果系统的阻尼较小而持续有该频率的扭矩输入能量则轴系扭振幅值会越来越大，直至轴系被破坏。

图 1-2 即为 Mohave 电厂机组轴系的扭振模态特性，该图表明该轴系的前三阶模态频率分别为 26.7Hz、30.1Hz 和 56.1Hz，其中一阶扭振有一个节点，机头机尾扭振相位相差 180°，二阶扭振有两个节点，机头机尾扭振相位相同，三阶扭振有两个节点，机头机尾扭振相位相差 180°且振幅相差较大。

轴系扭振模态和电气谐振模态之间存在相互作用，称为扭转相互作用。这种扭转相互作用就是 Mohave 电厂机组持续振荡和导致发电机组轴系损坏的直接原因。在这种相

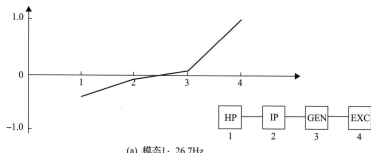

(a) 模态1：26.7Hz

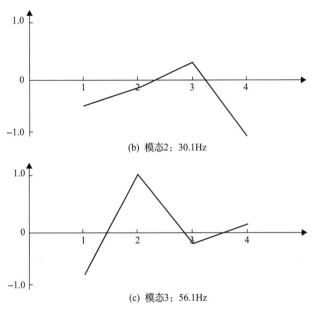

(b) 模态2：30.1Hz

(c) 模态3：56.1Hz

图 1-2 Mohave 电厂机组轴系的扭振模态特性

CEN-发电机；EXC-励磁机

互作用下，电网持续输入与轴系扭振频率满足特定关系的能量导致轴系也发生了大幅扭振。Mohave 电厂第二次事故后的次同步谐振(subsynchronous resonance，SSR)试验表明，机组 30.1Hz 的第二扭转模态与两次事故中均出现的 29.5Hz 扭振转矩频率非常接近。

研究表明，具有串补的系统在遭受某些特定扰动的情况下，会产生对并网运行的汽轮发电机组轴系有害的暂态扭矩。发生在 Mohave—Eldorado 500kV 输电线路靠近 Eldorado 侧的短路故障就是这样的扰动。该短路故障在 Mohave—Lugo 回路上产生的短路电流还没有达到令该回路串补的间隙保护动作的水平。当故障在电流过零点被切除时刻，串补的储能达到最大值，由此会产生幅值很大的次同步频率电流，该电流将流过该回路和 Mohave 电厂发电机组。

1.1.2 直流输电引起的次同步扭振问题

由高压直流(high voltage direct current，HVDC)输电引发汽轮发电机组的次同步扭振(subsynchronous oscillation，SSO)现象，于 1977 年首先在美国 Square Butte 高压直流输电系统换流站的一次试验中被发现，系统结构如图 1-3 所示(Bahrman et al.，1980)。该系统包括一条直流线路，额定电压和额定输送功率分别为 ±250kV 和 500MW。其整流侧采用定电流控制，逆变侧采用定电压控制，送端邻近处有两台汽轮发电机组，向距离 750km 的 Minnesota 供电。为了提高低频区振荡阻尼，直流线路的控制系统中设置了附加频率控制(frequency sensitive power control，FSPC)。然而正是 FSPC 导致了 Milton Young 电站额定功率为 438MW 的机组的第一扭振模态被激励，发生振荡；如果切除一条邻近的 230kV 线路，即便 FSPC 不投运，该模态也同样发生失稳。

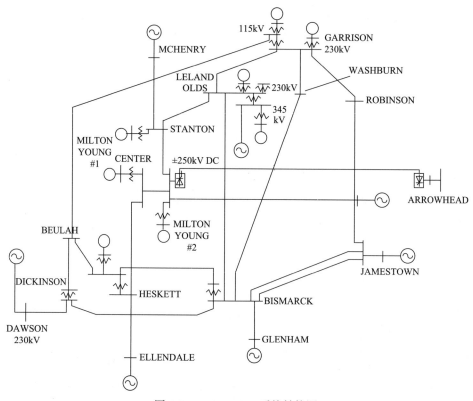

图 1-3　Square Butte 系统结构图

这是第一起有关 HVDC 输电引发汽轮发电机组轴系扭振的报道,这篇报道引起了各国学者对这一问题的密切关注。后来,在美国的 CU、IPP,印度的 Rihand-Deli,瑞典的 Fenno-Skan 等 HVDC 输电工程中,都发现了直流输电有可能引发邻近火电机组次同步扭振的问题。

1.1.3 新能源引起的次同步扭振问题

2015 年,在我国新疆哈密地区风火联合经特高压直流送出基地发生了风电振荡导致火电机组扭振保护动作跳机的事故,引起了人们对于新能源与火电联合运行系统中新能源发电对火电机组次同步扭振问题影响的高度关注。新疆哈密地区有两个火电厂装机(4×660MW+2×660MW)经哈密南—郑州 ±800kV 特高压直流输电工程(以下简称天中直流)外送,哈密北部 18 个风电场共计 1500MW 的装机经过 35kV/110kV/220kV 多电压等级汇聚到 750kV 系统,系统结构如图 1-4(a)所示。

2015 年 7 月 1 日,该地区发生次同步频率的功率振荡,图 1-4(b)为某风电场功率振荡录波,振荡波及两个火电厂,录波分析发现振荡电流包含按工频对称的次同步频率和超同步频率分量,次同步频率在 17～23Hz 变化,超同步频率在 83～77Hz 范围变化,如图 1-4(c)所示。图 1-4(c)中,黑色和灰色虚线分别标示火电厂 M 和 N 的机组某个扭振模态对应的工频互补频率。电厂扭振录波表明,在电流振荡频率与黑线和灰线相同的时间段,M 电厂和 N 电厂均有对应扭振模态被激发的录波,其中,11:50～11:55 M 电厂机组扭振(模态 3，30.76Hz)持续近 6min，导致最终在运行的三台机组各自扭振保护动作跳闸。

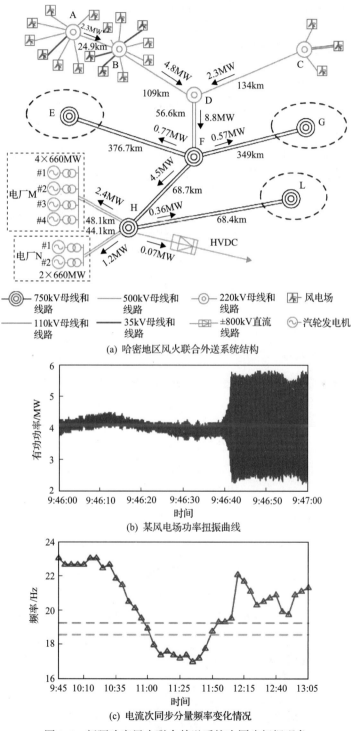

(a) 哈密地区风火联合外送系统结构

(b) 某风电场功率扭振曲线

(c) 电流次同步分量频率变化情况

图 1-4 新疆哈密风火联合外送系统次同步扭振现象

以风电和光伏发电为代表的新能源发电大量通过电力电子变流器并网，由于装置控制特性，其在一定系统运行条件下会发生电气振荡，振荡频率涵盖数赫兹到数百赫兹的次、超同步频段，这已经成为电力系统振荡的新问题和研究领域。2015 年，在我国新疆地区某风火联合经特高压直流送出基地发生的风电振荡导致火电机组扭振保护动作跳机的事故，引起了人们对于新能源与火电联合运行系统中，风电新能源发电对火电机组次同步扭振问题的影响的高度关注。

1.2 大型火电机组轴系次同步扭振问题的基本术语与含义

根据 IEEE 工作组提出的定义，SSR 是专指具有串补的输电系统中，电气谐振产生的次同步频率电流在汽轮发电机组轴系上产生与轴系自然扭振频率相近的电磁转矩，激励机组轴系各轴段(质量块)相互之间发生扭振，从而导致机网通过次同步频率电气振荡分量耦合相互作用的问题。其与串联补偿电气谐振相关，因此称次同步谐振。SSO 专指汽轮发电机组轴系与直流输电、柔性交流输电(flexible alternating current transmission, FACTS)装置、发电机附加励磁控制等电气设备之间的机网耦合相互作用。因为 SSR 和 SSO 问题均表现为火电机组轴系次同步扭振与电网次同步频率电压、电流之间的耦合相互作用，学术界和工程界逐渐趋于统一采用 SSO。

根据 IEEE 工作组的研究报告，次同步扭振问题主要包括以下四个方面的内容。

1. 感应发电机效应

感应发电机效应(inductive generator effect, IGE)源于同步发电机的转子对次同步频率电流所表现出的视在负阻特性。由于转子的旋转速度高于定子次同步电流分量产生的次同步旋转磁场的转速，所以从定子端来看，转子对次同步电流的等效电阻呈负值。当这一视在负阻大于定子和输电系统在该电气谐振频率下的等效电阻之和时，就会产生电气自激振荡，这就是感应发电机效应。感应发电机效应属于只考虑电气系统动态行为的自激现象，与汽轮发电机组轴系无关，因此，单纯的感应发电机效应不会导致轴系扭振现象的发生。

2. 扭转相互作用

扭转相互作用(torsional interaction, TI)是指汽轮发电机组轴系扭振动态与系统电气部分之间的相互作用。系统中小的扰动会激发系统电气和机械部分的所有自然模态，发电机轴系会按照自然角频率 ω_m 出现扭转振荡，发电机转子轴段的扭转振荡会在定子绕组感生角频率为 $\omega_0 - \omega_m$ (ω_0 为发电机同步转速对应的角频率)的次同步电压和电流分量，当该角频率($\omega_0 - \omega_m$)与电气谐振角频率 ω_{en} 接近时，会激发电气谐振，相应的定子电流产生的旋转磁势在发电机转子上产生接近轴系自然角频率 ω_m 的转矩，使得扭转振荡持续甚至是发散。

3. 暂态扭矩放大

当电力系统发生大扰动(如各种短路、线路开关的频繁操作、发电机的非同期并网)时，将在发电机组轴系上产生暂态扭矩扰动，引起轴系扭振。串补系统中，暂态扭矩中

存在角频率为 $\Delta\omega = \omega_0 - \omega_{en}$ 的分量，如果该频率接近轴系的某一自然角频率 ω_m，系统三相短路所产生的相应的暂态转矩会比没有串补的情况大。这是电气和机械自然扭振模态之间的谐振引起的，称为暂态扭矩放大(transient torque amplification，TA)。故障发生的时刻即合闸角对于暂态扭矩大小也有重要影响。

4. 装置控制引起的次同步扭振

电力系统中发电机励磁调速控制以及电力系统稳定器(power system stabilization，PSS)、静止无功补偿器(SVC)和 HVDC 输电等的控制，都可能对火电机组次同步扭振产生影响。电力系统稳定器在电力系统中已经获得广泛的应用，在保证电力系统的稳定运行中占有重要的地位。但电力系统稳定器在对系统低频振荡模态(振荡频率为 0.1～2.0Hz)提供良好阻尼的同时，有可能将一个或多个与轴系次同步扭振模态频率相对应的振荡信号注入发电机的励磁绕组，从而激发轴系扭振模态的次同步扭振。HVDC 输电的换流器具有电流和电压控制回路，在某些系统运行条件下，HVDC 输电系统的控制回路带宽涵盖某些次同步频段，并对次同步电流呈正反馈，则有可能会激发汽轮发电机组的轴系扭振。此外，静止无功补偿器等各种 FACTS 装置的引入也可能会造成次同步扭振现象的产生。电力系统中这些重要设备对轴系扭振的影响，也是次同步扭振研究中的重要内容之一。

1.3　大型火电机组轴系次同步扭振的机理分析

1.3.1　串补引起次同步谐振的机理

为了提高输电线路的输送容量、增强电网运行的稳定性，在超高压远距离输电系统中，最有效的方式是采用串补装置。补偿度越高，所起的作用越大，但串补却给电网带来了次同步扭振问题，当汽轮发电机组经含串补的线路送出时，如果由于扰动在系统中出现次同步频率的谐振电流分量，该次同步电流进入发电机组，在转子上产生频率与工频互补的电磁转矩，当该电磁转矩的频率接近或等于发电机轴系的某一自然扭振频率时，就会加剧轴系的扭转振荡，与此同时该次同步电流被进一步放大。这种机械、电气系统之间的相互激励，最终导致对应模态发散失稳，产生次同步谐振。

本节以图 1-5 所示串补输电系统为例进行说明。

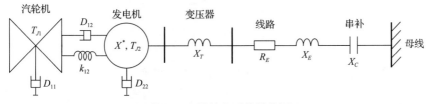

图 1-5　串补输电系统结构图

算例系统中电气部分存在电气谐振特性，其谐振角频率为

$$\omega_{en} = \frac{1}{\sqrt{LC}} = \frac{\omega_0}{\sqrt{(\omega_0 L)(\omega_0 C)}} = \omega_0 \sqrt{\frac{X_C}{X_{L\Sigma}}} \quad (\text{rad/s}) \tag{1-1}$$

以及

$$f_{en} = f_0 \sqrt{\frac{X_C}{X_{L\Sigma}}} \ (\text{Hz}) \tag{1-2}$$

式中，L 为系统等效电感；C 为串补电容；ω_{en} 和 f_{en} 分别为电气谐振角频率和对应的频率；f_0 为系统的同步频率(Hz)；$\omega_0 = 2\pi f_0$；$X_{L\Sigma}$ 为发电机、变压器和线路感抗之和；X_C 为串补的容抗。

当系统发生扰动时，由于电气谐振特性会产生谐振频率为 f_{en} 的电流分量。当三相对称的谐振频率电流分量进入同步发电机定子绕组后，产生以谐振角频率 ω_{en} 旋转的空间磁势和磁场。同步发电机以同步转速旋转，$\omega_0 > \omega_{en}$，因此会产生感应发电机效应，产生对应谐振频率的感应电势。对于电气谐振频率的电流分量而言，感应发电机转差为负，其转差电阻表现为负电阻特性，如果该等效负电阻大于电网侧等效电阻，所产生的感生电势可能与外电路一起维持该电气谐振分量甚至是放大该分量，出现自持或者发散的电气振荡。

图 1-5 所示汽轮发电机组轴系包含汽轮机和发电机转子轴段，等效为两个集中质量块弹簧模型，忽略阻尼，轴系具有自然扭振频率，如式(1-3)所示，实际机组轴系可能具有多个扭振模态。

$$f_m = \sqrt{\frac{k_{12}}{T_{J1} T_{J2}/(T_{J1} + T_{J2})}} \tag{1-3}$$

三相对称的电气谐振角频率为 ω_{en} 的电流 ΔI_{abc} 流入发电机定子绕组，产生按 ω_{en} 旋转的磁通 $\Delta \phi_{abc}$ 会在发电机转子上产生角频率为 $\omega_0 - \omega_{en}$ 的交变转矩 $\Delta T_e(\omega_0 - \omega_{en})$，使得发电机组轴段出现该角频率扭转振荡 $\Delta \omega_G$；另外，发电机组轴段的扭转振荡也会在定子中感生互补角频率 (ω_{en}) 的电势 ΔE_{abc} 和电流，可能维持甚至进一步放大电气扭振转矩。这就是扭转相互作用，其过程如式(1-4)所示：

$$\begin{aligned}
\Delta I_{abc}(\omega_{en}) &\to \Delta \phi_{abc}(\omega_{en}) \to \Delta T_e(\omega_0 - \omega_{en}) \\
\uparrow \quad &\leftarrow \Delta E_{abc}(\omega_{en}) \leftarrow \ \Delta \omega_G = \omega_0 - \omega_{en} \ \hookleftarrow
\end{aligned} \tag{1-4}$$

如果振荡角频率 $\Delta \omega = \omega_0 - \omega_{en}$ 刚好接近发电机轴系某一个模态的自然角频率 $\omega_m = 2\pi f_m$，就会激起发电机转子轴系的扭振。进一步，如果转矩 $\Delta T_e(\omega_0 - \omega_{en})$ 与 $\Delta \omega_G$ 之间的相位差超过 90°，表明该转矩会使得轴系扭振持续或者发散，即所谓的负电气阻尼作用，可能造成严重的轴系疲劳寿命损伤，甚至导致轴系损坏。

1.3.2 高压直流输电引起火电机组次同步扭振的机理

高压直流输电引起火电机组次同步扭振的问题通常发生在直流送端系统，即整流侧。其机理可以分为三种：①HVDC 定电流控制引起的机组次同步频率电气负阻尼作用机理；

②HVDC 附加阻尼低频振荡控制引起的机组次同步频率控制耦合作用机理；③HVDC 控制触发异常引起的强迫振荡机理。前两种情况都是由于控制回路作用引入电气负阻尼，与直流送端系统的电气强弱、直流输送功率及直流控制参数等有关。

对于 HVDC 输电系统定电流控制引起 SSO 的机理，可以用图 1-6 加以解释。

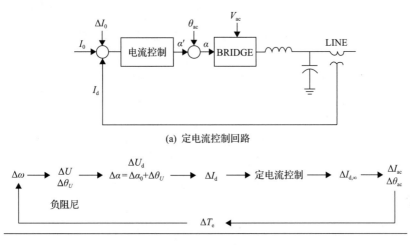

(a) 定电流控制回路

(b) SSO作用路径分析

图 1-6　HVDC 输电系统定电流控制引发 SSO 的机理示意

图 1-6 中，I_0 和 I_d 分别为电流给定值和测量直流电流，α' 和 α 为触发控制角，通过换流母线电压相位 θ_{ac} 同步，V_{ac} 为换流母线电压幅值。当汽轮发电机组的轴系转速出现振荡分量 $\Delta\omega$ 时，会导致发电机机端电压的幅值和相角发生变化(图中 ΔU 和 $\Delta\theta$)，从而引起整流侧直流电压和触发角以及相应直流电流的变化(图中 ΔU_d、$\Delta\alpha$ 和 ΔI_d)，整流站定电流控制启动，改变触发延迟角 α，以维持直流电流为给定值，这一控制过程导致整流站交流侧电流变化(图中 ΔI_{ac} 和 $\Delta\theta_{ac}$)，汽轮发电机电磁转矩也会随之改变(ΔT_e)，从而影响到发电机轴系扭振转速的变化($\Delta\omega$)，如此构成一个闭环机电耦合系统。发电机转速偏差与附加的电磁转矩之间的相位偏差一旦超过 90°，则将形成一种正反馈性质的扭振相互作用，导致汽轮发电机轴系模态扭振失稳，发生次同步扭振。所谓转速偏差是指转子端部瞬时转速与额定转速之间的差值，发电机转子的额定转速是 3000r/min(对应电网工频 50Hz)，实际转速在额定转速附近一定范围内波动，这一偏差值可用于表征转子的扭转振动特征。

直流输电引起火电机组轴系扭振主要是因为直流输电定电流控制环与机组轴系动态之间的耦合相互作用，通常电流控制环带宽低于 20Hz，因此直流输电主要影响低于 20Hz 的轴系扭振模态。

1.3.3　新能源发电引发次同步扭振的机理

近年来随着新能源风力发电的单机容量增大及其在电网中的占比迅速增高，电网呈现新的次同步扭振特性，主要包括两个方面：①双馈型风电场经串联补偿线路接入电网，系统会发生次同步频率的电气扭振，通常在 20~30Hz，也有 4~6Hz 的情况；②直驱风电场接入弱交流电网,如经远距离多电压等级接入输电网络,接入点短路比小于2.5,系统也会发生次同步扭振,频率在10~30Hz。这两方面的现象都是电气振荡,风电机组转子机械动态不参与其中。

对于双馈型风电场经串补送出系统的次同步扭振,目前有分析认为感应发电机效应是引起电气振荡的主要机理,而对于直驱型风电场接入弱交流电网,则有分析认为直驱风机的锁相环控制和电流环控制在弱交流电网并网条件下呈现对应带宽范围内的不稳定特性。

实际上,上述大规模风电集中并网引起的电网振荡现象中已经出现了功率振荡频率接近系统内火电机组轴系扭振模态频率,进而导致火电机组扭振保护(TSR)动作跳机的问题,这对火电机组而言表现为一种强迫振荡。

我国"西电东送"战略和大规模利用风电太阳能促使电网形成了风光火打捆电源基地,并采用串补和直流大容量远距离方式外送电力,在这样的系统中,火电机组的轴系扭振动态,交流输电系统的电气谐振特性,以及风、电、光伏和直流等变流器控制动态之间的交互耦合关系和次同步扭振风险也是目前需要关注的重要系统动态问题之一。

1.4 国内典型火电机组轴系次同步扭振问题及特点

1.4.1 国内大型火电基地外送系统的次同步扭振问题

由于我国能源分布中心与负荷中心在地理位置上存在的不平衡,煤炭资源多位于西部地区,电力消费中心则主要集中在东南部较发达地区,需要进行远距离电力输送。我国"西电东送"战略实施以来,建设了很多大型火电基地(大容量火电厂集群,主力机组容量为600MW/1000MW),输送容量大,输送距离远(交流500~600km,直流1000km以上)。常用的远距离电力输送方法有:①高压直流输电;②交流输电,并在其输电线路上加装串补。利用高压直流输电技术和交流串联补偿技术提高输电能力都会增加系统发生次同步扭振的风险。

与此同时,新能源发电设备在电网中占比的增加,也给电网稳定性带来新的挑战。新能源发电的突出特点为电源种类多、电能变换形式多、电力变换器数量多以及负荷类型需求多,并且都通过电力电子接口集中并网。

电力电子器件研发水平的进步、功率变换器装备在电网中的大量应用提高了电力系统的可控性和灵活性,但是系统参数和控制策略设置不当也极容易导致电网的不稳定现象,如机网之间的SSO问题等。

这样的典型大型电源基地外送系统包括:①大唐托克托电厂串补送出系统;②内蒙古上都电厂串补送出系统;③锦界电厂一、二期串补送出系统;④呼伦贝尔直流串补外送系统;⑤锡林郭勒特高压交直流串补外送系统;⑥宁夏近区火电密集多直流外送系统;⑦新疆哈密风火联合经特高压直流送出系统。

大型能源基地单台机组容量大、台数和型号多,且直流加交流串补系统结构各异,呈现出复杂的次同步扭振特性。以下结合国内几个工程实例来说明需要关注的次同步扭振问题及相关影响因素。

1.4.2 锦界电厂一、二期串补送出系统的次同步扭振问题及特点

为了提高线路输送能力，锦界电厂一、二期至忻都两回送出线路和忻都至石北站三回线路均加装了补偿度为 35% 的串补装置。锦界电厂一、二期串补送出系统结构图见附录 A。分析表明，该串补送出系统存在严重的次同步谐振风险。图 1-7 给出了该系统某方式下锦界电厂轴系扭振模态的特征值随系统串补度变化的曲线，可以看到，系统串补度为 35% 时，若考虑发电机和变压器电抗则系统总补偿度约为 30%。此时，锦界电厂一、二期机组模态 3 对应特征值的实部为正，模态 1 和 2 实部均接近于零，说明该串补送出系统中，锦界电厂一、二期机组模态 3 具有明显的电气负阻尼，将呈现失稳模态，属于典型的串联补偿引起的次同步谐振问题。

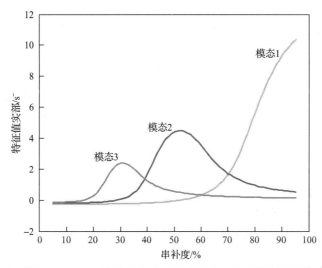

图 1-7　锦界电厂一、二期串补送出系统串补度对扭振模态特征值的影响

串补送出系统中，从发电机机端向系统看进去的电气谐振特性非常关键。如果电气谐振频率与机组轴系的某一个模态频率之和接近工频，发生次同步谐振的风险就非常大。因此，大容量火电厂送出线路有串联补偿的情况时需要特别关注次同步谐振问题。

对锦界电厂一、二期送出系统可能出现的运行方式进行的大量分析表明，大多数的工况下锦界电厂一、二期机组存在模态 3 主导的失稳模式，这是由其电网结构固有的电气谐振特性决定的。同一系统中的陕西德源府谷能源有限公司(以下简称府谷电厂)机组则不会发生次同步谐振，从结构上看，府谷电厂送出线上没有串补，从电厂向系统看电气谐振特性也不满足上述条件。

发生在 Mohave 电厂的两起事故也可说明这一点。当电厂送出系统环网断开时，形成了 Mohave 电厂直接经串补送出的系统结构，同时送出线路上 8 组串补有一组退出，刚好满足电气谐振频率与机组模态频率之和接近工频的条件，次同步谐振随之发生。实际运行中，当送出系统环网保持运行时没有发生过次同步谐振，这是因为环网结构下系

统呈现不同的电气谐振特性。另外,实际运行中曾多次出现同样是环网断开形成 Mohave 电厂直接经串补送出的系统结构,但是送出线路上 8 组串补全部投运,系统没有发生次同步谐振,这是因为这些结构下系统呈现不同的电气谐振特性,系统的电气谐振频率偏离了与轴系扭振频率按工频互补的关系。

除锦界电厂一、二期外,托克托电厂和上都电厂均为电厂经串补线路送出系统,也存在次同步谐振问题。

1.4.3 呼伦贝尔直流串补外送系统的次同步扭振问题及特点

呼伦贝尔电力外送系统包含直流和交流串补两种输电方式,系统结构见附录 B,交流串补和直流输电对系统内火电机组轴系扭振模态电气阻尼的作用有所不同,首先,从电网结构上看,A 电厂一、二期可以经串补线路送电至冯屯再到大庆,也可以通过分段开关与三期一起接入呼伦贝尔—辽宁±500kV 直流输电工程(以下简称呼辽直流)的送端,后者显然改变了 A 电厂机组向系统看的电气谐振特性,因此后一种方式发生次同步谐振的风险不同于直接经串补送出系统。如果分段开关断开,形成 A 电厂一、二期直接经串补送出的情形,需要分析系统发生次同步谐振的风险。

直流输电对系统内机组电气阻尼特性的影响,主要体现在系统中次同步频率电流通过定电流控制回路的反馈作用,与送端系统电气强弱有关。呼伦贝尔地区本地负荷消纳能力很小,三个电厂的发电全部通过直流外送,电网主要由呼贝电厂、内蒙古蒙东能源有限公司鄂温克电厂和 A 电厂三期的送出 500kV 线路组成,系统中形成的次同步频率电流通过直流控制回路直接反馈到机组的作用路径,明显弱化了机组的电气阻尼特性。从呼贝电厂机组的扭振模态转速录波可以看出,机组扭振模态被频繁激发,呈现糖葫芦串形状,这正是弱电气阻尼特性下系统扰动作用的表现。现场试验也发现,直流满功率输送时,机组扭振模态激发的幅度更大。鄂温克电厂机组运行时也具有类似的现象。

可见大电源基地经直流外送系统中,绝大部分系统运行方式下,需要关注直流输电控制回路对机组轴系扭振模态电气阻尼的影响及其作用路径。

1.4.4 锡林郭勒特高压交直流风火联合外送系统次同步扭振问题及特点

新能源(风、光伏等)发电具有清洁、可再生的优势,也存在着出力的波动性和随机性等缺点。因此,我国采用了新能源与火电机组打捆的建设和运行政策,通过火电机组的调峰和调频能力抑制新能源的随机性和波动性平滑出力,使得输电通道总功率维持相对平稳。在这样的系统中,新能源电站一般地理位置偏僻,处于电网末端,通常通过 HVDC 输电和(或)交流串补线路输送到主电网中。新能源占比的增加使得电网的次同步扭振问题变得更加复杂。首先,新能源机组自身的次同步扭振问题,与火电机组不同,新能源机组属于无/低转动惯量的机组,对扰动的阻尼能力较弱,这与火电机组有所不同;其次,系统中串补、双馈电机及变流器的存在使得系统中的火电机组面临更为复杂的次同步扭振问题。锡林郭勒特高压交直流风火联合外送系统是比较典型的新能源与火电机组打捆送出系统,按照电网远期规划,将有五个风电场汇集站(计划容量共 7003MW)接入锡林郭勒 1000kV 特高压系统。

1.5　大型火电机组轴系次同步扭振的危害与抑制技术要求

1.5.1　大型火电机组轴系次同步扭振的危害

汽轮发电机组轴系次同步扭振现象最大的危害就是引起机组轴系扭振疲劳损伤，造成服役寿命过早过快消耗，甚至导致设备直接损坏和电网运行的失稳。而且，如果不进行抑制，将影响串补的投入，电厂送出会存在窝电现象，给电厂、电网和国民经济发展带来巨大的损失。

汽轮发电机组轴系扭振事故已屡次发生。美国 Mohave 电厂 1970 年发生的主轴断裂事件中，发电机汇流环和汇流环到轴之间产生了约持续 20s 的电弧，导致转子出现如下损伤：

(1)在连接内腔螺栓和钢制汇流环的铜汇流母线区域内的汇流环双侧均被深度烧毁。

(2)一些固定母线的螺栓被完全烧毁。

(3)一只连接内腔导线的外侧螺栓几乎被完全烧毁。

(4)汇流环之间的轴钢被烧毁 15in^2，深达 1in[①]。在每条连接母线下的螺栓周边有裂纹。

(5)汇流环之间的辐射状绝缘几乎被完全烧毁，覆盖汇流环和电刷的圆柱形涂漆玻璃被推到一边。轴上的涂漆玻璃套管被烧毁。

(6)高压轴上的所有连接处均有摩擦。

发电机-励磁机损毁轴系的金相分析结果表明，滑环下励磁绕组导电螺栓附近的绝缘层被击穿最初是由发电机轴钢材内部的周期性疲劳应力产生的发热而引起的。金相分析显示，轴系上有两个严重的金属发热区域，如图 1-8 所示。在励磁绕组短路点材料被取出后，一个发热区域为励磁绕组螺孔之间的辐射状区域，另一个发热区域则位于轴表面凹处。这两个受热影响的区域交界处很尖利突出，表明它们并不在同一时间内达到高温。螺孔间沿轴内径 1/8～3/16in 的辐射状区域金属材料受到挤压也是一个证据，进一步说明了在两次短路中周期性应力在局部产生了塑性变形和极度高温。正是在励磁绕组绝缘层正下方和周边产生的局部钢材温升导致了绝缘层被击穿和发电机轴系损毁事故的发生。

(a) 汇流环受损实物

---

① 1in=2.54cm。

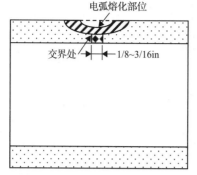
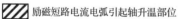
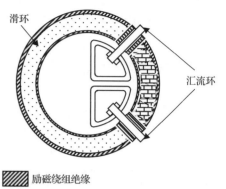

▨ 励磁短路电流电弧引起轴升温部位	▨ 励磁绕组绝缘
◈ 次同步振荡期间周期性疲劳引起轴升温部位	▨ 次同步振荡期间周期性疲劳引起轴升温部位

(b) 汇流环受损部位

图 1-8 汇流环的受损情况

1977 年，美国 Square Butte 发电厂汽轮发电机组因直流线路的投运而发生扭振，即使将附近的串补切除，轴系次同步扭振仍然存在。

2013 年，印度 K 项目发电厂机组多次并入有串补的电网后，轴承振动持续快速升高，导致机组跳闸停机，最终造成汽轮机低压转子出现严重裂纹。转子裂纹呈斜裂纹形式，根部有黑色灼烧痕迹。更换转子，并退出附近变电站的串补后，机组运行正常。多次停机造成了巨大的直接经济损失，同时串补的退出致使电厂出现窝电现象。

A 电厂二期机组投产初期经交流串补线路送出，双机投产后于 2008 年 3 月监测到次同步扭振现象，2008 年 5 月检查二期某机组低-发联轴器，共发现 8 处明显裂纹，长度为 170mm、100mm、70mm 不等，其中 6 条裂纹与联轴器销键位置比较接近。由于裂纹较深，转子退出运行，长时间停机造成严重的经济损失。转子疲劳裂纹如图 1-9 所示。

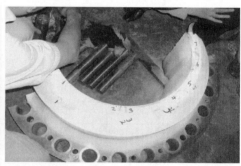

图 1-9 A 电厂某机组低压缸转子因次同步扭振出现裂纹

新疆神华国能哈密（花园）电厂（以下简称国神花园电厂）轴系次同步扭振是典型的由新能源接入引发的案例，该电厂 4×660MW 机组主要通过±800kV 超高压直流输电送出电力，该地区还有大容量风电场、光伏电场并入电网。2015 年 7 月 1 日，新疆哈密地区因风电引发电网侧发生了频率为 19.4Hz 左右的次同步扭振，导致国神花园电厂#1、#2、#3 机组（#4 号机组检修未运行）轴系扭振保护相继动作出口（模态 3，频率 30.76Hz），三台机组解列脱网，共损失功率 128 万 kW，引起电网功率振荡。在此期间，B 电厂在国神花园电厂机组跳闸前，#1、#2 机组 TSR 启动。因未达到疲劳累积定值，延时返回，未跳闸。

2010 年，在呼伦贝尔—辽宁±500kV 直流输电工程投运之后，呼贝电厂两台 600MW 机组加装了 TSR，经监测发现，该电厂频繁发生 SSO 问题，且常伴随系统电气阻尼较小的情况(顾煜炯，2013)。

一般而言，稳态或者暂态次同步频率的系统扰动不会导致汽轮发电机组轴系扭矩超过其材料的弹性极限对应的扭矩指标，但是周期性的疲劳应力作用仍然可能引起轴的损坏，而且这些疲劳损伤具有累积性。Mohave 电厂发生了轴系损坏事故后，通用电气公司对轴系模型进行了一系列周期性疲劳应力试验，结果表明当对轴系施加周期性载荷时，尽管材料应力没有超过其弹性极限，但是轴体仍然会明显发热，温度甚至升高到使其部分材料进入塑性变形的状态。

1.5.2 大型火电机组轴系次同步扭振的抑制技术要求

国际大电网会议工作组对于轴系扭应力问题提出过相关建议，包括汽轮机运行相关导则和轴系设计相关导则，其中与轴系扭振相关的内容如下：

(1)对于共振激发的扭转振荡，因为阻尼小有可能产生很大的危害，必须采取保护性措施予以避免；同时对于疑有共振而又只有轻微迹象的情况需要做预防性研究。在线监测轴的摆动是最为有效的措施，还应采用有较高安全水平的汽轮发电机保护。

(2)在轴的设计过程中，设计服役寿命管理时不应考虑共振引起的扭振带来的疲劳寿命损失。也就是说，必须在运行中采取保护性措施完全避免次同步谐振/次同步扭振引起的轴系扭振疲劳损失。

自从 Mohave 电厂发生次同步谐振引起的轴系损坏事故后，工程界和学术界提出了很多扭振抑制技术，包括滤波和阻尼控制、继电保护等，此外还有系统运行方式调整、发电机和系统改造等。这些技术及其应用情况如表 1-1 所示。

表 1-1 次同步谐振/次同步扭振抑制措施及应用情况

序号	抑制技术	应用	序号	抑制技术	应用
1	阻塞滤波器	是	13	发电机串联电抗	否
2	线路滤波器	否	14	发电机极面阻尼绕组	是
3	机端并联滤波器	否	15	串联电容器双间隙闪络	是
4	动态滤波器	否	16	串联电容器间隙保护整定	是
5	动态稳定器	是	17	强迫间隙闪络	是
6	发电机附加励磁阻尼控制	是	18	电容器协调控制	否
7	大容量励磁控制器	是	19	串联电容器与负荷协调	是
8	扭振保护	是	20	晶闸管控制电阻器(NGH)	是
9	定子电流保护	是	21	阻尼电阻	否
10	系统投切	否	22	静止无功补偿和移相器	否
11	机组跳闸	是	23	相间不平衡控制	否
12	轴系改造	是			

表 1-1 所列技术措施中, 没有得到应用的技术往往是因为其难以满足系统运行要求。轴系扭振抑制技术一般要满足如下技术要求:

(1)具备在各种系统可能的计划运行工况下平抑自发性扭转振荡的能力。

(2)具备快速平抑故障操作引起的扭转振荡的能力, 同时可以有效抑制扭振引起的暂态力矩峰值。

(3)具备扭振监测与扭振保护的能力。

表 1-1 中, 基于滤波和阻尼控制的技术措施中, 阻塞滤波器、动态稳定器及发电机附加励磁阻尼控制(SEDC)是得到工程实际应用的较为成熟的技术。其中, 动态稳定器有两种类型: 一种是基于晶闸管控制电抗器(thyristor controlled reactor, TCR)的调制类型, 另一种是近年来使用现代全控器件发展起来的基于并联静止同步补偿器(static synchronous compensator, STATCOM)的调制类型。这两种类型的动态稳定器都在工程实践中得到了成功的应用。发电机附加励磁阻尼控制受限于励磁系统的容量, 在维持小干扰作用下系统的自发振荡方面有一定的作用效果, 但是对于故障扰动引起的扭振不能很好地发挥抑制作用。阻塞滤波器接在发电机升压变压器高压侧各相绕组中性点侧, 可以有效阻碍次同步电流进入发电机定子绕组, 但是调谐参数设计方面需要非常仔细, 而且存在设备老化、参数漂移导致失谐的问题, 系统运行灵活性也不如动态稳定器。

无论何种次同步扭振抑制方式, 其关键都是参数的调节, 若参数调节不好则会起到相反的激励作用。TTTC 电厂采用阻塞滤波器来抑制 SSR, 因实际应用中参数难以准确调谐, 装置在现场调试投运时因失谐而使发电机发生异步自励磁, 发电机定子和阻塞滤波器电流发生严重畸变, 导致机组不平衡保护动作关闭进气阀, 而后阻塞滤波器被旁路并切除机组。

D 电厂因串补引起次同步谐振, 采用 SEDC 方式抑制效果不佳, 当时没有其他更好的解决办法。在发生多次 SSR 切机事件后, 借鉴锦界电厂成功解决 SSR 问题的方案, 在每台机组 20kV 侧加装 STATCOM 式的动态稳定器, 至 2013 年左右才使问题得到了根本解决。所花费的时间长达八年左右, 期间每次切机都造成了很大的经济损失。鄂温克电厂同样首先安装了 SEDC, 但不能解决 SSO 问题, 安装机端 STATCOM 式的动态稳定器后, SSO 才得到了有效抑制。

本章主要参考文献

程时杰, 曹一家, 江全元. 2009. 电力系统次同步扭振的理论与方法. 北京: 科学出版社.

顾煜炯. 2013. 汽轮发电机组扭振安全性分析与应用. 北京: 科学出版社.

李明节, 于钊, 许涛, 等. 2017. 新能源并网系统引发的复杂振荡问题及其对策研究. 电网技术, 41(4): 103-1042.

王梅义, 吴竞昌, 蒙定中. 1995. 大电网系统技术. 2 版. 北京: 中国电力出版社.

文劲宇, 孙海顺, 程时杰. 2008. 电力系统的次同步扭振问题. 电力系统保护与控制, 36(12): 1-4.

Anderson P M, Agrawal B L, van Ness J E. 1989. Subsynchronous Resonance in Power System. New York: IEEE Press.

Bahrman M, Larsen E V, Piwko R J, et al. 1980. Experience with HVDC-Turbine generator torsional interaction at square butte. IEEE Transactions on Power Apparatus and Systems, 99(3): 966-975.

Hall M C, Hodges D A. 1976. Experience with 500kV subsynchronous resonance and resulting generator shaft damage at mohave generating station. IEEE PES Winter Meeting, New York.

IEEE Committee. 1992. Reader's guide to subsynchronous resonance. IEEE Transactions on Power System, 7(1): 150-157.

IEEE Subsynchronous Resonance Working Group. 1977. First benchmark model for computer simulation of subsynchronous resonance. IEEE Transactions on Power Apparatus and Systems, 96(5): 1565-1572.

第2章　机网轴系耦合次同步扭振分析

电力系统次同步扭振频率高于低频振荡频率，一般在 10Hz 以上。因此，电力系统网络元件不能再采用研究低频振荡时的准稳态模型，而应采用计及电磁暂态过程的动态模型；发电机转子运动方程亦不能再采用研究低频振荡时的刚体模型，应采用可体现轴系扭振的多质量块模型或分布参数模型，上述对模型的要求也增加了电力系统次同步扭振分析的难度。

电力系统次同步扭振分析方法主要有频率扫描法、机组作用系数法、时域仿真法、特征值分析法、复转矩系数法。根据其分析精确程度和适用范围的不同，可有以下两种分类方法。

按照分析精确程度分类：一类是用于初步确定电力系统是否会发生次同步扭振以及从系统所有机组中筛选出可能会发生次同步扭振的机组的方法，主要有用于分析研究交流串联补偿引起的次同步扭振问题的频率扫描法和用于研究直流输电引起的次同步扭振问题的机组作用系数法；另一类则可以比较精确和定量地研究所关心的机组次同步扭振的详细特性，主要有复转矩系数法、特征值分析法和时域仿真法。

按照适用范围分类：一类是仅适用于进行小扰动分析的特征值分析法、复转矩系数法，另一类是可用于大扰动分析的时域仿真法。

电力系统次同步扭振问题的研究一般分两步进行。首先，在电力系统规划阶段，根据系统的结构和初步参数，应用频率扫描法或机组作用系数法筛选出存在次同步扭振风险、需要进一步进行深入研究的机组；然后，在获得系统的详细参数后，应用复转矩系数法、特征值分析法或时域仿真法对存在次同步扭振风险的机组进行进一步的研究，明晰其次同步扭振的问题和特性，并提出和校核可能的预防及控制措施。

2.1　机网机电耦合振荡模型

2.1.1　机组轴系模型

典型的大型汽轮发电机组轴系常采用集中质量块-弹簧模型，模型阶数与具体的机组轴系结构有关。图 2-1 表示的是一台大容量火电机组轴系的结构及分段集中质量块-弹簧模型，将机组高压缸(high pressure，HP)、中压缸(intermediate pressure，IP)、低压缸 A(low pressure，LPA)、低压缸 B(LPB)、发电机(generator，GEN)和励磁机(excitor，EXC)六个轴段分别视为一个等值的刚性集中质量块，各质量块之间通过无质量的弹簧连接，以模拟轴段之间的力矩传递关系，由此得到如图 2-1(b)所示的分段集中质量块-弹簧模型。

图 2-1(b)共包括六个刚性集中质量块，作用在每个质量块上的转矩包括原动性的蒸

汽驱动转矩或者制动性的电磁转矩、相邻轴段之间传递的扭矩和阻尼转矩。根据胡克定律和牛顿第二定律，可以列出轴系方程，如式(2-1)和式(2-2)所示：

$$\frac{\mathrm{d}\delta_i}{\mathrm{d}t} = \omega_i - \omega_0, \qquad i = 1,2,\cdots,6 \tag{2-1}$$

$$\begin{cases}
T_{J1}\dfrac{\mathrm{d}\omega_1}{\mathrm{d}t} = T_{m1} - D_{11}\omega_1 - D_{12}(\omega_1 - \omega_2) - k_{12}(\delta_1 - \delta_2) \\[2mm]
T_{J2}\dfrac{\mathrm{d}\omega_2}{\mathrm{d}t} = T_{m2} - D_{22}\omega_2 - D_{12}(\omega_2 - \omega_1) - D_{23}(\omega_2 - \omega_3) - k_{12}(\delta_2 - \delta_1) - k_{23}(\delta_2 - \delta_3) \\[2mm]
T_{J3}\dfrac{\mathrm{d}\omega_3}{\mathrm{d}t} = T_{m3} - D_{33}\omega_3 - D_{23}(\omega_3 - \omega_2) - D_{34}(\omega_3 - \omega_4) - k_{23}(\delta_3 - \delta_2) - k_{34}(\delta_3 - \delta_4) \\[2mm]
T_{J4}\dfrac{\mathrm{d}\omega_4}{\mathrm{d}t} = T_{m4} - D_{44}\omega_4 - D_{34}(\omega_4 - \omega_3) - D_{45}(\omega_4 - \omega_5) - k_{34}(\delta_4 - \delta_3) - k_{45}(\delta_4 - \delta_5) \\[2mm]
T_{J5}\dfrac{\mathrm{d}\omega_5}{\mathrm{d}t} = -T_e - D_{55}\omega_5 - D_{45}(\omega_5 - \omega_4) - D_{56}(\omega_5 - \omega_6) - k_{45}(\delta_5 - \delta_4) - k_{56}(\delta_5 - \delta_6) \\[2mm]
T_{J6}\dfrac{\mathrm{d}\omega_6}{\mathrm{d}t} = -T_{ex} - D_{66}\omega_6 - D_{56}(\omega_6 - \omega_5) - k_{56}(\delta_6 - \delta_5)
\end{cases} \tag{2-2}$$

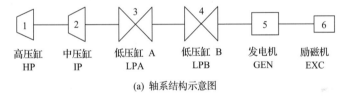

(a) 轴系结构示意图

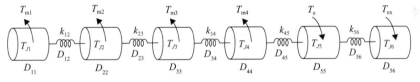

(b) 分段集中质量块-弹簧模型

图 2-1　大容量火电机组轴系结构及分段集中质量块-弹簧模型

式(2-1)和式(2-2)中各变量含义如下：

(1) δ_i 为轴系第 i 个质量块相对于同步旋转参考轴的电气角位移，单位为 rad；ω_i 为轴系第 i 个质量块的电气角速度，单位为 rad/s，注意到，δ_5 和 ω_5 分别为发电机转子的电气角位移和角速度。$\Delta\omega_i = (\omega_i - \omega_0)/\omega_0$ 为轴系第 i 个质量块相对于同步旋转参考轴的电气角速度，单位为 p.u.，$i = 1,2,\cdots,6$。

(2) T_{mi} 为作用在汽轮机第 i 个质量块上的原动转矩，$i = 1,2,3,4$，单位为 p.u.，在汽轮发电机运行的暂态过程中，它们的取值决定于汽轮机及其调速系统的动态特性；T_e 和 T_{ex} 分别为作用在发电机和励磁机质量块上的电磁转矩，单位为 p.u.，在电机的暂态运行过程中，它们的取值决定于发电机和励磁机以及相连电力系统的动态特性。

(3) T_{Ji} 为第 i 个集中质量块的惯性时间常数，单位为 s；假定已知转子集中质量块的

机械转动惯量 $J(\mathrm{kg}\cdot\mathrm{m}^2)$ 或者反映其质量和几何尺寸的 $\mathrm{GD}^2(\mathrm{t}\cdot\mathrm{m}^2)$ 值、质量块额定机械角速度 Ω_{N}（rad/s）或者转速 n（r/min）、系统基准容量 S_{B}（kV·A），则惯性时间常数 T_J 可由式(2-3)确定：

$$T_J \triangleq \frac{J\Omega_{\mathrm{N}}}{S_{\mathrm{B}}} = \frac{2.74\mathrm{GD}^2 n^2}{S_{\mathrm{B}}} \times 10^{-3} \tag{2-3}$$

（4）$k_{i,i+1}$ 为第 i 和 $i+1$ 个集中质量块之间刚度系数的标幺值，单位为 $1/\mathrm{rad}$。对于一根长度为 l、均匀截面的轴，在弹性变形范围内，其刚度系数 K 定义为

$$K = \frac{GF}{l} \tag{2-4}$$

式中，G 为轴材料的刚性模量；F 为轴的几何形状系数，它决定于轴的横截面形状。对于一个圆形横截面的实心轴，假定横截面直径为 d，则有

$$F = \frac{\pi d^2}{32} \tag{2-5}$$

刚度系数定义了轴段首末段之间的扭转相对角位移和扭转力矩之间的关系，即

$$T_{\mathrm{m}} = K\Theta = \frac{K}{n_{\mathrm{p}}}\delta \tag{2-6}$$

式中，T_{m} 为扭转力矩，单位为 $\mathrm{N}\cdot\mathrm{m}$；$\Theta$ 和 δ 分别为用机械角和电气角表示的扭转相对角位移，单位为 rad；n_{p} 为发电机的极对数；K 为刚度系数，单位为 $\mathrm{N}\cdot\mathrm{m}/\mathrm{rad}$。

如果一个转子轴由不同直径的均匀轴段组成，设每一个均匀轴段的刚度系数为 K_i，那么转子的等值刚度系数由式(2-7)计算：

$$\frac{1}{K_{\mathrm{eq}}} = \sum \frac{1}{K_i} \tag{2-7}$$

如前所述，选取转矩基准值为 $T_{\mathrm{mB}} = \dfrac{S_{\mathrm{B}}}{\Omega_{\mathrm{B}}} = n_{\mathrm{p}}\dfrac{S_{\mathrm{B}}}{\omega_{\mathrm{B}}}$，将式(2-6)所示的扭转力矩转化成标幺值，可得

$$T_{\mathrm{m}}^* = \frac{T_{\mathrm{m}}}{T_{\mathrm{mB}}} = \left(\frac{K}{n_{\mathrm{p}}}\delta\right)\bigg/\left(n_{\mathrm{p}}\frac{S_{\mathrm{B}}}{\omega_{\mathrm{B}}}\right) = \frac{\omega_{\mathrm{B}}}{n_{\mathrm{p}}^2} \times \frac{K}{S_{\mathrm{B}}}\delta = k\delta \tag{2-8}$$

因此，刚度系数 K 的标幺值为

$$k = \frac{\omega_{\mathrm{B}}}{n_{\mathrm{p}}^2} \times \frac{K}{S_{\mathrm{B}}} \tag{2-9}$$

(5) D_{ii} 为第 i 个集中质量块的自阻尼系数，$D_{i,i+1}$ 为第 i 和 $i+1$ 个集中质量块之间的互阻尼系数。阻尼系数可以用来衡量阻尼转矩与转子转速变化量之间的关系，它在电力系统次同步扭振稳定性问题的研究中具有非常重要的作用。影响阻尼系数的因素非常多，使得准确确定阻尼系数非常困难。影响阻尼系数的主要因素包括：①作为汽轮机叶轮工质的蒸汽，在稳定的蒸汽流作用下，汽轮机叶轮的振动会带来阻尼，近似认为，这个阻尼与对应的蒸汽机轴段的角速度偏差成正比；②轴材料的迟滞作用，当轴发生扭转时，由于应力的作用，轴会发生一定的形变，轴的材料所具有的应力迟滞现象会产生一定的阻尼作用；③电气系统的阻尼作用，发电机、励磁机、电力传输网络都可能引入阻尼作用。

上述各种因素对汽轮发电机组扭振阻尼的影响非常复杂，难以准确预测，即使同型号的机组在同一扭振模态下的阻尼系数也可能存在差异。为了确定阻尼系数，通常需要进行现场试验。一般认为，与轴系机械扭振相关的阻尼通常很小，这一类阻尼与汽轮发电机组输出功率有关。各个轴段轴系扭振衰减的时间常数为 4～30s。

2.1.2　机组电气模型

1. 同步发电机数学模型

同步发电机数学模型的复杂程度主要表现在转子侧等效绕组回路数的确定上，与所研究的问题有关。机网次同步扭振主要表现为大容量汽轮发电机组转子轴系与机组电气部分的耦合作用，因此针对汽轮发电机组同步发电机，转子侧采用 4 个等效阻尼绕组，分别为发电机 d 轴方向的励磁绕组 f 和等效阻尼绕组 D，以及 q 轴方向的等效阻尼绕组 g 和 Q，励磁绕组为实际绕组，阻尼绕组 D、g、Q 用于模拟暂态过程中转子本体感生涡流效应，其中 q 轴方向的绕组 g 和 Q 分别用于模拟转子本体表层和深层涡流效应。

适用于机网次同步扭振分析的同步发电机结构模型如图 2-2 所示，包括发电机定子

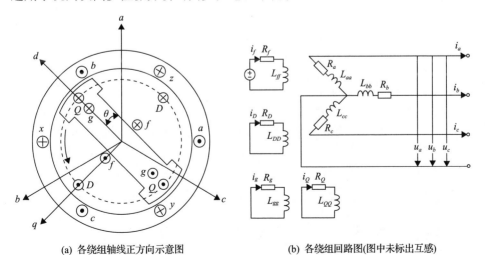

(a) 各绕组轴线正方向示意图　　　　　(b) 各绕组回路图(图中未标出互感)

图 2-2　同步发电机各绕组轴线正方向和回路图

abc 三相绕组回路，转子侧 f、D、g、Q 四个转子绕组回路，各绕组电压、电流、磁链和感生电势变量的参考正方向参见文献(程时杰等，2009)。

根据图 2-2 可以列出同步发电机各绕组回路电压方程和磁链方程，并经过 Park 变换和采用 Lad 基值系统标幺化后，得到对应转子 d 轴、q 轴和零轴方向相互解耦的同步发电机电压方程和磁链方程式，分别如式(2-10)～式(2-14)所示(程时杰等，2009)。

d 轴电压和磁链方程式为

$$\begin{bmatrix} u_d \\ u_f \\ 0 \end{bmatrix} = \begin{bmatrix} R_a & 0 & 0 \\ 0 & R_f & 0 \\ 0 & 0 & R_D \end{bmatrix} \begin{bmatrix} -i_d \\ i_f \\ i_D \end{bmatrix} + \begin{bmatrix} \mathrm{p}\psi_d \\ \mathrm{p}\psi_f \\ \mathrm{p}\psi_D \end{bmatrix} - \begin{bmatrix} \omega\psi_q \\ 0 \\ 0 \end{bmatrix} \tag{2-10}$$

$$\begin{bmatrix} \psi_d \\ \psi_f \\ \psi_D \end{bmatrix} = \begin{bmatrix} x_d & x_{ad} & x_{ad} \\ x_{ad} & x_f & x_{fD} \\ x_{ad} & x_{fD} & x_D \end{bmatrix} \begin{bmatrix} -i_d \\ i_f \\ i_D \end{bmatrix} \tag{2-11}$$

q 轴电压和磁链方程式为

$$\begin{bmatrix} u_q \\ 0 \\ 0 \end{bmatrix} = \begin{bmatrix} R_a & 0 & 0 \\ 0 & R_g & 0 \\ 0 & 0 & R_Q \end{bmatrix} \begin{bmatrix} -i_q \\ i_g \\ i_Q \end{bmatrix} + \begin{bmatrix} \mathrm{p}\psi_q \\ \mathrm{p}\psi_g \\ \mathrm{p}\psi_Q \end{bmatrix} + \begin{bmatrix} \omega\psi_d \\ 0 \\ 0 \end{bmatrix} \tag{2-12}$$

$$\begin{bmatrix} \psi_q \\ \psi_g \\ \psi_Q \end{bmatrix} = \begin{bmatrix} x_q & x_{aq} & x_{aq} \\ x_{aq} & x_g & x_{aq} \\ x_{aq} & x_{aq} & x_Q \end{bmatrix} \begin{bmatrix} -i_q \\ i_g \\ i_Q \end{bmatrix} \tag{2-13}$$

零轴电压和磁链方程式为

$$u_0 = -R_a i_0 + \mathrm{p}\psi_0, \quad \psi_0 = -x_0 i_0 \tag{2-14}$$

由于零轴方程相对独立，并且对于包括 SSO 在内的电力系统稳定问题的研究中通常认为发电机定子电流是三相平衡的，即有 $i_a + i_b + i_c = 3i_0 = 0$，因此，常常不考虑零轴及其影响，发电机的数学模型主要由 d 轴和 q 轴方程式来描述。

式(2-10)～式(2-13)中的同步发电机参数需要通过同步发电机试验参数转换得到，两组参数之间的关系可以通过同步发电机 dq 轴等值电路的形式确定。由于转子 d 轴和 q 轴方向各绕组相互之间的电磁耦合关系类似于三绕组变压器，为此，仿照变压器等值电路的方法，对于发电机定子等效绕组和转子各绕组引入漏电感系数。

$$\begin{cases} x_d = x_{\sigma a} + x_{ad}, & x_f = x_{\sigma f} + x_{fD}, & x_D = x_{\sigma D} + x_{fD}, & x_{fD} = x_{\sigma fD} + x_{ad} \\ x_q = x_{\sigma a} + x_{aq}, & x_g = x_{\sigma g} + x_{aq}, & x_D = x_{\sigma Q} + x_{aq} \end{cases} \tag{2-15}$$

可以将同步发电机 d 轴和 q 轴方程式表示成等值电路的形式, 如图 2-3 (a) 和 (b) 所示。

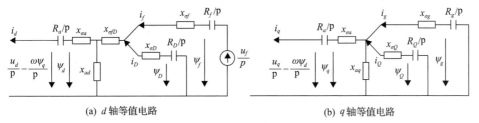

(a) d 轴等值电路   (b) q 轴等值电路

图 2-3 同步发电机等值电路

从等值电路来看, 同步发电机 d 轴试验参数按如下内容定义。

d 轴同步电抗 x_d: f、D 绕组开路, 定子绕组仅有 d 轴电流分量, 测得定子绕组电抗。

d 轴暂态电抗 x_d': f 绕组短路, D 绕组开路, 定子绕组突加 d 轴电流分量, 测得定子绕组电抗。

d 轴次暂态电抗 x_d'': f、D 绕组短路, 定子绕组突加 d 轴电流分量, 测得定子绕组电抗。

d 轴开路暂态时间常数 T_{d0}': d、D 绕组开路时, f 绕组电流衰减的时间常数。

d 轴开路次暂态时间常数 T_{d0}'': d 绕组开路, f 绕组短路, D 绕组电流衰减的时间常数。

根据上述定义, 可得 d 轴等值电路参数表示的同步发电机试验参数如下:

$$
\begin{cases}
x_d = x_{\sigma a} + x_{ad} \\[2mm]
x_d' = x_{\sigma a} + \dfrac{x_{ad} x_{\sigma f}}{x_{ad} + x_{\sigma f}} \\[3mm]
x_d'' = x_{\sigma a} + \dfrac{1}{\dfrac{1}{x_{ad}} + \dfrac{1}{x_{\sigma f}} + \dfrac{1}{x_{\sigma D}}} \\[4mm]
T_{d0}' \approx \dfrac{x_{\sigma f} + x_{ad}}{R_f} \\[3mm]
T_{d0}'' \approx \dfrac{1}{R_D}\left(x_{\sigma D} + \dfrac{x_{\sigma f} x_{ad}}{x_{ad} + x_{\sigma f}} \right)
\end{cases}
\tag{2-16}
$$

图 2-3 (a) 所示的 d 轴等值电路中, $x_{\sigma fD}$ 代表仅与励磁绕组 f 和等效阻尼绕组 D 耦合的磁链关系, 其数值可以通过电机测试得到, 该参数对于发电机定子侧各变量的模拟没有影响, 仅在需要准确计算转子侧绕组电流时考虑, 式 (2-16) 没有计及该参数。

类似地, 可以根据 q 轴等值电路定义 q 轴试验参数, 得到 q 轴试验参数与等值电路参数关系如下:

$$\begin{cases} x_q = x_{\sigma a} + x_{aq} \\[2mm] x_q' = x_{\sigma a} + \dfrac{x_{aq} x_{\sigma g}}{x_{aq} + x_{\sigma g}} \\[3mm] x_q'' = x_{\sigma a} + \dfrac{1}{\dfrac{1}{x_{aq}} + \dfrac{1}{x_{\sigma g}} + \dfrac{1}{x_{\sigma Q}}} \\[5mm] T_{q0}' \approx \dfrac{x_{\sigma g} + x_{aq}}{R_g} \\[3mm] T_{q0}'' \approx \dfrac{1}{R_Q}\left(x_{\sigma Q} + \dfrac{x_{\sigma g} x_{aq}}{x_{aq} + x_{\sigma g}} \right) \end{cases} \tag{2-17}$$

同步发电机电磁转矩标幺方程式为

$$T_e = \psi_d i_q - \psi_q i_d \tag{2-18}$$

同步发电机的饱和特性对次同步扭振分析的影响有时也需要加以考虑，以图 2-4 来说明。电力系统暂态分析中，通常根据同步发电机的空载特性考虑 d 轴和 q 轴电枢反应电抗的饱和特性，如图 2-4(a) 所示，空载特性曲线的工作点 (i_A, ψ_A) 与原点之间的直线斜率代表不饱和电抗 x_{adu}，而 (i_C, ψ_C) 与原点之间的直线斜率代表此工作点时的饱和电抗 x_{ad}，该饱和电抗对于暂态过程中运行变量的大范围变化是适用的。当进行小扰动分析，如特征值分析时，发电机在工作点附近线性化的特性参数 x_{ad} 对应于局部磁滞回线在工作点处的斜率，这个数值在有的工作点会达到不饱和电抗的 60%。因此，为了确定上述参数对特征值分析结果的影响，通常可以首先根据制造商提供的用于暂态稳定分析的 x_{ad} 估计小信号作用下的纵轴电枢反应电抗，一般取为 $0.6x_{ad}$；使用两种参数进行特征值计算，如果计算表明该参数对于计算结果影响显著，就需要考虑采用精确的小扰动参数 (Anderson et al., 1989)。

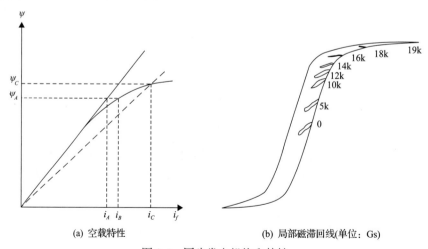

(a) 空载特性   (b) 局部磁滞回线(单位: Gs)

图 2-4 同步发电机饱和特性

$1\mathrm{Gs} = 10^{-4}\mathrm{T}$

2. 励磁系统数学模型

进行 SSO 分析时，在大多数情况下，不需要建立励磁系统的数学模型。有时，为了考虑励磁系统和 PSS 对 SSO 的影响，需要建立励磁系统的数学模型，这时常常采用简化的励磁系统模型，如图 2-5 所示。

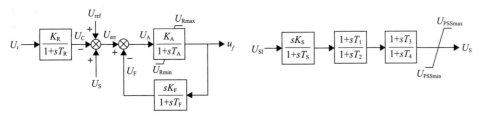

(a) 励磁系统简化模型   (b) PSS数学模型

图 2-5 用于 SSO 分析的同步发电机励磁系统简化模型框图

图 2.5(a) 中，U_t、U_{ref}、u_f 分别为机端电压信号、电压参考值以及励磁系统输出励磁电压，U_S 为 PSS 输出控制信号；K_R 和 T_R 分别为机端电压测量单元的增益和时间常数；U_C 为机端电压测量输出信号；K_A 和 T_A 分别表示励磁调节器综合放大单元的增益和时间常数；K_F 和 T_F 为励磁系统稳定器的增益和时间常数；U_F 为励磁稳定器输出；U_{err} 和 U_A 分别为机端电压测量偏差和励磁调节器综合放大单元输入信号。图 2.5(b) 为 PSS 数学模型，由惯性微分环单元和两个级联的超前滞后校正环节组成，K_S 和 T_S 分别为惯性微分环节的增益和时间常数，$T_1 \sim T_4$ 分别为两个超前滞后校正环节的时间常数；其输入信号 U_{SI} 常采用发电机的转速、频率、电磁功率、端电压或者这些变量的组合。U_{PSSmax} 和 U_{PSSmin} 为 PSS 输出限幅。

由图 2-5 所示模型框图，可以得到励磁系统和 PSS 的数学模型，分别如式(2-19)和式(2-20)所示：

$$\begin{cases} pU_C = \dfrac{K_R}{T_R} U_t - \dfrac{1}{T_R} U_C \\[2mm] pU_F = \dfrac{K_F}{T_F} u_f - \dfrac{1}{T_F} U_F \\[2mm] pu_f = \dfrac{K_A}{T_A}(U_{ref} + U_S - U_C - U_F) - \dfrac{1}{T_A} u_f \end{cases} \tag{2-19}$$

$$\begin{cases} pU_1 = \dfrac{K_S}{T_S} U_{SI} - \dfrac{1}{T_S} U_1 \\[2mm] pU_2 = \dfrac{T_1}{T_2} pU_1 - \dfrac{1}{T_2}(U_2 - U_1) \\[2mm] pU_S = \dfrac{T_3}{T_4} pU_2 - \dfrac{1}{T_4}(U_S - U_2) \end{cases} \tag{2-20}$$

式中，p 为微分算子，$p = d/dt$。

3. 汽轮机及其调速系统的数学模型

汽轮机数学模型是指汽轮机中汽门开度与输出机械功率间的传递函数关系，在电力系统分析中均采用简化的汽轮机动态模型；其动态特性只考虑汽门和喷嘴间的蒸汽惯性引起的蒸汽容积效应。当改变汽门开度时，由于汽门和喷嘴间存在一定容积的蒸汽，此蒸汽的压力不会立即发生变化，因而作用在汽轮机转子上的输入机械功率(轴功率)也不会立即发生变化，而是经过一个动态过程后达到相应的稳态值。汽轮机输入机械功率响应汽门开度变化的这一动态过程在数学上可以用一个一阶惯性环节来表示。

在计及蒸汽容积效应时，常采用的汽轮机动态模型有：①只计及高压蒸汽容积效应的一阶模型；②计及高压蒸汽和中间再热蒸汽容积效应的二阶模型；③计及高压蒸汽、中间再热蒸汽及低压蒸汽容积效应的三阶模型，其原理和传递函数框图分别如图 2-6(a)～(c)所示。

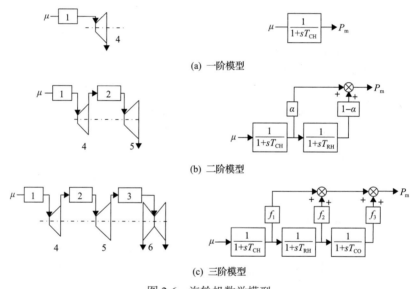

图 2-6 汽轮机数学模型

1-高压缸调节汽室；2-再热器；3-跨接管；4-高压缸；5-中压缸；6-低压缸

图 2-6 中，P_m 为汽轮机输出机械功率(标幺值)；μ 为汽门开度(标幺值)；T_{CH}、T_{RH} 和 T_{CO} 分别为高压缸汽室、中间再热管及跨接管的蒸汽容积时间常数，其典型值一般为 $T_{CH}=0.1\sim0.4s$，$T_{RH}=4\sim11s$，$T_{CO}=0.3\sim0.5s$；对于二阶模型，α 代表高压缸输出蒸汽功率占总功率的比例，其典型值约为 0.3；在三阶模型中，f_1、f_2 和 f_3 分别为高、中、低压缸稳态输出功率占总输出功率的百分比，通常约为 $f_1:f_2:f_3=0.3:0.4:0.3$。

此外，还有更详细的汽轮机模型及计及快关汽门动态的汽轮机模型，详细情况可参阅有关文献。

汽轮机调速器有液压调速器和中间再热机组用的功频电液调速器两种，从功能结构上看，它们都由转速测量及调节器、继动器和油动机四部分组成。汽轮机液压调速器的传递函数框图如图 2-7 所示，其中，ω 代表发电机转速；ω_{ref} 和 P_{ref} 分别为发电机转速给定值和功率给定值；K_G 为转速调节器的放大系数，其倒数就是调速系统的调差系数，即 $b_P = 1/K_G$，继动器采用一阶惯性环节模拟，时间常数为 T_{SR}，油动机采用单位输出反馈，它们共同构成液压随动系统；T_{SM} 为油动机积分时间常数。模型的典型参数为：$K_G = 20$，$T_{SR} = 0.1\mathrm{s}$，$T_{SM} = 0.3\mathrm{s}$，$\sigma_{max} = 0.1\mathrm{p.u./s}$，$\sigma_{min} = -0.1\mathrm{p.u./s}$，$\mu_{max} = 1.0\mathrm{p.u.}$，$\mu_{min} = 0.0\mathrm{p.u.}$。

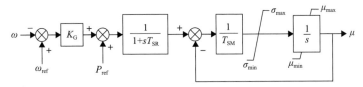

图 2-7　汽轮机液压调速器传递函数框图

为了适应中间再热式汽轮机的调节特点，功频电液调速器在液压调速系统的基础上引入了测功单元，进行输出功率反馈，以改善功频调节特性。同时采用 PID 调节器，既可克服中间再热蒸汽容积效应的影响，又有利于保证必要的静特性，其传递函数框图如图 2-8 所示。

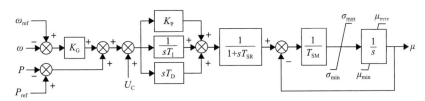

图 2-8　汽轮机功频电液调速器传递函数框图

和液压调速器相比，功频电液调速器增加了 PID 调节器，调节器放大倍数为 K_P，微分时间常数为 T_D，积分时间常数为 T_I，它将测频、测功单元的输出和给定信号进行综合校正放大，其输出经电液转换器转换为机械信号，驱动液压系统；电液转换器可看作一个一阶惯性环节，其时间常数通常很小，可以合并到继动器环节中；其他各环节及参数的意义与图 2-7 相同。汽轮机的功频电液调速 PID 调节器的典型参数如下：K_P=3～4，T_I=0.7～1s，T_D=0.1～0.25s。

2.1.3　电网电气模型

在进行 SSO 分析时，需要考虑发电机定子绕组的电磁暂态过程，电力网络也必须采用电磁暂态模型。电力网络元件主要包括输电线路、变压器、并联和串联补偿设备。补偿设备分为无源元件和有源元件，无源元件包括并联电抗器、并联电容器和串联电容器等，有源元件主要指 FACTS 装置等。本节主要介绍用于 SSO 分析的无源元件的数学模型。

1. 输电线路数学模型

在 SSO 分析中，通常假定输电线路三相对称，并采用集中参数的 Π 型等值电路表示，包括具有互感耦合的三相集中参数串联阻抗支路和具有相间电场耦合的三相集中参数并联电容支路，如图 2-9 所示。图中，R_S 和 R_m 分别表示串联支路每相自电阻和相间互电阻，L_S 和 L_m 分别表示串联支路每相自电感和相间互电感，C_g 和 C_Δ 分别表示相对地的并联电容和相间电容。

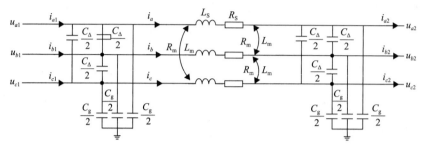

图 2-9   输电线路集中参数等值电路

采用集中参数的输电线路串联阻抗支路数学模型可以表示为

$$\begin{bmatrix} u_{a1} \\ u_{b1} \\ u_{c1} \end{bmatrix} - \begin{bmatrix} u_{a2} \\ u_{b2} \\ u_{c2} \end{bmatrix} = \begin{bmatrix} L_S & L_m & L_m \\ L_m & L_S & L_m \\ L_m & L_m & L_S \end{bmatrix} \begin{bmatrix} pi_a \\ pi_b \\ pi_c \end{bmatrix} + \begin{bmatrix} R_S & R_m & R_m \\ R_m & R_S & R_m \\ R_m & R_m & R_S \end{bmatrix} \begin{bmatrix} i_a \\ i_b \\ i_c \end{bmatrix} \tag{2-21}$$

简记为

$$u_{abc1} - u_{abc2} = Lpi_{abc} + Ri_{abc} \tag{2-22}$$

式中，$u_{abc1} = [u_a\ u_b\ u_c]^T$，$u_{abc2} = [u_{a2}\ u_{b2}\ u_{c2}]^T$ 分别为线路两端三相电压列向量；$i_{abc} = [i_a\ i_b\ i_c]^T$ 为线路串联支路电流列向量；L 和 R 分别为串联阻抗支路电感系数矩阵和电阻系数矩阵。

输电线路并联电容支路的数学模型为

$$\begin{bmatrix} i_{a1} \\ i_{b1} \\ i_{c1} \end{bmatrix} - \begin{bmatrix} i_a \\ i_b \\ i_c \end{bmatrix} = \frac{1}{2} \begin{bmatrix} C_S & C_m & C_m \\ C_m & C_S & C_m \\ C_m & C_m & C_S \end{bmatrix} \begin{bmatrix} pu_{a1} \\ pu_{b1} \\ pu_{c1} \end{bmatrix} \tag{2-23}$$

$$\begin{bmatrix} i_a \\ i_b \\ i_c \end{bmatrix} - \begin{bmatrix} i_{a2} \\ i_{b2} \\ i_{c2} \end{bmatrix} = \frac{1}{2} \begin{bmatrix} C_S & C_m & C_m \\ C_m & C_S & C_m \\ C_m & C_m & C_S \end{bmatrix} \begin{bmatrix} pu_{a2} \\ pu_{b2} \\ pu_{c2} \end{bmatrix} \tag{2-24}$$

分别简记为

$$i_{abc1} - i_{abc} = \frac{1}{2}Cpu_{abc1} \tag{2-25}$$

$$i_{abc} - i_{abc2} = \frac{1}{2}Cpu_{abc2} \tag{2-26}$$

式中，$i_{abc1} = [i_{a1}\ i_{b1}\ i_{c1}]^T$ 和 $i_{abc2} = [i_{a2}\ i_{b2}\ i_{c2}]^T$ 分别为输电线路首端和末端三相电流；C 为三相电容系数矩阵，$C_S = C_g + 2C_\Delta$ 为单相自电容，$C_m = -C_\Delta$ 为相间互电容。

以上集中参数输电线路模型是在三相静止 abc 坐标系下给出的，电力系统数字仿真中输电网络方程还常常采用静止的 $\alpha\beta0$ 坐标系表示。

定义克拉克变换及其逆变换：

$$\begin{bmatrix} f_\alpha \\ f_\beta \\ f_0 \end{bmatrix} = C_C \begin{bmatrix} f_a \\ f_b \\ f_c \end{bmatrix}, \quad \begin{bmatrix} f_a \\ f_b \\ f_c \end{bmatrix} = C_C^{-1} \begin{bmatrix} f_\alpha \\ f_\beta \\ f_0 \end{bmatrix} \tag{2-27}$$

式 (2-27) 通过克拉克变换和逆变换，建立了定子 abc 三相坐标系中的变量 [电压 (u)、电流 (i)、磁链 (ψ) 等，用 f 统一表示] 与静止 $\alpha\beta0$ 坐标系中的变量间的对应关系，简记为 $f_{\alpha\beta0} = C_C f_{abc}$，$f_{abc} = C_C^{-1} f_{\alpha\beta0}$；矩阵 C_C 和 C_C^{-1} 分别为克拉克变换矩阵及其逆矩阵，定义为

$$C_C = \frac{2}{3}\begin{bmatrix} 1 & -\frac{1}{2} & -\frac{1}{2} \\ 0 & \frac{\sqrt{3}}{2} & -\frac{\sqrt{3}}{2} \\ \frac{1}{2} & \frac{1}{2} & \frac{1}{2} \end{bmatrix}, \quad C_C^{-1} = \begin{bmatrix} 1 & 0 & 1 \\ -\frac{1}{2} & \frac{\sqrt{3}}{2} & 1 \\ -\frac{1}{2} & -\frac{\sqrt{3}}{2} & 1 \end{bmatrix} \tag{2-28}$$

分别对式 (2-22)～式 (2-24) 左乘矩阵 C_C，可得 $\alpha\beta0$ 坐标系下的输电方程如下：

$$\begin{bmatrix} u_{\alpha1} \\ u_{\beta1} \\ u_{01} \end{bmatrix} - \begin{bmatrix} u_{\alpha2} \\ u_{\beta2} \\ u_{02} \end{bmatrix} = \begin{bmatrix} L_\alpha & 0 & 0 \\ 0 & L_\beta & 0 \\ 0 & 0 & L_0 \end{bmatrix}\begin{bmatrix} pi_\alpha \\ pi_\beta \\ pi_0 \end{bmatrix} + \begin{bmatrix} R_\alpha & 0 & 0 \\ 0 & R_\beta & 0 \\ 0 & 0 & R_0 \end{bmatrix}\begin{bmatrix} i_\alpha \\ i_\beta \\ i_0 \end{bmatrix} \tag{2-29}$$

$$\begin{bmatrix} i_{\alpha1} \\ i_{\beta1} \\ i_{01} \end{bmatrix} - \begin{bmatrix} i_\alpha \\ i_\beta \\ i_0 \end{bmatrix} = \frac{1}{2}\begin{bmatrix} C_\alpha & 0 & 0 \\ 0 & C_\beta & 0 \\ 0 & 0 & C_0 \end{bmatrix}\begin{bmatrix} pu_{\alpha1} \\ pu_{\beta1} \\ pu_{01} \end{bmatrix} \tag{2-30}$$

$$\begin{bmatrix} i_\alpha \\ i_\beta \\ i_0 \end{bmatrix} - \begin{bmatrix} i_{\alpha2} \\ i_{\beta2} \\ i_{02} \end{bmatrix} = \frac{1}{2}\begin{bmatrix} C_\alpha & 0 & 0 \\ 0 & C_\beta & 0 \\ 0 & 0 & C_0 \end{bmatrix}\begin{bmatrix} pu_{\alpha2} \\ pu_{\beta2} \\ pu_{02} \end{bmatrix} \tag{2-31}$$

分别简记为

$$u_{\alpha\beta01} - u_{\alpha\beta02} = L_{\alpha\beta0}pi_{\alpha\beta0} + R_{\alpha\beta0}i_{\alpha\beta0} \tag{2-32}$$

$$i_{\alpha\beta01} - i_{\alpha\beta0} = \frac{1}{2}C_{\alpha\beta0}pu_{\alpha\beta01} \tag{2-33}$$

$$i_{\alpha\beta0} - i_{\alpha\beta02} = \frac{1}{2}C_{\alpha\beta0}pu_{\alpha\beta02} \tag{2-34}$$

式中，$u_{\alpha\beta01} = \begin{bmatrix} u_{\alpha1} & u_{\beta1} & u_{01} \end{bmatrix}^{\mathrm{T}} = C_C u_{abc1}$，$u_{\alpha\beta02} = \begin{bmatrix} u_{\alpha2} & u_{\beta2} & u_{02} \end{bmatrix}^{\mathrm{T}} = C_C u_{abc2}$，$i_{\alpha\beta0} = \begin{bmatrix} i_{\alpha} & i_{\beta} & i_0 \end{bmatrix}^{\mathrm{T}} =$ $C_C i_{abc}$，$i_{\alpha\beta01} = \begin{bmatrix} i_{\alpha1} & i_{\beta1} & i_{01} \end{bmatrix}^{\mathrm{T}} = C_C i_{abc1}$，$i_{\alpha\beta02} = \begin{bmatrix} i_{\alpha2} & i_{\beta2} & i_{02} \end{bmatrix}^{\mathrm{T}} = C_C i_{abc2}$，均为 abc 坐标系中三相电压、电流经过克拉克变换后在 $\alpha\beta0$ 坐标系中的电压、电流分量；$L_{\alpha\beta0} = \mathrm{diag}\{L_{\alpha}\ L_{\beta}\ L_0\}$，其中 $L_{\alpha} = L_{\beta} = L_S - L_m$，$L_0 = L_S + 2L_m$；$C_{\alpha\beta0} = \mathrm{diag}\{C_{\alpha}\ C_{\beta}\ C_0\}$，$C_{\alpha} = C_{\beta} = C_S - C_m$，$C_0 = C_S + 2C_m$。

式(2-29)~式(2-31)可以用三个等效单相 Π 型等值电路表示，如图 2-10 所示。可见，通过克拉克变换，可以将具有相间耦合关系的对称三相电路等效地简化为相互之间没有耦合关系的 α 轴、β 轴和零轴三个单相等值电路，并且 α 轴和 β 轴向等值电路结构及参数完全相同。因此可以根据网络元件之间的连接关系，分别按照 α 轴、β 轴和零轴建立网络等值电路，使网络状态方程式得到简化。

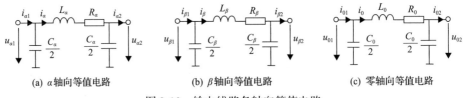

   (a) α 轴向等值电路   (b) β 轴向等值电路   (c) 零轴向等值电路

图 2-10 输电线路各轴向等值电路

2. 变压器等值电路及参数

电力变压器通常采用具有理想变压器的三相集中参数串联阻抗支路表示，其等值电路如图 2-11(a)所示。图中，R_{T} 和 L_{T} 分别表示变压器一相等值电阻和漏电感系数，变比 k 代表原副方线电压之比，励磁支路忽略不计。

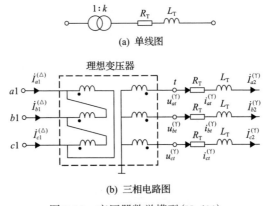

(a) 单线图

(b) 三相电路图

图 2-11 变压器数学模型(Ynd11)

当变压器采用 Yn、Y12 或者 dd12 绕组连接方式时，变比 k 为一个实系数，采用标幺值时，其数值近似等于 1.0，这时变压器的等值电路相当于一个没有互感的输电线路串联阻抗支路。如果变压器采用 Ynd11 绕组连接方式，由于各侧相电压和相电流之间存在相位移动，变压器原副方各相电压、电流之间的关系将变得复杂一些。因此，首先讨论 Ynd11 绕组连接方式下理想变压器的方程式，等值电路图如图 2-11(b)所示。

理想变压器 Ynd11 两侧电压电流满足如下关系：

$$\begin{bmatrix} i_{a1}^{(\triangle)} \\ i_{b1}^{(\triangle)} \\ i_{c1}^{(\triangle)} \end{bmatrix} = \frac{k}{\sqrt{3}} \begin{bmatrix} 1 & -1 & 0 \\ 0 & 1 & -1 \\ -1 & 0 & 1 \end{bmatrix} \begin{bmatrix} i_{at}^{(Y)} \\ i_{bt}^{(Y)} \\ i_{ct}^{(Y)} \end{bmatrix} \tag{2-35}$$

$$\begin{bmatrix} u_{at}^{(Y)} \\ u_{bt}^{(Y)} \\ u_{ct}^{(Y)} \end{bmatrix} = \frac{k}{\sqrt{3}} \begin{bmatrix} 1 & 0 & -1 \\ -1 & 1 & 0 \\ 0 & -1 & 1 \end{bmatrix} \begin{bmatrix} u_{a1}^{(\triangle)} \\ u_{b1}^{(\triangle)} \\ u_{c1}^{(\triangle)} \end{bmatrix} \tag{2-36}$$

分别简写为

$$i_{abc1}^{(\triangle)} = T_i i_{abct}^{(Y)}, \quad u_{abct}^{(Y)} = T_u u_{abc1}^{(\triangle)} \tag{2-37}$$

式中，$i_{abc1}^{(\triangle)} = \begin{bmatrix} i_{a1}^{(\triangle)} & i_{b1}^{(\triangle)} & i_{c1}^{(\triangle)} \end{bmatrix}^T$、$i_{abct}^{(Y)} = \begin{bmatrix} i_{at}^{(Y)} & i_{bt}^{(Y)} & i_{ct}^{(Y)} \end{bmatrix}^T$ 分别为理想变压器 d 侧和 Y 侧的三相电流相量；$u_{abc1}^{(\triangle)} = \begin{bmatrix} u_{a1}^{(\triangle)} & u_{b1}^{(\triangle)} & u_{c1}^{(\triangle)} \end{bmatrix}^T$、$u_{abct}^{(Y)} = \begin{bmatrix} u_{at}^{(Y)} & u_{bt}^{(Y)} & u_{ct}^{(Y)} \end{bmatrix}^T$ 分别为理想变压器 d 侧和 Y 侧的三相电压相量；系数矩阵 T_i 为 Y 侧电流经过理想变压器向 d 侧传递的关系；T_u 为 d 侧电压经过理想变压器向 Y 侧传递的关系，注意到 T_i 和 T_u 均不是满秩矩阵，说明这种变换关系是不可逆的。

分别对式(2-35)和式(2-36)进行克拉克变换，可得

$$\begin{bmatrix} i_{\alpha1}^{(\triangle)} \\ i_{\beta1}^{(\triangle)} \\ i_{01}^{(\triangle)} \end{bmatrix} = k \begin{bmatrix} \sqrt{3}/2 & -1/2 & 0 \\ 1/2 & \sqrt{3}/2 & 0 \\ 0 & 0 & 0 \end{bmatrix} \begin{bmatrix} i_{\alpha t}^{(Y)} \\ i_{\beta t}^{(Y)} \\ i_{0t}^{(Y)} \end{bmatrix} \tag{2-38}$$

$$\begin{bmatrix} u_{\alpha t}^{(Y)} \\ u_{\beta t}^{(Y)} \\ u_{0t}^{(Y)} \end{bmatrix} = k \begin{bmatrix} \sqrt{3}/2 & 1/2 & 0 \\ -1/2 & \sqrt{3}/2 & 0 \\ 0 & 0 & 0 \end{bmatrix} \begin{bmatrix} u_{\alpha1}^{(\triangle)} \\ u_{\beta1}^{(\triangle)} \\ u_{01}^{(\triangle)} \end{bmatrix} \tag{2-39}$$

简记为

$$\begin{aligned} i_{\alpha\beta}^{(\triangle)} &= T_{\alpha\beta} i_{\alpha\beta}^{(Y)}, \quad i_{01}^{(\triangle)} = 0 \\ u_{\alpha\beta t}^{(Y)} &= T_{\alpha\beta}^{-1} u_{\alpha\beta1}^{(\triangle)}, \quad u_{0t}^{(Y)} = 0 \end{aligned} \tag{2-40}$$

式中，$i_{\alpha\beta}^{(\triangle)} = \begin{bmatrix} i_\alpha^{(\triangle)} & i_\beta^{(\triangle)} \end{bmatrix}^T$ 和 $i_{\alpha\beta}^{(Y)} = \begin{bmatrix} i_\alpha^{(Y)} & i_\beta^{(Y)} \end{bmatrix}^T$ 分别为变压器 d 侧和 Y 侧电流的 $\alpha\beta$ 分量；$u_{\alpha\beta}^{(\triangle)} = \begin{bmatrix} u_\alpha^{(\triangle)} & u_\beta^{(\triangle)} \end{bmatrix}^T$ 和 $u_{\alpha\beta}^{(Y)} = \begin{bmatrix} u_\alpha^{(Y)} & u_\beta^{(Y)} \end{bmatrix}^T$ 分别为变压器 d 侧和 Y 侧电压的 $\alpha\beta$ 分量；

$$T_{\alpha\beta} = \begin{bmatrix} \sqrt{3}/2 & -1/2 \\ 1/2 & \sqrt{3}/2 \end{bmatrix}, \quad T_{\alpha\beta}^{-1} = \begin{bmatrix} \sqrt{3}/2 & 1/2 \\ -1/2 & \sqrt{3}/2 \end{bmatrix}。$$

由式(2-38)和式(2-39)可见，在$\alpha\beta 0$坐标系中，变压器各侧电压、电流的零轴分量独立于$\alpha\beta$分量，d侧和Y侧的$\alpha\beta$分量互为可逆。

在$\alpha\beta 0$坐标系中，对与理想变压器后串联的三相串联阻抗支路列写出如下方程：

$$\begin{bmatrix} u_{\alpha t}^{(Y)} \\ u_{\beta t}^{(Y)} \\ u_{0t}^{(Y)} \end{bmatrix} - \begin{bmatrix} u_{\alpha 2}^{(Y)} \\ u_{\beta 2}^{(Y)} \\ u_{02}^{(Y)} \end{bmatrix} = \begin{bmatrix} L_{\mathrm{T}} & 0 & 0 \\ 0 & L_{\mathrm{T}} & 0 \\ 0 & 0 & L_{\mathrm{T}} \end{bmatrix} \begin{bmatrix} \mathrm{p}i_{\alpha 2}^{(Y)} \\ \mathrm{p}i_{\beta 2}^{(Y)} \\ \mathrm{p}i_{02}^{(Y)} \end{bmatrix} + \begin{bmatrix} R_{\mathrm{T}} & 0 & 0 \\ 0 & R_{\mathrm{T}} & 0 \\ 0 & 0 & R_{\mathrm{T}} \end{bmatrix} \begin{bmatrix} i_{\alpha 2}^{(Y)} \\ i_{\beta 2}^{(Y)} \\ i_{02}^{(Y)} \end{bmatrix} \tag{2-41}$$

简记为

$$u_{\alpha\beta 0t}^{(Y)} - u_{\alpha\beta 02}^{(Y)} = L\mathrm{p}i_{\alpha\beta 02}^{(Y)} + Ri_{\alpha\beta 02}^{(Y)} \tag{2-42}$$

注意到$i_{\alpha\beta 0t}^{(Y)} = i_{\alpha\beta 02}^{(Y)}$，联立式(2-40)和式(2-42)，消去中间节点t的相关变量，可以得到反映变压器各侧电压电流之间关系的方程式。

3. 其他网络元件数学模型

1) 恒定阻抗负荷数学模型

恒定阻抗负荷可以视为集中参数的电阻电感接地支路，如图 2-12 所示。

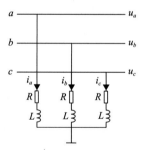

图 2-12　恒定阻抗负荷模型

阻抗的参数R和L可由初始运行方式下的负荷功率和电压确定。和集中参数的三相串联阻抗支路相比，其主要差别是支路一端为零值参考电位，因此有

$$\begin{bmatrix} u_a \\ u_b \\ u_c \end{bmatrix} = \begin{bmatrix} L & 0 & 0 \\ 0 & L & 0 \\ 0 & 0 & L \end{bmatrix} \begin{bmatrix} \mathrm{p}i_a \\ \mathrm{p}i_b \\ \mathrm{p}i_c \end{bmatrix} + \begin{bmatrix} R & 0 & 0 \\ 0 & R & 0 \\ 0 & 0 & R \end{bmatrix} \begin{bmatrix} i_a \\ i_b \\ i_c \end{bmatrix} \tag{2-43}$$

简记为

$$u_{abc} = L\mathrm{p}i_{abc} + Ri_{abc} \tag{2-44}$$

式中，$u_{abc} = \begin{bmatrix} u_a & u_b & u_c \end{bmatrix}^T$ 为负荷端三相电压列向量；$i_{abc} = \begin{bmatrix} i_a & i_b & i_c \end{bmatrix}^T$ 为负荷电流列向量；L 和 R 均为对角阵，分别为负荷恒定阻抗支路电感系数矩阵和电阻系数矩阵。

其在 $\alpha\beta0$ 坐标系下的方程式为

$$u_{\alpha\beta0} = Lpi_{\alpha\beta0} + Ri_{\alpha\beta0} \tag{2-45}$$

2) 并联电抗器数学模型

并联电抗器一般安装于超高压输电线路的两侧，或者安装于三绕组变压器的低压侧，用于实现系统无功功率平衡和限制线路空载过电压。其接线形式如图 2-13 所示。在 abc 三相坐标系中，其方程式为

$$\begin{bmatrix} u_a \\ u_b \\ u_c \end{bmatrix} = \begin{bmatrix} L + L_g & L_g & L_g \\ L_g & L + L_g & L_g \\ L_g & L_g & L + L_g \end{bmatrix} \begin{bmatrix} pi_a \\ pi_b \\ pi_c \end{bmatrix} \tag{2-46}$$

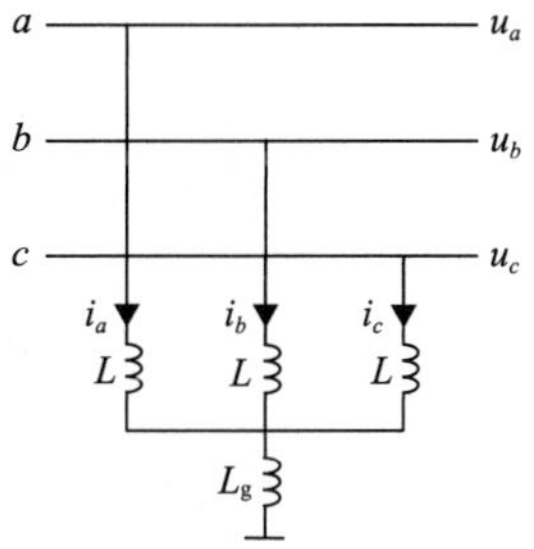

图 2-13　并联电抗器模型

在 $\alpha\beta0$ 坐标系下，其方程式为

$$\begin{bmatrix} u_\alpha \\ u_\beta \\ u_0 \end{bmatrix} = \begin{bmatrix} L & 0 & 0 \\ 0 & L & 0 \\ 0 & 0 & L + 3L_g \end{bmatrix} \begin{bmatrix} pi_\alpha \\ pi_\beta \\ pi_0 \end{bmatrix} = \begin{bmatrix} L_\alpha & 0 & 0 \\ 0 & L_\beta & 0 \\ 0 & 0 & L_0 \end{bmatrix} \begin{bmatrix} pi_\alpha \\ pi_\beta \\ pi_0 \end{bmatrix} \tag{2-47}$$

简记为

$$u_{\alpha\beta0} = L_{\alpha\beta0}pi_{\alpha\beta0} \tag{2-48}$$

式中，$L_{\alpha\beta0} = \mathrm{diag}\{L_\alpha \ L_\beta \ L_0\}$，其中 $L_\alpha = L_\beta = L$，$L_0 = L + 3L_g$。

3) 串联电容器数学模型

图 2-14 所示为串联电容器支路的模型，其微分方程式为

$$\begin{bmatrix} i_a \\ i_b \\ i_c \end{bmatrix} = \begin{bmatrix} C & 0 & 0 \\ 0 & C & 0 \\ 0 & 0 & C \end{bmatrix} \begin{bmatrix} p(u_{a1} - u_{a2}) \\ p(u_{b1} - u_{b2}) \\ p(u_{c1} - u_{c2}) \end{bmatrix} \tag{2-49}$$

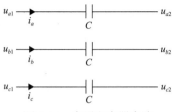

图 2-14 串联电容器支路

转换到 $\alpha\beta0$ 坐标系下，其方程式为

$$\begin{bmatrix} i_\alpha \\ i_\beta \\ i_0 \end{bmatrix} = \begin{bmatrix} C & 0 & 0 \\ 0 & C & 0 \\ 0 & 0 & C \end{bmatrix} \begin{bmatrix} \mathrm{p}(u_{\alpha1} - u_{\alpha2}) \\ \mathrm{p}(u_{\beta1} - u_{\beta2}) \\ \mathrm{p}(u_{01} - u_{02}) \end{bmatrix} \tag{2-50}$$

简记为 $i_{\alpha\beta0} = C\mathrm{p}(u_{\alpha\beta01} - u_{\alpha\beta02})$。

2.1.4 高压直流输电模型

图 2-15 所示为两端高压直流输电系统的原理接线图，包括两端换流站和直流输电线路。换流站由换流变压器 T_R、T_I，换流桥 B_R、B_I，平波电抗器 L_R、L_I 和直流滤波器 F_{dR}、F_{dI} 等元件组成。为简单起见，图中只画出高压直流输电系统的一极。

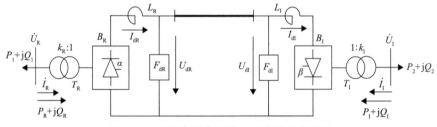

图 2-15 两端高压直流输电系统原理接线图

直流输电系统的暂态过程非常复杂，对其精确计算需要求解包含连续变量和离散变量的常微分方程和偏微分方程，计算工作量非常巨大。在电力系统稳定性分析和其他一些对精度要求不高的暂态分析中，常常需要对其进行简化处理，将换流站交直流侧电压、电流之间的关系用换流器稳态方程式表示，也就是说对换流器采用准稳态数学模型。此外，忽略交直流侧的电压电流谐波，以及直流输电线路的波过程；对于调节系统则采用详细的动态模型描述，这样建立的数学模型就是在电力系统稳定性分析中得到广泛应用的直流输电系统的准稳态模型。

1. 换流器

换流器方程包括整流器方程和逆变器方程，描述换流器交流侧和直流侧电压电流与触发角之间的代数关系。在式(2-51)～式(2-54)中，α、β、γ 和 δ 分别代表触发延迟角、触发越前角、换相角和熄弧角；下标 R 和 I 分别代表整流器侧和逆变器侧的变量，d 代表直流侧的变量，0 代表空载情况的变量，(1)代表基波分量。各变量的参考方向如图 2-15 所示。

整流器稳态方程为

$$\begin{cases} U_{dR} = U_{dR0} \cos\alpha - R_{cR} I_{dR} = U_{dR0}[\cos\alpha + \cos(\alpha + \gamma_R)]/2 \\ U_{dR0} = U_R \Big/ n_R, \quad n_R = \dfrac{\pi}{3\sqrt{2}} k_R, \quad R_{cR} = \dfrac{3}{\pi} X_R \end{cases} \tag{2-51}$$

式中，U_R 为整流侧交流母线线电压的有效值；k_R 为整流变压器的变比；R_{cR} 为等值换相电阻；X_R 为换相电抗。

不计换流器损耗时，整流器交流侧的功率（P_R、Q_R）、基波电流 $I_{R(1)}$ 和功率因数 $\cos\varphi_{R(1)}$ 之间的关系为

$$\begin{cases} P_R = U_{dR} I_{dR} = \sqrt{3} U_R I_{R(1)} \cos\varphi_{R(1)}, \quad Q_R = \sqrt{3} U_R I_{R(1)} \sin\varphi_{R(1)} \\ I_{R(1)} = \dfrac{\sqrt{6}}{\pi} \dfrac{I_{dR}}{k_R}, \quad \cos\varphi_{R(1)} \approx \dfrac{1}{2}[\cos\alpha + \cos(\alpha + \gamma_R)] \approx \dfrac{U_{dR}}{U_{dR0}} \end{cases} \tag{2-52}$$

与整流器相对应，逆变器方程如下：

$$\begin{cases} U_{dI} = U_{dI0} \cos\delta - R_{cI} I_{dI} = U_{dI0} \cos\beta + R_{cI} I_{dI} = U_{dI0}[\cos\delta + \cos(\alpha + \gamma_I)]/2 \\ U_{dI0} = U_I \Big/ n_I, \quad n_I = \dfrac{\pi}{3\sqrt{2}} k_I, \quad R_{cI} = \dfrac{3}{\pi} X_I \end{cases} \tag{2-53}$$

$$\begin{cases} P_I = -U_{dI} I_{dI} = -\sqrt{3} U_I I_{I(1)} \cos\varphi_{I(1)}, \quad Q_I = \sqrt{3} U_I I_{I(1)} \sin\varphi_{I(1)} \\ I_{I(1)} = \dfrac{\sqrt{6}}{\pi} \dfrac{I_{dI}}{k_I}, \quad \cos\varphi_{I(1)} \approx \dfrac{1}{2}[\cos\delta + \cos(\delta + \gamma_I)] \approx \dfrac{U_{dI}}{U_{dI0}} \end{cases} \tag{2-54}$$

式中，$\beta = \delta + \gamma_I$。

在计算整个直流输电系统中的电压、电流和功率时，应考虑到两极和每极下可能有多个换流桥的情况。

2. 直流输电线路

当不计输电线路波过程时，可采用分段集中参数的 T 型或者 Π 型等值电路组成连接电路，以模拟直流输电线路，从而得到微分方程式，必要时还应该考虑直流侧滤波器和两端的平波电抗器的动态过程。

以图 2-16 所示 T 型等值电路为例，直流输电线路，包括直流线路电感 L_{dc}、线路电阻 r_{dc}、线路充电电容 C_{dc}，其方程可表示为

$$\begin{cases} L_{dc} p i_{dR} = -r_{dc} i_{dR} + u_{dR} - u_{dc1} \\ C_{dc} p u_{dc1} = I_{dR} - I_{dI} \\ L_{dc} p i_{dI} = -r_{dc} I_{dI} + u_{dc1} - u_{dI} \end{cases} \tag{2-55}$$

式中，u_{dR} 为直流输电线路整流侧电压；u_{dc1} 为电容器 C_{dc} 接入直流线路点的电压；u_{dI} 为

直流输电线路逆电压。

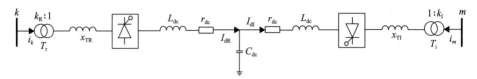

图 2-16 直流输电线路 T 型等值电路

T_r、T_i 分别为整流侧变压器和逆变侧变压器

3. 调节系统

调节系统是实现和控制直流输电系统传输功率的关键环节，其工作特性直接影响直流输电系统的运行特性。整流侧常用的基本调节方式有定电流调节和定功率调节，逆变侧的基本调节方式有定电压调节和定熄弧角调节。为了获得良好的运行特性，整流器的调节特性必须和逆变器的调节特性相配合。这四种基本调节方式的典型传递函数框图如图 2-17 所示。I、P、U、δ 分别代表直流电流、直流功率、直流电压和熄弧角，下标 ref 表示对应变量的给定参考值，k 和 T 表示对应控制增益和积分时间常数以及变量测量时间常数。

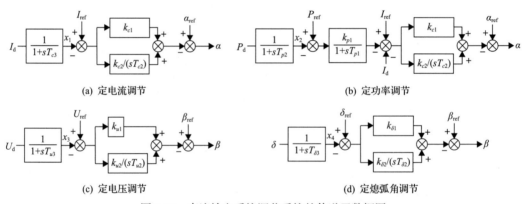

图 2-17 直流输电系统调节系统的传递函数框图

根据传递函数框图，可以列写各调节系统的微分方程。以定电流调节和定熄弧角调节为例，其方程式分别如式(2-56)、式(2-57)所示：

$$\begin{cases} T_{c3}px_1 = I_d - x_1 \\ T_{c2}p\alpha - k_{c1}T_{c2}px_1 = k_{c2}x_1 - k_{c2}I_{ref} \end{cases} \quad (2\text{-}56)$$

$$\begin{cases} T_{\delta3}px_4 = \delta - x_4 \\ T_{\delta2}p\beta - k_{\delta1}T_{\delta2}px_4 = k_{\delta2}x_4 - k_{\delta2}\delta_{ref} \end{cases} \quad (2\text{-}57)$$

2.1.5 机组与电网机电耦合振荡完整模型

基于上述各元件的数学模型，根据系统结构联立相应元件的方程式，就可以得到用于分析机组与电网机电耦合振荡的完整数学模型，其结构示意图如图 2-18 所示。

图 2-18 中，发电机组模型的机械部分对应机组轴系模型，即式(2-2)，电磁部分包

括发电机方程，即式(2-10)～式(2-14)，以及发电机励磁方程，即式(2-19)和式(2-20)。发电机电磁部分与机械部分交互的变量为发电机转子角速度和电磁功率。

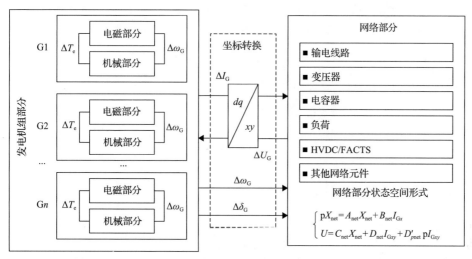

图 2-18　机组与电网机电耦合振荡完整数学模型构成示意图

网络部分包括输电线路、变压器等元件，其方程式分别如式(2-32)～式(2-34)、式(2-40)、式(2-42)、式(2-45)、式(2-48)、式(2-50)～式(2-57)所示。发电机方程与电力网络方程之间交互的变量包括发电机功角和电气角速度，以及机端电压、电流。

注意到同步发电机方程都是在以各自转子为参考的 $dq0$ 坐标系下给出的，而输电网络方程式则是在静止的 $\alpha\beta0$ 坐标系下给出的，为了求解各节点电压，需要联立求解发电机端口方程和输电网络方程，因此必须对机网接口变量进行适当的坐标变换。对于多机系统，还常常定义一个同步旋转的坐标系 $xy0$，将每台同步发电机的 $dq0$ 坐标系与该同步坐标系(q 轴与 x 轴)间的夹角定义为同步发电机的绝对功角 δ_{G}。上述三种坐标系的相互位置关系如图 2-19 所示。

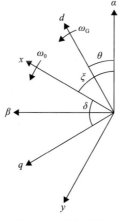

图 2-19　坐标变换

图 2-19 中，$dq0$ 坐标系与 $xy0$ 坐标系(q 轴与 x 轴)之间的夹角为发电机功角 $\delta = \delta_{\mathrm{G}}$；

$dq0$ 坐标系与 $\alpha\beta0$ 坐标系(d 轴与 α 轴)之间的夹角为 $\theta = \omega_\mathrm{G}t + \theta_0$，$\theta_0$ 为初始相位，ω_G 为同步发电机转子电气角速度；$xy0$ 坐标系与 $\alpha\beta0$ 坐标系(x 轴与 α 轴)之间的夹角为 $\xi = \omega_0t + \xi_0$（ξ_0 为初相角），ω_0 为同步旋转电气角速度。

综合上述坐标系相互间的关系，可得变量在不同坐标系之间的转换关系：

$$\begin{bmatrix} f_x \\ f_y \\ f_0 \end{bmatrix} = \begin{bmatrix} \cos\xi & \sin\xi & 0 \\ -\sin\xi & \cos\xi & 0 \\ 0 & 0 & 1 \end{bmatrix} \begin{bmatrix} f_\alpha \\ f_\beta \\ f_0 \end{bmatrix} \tag{2-58}$$

$$\begin{bmatrix} f_x \\ f_y \\ f_0 \end{bmatrix} = \begin{bmatrix} \sin\delta & \cos\delta & 0 \\ -\cos\delta & \sin\delta & 0 \\ 0 & 0 & 1 \end{bmatrix} \begin{bmatrix} f_d \\ f_q \\ f_0 \end{bmatrix} \tag{2-59}$$

$$\begin{bmatrix} f_d \\ f_q \\ f_0 \end{bmatrix} = \begin{bmatrix} \cos\theta & \sin\theta & 0 \\ -\sin\theta & \cos\theta & 0 \\ 0 & 0 & 1 \end{bmatrix} \begin{bmatrix} f_\alpha \\ f_\beta \\ f_0 \end{bmatrix} \tag{2-60}$$

分别简记为

$$\begin{aligned} f_{xy0} &= Sf_{\alpha\beta0} \\ f_{xy0} &= Tf_{dq0} \\ f_{dq0} &= T^{-1}Sf_{\alpha\beta0} \end{aligned} \tag{2-61}$$

式中，$f_{xy0} = \begin{bmatrix} f_x\ f_y\ f_0 \end{bmatrix}^\mathrm{T}$、$f_{dq0} = \begin{bmatrix} f_d\ f_q\ f_0 \end{bmatrix}^\mathrm{T}$、$f_{\alpha\beta0} = \begin{bmatrix} f_\alpha\ f_\beta\ f_0 \end{bmatrix}^\mathrm{T}$ 分别为电压或者电流在相应坐标系中的变量名，需要说明的是，上述坐标变换均为可逆变换。

利用上述坐标变换，可以将发电机端口方程转换到 $\alpha\beta0$ 坐标系，从而与网络方程式联立，以求解包含机端电压变量在内的各节点电压，或者将发电机端口方程式和网络方程式都转换到同步旋转坐标系 $xy0$ 中，然后联立求解节点电压。这一变换过程就是机网接口。

2.2 机电耦合电磁暂态数值仿真

2.2.1 时域仿真法原理

电力系统一般用微分代数方程组来建立模型。对于这些模型，可以用基于数值积分的方法逐步求解描述整个系统的微分方程组，这就是时域仿真法。

次同步扭振分析中涉及电力系统中的多种元器件，包括汽轮机轴系及调速系统、发电机、励磁系统、变压器、开关、输电线路、HVDC 输电、串联补偿电容、FACTS 以及机网接口数学模型等。时域仿真法可以详细地模拟发电机、系统控制器，以及系统故障、开关动作等各种网络操作。时域仿真法的优势是可以得到各变量随时间变化的曲线，可以计及各种非线性因素的作用，在大扰动和小扰动下均可用来研究分析次同步扭振。

2.2.2 算例分析

以 IEEE 第一基准模型系统为例,模型中发电机组的轴系模型为 6 段模型,有 5 个固有的扭振频率,分别为(模态 1~模态 5)15.7Hz、20.2Hz、25.5Hz、32.3Hz、47.5Hz。模型中发电机有功出力为 0.9p.u.,功率因数为 0.9,模型及其余参数详见文献(IEEE Subsynchronous Resonance Working Group,1977)。

根据文献(IEEE Subsynchronous Resonance Working Group,1977)的发电机参数,IEEE 第一基准模型中发电机组 d 轴次暂态电抗 $x_d'' = 0.1352$,则可得到在不同串补度下与电气谐振频率互补的频率为

$$f_{\mathrm{m}} = f_N \left(1 - \sqrt{\frac{x_C}{x_d'' + x_T + x_l}} \right) \tag{2-62}$$

式中, x_d'' 为发电机次暂态电抗; x_T 为发电机升压变漏抗; x_l 为送出线路电抗; x_C 为串补容抗; f_N 为工频。

通过计算可得,当串补度(x_C/x_l)分别为 81%、65%、49% 和 31% 时, f_{m} 分别与轴系模态 1 至模态 4 频率对应,即在上述串补度下,电气系统与轴系模态 1 至模态 4 的扭转相互作用分别达到最大,系统发生次同步扭振的风险最大。

本节基于 PSCAD/EMTDC 电磁暂态仿真程序,建立 IEEE 第一基准模型的仿真平台。分别设置系统串补度为 35%、50%、70%、80%,然后仅以仿真软件数值计算的误差设置为系统的扰动源进行仿真计算,得到的结果如图 2-20 和图 2-21 所示。

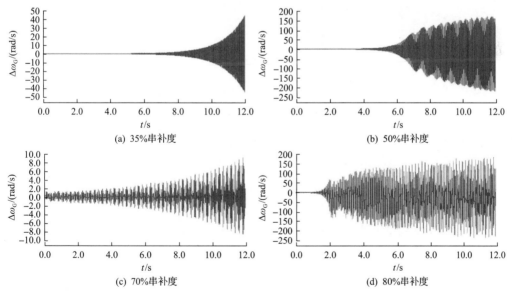

图 2-20 发电机轴系转速偏差仿真结果

由图 2-20 和图 2-21 可知,在上述串补度下,系统均存在不稳定的模态;但从仿真结果中无法获知系统存在的不稳定模态及其阻尼信息。对上述仿真结果进行进一步分析,以 35%串补度时的仿真结果为例,进行系统仿真结果的时频特性分析,结果如图 2-22 所示。

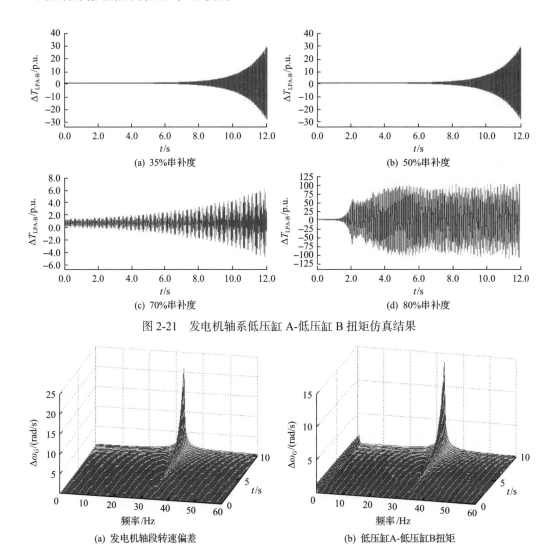

图 2-21　发电机轴系低压缸 A-低压缸 B 扭矩仿真结果

图 2-22　串补度为 35%时发电机轴系转速偏差和扭矩时频特性分析结果

　　由图 2-22 可知，在 35%串补度下，发电机轴系模态 4(32.3 Hz)不稳定，系统迅速发散。系统在其余三个串补度(50%、70%、80%)下的时频特性与 35%串补度类似，此处不再一一给出，即时域仿真结果与式(2-62)的分析结果一致。

　　由上述分析可知，时域仿真法是分析电力系统次同步扭振的有效方法，能直观地给出系统的不稳定情况，但无法给出系统次同步扭振的相关模态和阻尼等重要信息，必须结合时频分析方法。

2.3　特征值分析

2.3.1　特征值分析法原理

　　特征值分析法以李雅普诺夫稳定性定理为基础，列写电力系统各元件在电磁暂态下的微分方程以及表示各元件关系的代数方程，通过求解系统线性化矩阵的特征值来判断系统的稳定性，还能通过对矩阵的分析得到更多相关信息。

在得到系统的 N 维线性方程 $\dot{X} = AX$ 之后，可以得到状态矩阵 A 的 N 个特征值，其中 X 为增量形式的状态变量。若所有特征值的实部均为负值，则表示系统在该工作点上是稳定的；若存在至少一个实部为正的特征值，表示系统有振荡风险；若特征值中只含实部为零或者实部为负的根，表示系统处于临界稳定状态。

通过对系数矩阵进行特征结构分析，可以计算出系统各个特征值的特征向量及参与因子，根据这些结果可以分析轴系扭振模式的稳定性及其阻尼特性。此外，还可以针对扭振模态进行灵敏度分析，以便采取预防对策，设计控制器以抑制系统中存在的振荡问题。

2.3.2 算例分析

在不计调速器和汽轮机的动态过程(恒转矩)且忽略励磁系统动态的影响(恒定励磁)的情况下，建立系统的状态空间模型；改变线路串补度，对 IEEE 第一基准模型进行扫描，图 2-23 展示了这四个不稳定模态(15.7Hz、20.2Hz、25.5Hz、32.3Hz)的实部变化情况。

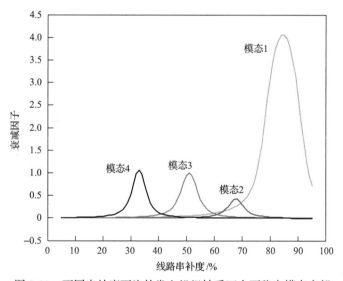

图 2-23 不同串补度下汽轮发电机组轴系四个不稳定模态实部

由图 2-23 可知，模态 1 至模态 4 分别在串补度为 84%、68%、51%和 32%时最不稳定，上述结果与式(2-62)的分析结果一致。其中当串补电容电抗为 0.35p.u.(62.5%串补度)时，所得到的分析结果如表 2-1 所示。

由上述分析可知，特征值分析法是分析电力系统次同步扭振的有效方法，且其可给出系统次同步扭振的模态和阻尼等重要信息。但对于 IEEE 第一基准模型这样的 6 质量块轴系、单机单线系统，系统阶数已经达到 20 阶；如果发电机轴系采用更精细的 180 段模型，则对于一个 4 机系统来说，仅系统发电机部分的微分方程阶数已到达$(180\times2+6)$

×4=1464 阶，可见特征值分析法在多机系统分析时将会遇到"维数灾"问题。

表 2-1　串补电容为 0.35p.u.(62.5%串补度)时系统特征值分析结果

序号	特征值	频率/Hz
1	0±j202.79	32.27
2	0±j160.29	25.51
3	0.11±j127.18	20.24
4	0.13±j99.78	15.88
5	−0.44±j10.31	1.64
6	−7.12±j616.26	98.08
7	0±j298.18	47.45
8	−5.95±j137.16	21.83
9	−0.4045	0
10	−0.2481	0
11	−0.0305	0
12	−0.0024	0

2.4　复转矩系数分析

2.4.1　复转矩系数法原理

复转矩系数法将电力系统分为由汽轮机及轴系构成的机械系统和发电机及外部电力系统构成的电气系统两部分。如果用电磁转矩 ΔT_e 表示电气系统对发电机轴系的制动作用，用机械转矩 ΔT_m 表示机械系统对发电机轴系的驱动作用，则这两者恰好是相互平衡的量，即 $\Delta T_m = -\Delta T_e$。分别考虑发电机机械部分动态方程和系统电气部分电磁暂态方程，将描述全系统动态的状态方程组转化为仅保留待研究机组功角偏差状态变量的高维微分方程：

$$[K_M(p)+K_E(p)]\Delta\delta=0 \tag{2-63}$$

式中，$K_M(p)$ 和 $K_E(p)$ 均为微分算子 $p=\dfrac{d}{dt}$ 的有理分式；$\Delta\delta$ 为发电机功角偏差。

$K_M(p)$ 称为机械复转矩系数，它表征了等效机械转矩增量与发电机转子功角偏差之间的传递关系。当转子功角偏差按照某一频率 ζ 做等幅振荡时，将 $K_M(p)$ 在频率 ζ 处展开可得

$$K_M(j\zeta)=K_m(\zeta)+j\zeta D_m(\zeta) \tag{2-64}$$

式中，K_m 和 D_m 分别为机械弹性系数和机械阻尼系数。

$K_E(p)$ 称为电气复转矩系数，它表征了等效电气转矩增量与发电机转子功角偏差之

间的传递关系。当转子功角偏差按照某一频率 ζ 做等幅振荡时，将 $K_E(p)$ 在频率 ζ 处展开可得

$$K_E(j\zeta) = K_e(\zeta) + j\zeta D_e(\zeta) \tag{2-65}$$

式中，K_e 和 D_e 分别为电气弹性系数和电气阻尼系数。

方程 $K_m(\zeta)+K_e(\zeta)=0$ 对应的频率为轴系自然扭振频率，轴系机械阻尼系数恒为正值。

对于系统位于待研机组轴系自然扭振频率附近的某一对共轭特征根 $\sigma\pm j\zeta$，如果实部 $\sigma>0$，说明系统会发生对应频率的次同步谐振；如果实部 $\sigma<0$，说明系统在该频率下是稳定的，没有振荡风险；对于临界情况 $\sigma=0$，有

$$K_M(j\zeta) + K_E(j\zeta) = 0 \tag{2-66}$$

将式 (2-66) 的实部和虚部分开，可得

$$K_m(\zeta) + K_e(\zeta) = 0 \tag{2-67}$$

$$D_m(\zeta) + D_e(\zeta) = 0 \tag{2-68}$$

即在临界情况下，系统弹性系数之和为零，且在该自然扭振频率下系统的电气阻尼系数和机械阻尼系数之和亦恰好为零。

因此可以认为，如果在轴系某一自然扭振频率附近，发电机机械阻尼不足以抵消负的电气阻尼，使得总的阻尼系数小于零，系统将发生不稳定的次同步谐振，即复转矩系数法判断系统发生次同步扭振的判据是

$$\left[D_m(\zeta) + D_e(\zeta) \right]_{[K_m(\zeta)+K_e(\zeta)=0]} < 0 \tag{2-69}$$

因此，只要计算系统不同频率下的机械复转矩系数和电气复转矩系数，即可判断系统是否会发生次同步扭振。

2.4.2　算例分析

对 IEEE 第一基准模型在不同串补度下的电气阻尼情况进行分析，得到 IEEE 第一基准模型中发电机的电气阻尼情况，如图 2-24 所示。

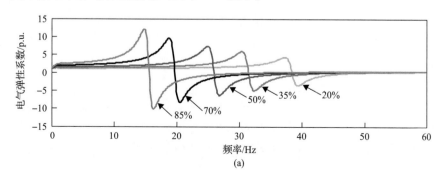

(a)

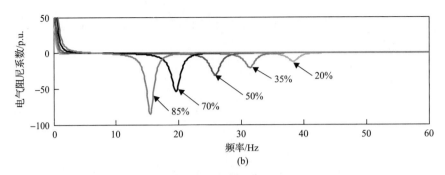

图 2-24　IEEE 第一基准模型电气阻尼情况计算结果

由图 2-24 知，系统的模态 1 至模态 4 分别在系统串补度为 85%、70%、50%、35% 左右时得到激发而最不稳定；该分析结果与式(2-62)的分析结果一致。

2.5　频率扫描

频率扫描法是一种近似的线性方法，利用该方法可以筛选出具有潜在 SSR 问题的系统条件，同时可以确定对次同步扭振问题不起作用或作用较小的部分系统或运行条件。

频率扫描法的具体做法为：首先通过电力系统等值的方法，根据所需要研究的电力系统得到等值的系统正序阻抗网络，如图 2-25 所示，虚线部分表示待研究发电机，其余发电机以次暂态电抗表示，等值在电网中。频率扫描法的关键就是在不同频率下求得从待研机组转子后向系统侧看进去的全系统阻抗频率曲线，即从端口 N 向系统侧看进去的等值阻抗。该等值阻抗包括两部分，一是电抗频率曲线，二是电阻频率曲线。电力系统次同步扭振主要研究三个方面的问题，即感应发电机效应、扭转相互作用和暂态扭矩放大作用。应用扫描得到的阻抗频率曲线可以对以上问题进行初步评估和分析。

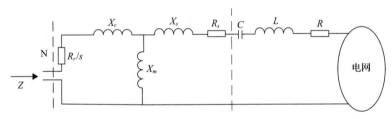

图 2-25　频率扫描法等值电路

如果某频率点等值电抗等于零或接近于零，所对应频率点上的等值电阻小于零，则可以确定存在感应发电机效应，而等值电阻负值的大小则决定着电气振荡发散的速度。同时，系统在与轴系扭振频率对应时的频率阻抗特性，对扭转相互作用和暂态扭矩放大的评估也有十分重要的意义。

频率扫描法的优点是可对复杂系统进行处理，结果明确直观、方法简单，运算时间短，适合对 SSR 问题进行初步的筛选；缺点是网络中不能含有非线性元件，只能定性分析 SSR 问题，其判别结果还必须结合系统的电气阻尼和机械阻尼的情况以及时域仿真方法验证。

2.6 机组作用系数法

机组作用系数法是针对与直流输电系统有关的电力系统次同步扭振问题而提出来的一种分析方法。机组作用系数可以表征发电机组与直流输电系统相互作用的强弱。

直流输电系统整流站与第 i 台发电机组之间的相互作用的程度可用式 (2-70) 表达：

$$\text{UIF}_i = \frac{S_{\text{HVDC}}}{S_i}\left(1 - \frac{\text{SC}_i}{\text{SC}_{\text{TOT}}}\right)^2 \tag{2-70}$$

式中，UIF_i 为第 i 台发电机组的作用系数；S_{HVDC} 为直流输电系统的额定容量；S_i 为第 i 台发电机组的额定容量；SC_i 为直流输电整流站交流母线上的三相短路容量，计算该短路容量时不包括第 i 台发电机组的贡献，也不包括交流滤波器的作用；SC_{TOT} 为直流输电整流站交流母线上包括第 i 台发电机组贡献的三相短路容量，计算该短路容量时不包括交流滤波器的作用。

判别准则：若 $\text{UIF}_i < 0.1$，则可以认为第 i 台发电机组与直流输电系统之间没有显著的相互作用，不需要对次同步扭振问题做进一步的研究；否则，需要对该机组的次同步扭振问题进行进一步的分析，以确定其是否存在次同步扭振风险及次同步扭振的特性。

从式 (2-70) 可见，若 $\left(1 - \dfrac{\text{SC}_i}{\text{SC}_{\text{TOT}}}\right)^2 \to 0$，则 $\text{UIF}_i \to 0$。而 $\left(1 - \dfrac{\text{SC}_i}{\text{SC}_{\text{TOT}}}\right)^2 = 0$ 的条件是 $\text{SC}_i = \text{SC}_{\text{TOT}}$，也就是说，当 $\text{SC}_i \approx \text{SC}_{\text{TOT}}$ 时，UIF_i 就会很小。根据短路电流水平研究的经验知道：当某机组离整流站电气距离很远时，$\text{SC}_i \approx \text{SC}_{\text{TOT}}$；当交流系统联系紧密，系统容量很大时，也有 $\text{SC}_i \approx \text{SC}_{\text{TOT}}$。

值得指出的是，用来计算发电机组作用系数的公式只适用于连接于同一母线上的所有发电机组各不相同的情况，此时，各发电机组具有不同的固有扭振频率，一台发电机组上的扭振不对另一台发电机组的扭振产生作用。但如果连接于同一母线上的几台发电机组是相同的，如一个电厂具有几台相同的发电机组，则在扭振激励作用下，几台发电机组将有相同的扭振响应，它们便不再是独立的了；因此在进行扭转相互作用分析时，必须将这几台相同的发电机组等值为一台机组来处理，该等值机组的容量就等于这几台发电机组容量之和，然后再用上述公式来计算该等值机组的作用系数。

作为一种用于筛选的方法，机组作用系数法用于研究由直流输电引起的次同步扭振问题是非常简单而有效的。它所需要的原始数据很少，不需要知道直流输电控制系统的特性，也不需要发电机组的轴系参数。式 (2-70) 中的 S_{HVDC} 和 S_i 在计算时是已知的，是系统研究的基础数据；SC_i 和 SC_{TOT} 可由电力系统常规短路电流计算得到。

针对直流输电系统的 SSO 研究，机组作用系数法的优点是方法简单、运算时间短，可根据系统规划数据有效地进行次同步扭振定量筛选；缺点是仅能筛选得出系统中与直流输电耦合较强的机组，而不能对其 SSO 特性进行进一步的深入分析。

2.7 几种分析方法的比较

频率扫描法从电气谐振和负电阻效应的角度去判断系统是否存在次同步扭振的风险，主要是对系统可能存在的次同步扭振风险进行初步筛选，详细研究系统次同步扭振问题还需要采用特征值分析和时域仿真等方法。

机组作用系数法根据待研究机组和直流输电容量以及送端交流系统短路容量的相对大小判断直流控制与火电机组之间交互影响的程度，以及引起次同步扭振的风险，是一种简化的工程判据，主要用于初步判断直流输电是否会引起邻近火电机组轴系次同步扭振，之后仍然需要采用特征值分析和时域仿真等方法进行详细研究。

时域仿真法最为突出的优点是可以直观地得到系统中各个变量随时间变化的曲线，而不受动态系统复杂程度、元件数量、规模大小、是否线性，甚至系统是否连续的限制，在大扰动和小扰动下均可研究系统次同步扭振，适用于研究暂态扭矩放大作用问题。时域仿真法的缺点是采取数值积分的方法，没有描述其物理概念，系统的扭振模态和阻尼特性无法鉴别，且无法提供系统次同步扭振产生机理、影响因素及预防对策的信息。

特征值分析法是一种基于线性系统理论的、严格的、准确的分析方法。该方法可以得到系统稳定相关的定量信息，容易分析各种条件变化时系统的特征值变化情况，且可以结合线性控制理论，设计阻尼控制器来预防次同步扭振，是除暂态力矩放大作用之外的次同步扭振问题分析的有效手段。由于是基于稳态工作点附近的线性化模型，特征值分析法无法对暂态扭矩放大现象进行研究，且需要对所有的系统元件建模，并线性化形成系数矩阵，计算复杂，需要大量的、准确的电力系统参数；同时，在分析大规模多机系统时，由于存在"维数灾"问题而无法计算获得系统准确的特征值等相关信息。

复转矩系数法在某种意义上可视为特征值分析法和频率扫描法的结合。该方法将机械系统和电气系统分开考虑，因而在一定程度上克服了特征值分析法所面临的"维数灾"问题，且可给出所关心机组在整个次同步频带内的阻尼特性；但传统的基于全维状态消元的复转矩系数法对降低系统计算维数的能力有限，且目前对于复转矩系数法在多机系统次同步扭振分析中的研究较少。

2.8 本 章 小 结

已有相关专著论述电力系统次同步扭振分析用的各元件数学模型及电力系统次同步扭振的分析方法，本章简要论述了相关内容，作为本书的理论基础。总体来说，机网耦合次同步扭振现象是电力系统次同步扭振问题的基本物理现象之一，其主要作用机理就是电网侧电气振荡会在发电机转子轴段上产生对应扭振模态频率的电磁转矩，激起轴系扭振，发电机转子轴段扭振通过电磁耦合又可能反过来激励出更强烈的电气振荡。因此，研究电网-机组耦合次同步扭振问题时，系统元件的数学模型必须能够反映这种次同步电气-机械耦合相互作用特性，包括轴系扭振动态、发电机和电网元件及其控制系统的次同步频段电气动态等。具体来说，汽轮发电机轴系常采用可以准确反映其扭振模态的集中质量块-弹簧模型，同步发电机定、转子绕组及电网元件采用全时域电磁暂态模型，可以反映 0～100Hz 范围内电气系统的动态特性，发电机励磁控制根据应用需要考虑是否建立其模型，如采用通过附加励磁控制方式抑制次同步扭振的情形。直流输电系统的控制回路与火电机组之间的机电耦合作用是其弱化机组轴系扭振电气阻尼甚至激发次同步扭振的主要原因，因此直流输电的数学模型必须包括其控制环节，现有的直流输电数学模型对于换流器采用工频变直流的稳态方程描述，严格说是不够精确的，但是从分析结果来看，大体上也能反映直流输电相关的次同步扭振问题。

简而言之，特征值分析法可以从理论上揭示次同步扭振发生的机理，指导动态稳定器的控制器设计，是严格的数学分析方法。复转矩系数法基于特征值分析法的线性化数学模型，通过计算待研究发电机的电气阻尼特性来分析系统次同步扭振的风险，计算分析法相比特征值分析法更为容易。频率扫描法和机组作用系数法不需要复杂的精确建模，主要用于包含串补或直流输电的火电送出系统次同步扭振问题的初步工况筛选。由于在暂态扭矩放大研究方面的优势，目前次同步扭振分析仍然以大量工况的时域仿真法为主。

本章主要参考文献

程时杰, 曹一家, 江全元. 2009. 电力系统次同步扭振的理论与方法. 北京: 科学出版社, 2009.

何仰赞. 2002. 电力系统分析(上册). 3 版. 武汉: 华中科技大学出版社.

何仰赞, 温增银. 2002. 电力系统分析(下册). 3 版. 武汉: 华中科技大学出版社.

黄家裕. 1995. 电力系统数字仿真. 北京: 水利电力出版社.

倪以信, 陈寿孙, 张宝霖. 2002. 动态电力系统的理论和分析. 北京: 清华大学出版社.

王锡凡, 方万良, 杜正春. 2003. 现代电力系统分析. 北京: 科学出版社.

文劲宇, 孙海顺, 程时杰. 2008. 电力系统的次同步扭振问题. 电力系统保护与控制, 36(12): 1-4.

夏道止. 1995. 电力系统分析(下册). 北京: 中国电力出版社.

徐政, 罗惠群, 祝瑞金. 1999. 电力系统次同步扭振问题的分析方法概述. 电网技术, 23(6): 3-5.

Anderson P M, Agrawal B L, van Ness J E. 1989. Subsynchronous Resonance in Power System. New York: IEEE Press, 1989.

Anderson P M, Fouad A A. 2003. Power System Control and Stability. 2nd ed. New York: IEEE Press.

IEEE Power Engineering Society. 2003. IEEE guide for synchronous generator modeling practices and applications in power system stability analyses: IEEE Std 1110[TM]-2002. New York: The Institute of Electrical and Electronics Engineering, Inc.

IEEE Subsynchronous Resonance Working Group. 1977. First benchmark model for computer simulation of subsynchronous resonance. IEEE Transactions on Power Apparatus and Systems, 96(5): 1565-1572.

IEEE Working Group on Prime Mover and Energy Supply Models for System Dynamic Performance Studies. 1991. Dynamic models for fossil fueled steam units in power system studies. IEEE Transactions on Power Systems, 6(2): 753-761.

IEEE Working Group on Prime Mover and Energy Supply Models for System Dynamic Performance Studies. 1992. Hydraulic turbine and turbine control models for system dynamic studies. IEEE Transactions on Power Systems, 7(1): 167-179.

Kundur P. 2001. Power System Stability and Control. 北京: 中国电力出版社.

Padiyar K R. 1999. Analysis of Subsynchronous Resonance in Power System. Massachusetts: Kluwer Academic Publishers.

第3章 汽轮发电机组轴系扭振的动力学分析模型与方法

机网耦合谐振或者振荡现象体现在汽轮发电机组轴系上,就是轴系的扭振问题。汽轮发电机组轴系的扭振问题研究,主要是通过结构动力学方法分析轴系结构的扭振模态特性及轴系在变动载荷下的扭振响应问题。

汽轮发电机组轴系除了受相对变化缓慢的扭功率载荷外,还会受到或大或小的扰动性、冲击性动载荷。通常当载荷变化缓慢、变化周期远大于结构的自振周期或者变化速度远小于结构自振时的速度时,其动力响应是很小的,可将它作为静力载荷处理,如升降蒸汽调节发电功率等。也就是说,这时候可以不用考虑前期载荷对后期载荷的影响,每一个工况分析都可以作为稳态过程处理;反之,对于那些变化激烈、动力作用显著的载荷,必须考虑轴系的动力响应,此时在变动的载荷作用下,轴系的角位移、应力和应变等指标不仅随空间位置发生变化,而且也随时间变化,如机网耦合振荡或者耦合谐振等扰动现象。

按照作用在结构上动力载荷的类型及分析目的分类,一般性的结构动力学分析包括模态分析、谐响应分析、瞬态动力学分析和谱分析几大类。模态分析用于分析了解被研究对象本身的固有特性,包括固有频率和模态振型,常用近似法、传递矩阵法或者有限元方法等。瞬态动力学分析用于了解被研究对象在特定外载荷下的响应大小、应力分布和应力变化过程,可作为疲劳分析的基础,一般可以采用模态叠加法、传递矩阵法和有限元方法等。

对于汽轮发电机组轴系,其扭振动力学分析要解决的问题主要有两类:汽轮发电机组轴系的固有扭振特性分析,包括扭振固有频率和主振型,以便掌握其薄弱环节并对外界扰动的响应进行定性评价,扭振频率和扭振振型是轴系的动力学特征数据;汽轮发电机组轴系扭振瞬态动力学分析,主要目的是分析在外部激励下轴系扭振时的动力响应和轴系不同位置的角位移大小及变化规律,为扭振疲劳安全性评价提供数据支撑。

汽轮发电机组的轴系是由很多尺寸形状差异很大的部件按照较高的工艺要求装配起来的。在对其进行扭振特性分析时,由于其外形结构十分复杂,一般而言无法也没有必要按照结构图纸完整精确建模,可按一定的原则和方法进行简化,这样可显著降低建模和分析计算的工作量、时间和难度,这种简化方法和过程称为模化。不同的场合下扭振特性研究所需的精确度是不同的,模化的重要原则是不应显著影响所要分析的轴系振动特性问题所需的精确度。

在研究扭振特性过程中,根据模化方法和简化程度的差异,一般可以将扭振研究的数学模型分为两大类,即集中质量模型和连续质量模型。有限元模型也是连续质量模型的一种。

转子轴系的扭振频率和振型取决于轴系扭转刚度和转动惯量以及二者的空间分布。在比较粗略的场合使用的集中质量模型,是将机组轴系看作一个质量弹簧系统,即用无质量的扭转弹簧，将无弹性的质量块连接在一起，组成一个扭转振动系统，如图 2-1 所示。图 2-1 集中质量模型中，转子轴系的惯量按照各段转子进行了等效集中，各段转子的扭转弹性也用集中质量元件之间的弹性元件进行了集中简化，如果需要更准确的频率和振型，则各段转子还可以再进一步精细剖分为更多的质量块和弹簧。

大量的工程实践表明，集中质量法能较好地求取轴系低阶扭振频率及相应振型，但由于它将轴系各轴段的转动惯量和刚性分布简化为少数几个数据，不能考虑这两个参数的分布特点，因此该方法计算获得的扭振频率及振型的有限性和精度限制了其应用范围。

实际汽轮机轴系大致上属于轴对称结构，基于此特征，连续质量模型的模化方法是把它划分成很多轴段，每个轴段用一个均质圆柱体等效，这些圆柱体在端面按照一定方式连接起来，如图 3-1 所示。圆柱体一般具有和实际轴段相同的长度，均质圆柱体的转动惯量和实际轴段的惯量及轴段上的附加转动惯量之和相等，圆柱体的直径设定应该保证其刚性与实际轴段一致或接近。理论上扭转刚度、转动惯量和长度相同，则各段的扭振特性应该也相同。理论分析和工程实践也表明，这种扭振特性等效的方法是科学合理且有效的。

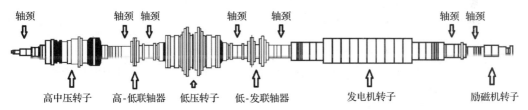

图 3-1　某 300MW 汽轮发电机组轴系连续质量模型(晏水平等，2001)

汽轮发电机组转子轴系是一个结构复杂的组合体，安装有很多列叶片。对于短叶片而言，由于其自振频率远高于轴系的扭振频率，因此轴系发生扭振时可以认为叶片不会有显著变形，于是可将其作为刚性质量直接附加到转子。但是对于低压缸较长的末级叶片，当固有频率低于或接近两倍工频时，分析表明其振动变形对轴系扭振特性的影响不能忽视，需要将其单独处理。

对于长叶片等挠性大的部件，可采用分支系统的方法与轴段相连接。

连续质量模型能充分考虑转子、轮盘的挠性，并可单独处理叶片等挠性大的部件，一般认为其计算结果较集中质量模型好，特别对高阶模态更是如此。在一些特殊情况下，如机电耦合的扭振动力响应计算，要求将发电机按刚性考虑，此时连续质量模型反不及集中质量模型灵活。

一般来说，无论是集中质量模型还是连续质量模型，正确的模型结构和准确的模型参数都是获得可用结果的前提条件，没有正确的数据，即使是有限元模型也难以获得有价值的结果和结论。

3.1　轴系扭振的集中质量模型分析方法

3.1.1　微元段扭转振动方程

汽轮发电机组轴系由多个转子体连接而成，取轴系上 x 位置处某一微元段，若该微元段处于力的平衡状态下,则根据力学原理该微元段的扭转变形 $\theta(x,t)$ 和扭矩 $M(x,t)$ 之间存在如下关系:

$$\frac{\partial \theta(x,t)}{\partial x} = \frac{M(x,t)}{GJ(x)} \tag{3-1}$$

式中, G 为剪切弹性模量; J 为截面的极惯性矩。

对于微元段的自由振动,其微分方程可写成如下形式:

$$\frac{\partial M(x,t)}{\partial x} = I(x)\frac{\partial^2 \theta(x,t)}{\partial t^2} \tag{3-2}$$

式中, $I(x)$ 为 x 处的转动惯量。

设扭角、扭矩的自由振动谐波形式为

$$\theta(x,t) = \varphi(x)\cos(\omega t - \phi_0)$$
$$M(x,t) = M(x)\cos(\omega t - \phi_1) \tag{3-3}$$

式中, $\varphi(x)$ 为振型函数; ϕ_0 为初相位; ω 为角频率; ϕ_1 为初相角。

对式(3-1)和式(3-2)分离变量,消除依赖于时间的部分,则可得到仅依赖于位移的有限元差分方程:

$$\frac{\mathrm{d}\varphi(x)}{\mathrm{d}x} = \frac{M(x)}{GJ(x)}$$

$$\frac{\mathrm{d}M(x)}{\mathrm{d}x} = -\omega^2 I(x)\varphi(x) \tag{3-4}$$

式(3-4)求解的结果是各位置处扭角与扭矩,前者即为振型数据。

3.1.2 集中质量模型

集中质量模型认为轴系由几个大的转子体连接而成,每一个转子体的惯量和两个转子体之间的刚度可以集中到两个分离单元上,这样轴系可简单等效成通过无质量的弹性单元连接的几个刚性质量单元构成的系统(黄本元,1990),如图 3-2 所示,其受载示意可参见图 3-3。

针对集中质量模型,可通过传递矩阵法进行求解。为分析方便起见,图 3-2(a)中上标 R、L 分别代表一个质量单元和弹性单元组成的组合体的右边、左边,两个单元分界点用上标 0 表示,因此 i 弹性单元的左边和右边分别对应于 i 质量单元的右边和 $i+1$ 组合体的左边。

由于质量单元是刚性的,无扭转变形,对于 i 质量单元有

$$\varphi_i^0 = \varphi_i^{\mathrm{L}} = \varphi_i \tag{3-5}$$

将式(3-4)写成增量形式,对于 i 质量单元可得

$$\Delta M_i = -\omega^2 I_i \varphi_i \tag{3-6}$$

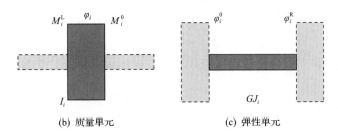

(a) 质量单元和弹性单元的组合

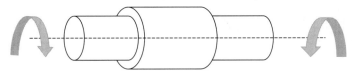

(b) 质量单元　　　　　　　　　　　(c) 弹性单元

图 3-2　集中质量单元法示意图

图 3-3　阶梯轴扭转

综合计算式(3-5)和式(3-6)可得

$$M_i^0 = M_i^L - \omega^2 I_i \varphi_i \tag{3-7}$$

进一步整理，可写成如下的矩阵形式：

$$\begin{Bmatrix} \varphi_i^0 \\ M_i^0 \end{Bmatrix} = \begin{bmatrix} 1 & 0 \\ -\omega^2 I_i & 1 \end{bmatrix} \cdot \begin{Bmatrix} \varphi_i^L \\ M_i^L \end{Bmatrix} \tag{3-8}$$

令 $\begin{Bmatrix} \varphi_i^0 \\ M_i^0 \end{Bmatrix} = \begin{Bmatrix} \varphi \\ M \end{Bmatrix}_i^0$，$\begin{Bmatrix} \varphi_i^L \\ M_i^L \end{Bmatrix} = \begin{Bmatrix} \varphi \\ M \end{Bmatrix}_i^L$ 及 $[T_m]_i = \begin{bmatrix} 1 & 0 \\ -\omega^2 I_i & 1 \end{bmatrix}$，则式(3-8)可写成如下形式：

$$\begin{Bmatrix} \varphi \\ M \end{Bmatrix}_i^0 = [T_m]_i \cdot \begin{Bmatrix} \varphi \\ M \end{Bmatrix}_i^L \tag{3-9}$$

同理，对弹性单元而言，由于单元中轴段无质量，故

$$M_i^{\mathrm{R}} = M_i^0 = M_{i+1}^{\mathrm{L}} \tag{3-10}$$

可得扭转角的递推形式：

$$\varphi_i^{\mathrm{R}} = \varphi_i^0 + \frac{M_i^{\mathrm{R}}}{GJ_i} \tag{3-11}$$

对弹簧单元 i 也可推出类似的传递关系：

$$\left\{ \begin{matrix} \varphi \\ M \end{matrix} \right\}_i^{\mathrm{R}} = [T_k]_i \cdot \left\{ \begin{matrix} \varphi \\ M \end{matrix} \right\}_i^0 \tag{3-12}$$

$[T_m]_i$、$[T_k]_i$ 分别表示 i 质量单元和 i 弹簧单元的传递矩阵，且有

$$[T_k]_i = \begin{bmatrix} 1 & \dfrac{1}{GJ_i} \\ 0 & 1 \end{bmatrix} \tag{3-13}$$

联立式 (3-9) 和式 (3-12) 有

$$\left\{ \begin{matrix} \varphi \\ M \end{matrix} \right\}_i^{\mathrm{R}} = [T_k]_i \cdot [T_m]_i \cdot \left\{ \begin{matrix} \varphi \\ M \end{matrix} \right\}_i^{\mathrm{L}}$$

又因为 $\left\{ \begin{matrix} \varphi \\ M \end{matrix} \right\}_i^{\mathrm{R}} = \left\{ \begin{matrix} \varphi \\ M \end{matrix} \right\}_{i+1}^{\mathrm{L}}$，所以有

$$\left\{ \begin{matrix} \varphi \\ M \end{matrix} \right\}_{i+1}^{\mathrm{L}} = [T]_i \cdot \left\{ \begin{matrix} \varphi \\ M \end{matrix} \right\}_i^{\mathrm{L}} \tag{3-14}$$

式中，$[T]_i = [T_m]_i \cdot [T_k]_i$ 为联系 $i+1$ 弹性单元左边状态向量和 i 弹性单元右边状态向量的传递矩阵，利用该传递关系式，可以实现从第 1 弹性单元到第 n 弹性单元状态矢量的过渡，即有

$$\left\{ \begin{matrix} \varphi \\ M \end{matrix} \right\}_n^{\mathrm{L}} = [T]_n [T]_{n-1} [T]_{n-2} \cdots [T]_1 \cdot \left\{ \begin{matrix} \varphi \\ M \end{matrix} \right\}_1^{\mathrm{L}} \tag{3-15}$$

单独考虑最后一个，即第 $n+1$ 质量单元，由式 (3-9) 可知其传递关系：

$$\left\{ \begin{matrix} \varphi \\ M \end{matrix} \right\}_{n+1}^{\mathrm{R}} = [T_m]_{n+1} \cdot \left\{ \begin{matrix} \varphi \\ M \end{matrix} \right\}_{n+1}^{\mathrm{L}} \tag{3-16}$$

故有

$$\left\{ \begin{matrix} \varphi \\ M \end{matrix} \right\}_{n+1}^{\mathrm{R}} = [T_m]_{n+1} [T]_n [T]_{n-1} [T]_{n-2} \cdots [T]_1 \cdot \left\{ \begin{matrix} \varphi \\ M \end{matrix} \right\}_1^{\mathrm{L}} \tag{3-17}$$

令 $T = [T_m]_{n+1}[T]_n[T]_{n-1}[T]_{n-2}\cdots[T]_1$ ，则

$$\left\{\begin{matrix}\varphi \\ M\end{matrix}\right\}_{n+1}^{\mathrm{R}} = T \cdot \left\{\begin{matrix}\varphi \\ M\end{matrix}\right\}_1^{\mathrm{L}} \tag{3-18}$$

式中，矩阵 T 为总的传递矩阵，联系第 1 质量单元左边状态向量和第 $n+1$ 质量单元右边的状态向量，是角频率 ω 的高阶多项式。

对于存在长叶栅且不能忽略而需要处理为分支系统的情况，应对分支点做详细分析。设在轴上的第 i 质量单元存在一个分支系统，将分支系统另外等效为一个质量-弹性系统，设分支系统总的传递矩阵为 T_{B} ，其传递关系式为

$$\left\{\begin{matrix}\varphi \\ M\end{matrix}\right\}' = T_{\mathrm{B}} \cdot \left\{\begin{matrix}\varphi \\ M\end{matrix}\right\}_0^0 \tag{3-19}$$

式中，$\left\{\begin{matrix}\varphi \\ M\end{matrix}\right\}'$ 为分支点状态；$\left\{\begin{matrix}\varphi \\ M\end{matrix}\right\}_0^0$ 为自由端状态。因为 $M_0 = 0$ ，轴系分支点的变形协调条件和扭矩平衡条件分别为

$$\varphi_i = \varphi' \tag{3-20}$$

$$M_i = M' \tag{3-21}$$

一般轴系两端为自由端状态，即有 $M_0 = M_n = 0$ ，但仅凭两个边界条件求解式(3-18)或者三个边界条件求解式(3-18)和式(3-19)是不够的，必须追加一个方程，一般设定 $\varphi_0 = 1$ ，即所有扭角均为相对第一盘的扭转幅度，即可求解获得各位置扭角的数值，所以最后求得的数据扭角只是相对量，各位置点扭角数据按顺序排列即为该轴系的扭转振型曲线。

根据上述方程，可以用试凑频率值的方法获得满足两端自由边界条件的解，得到该系统的固有频率和对应振型数据。

显然，集中质量模型的关键数据是各质量块的转动惯量数据和质量块之间的扭转刚性数据(柔度系数)，实际轴系的结构、尺寸等信息已经被内含集成于这两类数据中，从而使得任意两个集中质量模型只要这两类数据一致，必然可以得到相同的频率和振型，即两个模型是等效的。

实际模型的这两类数据一般可以通过 CAD 系统或有限元软件获得，也可根据经验公式简单估算。

3.1.3　任意回转体转动惯量的计算方法

任意形状的物体对旋转中心线的转动惯量为

$$I_0 = W \cdot R_0^2 = \int_0^V r^2 \mathrm{d}w$$

式中，I_0 为转动惯量；r 为物体上任一微元块到旋转中心的距离；dw 为微元块的质量；W 为物体的等效质量；V 为物体所在空间；R_0 为物体的等效半径(即重心到旋转中心的距离)。

如果知道物体对重心的转动惯量为 I_0，则当旋转中心不在重心时，其转动惯量 I 为

$$I = I_0 + W \cdot H^2$$

式中，H 为转轴至重心的平行距离。

若复杂形状物体由几个简单几何体组成，则可以认为该复杂形状物体的转动惯量是各几何体绕回转轴的转动惯量之和。

3.1.4 规则圆柱形轴段惯量和刚性系数的求取

圆形的极惯性矩计算公式如下：

$$J = \frac{\pi d^4}{32} \tag{3-22}$$

式中，d 为圆形的直径。

则实心圆柱体的转动惯量计算公式如下：

$$I = \frac{mr^2}{2} \tag{3-23}$$

$$I = \rho h J \tag{3-24}$$

式中，ρ 为材料的密度；h 为圆柱体的长度；$r=d/2$；m 为质量。

圆环形极惯性矩计算公式如下：

$$J = \frac{\pi D^4}{32}(1 - \alpha^4) \tag{3-25}$$

式中，D 为圆环的外径；$\alpha = \dfrac{d}{D}$。

空心圆柱转动惯量计算公式如下：

$$I = \rho h \frac{J}{1-\alpha^4}\left(1+\alpha^4\right) \tag{3-26}$$

对于等截面规则实心圆柱体，当两端施加扭矩 M 发生扭转时，两端面相对扭转角计算公式为

$$\theta = \frac{ML}{GJ} \tag{3-27}$$

式中，L 为长度。令 $K = \dfrac{GJ}{L}$ 为轴段刚性系数，则柔度系数为 $b = K^{-1}$。

对于一般的阶梯轴段，其结构如图 3-3 所示，若轴两端所受力矩为 M，则其总的变形为各轴段变形之和，即

$$\Delta\theta = \sum_{i=1}^{n}\Delta\theta_i = M\sum_{i=1}^{n}b_i = Mb \tag{3-28}$$

故阶梯轴段联轴在工作时的总柔度为各轴段柔度之和。

3.2　轴系扭振的连续质量模型分析方法

集中质量模型分析方法用于比较粗略的建模分析场合，一般等效为少数几个质量块和弹性单元。当需要更加准确的结果时，轴系需要进一步精细模化。

3.2.1　连续质量模型

在连续质量模型中将轴系分成了许多段，每一段都等效为均质等截面圆柱体，该圆柱体与原轴段有相同的惯量和扭转弹性。这样整个轴系将由一系列不同长度、直径和惯量的等截面圆柱联合体等效而成，这种等效方式比集中质量更符合和接近实际转子的结构与扭转动力学特征（晏水平，1992）。

下面对第 i 段轴推导运动方程，如图 3-4 所示，所用到的参数均是指第 i 段的，图 3-4(a) 表示第 i 段轴及其微单元宽度 $\mathrm{d}x$，图 3-4(b) 表示第 i 段轴及其微单元的扭转振动分析图。

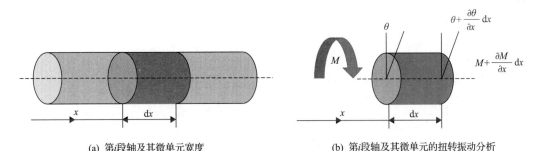

(a) 第 i 段轴及其微单元宽度　　　　　(b) 第 i 段轴及其微单元的扭转振动分析

图 3-4　轴段的扭转振动分析

设 ρJ 为单位长度的转动惯量，$\mathrm{d}x$ 为宽度，$q(x,t)$ 为分布外力矩。

根据微单元的受力平衡条件，可得

$$\rho J\mathrm{d}x \cdot \frac{\partial^2\theta}{\partial t^2} = \left(M + \frac{\partial M}{\partial x}\mathrm{d}x\right) - M + q(x,t)\mathrm{d}x \tag{3-29}$$

化简得到轴段的扭振微分方程：

$$-GJ\frac{\partial^2 \theta}{\partial x^2} + \rho J\frac{\partial^2 \theta}{\partial t^2} = q(x,t)$$

当轴段自由扭振时，$q(x,t)=0$，自由扭振方程为

$$\frac{\partial^2 \theta}{\partial t^2} = a^2 \frac{\partial^2 \theta}{\partial x^2} \tag{3-30}$$

式中

$$a = \sqrt{G/\rho}$$

a 的物理意义是扭振波在圆柱体中的传播速度。

考虑更一般的情况后，连续质量轴系局部模型如图 3-5 所示。设整个模型最左端面编号为 1，第 i 段轴左侧的截面状态向量为 Z_i，$Z_i = \{\theta_i, M_i\}^{\mathrm{T}}$，右侧的扭角、扭矩记为 $Z_{i+1} = \{\theta_{i+1}, M_{i+1}\}^{\mathrm{T}}$。

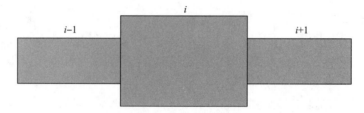

图 3-5　轴系的 i 分段与其他段连接关系

假设轴系以 ω 的角频率做扭转简谐振动，式 (3-30) 的解为

$$\theta(x,t) = \varphi(x)\mathrm{e}^{\mathrm{i}\omega t} \tag{3-31}$$

式中，$\varphi(x)$ 为振型函数；ω 为固有角频率。

将式 (3-31) 代入式 (3-30)，可得到扭振的特征方程：

$$\frac{\mathrm{d}^2\varphi(x)}{\mathrm{d}x^2} + \left(\frac{\omega}{a_i}\right)^2 \varphi(x) = 0 \tag{3-32}$$

方程的通解可设为

$$\varphi(x) = A_i \sin\left(\frac{\omega}{a_i}x\right) + B_i \cos\left(\frac{\omega}{a_i}x\right)$$

式中，A_i、B_i 为待定常数，于是有

$$\theta(x,t) = \left[A_i \sin\left(\frac{\omega}{a_i}x\right) + B_i \cos\left(\frac{\omega}{a_i}x\right)\right]\sin(\omega t) \tag{3-33}$$

$$M(x,t) = GJ_i \frac{\omega}{a_i}\left[A_i \cos\left(\frac{\omega}{a_i}x\right) - B_i \sin\left(\frac{\omega}{a_i}x\right)\right]\sin(\omega t) \tag{3-34}$$

i 轴段的边界条件如下：

当 $x=0$ 时，$\theta(0,t) = \theta_i$，$M(0,t) = M_i$。

当 $x = l_i$（l_i 为段的长度）时，$\theta(l_i,t) = \theta_{i+1}$，$M(l_{i+1},t) = M_{i+1}$。

于是可得到状态向量 Z_{i+1} 和 Z_i 间的关系：

$$Z_{i+1} = T_i Z_i \tag{3-35}$$

式中

$$T_i = \begin{bmatrix} \cos\left(\dfrac{\omega}{a_i}l_i\right) & \dfrac{a_i}{GJ_i\omega}\sin\left(\dfrac{\omega}{a_i}l_i\right) \\ -GJ_i\dfrac{\omega}{a_i}\sin\left(\dfrac{\omega}{a_i}l_i\right) & \cos\left(\dfrac{\omega}{a_i}l_i\right) \end{bmatrix}$$

至此，可以按式 (3-35) 及整个轴系的边界条件 $M_0=0$、$M_n=0$，求解轴系的固有扭振频率和振型。

式 (3-33) 和式 (3-34) 也可以写成

$$\theta_{i+1} = \cos\left(\frac{\omega}{a_i}l_i\right)\theta_i + \frac{a_i}{\omega GJ_i}\sin\left(\frac{\omega}{a_i}l_i\right)M_i \tag{3-36}$$

$$M_{i+1} = -GJ_i\frac{\omega}{a_i}\sin\left(\frac{\omega}{a_i}l_i\right)\theta_i + \cos\left(\frac{\omega}{a_i}l_i\right)M_i \tag{3-37}$$

式 (3-36) 和式 (3-37) 是轴系扭振连续质量模型分析法的传递计算公式。

当轴系具有分支系统时，如图 3-6 所示，设在第 i 段轴上有一个分支系统，分支的左侧状态向量设为 Z_i^L，右侧的状态向量设为 Z_i^R，没有分支时，$Z_i^L = Z_i^R$；有分支系统时，可根据变形协调条件及扭矩平衡条件得到 Z_i^L 和 Z_i^R 之间的关系：

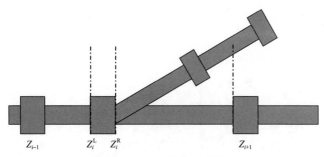

图 3-6　分支系统示意图

$$\theta_1^R = \theta_i^L = \theta_i$$

$$M_i^R = M_i^L + M_b$$

式中，M_b 为分支对截面 i 产生的扭矩。

由上述叙述可知，集中质量模型和连续质量模型的共同点是均需将轴系分为多段；不同点是，前者将各分段的质量和弹性使用两类单元分别用两类参数模拟，后者将分段等效为一定直径、具有相同长度的圆柱体，从而使后者具有连续的、精细的空间分布特点。连续质量模型每一段内均有连续的线性变化扭转角度分布规律，段与段之间也是连续过渡，因此后者获得的振型曲线与实际振型曲线也更加接近。

3.2.2 连续质量模型的模化方法

在连续质量模型中，轴系通常按如下规则进行分段模化。

(1) 依据转子的结构特点，在有阶梯处进行分段。

(2) 将转子形状变化很大的地方作为轴段间的分节处，应根据受力分析确定该段的有效直径(等效圆柱体直径)及是否要考虑附加转动惯量。

(3) 在有附加部件(如叶轮、叶片、电机导线组、电机护环、集流环等)的轴段上，根据经验公式、应变法或其他方法确定该段的有效直径，利用解析法和经验公式等计算该段的附加转动惯量。

(4) 对发电机转子、联轴器等典型部件按专门的模化方法处理。

(5) 有齿轮连接的轴段应处理成分支系统，其特性由传动比确定。

(6) 将第 1 阶动频低于 150Hz 的叶栅处理为分支系统。

对于典型结构，可按照以下方法进行模化。

1. 阶梯轴直径突变的等效模化方法

实际阶梯轴如图 3-7(a)所示，由于直径突变，交接区域部分结构材料不能完全参与扭转变形，参见图 3-7(b)中扭转应力流线。

图 3-7(c)中过渡段 L 部分的等效刚度外径 D_e 将小于 D_2，L 值大小可用 45°斜线或通过下式确定：

$$L = \frac{D_2 - D_1}{2}$$

(a) 阶梯轴示意图   (b) 阶梯轴扭转应力流线

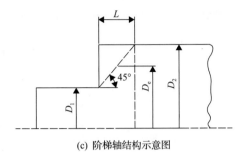

(c) 阶梯轴结构示意图

图 3-7　阶梯轴及扭转应力流线示意图

为了确定 L 段的等效刚度外径 D_e，危奇(2014)通过有限元分析将 D_2 / D_1 分为 20 种不同值，分别对 L 段的等效刚度进行计算分析，计算结果的规律曲线如图 3-8 所示。

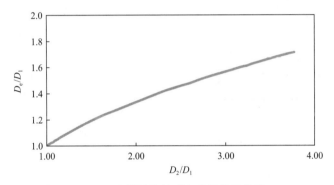

图 3-8　阶梯轴等效刚度外径估算曲线

原西屋公司提出的模化方法为 $D_e=D_1+L$。将图 3-8 中的结果曲线与原西屋公司的公式比较可知：当 D_2 / D_1 较小(如 1.1、1.2)时，两种方法确定的 D_e 非常接近，但随着该比值的增大，按原西屋公司公式确定的 D_e 值偏大。因此，原西屋公司公式只适合 D_2 / D_1 较小的情况。

另外一种等效方法为，当右边轴段的宽度 b 很小($b \leqslant 0.2D_1$)时，取 $D_e=D_1$，阶梯部分作为附加质量和附加极转动惯量计算。当 b 比较大($b>0.2D_1$)时，可按如下原则：当 $b \leqslant D_2-D_1$ 时，取 $D_e=D_1+b$;当 $b>D_2-D_1$ 时，取 $D_e=D_2$。各尺寸定义可参考图 3-7(a)中的结构和尺寸变量示意。

2. 带叶轮或推力盘轴段的等效模化方法

整锻转子叶轮、推力轴上的推力盘的结构特征相同，如图 3-9 所示。此处以叶轮为例进行分析，B 为叶轮宽度。

叶轮等效刚度外径 D_e 与 B 和 D_1 均有较大的关系。为此，危奇(2014)选取了 20 种 B / D_1 的不同值，分别对叶轮宽度为 B 段的等效刚度进行计算分析。计算结果整理后的曲线如图 3-10 所示。

为使用方便，可由图 3-10 拟合出叶轮等效刚度外径的计算公式为

$$D_e = D_1 + B / 2$$

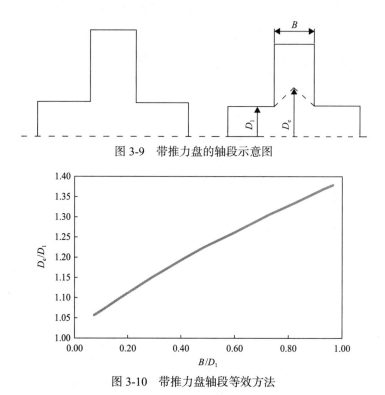

图 3-9　带推力盘的轴段示意图

图 3-10　带推力盘轴段等效方法

原西屋公司提出的公式为

$$D_e = D_1 + B$$

显然，原西屋公司提出的模化方法比前述计算值偏大。另超过 D_e 部分惯量可按附加惯量计算。

3. 发电机转子本体扭转刚度的计算（王琳等，1999）

发电机转子是一个十分复杂的组合结构体。在装配导线以前，沿轴线方向和旋转方向，它基本上都具有对称性，如图 3-11(a) 所示。转子本体部分需要安装导线绕组，所以其截面如图 3-11(b) 所示，有很多齿状结构特征，其中有两个中心角为 α 的大齿，其余部分则为许多等间隔的小齿。

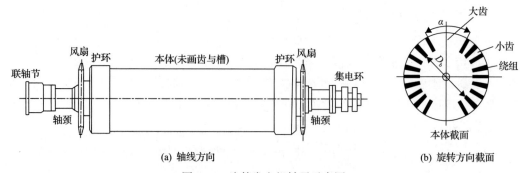

(a) 轴线方向　　　　　　　(b) 旋转方向截面

图 3-11　汽轮发电机转子示意图

一般认为，小齿对扭转刚度的影响很小，可略去。令转子槽底直径 D_b 与大齿外径 D_o 之比为 x，即 $x=D_b/D_o$；本体部分的扭转等效直径 D_e 与槽底直径 D_b 的比值为 y，即 $y=D_e/D_b$。以大齿极夹角 α 和 x 为主要参数，在一般电机设计许可范围内可变动 α、x，晏水平等(2001)计算了不同 α、x 参数的模型轴段在单位扭矩作用下的扭转变形，依据 30 组数据拟合出轴段扭转等效直径 D_e，并得出了 x 和 y 之间的规律，具体数据如表 3-1 所示，绘成曲线见图 3-12。

表 3-1　各组数据组合下的比值 y

x	$\alpha/(°)$				
	50	55	60	65	70
0.64	1.086201	1.101746	1.117613	1.133657	1.149766
0.68	1.074592	1.087621	1.100891	1.114296	1.127754
0.72	1.064373	1.075176	1.086148	1.097215	1.108319
0.76	1.055037	1.063844	1.072763	1.081740	1.090739
0.80	1.046202	1.053204	1.060266	1.067365	1.074477
0.84	1.037571	1.042920	1.048304	1.053703	1.059108

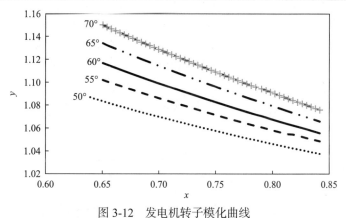

图 3-12　发电机转子模化曲线

为了便于工程应用，可将表 3-1 中的数据采用正交多项式的最小二乘拟合得经验计算公式(危奇，2014)：

$$y = 0.4834868 + 0.0175448\alpha + 1.0047412x - 0.0315726\alpha x - 0.4872212x^2 + 0.0142536\alpha x^2$$

在模化时，除了本体以外，发电机转子上还有一些其他的结构因素需要考虑。

(1)发电机转子导线绕组。由于导线材质为铜，跟本体所用材料钢相较而言密度大而刚度小，又由于导线在齿间槽中与槽壁只是压紧状态，因此它对扭转刚度的影响较本体要小很多，可以略去不计，而它的惯量需要按实际分布情况计算。

(2)护环、风扇座环、联轴节、集电环等套装件的惯量也必须考虑。

(3)月牙槽和通风槽等。转子上的月牙槽是为了减少转子体在大齿和小齿方向弯曲刚度的差别，但它们也削弱了轴段的扭转刚度；此外，转子表面上还有许多通风槽，它们对扭转刚度也有明显影响。在具体计算时，可以用略减小外径计算值 D_e 的办法来综合考虑这些影响。一般用月牙槽处的直径作为等效外径计算，这一简化计算结果与实验结果一致性很好。

4. 套装叶轮扭转刚度估算(王正和李德玉，1994)

转子上套装叶轮对主轴弯曲刚度和扭转刚度的影响较为复杂，目前常见的处理方法有以下两种(黄本元，1990)。

(1)图 3-13 所示为套装叶轮的三种不同结构型式，根据不同结构型式套装叶轮主要特征参数的定义，计算特征参数 L_1/L_2 及 L_2/D'，然后在图 3-14 中获得 KL_1/L_2，从而得到套装叶轮对主轴刚度的影响系数 K。

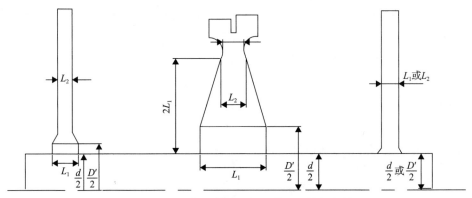

图 3-13　不同结构套装叶轮及其主要特征参数

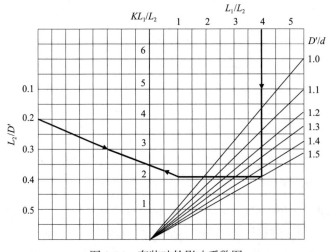

图 3-14　套装叶轮影响系数图

(2)采用有限元法详细分析获得，有限元法可以考虑过盈量和转速等其他因素的影响。

对于图 3-15 的套装叶轮结构，可以采用经验公式 $D_e = D + L \cdot \tan 12°$ 估算。

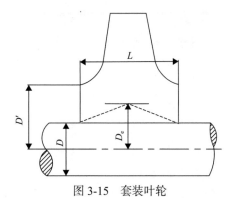

图 3-15　套装叶轮

当轴上有使用套装工艺的法兰时,无论采用骑缝键连接还是红套工艺连接,如图 3-16 所示,都可将法兰结构分为 3 段:S_1、S_2、S_3,各段的扭转刚度当量直径见表 3-2(危奇,2014)。

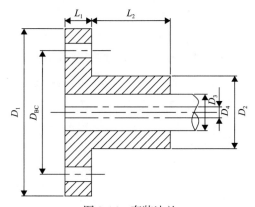

图 3-16　套装法兰

表 3-2　套装法兰的扭转刚度当量直径

段号	S_1	S_2	S_3
长度	L_1	$2L_2/3$	$L_2/3$
当量外径	D_{BC}	D_2	D_3
当量内径	D_3	D_3	D_4

5. 挠性联轴器(危奇,2014)

挠性联轴器对轴系的扭振特性影响很大。图 3-17 所示是某波形联轴器的结构,该结构由两端的法兰部分和一个或多个波带组成的中间段构成。中间段可简化为一个等效圆筒(基于扭刚度相等),其长度和内径与实际波节相同,外径用下面的公式计算:

$$D_{0e} = \sqrt[4]{D_i^4 + \frac{L_2}{\sum\limits_{i=0}^{n} \dfrac{L_i}{D_{oi}^4 - D_{ii}^4}}}$$

式中，D_i 为等效圆筒的内径，等于小波节的最小内径；L_i 为各小波节长度；D_{oi} 为各波节小段的外径；D_{ii} 为各波节小段的内径；n 为将波节段划分成小圆筒的数目。

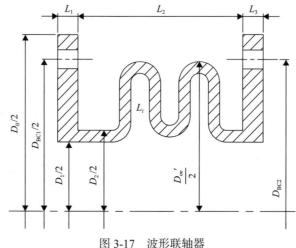

图 3-17 波形联轴器

因此，可以将这种联轴器模化为 3 段，各段的扭转刚度当量直径见表 3-3。

表 3-3 波形联轴器的扭转刚度当量直径

段号	I	II	III
长度	L_1	L_2	L_3
当量刚度外径	D_{BC1}	D_{oe}	D_{BC2}
当量刚度内径	D_1	D_1	D_1

6. 短叶片转动惯量的简化计算方法

汽轮机叶片是一个形状复杂的几何体，计算转动惯量时可以采用简化计算方法（张勇等，1997）：

$$I = \int_{r_1}^{r_2} Z_d r^2 \rho \left[\left(\frac{A_2 - A_1}{r_2 - r_1} \right) r + A_1 - \left(\frac{A_2 - A_1}{r_2 - r_1} \right) r_1 \right] dr$$

式中，Z_d 为叶片数；A_1 为叶根的截面积；A_2 为叶顶的截面积；r_1、r_2 分别为叶片叶根和叶顶处的半径。

3.3 长叶片弯振的分支系统模型

影响汽轮机轴系的主要物理参数就是轴系的惯量大小、分布以及轴系的刚度大小与分布。汽轮机转子上大部分的叶片较短、惯量较小，只有较长的叶片才具有足够大的转动惯量对轴系的扭振性能产生明显影响，同时在特定条件下轴系扭振时长叶片的弯曲变形也会使叶片的名义惯量不能全部参与到轴系的扭转振动中，这就需要对长叶片进行弯振分析，并建立分支系统模型。一般认为，当满足以下规则时(肖高绘，2015)，需要对叶片采用分支系统建模。

(1)叶片振动幅值不大，可视为微小振动。

(2)叶片宽度比叶片长度小得多(长度是弦长的 5 倍以上)。

(3)叶片各截面的重心连线是一条径向的直线，且各截面垂直于这条直线。

(4)截面弯曲中心连线的切线，在任何一点平行于重心连线，静止时可忽略弯曲中心连线的曲率。叶片横截面沿叶高逐渐发生变化，且 $c^2v^2 \leqslant 1$，v 为扭曲率，c 为弦长。

(5)工程实践表明，只有大型汽轮机低压缸的末级叶片才具有足够大的惯量对轴系的扭振性能产生明显影响，因此在轴系扭振的计算过程中，通常只考虑末级叶片挠性的影响，其余叶片则可直接当作刚性叶片处理，工程实践表明该简化对轴系整体扭振特性的影响可以忽略不计。

汽轮机的末级叶片是变截面扭叶片，在计算其振动特性时，无论是使用集中质量模型分析方法还是连续质量模型分析方法，都需要首先将其分为很多段。然后根据每个截面状态向量之间的关系及边界条件得到整个叶片的特征方程，一般通过传递矩阵法求解此方程即可得到叶片的振动特性。这种方法的计算精度取决于分段的数目以及分段的力学模型。一般说来，分段数目越大，力学模型越接近实际，计算结果越精确；与此同时，分段数目越大，需要花费的计算资源也越多。

3.3.1　旋转叶片的弯曲振动方程

对于汽轮发电机组轴系上的叶片，可将其近似看作一端固定、一端自由的悬臂梁，而叶片在旋转过程中的离心力可看作分布轴向力。对分段后的每个叶片段，其振动情况可以近似用两端受集中轴向拉力 T 的梁的振动情况来描述，如图 3-18 所示。图 3-18(b)

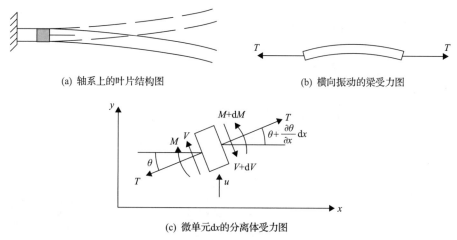

(a) 轴系上的叶片结构图　　　　　(b) 横向振动的梁受力图

(c) 微单元dx的分离体受力图

图 3-18　长叶片及受轴向力的微单元

中，横向振动的梁受到轴向拉力 T 的作用，在微挠度时，可设 T 为常数。微单元 $\mathrm{d}x$ 的分离体受力情况如图 3-18(c)所示，图中 u 为挠度(振动时的横向位移，叶片水平布置时用 y 方向替代)，θ 为转角，V 为剪切力，M 为弯矩(晏水平，1992)。

设 m 为单位长度的质量，由振动理论可知，在轴向力下悬臂梁的横向振动方程可表示为

$$m\mathrm{d}x\frac{\partial^2 y}{\partial t^2} = -\frac{\partial y}{\partial x}\mathrm{d}x + T\frac{\partial^2 y}{\partial x^2}$$

对于叶片段，假设其刚度均匀，则可得到叶片段受离心力(轴向拉力)作用时的振动方程：

$$m\frac{\partial^2 y}{\partial t^2} = -EI\frac{\partial^4 y}{\partial x^4} + T\frac{\partial^2 y}{\partial x^2} \tag{3-38}$$

3.3.2　长叶片弯振的集中质量模型

对叶片采用集中质量模型来计算频率，如图 3-19(a)所示，杆单元(弹性)与质量块的分析隔离体如图 3-19(b)、(c)所示，F 表示离心力，y 为横向位移；上标 R 代表右侧，上标 L 代表左侧，下标 i 代表第 i 截面。每个截面上的状态向量为 Z_i，取 $Z_i = \{y_i, \theta_i, M_i, V_i\}^{\mathrm{T}}$。分析无质量弹性单元及质量块单元，可得到相应的弹簧单元传递矩阵和质量块传递矩阵(晏水平，1992)。

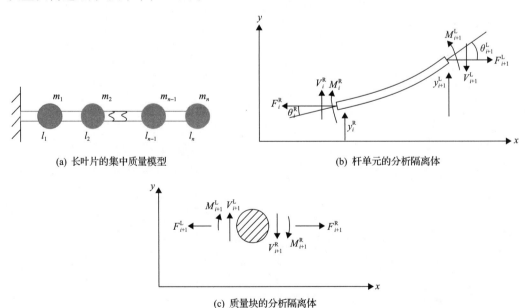

(a) 长叶片的集中质量模型　　　　(b) 杆单元的分析隔离体

(c) 质量块的分析隔离体

图 3-19　叶片及微单元示意图

为推导简便起见，按从右到左即从位置 $n+1$ 到 1 进行计算的顺序来列方程。质量 m_i 引

起的离心力为 $m_i r_i \Omega^2$，其中 r_i 表示 m_i 与旋转轴线的距离，Ω 为旋转速度。参考图 3-19(b) 可知：

$$F_i^{\mathrm{R}} = F_{i+1}^{\mathrm{L}}$$

又由图 3-19(c) 有

$$F_i^{\mathrm{R}} = F_i^{\mathrm{L}} + m_i r_i \Omega^2$$

于是可以得到

$$F_{i+1}^{\mathrm{L}} = \sum_{j=i}^{n} m_j r_j \Omega^2$$

F_{i+1}^{L} 在该段法向的分力近似为 $F_{i+1}^{\mathrm{L}} \theta_{i+1}^{\mathrm{L}}$，此分力引起的转角增量 $\Delta\theta$ 与挠度增量 Δy 分别可用下式计算：

$$\Delta\theta = F_{i+1}^{\mathrm{L}} \theta_{i+1}^{\mathrm{L}} \left[l^2 / (2EI) \right]_i$$

$$\Delta y = F_{i+1}^{\mathrm{L}} \theta_{i+1}^{\mathrm{L}} \left[l^3 / (3EI) \right]_i$$

弹性单元的受力情况如图 3-19(b) 所示，可得

$$V_{i+1}^{\mathrm{L}} - V_i^{\mathrm{R}} = 0$$

$$M_{i+1}^{\mathrm{L}} - M_i^{\mathrm{R}} = V_i^{\mathrm{R}} l_i + F_{i+1}^{\mathrm{L}} \left(y_{i+1}^{\mathrm{L}} - y_i^{\mathrm{R}} \right) \tag{3-39}$$

长度为 l_i、刚度为 EI_i 的杆单元，其转角和位移可用式 (3-40) 和式 (3-41) 计算：

$$\theta_{i+1}^{\mathrm{L}} - \theta_i^{\mathrm{R}} = \frac{l_i}{EI_i} M_{i+1}^{\mathrm{L}} - \frac{l_i^2}{2EI_i} V_{i+1}^{\mathrm{L}} - \frac{l_i^2}{2EI_i} F_{i+1}^{\mathrm{L}} \theta_{i+1}^{\mathrm{L}} \tag{3-40}$$

$$y_{i+1}^{\mathrm{L}} - y_i^{\mathrm{R}} = l_i \theta_i^{\mathrm{R}} + \frac{l_i^2}{2EI_i} M_{i+1}^{\mathrm{L}} - \frac{l_i^3}{3EI_i} V_{i+1}^{\mathrm{L}} - \frac{l_i^3}{3EI_i} F_{i+1}^{\mathrm{L}} \theta_{i+1}^{\mathrm{L}} \tag{3-41}$$

将式 (3-40) 代入式 (3-41)，整理得到

$$y_i^{\mathrm{R}} = y_{i+1}^{\mathrm{L}} - \left(l_i + \frac{l_i^3}{6EI_i} F_{i+1}^{\mathrm{L}} \right) \theta_{i+1}^{\mathrm{L}} + \frac{l_i^2}{2EI_i} M_{i+1}^{\mathrm{L}} - \frac{l_i^3}{6EI_i} V_{i+1}^{\mathrm{L}} \tag{3-42}$$

将式 (3-42) 代入式 (3-39) 简化得到

$$M_i^{\mathrm{R}} = -\left(l_i + \frac{l_i^3}{6EI_i} F_{i+1}^{\mathrm{L}} \right) F_{i+1}^{\mathrm{L}} \theta_{i+1}^{\mathrm{L}} + \left(1 + \frac{l_i^2}{2EI_i} F_{i+1}^{\mathrm{L}} \right) M_{i+1}^{\mathrm{L}} - l_i + \frac{l_i^3}{6EI_i} F_{i+1}^{\mathrm{L}} \tag{3-43}$$

以上关系式中忽略了梁的剪切变形，将它们写成矩阵形式：

$$
\left\{\begin{array}{c} y \\ \theta \\ M \\ V \end{array}\right\}_i^{\mathrm{R}} =
\begin{bmatrix}
1 & -l_i + \dfrac{F_i^{\mathrm{L}} l_i^3}{6EI_i} & l_i^2/(2EI_i) & -l_i^3/(6EI_i) \\[3mm]
0 & 1 + \dfrac{F_i^{\mathrm{L}} l_i^2}{2EI_i} & -l_i/(EI_i) & l_i^2/(2EI_i) \\[3mm]
0 & -\left(l_i + \dfrac{F_1^{\mathrm{L}} l_1^3}{6EI_i}\right)F_i^{\mathrm{L}} & 1 + \dfrac{F_1^{\mathrm{L}} l_1^2}{EI_i} & -\left(l_i + \dfrac{F_1^{\mathrm{L}} l_i^3}{6EI_i}\right)F_i^{\mathrm{L}} \\[3mm]
0 & 0 & 0 & 1
\end{bmatrix}
\left\{\begin{array}{c} y \\ \theta \\ M \\ V \end{array}\right\}_{i+1}^{\mathrm{L}}
\tag{3-44}
$$

可简写为

$$
Z_i^{\mathrm{R}} = [T_k]_i Z_{i+1}^{\mathrm{L}}
\tag{3-45}
$$

式中，$[T_k]_i$ 为弹簧杆单元传递矩阵。

针对质量块 m_i 的隔离体，假定质量块 m_i 只做横向简谐振动（角频率为 ω），并忽略其转动惯量的影响，可得质量块的传递矩阵：

$$
\left\{\begin{array}{c} y \\ \theta \\ M \\ V \end{array}\right\}_{i+1}^{\mathrm{L}} =
\begin{bmatrix}
1 & 0 & 0 & 0 \\
0 & 1 & 0 & 0 \\
0 & 0 & 1 & 0 \\
-\omega^2 m_i & 0 & 0 & 0
\end{bmatrix}
\left\{\begin{array}{c} y \\ \theta \\ M \\ V \end{array}\right\}_{i+1}^{\mathrm{R}}
\tag{3-46}
$$

简记为

$$
Z_{i+1}^{\mathrm{L}} = [T_m]_i Z_{i+1}^{\mathrm{R}}
$$

由式(3-45)和式(3-46)可得到第 i 段的单元传递矩阵 T_i，状态向量 Z_i^{R}、Z_{i+1}^{R} 满足如下关系：

$$
\begin{cases}
Z_i^{\mathrm{R}} = [T]_i Z_{i+1}^{\mathrm{R}} \\
T_i = [T_m]_i \cdot [T_k]_i
\end{cases}
\tag{3-47}
$$

$$
T_i =
\begin{bmatrix}
1 + \dfrac{m_i \omega^2 l_i^3}{6EI_i} & -\left(l + \dfrac{F_i^{\mathrm{L}} l_i^3}{6EI_i}\right) & l^2/(2EI_i) & -l_i^3/(6EI_i) \\[4mm]
-\dfrac{m_i \omega^2 l_i^2}{2EI_i} & 1 + \dfrac{F_i^{\mathrm{L}} l_i^2}{2EI_i} & -l/(EI_i) & l^2/(2EI_i) \\[4mm]
\left(1 + \dfrac{F_i^{\mathrm{L}} l_i^3}{6EI_i}\right)m_i \omega^2 & -\left(l + \dfrac{F_i^{\mathrm{L}} l_i^3}{6EI_i}\right)F_i^{\mathrm{L}} & 1 + \dfrac{F_i^{\mathrm{L}} l_i^3}{2EI_i} & 1 + \dfrac{F_i^{\mathrm{L}} l_i^3}{6EI_i} \\[4mm]
-\omega^2 m_i & 0 & 0 & 1
\end{bmatrix}
$$

设第一个截面的状态向量为 Z_1（Z_1^L、Z_1^R 相同），最后一个截面的状态向量为 Z_{n+1}，由式(3-47)递推，可得到

$$Z_1 = T_1 T_2 \cdots T_{n-1} T_n Z_{n+1} = T Z_{n+1} \tag{3-48}$$

式中，$T = T_1 T_2 \cdots T_{n-1} T_n$，称为总传递矩阵。

根据两端的边界条件和式(3-48)，T 应该满足某种关系方程。对于一端固定一端自由的悬臂梁来说，其边界条件为

$$\begin{cases} 固定端：y=0, \theta=0 \\ 自由端：M=0, V=0 \end{cases}$$

可按如下步骤求解：

(1)假定一个固有频率。

(2)根据已知参数形成各段的传递矩阵。

(3)综合各段的传递矩阵，形成整个梁的总传递矩阵。

(4)根据边界条件和总传递矩阵得到剩余量 $\Delta\omega$。

(5)根据剩余量判断该频率是否为固有频率，如果不是固有频率或还需要计算别的固有频率，则重新设置频率值重复步骤(2)～(5)直到满足要求。

上述算法实质上是方程 $\Delta\omega=0$ 寻根的过程。

3.3.3　长叶片弯振的连续质量模型

如图 3-20 所示，采用连续质量模型计算时，每段看作质量均匀分布的弹性杆。如图 3-20(b)所示，F 表示端面连接处的力，离心力作为一个集中载荷 S_i 叠加在左端面，其大小为 $F_{i-1} - F_i$。F_i、S_i 的具体计算公式如下(晏水平，1992)：

$$F_i = \sum_{j=i+1}^{n} m_i r_i \Omega^2 l_i$$

$$S_i = m_i r_i \Omega^2 l_i$$

式中，m_i 表示 i 段的质量。

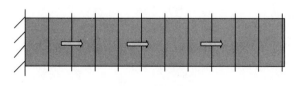 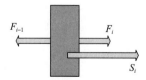

(a) 叶片的连续质量模型　　　　　　　　(b) 单元质量模型的受力图

图 3-20　受离心力作用的叶片

叶片段 i 的振动方程已在式(3-38)给出，设式(3-38)的解为

$$u(x,t) = Y(x)[A\sin(\omega t) + B\cos(\omega t)]$$

式中，Y 为中间变量；A、B 为待定常数。

其特征方程为

$$EI_i \frac{\mathrm{d}^4 Y}{\mathrm{d}x^4} - F_i \frac{\mathrm{d}^2 Y}{\mathrm{d}x^2} - m_i \omega^2 Y = 0$$

设 $y = ce^{st}$，c、s 为常数，则有

$$EI_i s^4 - F_i s^2 - m_i \omega^2 = 0$$

其根为

$$s_{1,2} = \pm\mathrm{i}\left[\left(\sqrt{T_i^2 + 4m_i\omega^2 EI_i} - T_i\right) / (2EI_i)\right]^{1/2} = \pm\mathrm{i}\alpha_1$$

$$s_{3,4} = \pm\mathrm{i}\left[\left(\sqrt{T_i^2 + 4m_i\omega^2 EI_i} + T_i\right) / (2EI_i)\right]^{1/2} = \pm\mathrm{i}\alpha_2$$

根据力学理论有

$$\theta = \frac{\mathrm{d}y}{\mathrm{d}x}$$

$$M = EI_i \frac{\mathrm{d}^2 y}{\mathrm{d}x^2}$$

$$V = \frac{\mathrm{d}M}{\mathrm{d}x} = EI_i \frac{\mathrm{d}^3 y}{\mathrm{d}x^3}$$

式中，θ 为截面折转角；M 为截面弯矩；V 为截面剪切力。

最终可推导得到如下递推传递矩阵：

$$Z_{i+1} = [T_i] \cdot Z_i$$

式中

$$[T_i] = \begin{bmatrix} \sin(\alpha_1 l) & \cos(\alpha_1 l) & \sinh(\alpha_2 l) & \cosh(\alpha_2 l) \\ \alpha_1 \cos(\alpha_1 l) & -\alpha_1 \sin(\alpha_1 l) & \alpha_2 \cosh(\alpha_2 l) & \alpha_2 \sinh(\alpha_2 l) \\ -\left(EI\alpha_1^2 + S_i\right)\sin(\alpha_1 l) & \left(-EI\alpha_1^2 - S_i\right)\cos(\alpha_1 l) + S_i & \left(EI\alpha_2^2 - S_i\right)\sinh(\alpha_2 l) & \left(EI\alpha_2^2 - S_i\right)\cosh(\alpha_2 l) + S_i \\ -\left(EI\alpha_1^3 + S_i\alpha_1\right)\cos(\alpha_1 l) & \left(EI\alpha_1^3 + S_i\alpha_1\right)\sin(\alpha_1 l) & \left(EI\alpha_2^3 - S_i\alpha_2\right)\cosh(\alpha_2 l) & \left(EI\alpha_2^3 + S_i\alpha_2\right)\sinh(\alpha_2 l) \end{bmatrix}_i$$

至此，即得到了叶片段连续质量模型的传递关系矩阵 T_i，其中 $Z_i = \{u_i, \theta_i, M_i, V_i\}^{\mathrm{T}}$，$u_i$ 为切向振动位移。

$$Z_{i+1} = [T_i] \cdot Z_i \tag{3-49}$$

再按前述与集中质量方法类似的流程求解得到叶片的振动特性数据。

3.3.4 轴系扭振和叶栅弯振的耦合振动

轴系发生扭转振动时，长叶片会发生弯曲振动。由于长叶片存在难以忽略的挠度，当轴系振动时，叶片的全部材料不能以同样的速度随叶片根部和轴系运动，使得轴系受到叶片反作用要小于没有挠度时的情况。因此，是否考虑叶片挠度，会导致轴系振动的计算结果存在一定的差别。在分析轴系和长叶片叶栅的耦合振动问题时，一般以二者之间的传递扭矩为桥梁。在实际分析耦合轴系扭振和叶栅弯振问题时，为了简化，常常将叶栅在连续质量模型分析方法分析结果的基础上进一步等效为一个简单的弹性-质量振动系统。

设某轴系以角频率 ω 做简谐振动时叶片分支系统对轴产生的扭矩为 M_b。如图 3-21 所示，转子上有一根动叶片，设转轴以转速 Ω 旋转，同时轴系叶根处以 $\phi_0 \sin(\omega t)$ 做扭转振动。

设叶片等效为若干个质量单元 m_i 组成的系统，m_i 和 m_{i+1} 之间用无质量弹簧（刚度为 K_i）连接（即集中质量法）。对于每个质量单元，其运动由随轴系旋转即扭振的牵连运动和在此基础上自身的相对运动组成（胡克等，2011）。

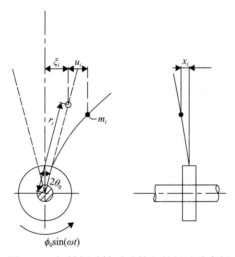

图 3-21 扭转振动轴系叶轮上的长叶片弯振

如图 3-21 所示，图中 ξ_i 表示牵连运动位移，u_i 表示叶片自身的振动位移。因此叶片的运动方程可以写成

$$M \frac{\mathrm{d}^2 u}{\mathrm{d}t^2} + Ku = -M\ddot{\xi} \tag{3-50}$$

式中，M 为质量矩阵；K 为刚度矩阵；$u = [u_1, u_2, u_3, \cdots, u_{nb}]^T$，$n_b$ 为质量单元的数目；$\xi = [\xi_1, \xi_2, \xi_3, \cdots, \xi_{nb}]^T$。

根据振型的正交性原理，可将式(3-50)解耦，得到模态方程：

$$\ddot{g}_j + \omega_{bj}^2 g_j = f_j \tag{3-51}$$

式中，ω_{bj} 为叶片弯振第 j 阶振动频率；g_j、f_j 分别为第 j 阶振型的模态响应和模态激励：

$$f_j = \frac{1}{M_{jj}} \sum_{i=1}^{n_b} y_{bji} \left(-m_i \ddot{\xi}_i \right) \tag{3-52}$$

其中，y_{bji} 为叶片 i 微元在 j 阶振型的位移；M_{jj} 为第 j 阶模态质量；$\ddot{\xi}_i$、M_{jj} 分别为

$$\begin{cases} M_{jj} = \sum_{i=1}^{n_b} m_i y_{bji}^2 \\ \ddot{\xi}_i = -\phi_0 r_i \omega_{bj}^2 \sin(\omega t) \end{cases} \tag{3-53}$$

这里，r_i 为旋转半径。

I_B 表示叶片的总转动惯量：

$$I_B = \sum_{i=1}^{n_b} m_i r_i^2$$

从而有

$$I_{B1} = \left(\sum_{i=1}^{n_b} m_i r_i y_{b1i} \right)^2 / M_{11} \tag{3-54}$$

式中，I_{B1} 为在扭振激励下参加叶片激振响应的第一阶振型的动态转动惯量。

$$J_x = 0.4064 \frac{I_{Bk}}{G} f_k^2$$

求出该阶分支系统的等效抗扭系数 J_x，f_k 为叶片 k 阶切向自振频率。再根据公式：

$$f_k = \frac{2k}{4l} \sqrt{\frac{G J_x l}{I_{Bk}}}$$

求出该阶分支系统的等效长度。

如果需要将叶片用集中质量模型模化，则可以用下面公式计算简化系统固有频率：

$$\omega_n = \sqrt{\frac{K_e}{M_e}}$$

式中，K_e 和 M_e 为简化系统的等效刚度及等效质量。

利用上面的公式，可以通过等效质量求出等效刚度，这里等效的含义是指简化前后系统的动能及势能分别相等，即将分支系统等效为单自由度弹簧质量振动系统(王琳等，1999)。

3.4　基于有限元数值模型的轴系耦合振动分析方法

有限元方法从某种程度上讲也是连续质量模型分析法的一种，传统扭振连续质量模型分析法利用了力学上的等效原理，将汽轮发电机轴系分为多个轴段，每一个轴段用一个圆柱体等效，等效原则是二者的扭转刚度和惯量是一致的，从而保证等效后的连续质量模型和原轴系之间具有相同的刚度和惯量空间分布，这样才能确保二者的扭振特性也相同。

理论上有限元模型可以在结构尺寸、材料、边界条件上做到等效简化，但这样使得建模的工作量巨大而且也没有必要，因此仍然要对实际有限元分析的模型进行一定程度的简化，如一些轴段连接处小的圆倒角、轮盘联通孔，轴上的凹槽等局部结构特征，因为这些结构对于扭振分析的影响不大，甚至在大多数情况下也可以将中短长度的叶片(叶栅)也进行等效简化。

3.4.1　轴系耦合振动有限元分析的基本原理

有限元计算法广泛应用于工程实践的各个领域，其主要思想是通过将研究对象离散成有限个微小的不同形状、不同特性的单元，从而把复杂的非线性问题简化为在每个单元体内的线性问题，将复杂的问题简化为线性方程组求解。大多数实际工程问题中所涉及的结构形状比较复杂，使用解析方法存在较大的求解难度，而有限元分析能够通过减小单元尺寸改变单元分布密度的方式来适应各种复杂形状从而可得到较好的精度，最终在实际工程问题中得到非常广泛的应用。

振动动力学的有限元分析法是建立在 Rayleigh 原理基础上的直接变分近似法，它将连续体看作通过众多节点彼此相连的若干单元的组合体，将无限自由度的连续体振动等效转化为多自由度系统的振动。结构动力学的运动方程在有限元中可以根据虚功原理推导出。

在动载荷作用下，设单元 e 的节点在任一瞬时发生的虚位移为 $\{u(t)\}_e$，其不仅是坐标的函数，也是时间的函数。则单元产生的虚位移为 $\{u\}_e$，虚应变为 $\{\varepsilon\}_e$，单元内产生的虚应变能可用式(3-55)计算：

$$U = \iiint_e \{\varepsilon\}^{\mathrm{T}} \{\sigma\} \mathrm{d}V \tag{3-55}$$

单元除受动载荷外，还承受由加速度和速度引起的惯性力 $-\rho\{\ddot{u}\}\mathrm{d}V$ 和阻尼力 $-v\{\dot{u}\}\mathrm{d}V$，其中，ρ 为材料的密度，v 是线性阻尼系数，V 是体积则外力所做的虚功可用式(3-56)计算：

$$W = \iiint_e \{u\}^{\mathrm{T}} \{P_{\mathrm{e}}\} \mathrm{d}V + \iint_e \{u\}^{\mathrm{T}} \{P_{\mathrm{s}}\} \mathrm{d}s + \{u\}^{\mathrm{T}} \{P_{\mathrm{c}}\} - \iiint_e \rho\{u\}^{\mathrm{T}} \{\ddot{u}\} \mathrm{d}V - \iiint_e v\{u\}^{\mathrm{T}} \{\dot{u}\} \mathrm{d}V \tag{3-56}$$

式中，$\{P_{\mathrm{e}}\}$、$\{P_{\mathrm{s}}\}$、$\{P_{\mathrm{c}}\}$ 分别为作用于单元上的体积力、表面力、集中力；s 为面积。

型函数 N 为坐标 x、y、z 的函数，与时间无关，因此有

$$\{u\} = N\{u(t)\}_e$$

$$\{\varepsilon\} = B\{u(t)\}_e$$

$$\{\sigma\} = DB\{u(t)\}_e \qquad (3\text{-}57)$$

$$\{\dot{u}\} = N\{\dot{u}(t)\}_e$$

$$u = u_0 \sin(\omega t), \quad \{\ddot{u}\} = N\{\ddot{u}(t)\}_e$$

式中，B 为应变位移关系矩阵；D 为应力应变关系矩阵，又称为弹性矩阵。

根据虚位移原理有

$$U = W \qquad (3\text{-}58)$$

将式 (3-57) 代入式 (3-55)、式 (3-56) 后再代入式 (3-58) 并整理，可得单元动力方程为

$$M_e\{\ddot{u}(t)\}_e + C_e\{\dot{u}(t)\}_e + K_e\{u(t)\}_e = F(t)_e \qquad (3\text{-}59)$$

式中，$\ddot{u}(t)$、$\dot{u}(t)$、$u(t)$ 分别为加速度、速度和位移；M_e、C_e、K_e 分别为单元的质量矩阵、阻尼矩阵和刚度矩阵

$$K_e = \iiint_e B^T DB \, dV$$

$$M_e = \iiint_e N^T \rho N \, dV \qquad (3\text{-}60)$$

$$C_e = \iiint_e N^T v N \, dV$$

则有

$$F(t)_e = \iiint_e N^T \{P_e\} dV + \iint_e N^T \{P_s\} ds + N^T \{P_c\}$$

式中，$F(t)_e$ 为单元节点的动载荷阵列，它是作用在单元上的体积力、表面力和集中力向单元节点按一定方法分配的结果；N 为型函数。

通过将各个单元的刚度矩阵扩展成总刚度矩阵，并完成坐标转换再进行叠加，就可以得到结构的总动力学方程：

$$M\ddot{u}(t) + C\dot{u}(t) + Ku(t) = F(t) \qquad (3\text{-}61)$$

式中，$u(t)$ 为所有节点位移分量组集而成的阵列；$F(t)$ 为所有节点的载荷阵列；、K、M、C 为结构的刚度矩阵、质量矩阵和阻尼矩阵，均为 n 阶对称矩阵。

当 $C = 0$ 时，称为无阻尼受迫振动，此时：

$$M\ddot{u}(t) + Ku(t) = F(t)$$

当 $C = 0$，$F(t) = 0$ 时，称为无阻尼自由振动，此时：

$$M\ddot{u}(t) + Ku(t) = 0$$

在任意给定的时间 t，式(3-61)可看作考虑惯性力[$M\ddot{u}(t)$]和阻尼力[$C\dot{u}(t)$]影响的静力学平衡方程；而模态分析也可以看作响应分析(或瞬态分析)在忽略阻尼力且外载荷边界条件不随时间变化的时候的一个特例。

一般认为阻尼分为两种类型，第一种是与结构周围的黏性介质产生的黏性阻尼，第二种是由结构自身材料的内摩擦产生的结构阻尼。有限元中常见的阻尼设置有三种：直接阻尼、Rayleigh 阻尼和复合阻尼。

1. 黏性阻尼

阻尼矩阵 $C_e = \iiint_e N^T v N dV$ 将阻尼看作与节点的运动速度成正比，与速度方向成反比的黏性阻尼。

$M_e = \iiint_e N^T \rho N dV$，比较 C_e 和 M_e，可发现二者在形式上完全相似，只有常数项不同，因此阻尼矩阵与质量矩阵成正比。于是可以利用质量矩阵来换算阻尼矩阵，得 $C_e = m M_e$，如果 ρ、v 为常数，则 $m = v / \rho$。所以此时的 C_e 可称为比例阻尼，正比于单元的质量矩阵。

2. 结构阻尼

结构分析中的阻尼主要是指结构阻尼，即由结构内部材料变形、摩擦引起的阻尼。结构阻尼与结构的变形速度 $\{\dot{\varepsilon}\}$ 成正比，此时的阻尼力 R_c 可以简化为 $\{R_c\} = \mu D\{\dot{\varepsilon}\}$，则可得到单元的结构阻尼矩阵为

$$C_e = \iiint_e C_k B^T D B dV$$

式中，C_k 为单元阻尼系数。

上式与刚度矩阵 $K_e = \iiint_e B^T D B dV$ 比较，可设

$$C_e = n K_e$$

阻尼力 C_e 正比于单元的应变速度，从而可得阻尼矩阵正比于单元的刚度矩阵。

3. Rayleigh 阻尼

在实际分析中很难精确地确定阻尼矩阵，所以通常将阻尼矩阵简化为质量矩阵 M_e 和刚度矩阵 K_e 的线性组合，即

$$C_e = \alpha M_e + \beta K_e$$

式中，$\alpha = \dfrac{2\left(\xi_i\omega_j - \xi_j\omega_i\right)}{\omega_j^2 - \omega_i^2}\omega_i\omega_j$；$\beta = \dfrac{2\left(\xi_j\omega_j - \xi_i\omega_i\right)}{\omega_j^2 - \omega_i^2}$。其中，$\omega_i$、$\omega_j$ 为任意给定的两阶自振角频率；ξ_i、ξ_j 为相应给定阵型的阻尼比；下标 i、j 为对应的阵型的阶数。

对于组合阻尼，如果已知结构的阻尼比及结构的固有频率，则可得到参数 α、β。

在工程中，一般取 $\xi = 0.02 \sim 0.04$，其值与结构类型、材料的能量消耗特性及振型有关，α、β 一般由试验来确定。

实践证明 Rayleigh 阻尼在有限元法中是有效的，并被广泛应用。

4. 直接阻尼

可以定义与每阶模态相关的临界阻尼比，其典型的取值范围是临界阻尼的 1%～10%。

5. 复合阻尼

可以根据每种材料定义一个临界阻尼比，这样就得到了对应于整体结构的复合阻尼值。当结构中有多种不同的材料时，复合阻尼更为有效。

在大多数线性动力学问题中，准确地定义阻尼对于分析结果十分重要。但是，阻尼算法和参数只是近似地模拟了结构吸收能量的特性，并非从原理上模拟引起这种效果的物理机制。因此，有限元分析中确定阻尼数据是很困难的。有时可以从试验中获得这些数据，有时必须通过查阅参考资料或者经验来确定阻尼参数。

汽轮机扭振时存在蒸汽、摩擦等因素导致的能量消耗，即机械阻尼，因此扭振属于受迫有阻尼的振动现象，但阻尼系数比较小。

3.4.2　汽轮机轴系耦合振动的有限元建模方法

一般的汽轮机轴系扭振有限元建模过程如下。

依据轴系总装及轴系部件图纸，利用轴系的轴对称特点，采用由点到线、由线到面、由面到体的方法建模。

(1)根据轴系图纸在有限元模型软件中输入各点坐标，建立关键点，用线段连接各个关键点，然后依照线段创建面，便形成了轴系的轴向纵截面模型。在此过程中，高压缸和低压缸的叶轮和叶栅被简化为薄层附于轴本体表面，此部分设置不同于本体的材料模型，便于后期修正调节使各轴段转动惯量与实际数据一致。为便于模态曲线的提取，可在轴系本体中心距轴心 0.1m 处额外建立一条直线。某机组轴系纵截面如图 3-22 所示(许德琳，1979)。

图 3-22　轴系纵截面

(2)对轴系纵截面划分网格，如图 3-23 所示。

图 3-23　轴系纵截面网格

(3)旋转纵截面网格可得三维轴系及其体网格，端部截面如图 3-24 所示，最终轴系结构的有限元网格模型如图 3-25 所示。

图 3-24　轴系网格端部截面划分

图 3-25　某 600MW 机组轴系全尺寸有限元模型

应该指出，一般汽轮机制造企业和发电机制造企业不会提供包含所有部件的完整尺寸数据、各部分惯量参数和图纸(即使拥有这些数据，与实际情况仍然会存在一定差异)。因此，在实际对轴系进行建模和分析时，只能依据所获得的有限数据信息尽可能建立相对符合实际的轴系模型。

图 3-26 是根据汽轮发电机转子总装图绘制的某 600MW 机组轴系的半剖视示意图，在该轴对称剖面图基础上可以进行网格剖分，在网格剖分时可将整个轴系转子分为 5 部分，其中提取区域 1 与区域 2 之间分割线上节点的切向位移值，作为模态振型的提取节点参照线。

为使得最终有限元模型下各转子转动惯量值与实际情况一致，区域 3、区域 4 和区域 5 分别处于高中压转子、低压转子和发电机转子中的附加惯量部分，可通过调整密度的方式使其惯量与厂家给定的集中质量块惯量保持一致，参见表 3-4。

图 3-26 某 600MW 机组轴系半剖视示意图

表 3-4 某 600MW 机组轴系多质量块参数

质量块	质量块的转动惯量 $M/(\mathrm{kg \cdot m^2})$	质量块的扭转刚度 $K/(\mathrm{kN \cdot m/rad})$
高中压转子	5319	
		73226.8598
中压缸	11525	
		97323.2833
低压缸	11525	
		108491.5308
发电机	9527	

将上述半剖视图的 CAD 格式文件导入有限元软件中,先进行面网格剖分,再转换三维实体单元得到三维网格模型。该轴系全长 37.4968m,整个轴系单元共用了 54811 个节点、49968 个单元。轴系主体(即区域 1 和区域 2)材料属性为:密度 7800kg/m³、弹性模量 $2.1 \times 10^{11}\mathrm{Pa}$,泊松比 0.3。边界条件设置为将轴系的轴心线与扭振无关的自由度进行完全约束(即径向位移为 0),所得模型如图 3-25 所示。

采用有限元可算得该 600MW 机组各阶扭振模态频率,其中前三阶扭振模态频率与厂家提供的汽轮发电机组机电系统特征频率对比如表 3-5 所示,可知模态计算的轴系扭振频率与制造厂提供的数据十分接近,说明该连续质量模型能有效反映轴系的扭振特性。

在有限元模型中,取 r=0.1m 处轴系横截面相对切向位移表征扭振模态振型,提取该 600MW 机组前三阶模态振型如图 3-27 所示。

在不同的模态下,轴系的应力分布差异较大。图 3-28 是不同轴向位置在三阶模态下扭振相对应力大小分布。

从图 3-28 可以看出,在三阶模态扭振下轴系最大应力分布在#2 轴颈处和#4 与#5 轴承间的联轴器处,其次为#3、#4、#5、#6 和#7 轴颈处。

显然,由于轴颈在轴系中相对扭转刚度很小,在承受扭转载荷时会出现较大的扭应力。在轴系主要为三阶模态被激励的前提下,轴颈相对切向位移和应力较大处分别为#2、#3、#4、#5、#6、#7 轴颈,对应高中压转子后轴颈、低压 A 转子前轴颈、低压 A 转子后轴颈、低压 B 转子前轴颈、低压 B 转子后轴颈和发电机转子前轴颈。

表 3-5 某 600MW 机组有限元模型轴系扭振模态频率

数据来源	一阶模态/Hz	二阶模态/Hz	三阶模态/Hz
有限元模态计算结果	13.438	23.390	28.869
汽轮机厂提供的数据	13.19	22.82	28.19

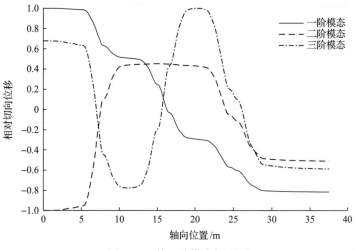

图 3-27　前三阶模态振型图

图 3-28　三阶模态扭振轴系相对应力分布

3.5　本 章 小 结

　　科学合理地选择数学模型是顺利完成轴系扭振问题分析研究的基础，不同的模型和使用方法具有各自的优点和缺点，适宜不同的场合。

　　一般而言，在线分析时要求计算效率高和资源消耗少，集中质量模型比较适用；离线分析时，对计算效率和资源消耗的约束较少，可以使用较为复杂而精度高的连续质量模型分析方法和有限元法。

本章主要参考文献

胡克, 刘小娜, 康振兴. 2011. 叶片附加转动惯量对扭振计算的影响. 中国电力教育, (30): 135-136.

黄本元. 1990. 汽轮发电机组轴系扭振与轮系振动. 武汉: 华中工学院.

李录平. 1988. 透平发电机组轴系扭转振动特性研究. 武汉: 华中工学院.

倪振华. 1989. 振动力学. 西安: 西安交通大学出版社.

松下修已, 刘育新. 1992. 汽轮发电机组叶轴耦合扭振分析. 河北电力技术, (3): 64-70.

王超. 2018. 汽轮发电机轴系扭振冲击疲劳损伤分析方法研究. 武汉: 华中科技大学.

王琳, 韩守木, 马志云, 等. 1999. 轴系连续质量模型在机电耦合轴系扭振研究中的应用. 动力工程, 19(3): 82-85.

王正, 李德玉. 1994. 大型汽轮发电机转子的扭振模化及其实验验证. 中国电机工程学报, 14(1): 27-33.

危奇. 2014. 汽轮发电机组扭振计算中模化方法. 上海: 上海发电设备成套设计研究院.

肖高绘. 2015. 大型汽轮发电机组套装转子等效刚度研究. 上海: 上海交通大学.

许德林. 1979. 涡轮机动叶片的弯扭联合振动计算. 舰船科学技术, (11): 55-69.

晏水平, 黄树红, 韩守木. 2001. 汽轮发电机组轴系扭振引起的叶片响应计算. 动力工程, (4): 1288-1291.

晏水平. 1992. 汽轮发电机组轴系耦合扭转振动特性研究. 武汉: 华中工学院.

张勇, 方泽南, 蒋滋康. 1997. 100MW汽轮发电机组轴系扭振特性的计算分析. 汽轮机技术, 39(4): 204-208.

第4章 汽轮机组轴系扭振的疲劳强度分析理论与方法

汽轮发电机组在设计制造时，一般以30年服役年限为基准。由于汽轮机设备在日常运行中温度变化大，因此发电厂对汽轮机的机械疲劳寿命管理也常常仅以热应力及热疲劳作为日常运行管理标准。汽轮机的热疲劳属于低周疲劳范畴，因此属于有限寿命设计。与此相反，一般认为汽轮机因各种原因导致的较为严重的扭转冲击故障属于偶发故障，因此在汽轮发电机组的设计过程中对于扭振是以无限寿命(高周疲劳)为依据的。

随着汽轮发电机组功率的增加，轴系越来越长，相对柔性也增加了；远距离输电中串补技术和直流输电技术的采用，以及新能源发电技术在电网中比重的增加，使得电网中谐波日益复杂且容易产生负阻尼放大，谐波分量与汽轮发电机组满足一定关系时就容易导致持续性的、比较大幅值的轴系扭振。机组的谐振频率一般在10~50Hz，经过一个月或者数月的累积，很容易超过10^5~10^6周次这个传统认为是无限寿命的界限，从而导致以该界限为设计标准的机组发生"不可逆"的扭转疲劳损伤消耗。

4.1 结构疲劳分析的基本理论

4.1.1 疲劳的基本概念

疲劳是指材料、零件和构件在循环加载下，在某点或某些点产生局部的永久性损伤，并在一定循环次数后形成裂纹或使裂纹进一步扩展直到完全断裂的现象(陈传尧, 2002)。

疲劳破坏与静载荷破坏的不同之处在于：①导致破坏的载荷应力的水平和幅值远小于材料的静强度极限；②破坏不是一次性或者短时间内发生的，需要经历一段时间，甚至很长的时间；③疲劳破坏前，即使是塑性材料(延性材料)也可能没有显著的残余变形或者宏观尺度的塑性变形。

常规意义上的疲劳破坏一般是在一定水平、一定幅值的变动载荷作用下发生的。为了便于研究和分析这种变动的特点，国际上对导致疲劳破坏的变动载荷表示法做出了统一规定。试验研究表明，在常规条件下载荷变动的快慢对疲劳损伤累积影响不大，主要的影响特征是载荷的平均水平和变动幅值范围。载荷的一次往复变动称为一次载荷循环，根据材料类型的不同，有些材料发生疲劳时，疲劳损伤与应力指标相关性较高，有些材料与应变指标相关性较高，因此循环应力和循环应变都被广泛使用，本书主要以应力为指标进行介绍。

在一定幅值下往复循环的交变应力如图4-1所示，图中σ_{max}为应力循环中最大代数值的应力，也称为最大应力，以拉应力为正，压应力为负。σ_{min}为应力循环中最小代数值的应力，也称为最小应力，以拉应力为正，压应力为负。σ_m为最大应力和最小应力的代数平均值，也称为平均应力，即 $\sigma_{\mathrm{m}}=\dfrac{1}{2}\left(\sigma_{\max}+\sigma_{\min}\right)$。$\sigma_{\mathrm{a}}$ 为最大应力和最小应力的代数差的一半，也称为应力幅，即 $\sigma_{\mathrm{a}}=\dfrac{1}{2}\left(\sigma_{\max}-\sigma_{\min}\right)$。有些国家的文献将 σ_{a} 称作交变应力，但在国内常用交变应力一词表示循环应力。$\Delta\sigma$ 为最大应力与最小应力之差，又称应力范围、应力变程，即应力幅的两倍。R 为最小应力与最大应力的代数比值，又称循环特征、应力比，即 $R=\dfrac{\sigma_{\min}}{\sigma_{\max}}$，$R=-1$ 时称为对称循环，其最大应力和最小应力的绝对值相等，符号相反，且平均应力为零；$R=0$ 时为脉动循环，其最小应力为零；R 等于其他值时称为非对称循环。A 为应力幅比，$A=\dfrac{\sigma_{\mathrm{a}}}{\sigma_{\mathrm{m}}}=\dfrac{1-R}{1+R}$。$N$ 为应力往复循环的次数（陈传尧，2002）。

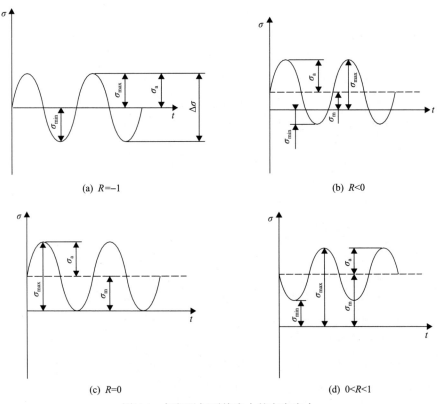

(a) $R=-1$ (b) $R<0$

(c) $R=0$ (d) $0<R<1$

图 4-1 恒幅及恒平均应力的交变应力

应力循环可以看成两个应力成分的合成，一部分是数值上等于平均应力的静应力，另一部分是在平均应力基础上变动的应力。对应于轴系扭振疲劳问题，平均应力是由于汽轮发电机组轴系承受的较为稳定的、正常输出的负荷（扭功率）所形成的扭剪应力，动应力则是来自于各种因素导致的不同幅值、不同频率的轴系扭振导致的变动的扭剪交变应力。

研究和观察表明，达到破坏所需循环次数一定的前提下，平均应力增加则应力幅会减小，因此平均应力的影响可以通过一定方式对应力幅值进行修正，这样就可以进一步将复杂的应力循环过程简化为平均应力为 0 的对称应力循环。对于对称应力循环，其循环次数和应力幅值之间是一一对应关系，那么该应力幅值下产生疲劳破坏所需应力的循环次数，一般称为该应力幅值下的疲劳寿命。这种对应关系可由 S-N 曲线来描述，该曲线可根据疲劳试验直到试样断裂破坏得到，所以对应于 S-N 曲线上某一应力水平的疲劳循环次数 N 就是理论上该应力水平下的总寿命。

工程上一般按破坏所需循环次数的高低范围将疲劳分为两类(陈传尧, 2002)。

(1)高周疲劳(高循环疲劳)。作用于零件、构件的应力水平较低，应力和应变呈线弹性关系，破坏循环次数一般高于 $10^4 \sim 10^5$ 的疲劳，弹簧、传动轴等的疲劳属此类。

(2)低周疲劳(低循环疲劳)。作用于零件、构件的应力水平较高，材料进入塑性状态概率较大，破坏循环次数一般低于 $10^4 \sim 10^5$ 的疲劳，如压力容器、燃气轮机零件、航空飞行器的部分部件等的疲劳。

很多实际构件在疲劳过程既不是纯高循环疲劳也不是纯低循环疲劳，一方面可能是两种载荷水平的寿命损伤叠加，另一方面也可能其应力水平正好处于高低周疲劳的过渡区，还有一种可能是部分区域属于高周疲劳，部分区域属于低周疲劳。对于汽轮发电机组轴系的扭振疲劳问题，由各种突发严重冲击事故导致的轴系扭振疲劳损伤，如两相短路等，属于低循环疲劳；机网耦合产生的持续一定时间的谐波导致的轴系扭振疲劳传统上一般认为属于高循环疲劳；同样的扭振冲击，在部分区域可能会产生较大应力达到低周疲劳区域，其他区域则应力水平较小只处于高周疲劳区域。

一般认为，疲劳损伤过程包括微裂纹萌生、裂纹扩展、裂纹失稳快速破坏三个阶段。S-N 曲线常被认为描述了疲劳裂纹扩展至宏观尺度的疲劳性能。该曲线大致可以用指数函数拟合，可以分为三个区域，第一区域中应力水平随循环周次的增加快速降低($S > S_A$)，第三区域中循环周次随应力水平的进一步降低快速增加($S < S_{-1}$)，第二区域为两个区域之间的过渡区($S_{-1} < S < S_A$)，参见图 4-2。

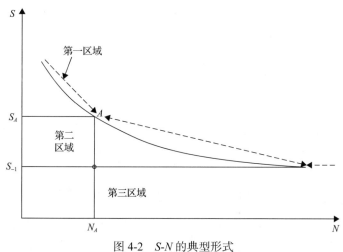

图 4-2 S-N 的典型形式

根据实测载荷数据编制出的模拟实际情况的载荷-时间历程称为载荷谱。疲劳寿命理论估算和试验结果的可靠性在很大程度上取决于载荷谱的真实性。载荷数据常常借助应变仪或过载计数仪等来测定。轴系扭振疲劳一般利用扭振监测设备对轴系扭振进行记录获得录波曲线，录波曲线可以作为编制扭振疲劳的载荷谱的主要和重要依据。恒幅循环或者对称循环在工程上比较少见，大多数结构或零件实际承受的循环载荷是一个具有一定随机特征的变动过程。为了便于进行全尺寸疲劳试验和利用 S-N 曲线做寿命估算，需要将实测载荷数据等效为一系列的单独的全循环或半循环，这一等效方法称为计数法。国际上使用的计数法有十多种，早期使用的有峰值法、穿级法和变程法等，目前一般趋向于使用雨流法或变程对均值法。

可以通过试验法和分析法两种方法确定零部件和机械设备的疲劳寿命，分析法也需要利用试验数据。

试验法比较传统和直接，它通过与实际情况相同或相似的试验来获取所需要的疲劳数据。试验法的优点是试验条件与实际情况比较接近，结果比较准确可靠。其缺点是，在零件和设备太复杂、太昂贵，以及实际情况的影响因素(如几何形式、结构尺度、加载方式、环境条件、工艺状况、运行工况等)较复杂的情况下，它在经济性还有所花费时间方面都存在不利之处。而且当结构本身、运行工况及环境条件等发生改变后，试验结果的适用性和参考性将明显下降。对少数疲劳安全可靠性要求特别高的机械设备与工程结构才可能或必须通过试验来确定整个产品的寿命指标，如飞机的全机疲劳试验等。

分析法是依据材料的标准疲劳性能数据(按照标准制作的疲劳试样按照规定的实验条件获得的)，对照结构实际所受到的载荷历程，采用某种疲劳分析模型来确定结构的疲劳寿命。如图 4-3 所示，每一个疲劳寿命分析方法都包含：①材料的疲劳性能数据；②结构的载荷谱；③疲劳累积损伤法则。

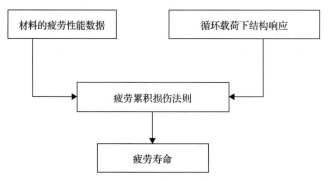

图 4-3　疲劳寿命分析(陈传尧，2002)

对疲劳寿命分析法进行研究的主要目标包括提高分析方法的普适性、简洁性和准确性，其中普适性就是要减少疲劳分析对于试验(特别是有关结构形状、尺寸、载荷等疲劳影响因素的统计性试验)的依赖性。分析法按照计算疲劳损伤参量的不同，可以分为名义应力法、局部应力应变法、应力应变场强法、能量法、损伤力学法、功率谱密度法等，其中名义应力法是工程中比较常见的几种方法之一。

名义应力法也是历史最悠久的抗疲劳设计方法，它在材料或零件 S-N 曲线的基础上，参考试件或结构疲劳危险部位的应力集中系数进行修正，然后根据名义应力(或者应力谱），结合疲劳累积损伤理论，最后形成疲劳寿命的估算结果。

根据名义应力法的原则和方法，相同材料制成的任意构件，只要其局部实际应力历程相同（或应力集中系数 K_T 和载荷谱相同），则其疲劳寿命也相同，如图 4-4 中的模型所示，图中 K_T 为应力集中系数，σ_{nom} 为加在试件的名义应力。

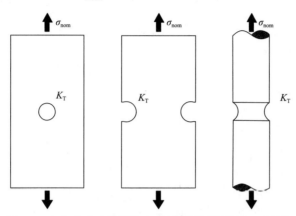

图 4-4　名义应力法估算应力可得到相同结果的三种结构

将材料的 S-N 曲线修正到零构件的 S-N 曲线，需要考虑的因素较多，一般包括疲劳缺口系数 K_f、尺寸系数 ε、表面质量系数 β、加载方式 C_L 等因素。

$$S_a = \frac{\sigma_a}{K_f} \varepsilon \beta C_L$$

式中，S_a 为构件的 S-N 曲线的应力；σ_a 为材料的 S-N 曲线的应力。如果外载荷的平均应力 $S_m \neq 0$，还应进行平均应力修正。

如何将随机变动的载荷过程与材料的 S-N 曲线试验中的标准循环等效对应，是疲劳累积损伤理论要研究的主要内容之一。疲劳累积损伤理论提供了在程序加载或变幅加载下构件寿命估算的方法和依据，疲劳累积损伤理论发展至今已达数十种之多，但应用最方便、使用最广泛的仍属最早总结提出的线性疲劳累积损伤理论，其内容如下：

设一个循环周期内含有 k 级应力水平 $\sigma_1, \sigma_2, \sigma_3, \cdots, \sigma_k$，各级应力水平的循环数分别为 $n_1, n_2, n_3, \cdots, n_k$。令 $N_1, N_2, N_3, \cdots, N_k$ 分别表示在各级应力水平单独作用下的疲劳寿命（可由 S-N 曲线查得）。疲劳累积损伤理论认为：每一级循环疲劳损伤度可用相应的循环比，即 $\frac{n_1}{N_1}, \frac{n_2}{N_2}, \frac{n_3}{N_3}, \cdots, \frac{n_k}{N_k}$ 表示，若以 T_i 表示该级周期数，则在整个工作期间各级应力水平对构件所造成的损伤度分别为 $T_i \frac{n_i}{N_i}$。当损伤度总和累积至 1（100%），即 $\sum T_i \frac{n_i}{N_i} = 1$ 时，构件即发生破坏。

用名义应力法估算结构疲劳寿命的步骤如图 4-5 所示。具体步骤为：①详细分析结构中危险性较大的位置；②分析获取危险部位的名义应力和应力集中系数 K_T；③根据工况载荷谱确定危险部位的名义应力谱；④对材料的 S-N 曲线进行修正，获得零构件的 S-N

曲线；⑤使用疲劳累积损伤理论估算不同危险部位的疲劳寿命。

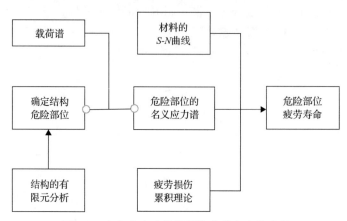

图 4-5　名义应力法估算结构疲劳寿命的步骤

值得指出的是，无论何种疲劳寿命评价方法所作出的结果均不一定与实际寿命消耗完全一致，按照疲劳统计分析理论，根据 S-N 曲线计算所得寿命只是具有 50%概率保证率的中值疲劳寿命。

4.1.2　S-N曲线估计

1. S-N 曲线的分类与估算方法

机械设备零部件在使用过程中发生的提前破坏事故，一些是违反操作规程导致的，一些属于制造或者安装过程中的缺陷，也有一些是源于设计的问题。零部件的完整性破坏(包括疲劳断裂)绝大多数发生于应力比较大的局部位置，疲劳强度设计和疲劳安全性评估的目的就是分析零部件关键部位的应力变化幅值，并将之与材料(或部件)的疲劳性能(如 S-N 曲线)进行比较并得出安全性结论。

在大多数工程领域，一般采用标准试样进行疲劳试验来获得材料在简单受力状态下的疲劳试验数据，再利用一定规则和方法应用到复杂结构和复杂工作应力状态的零部件设计。这样的试验过程和要求都相对简单，获得的数据具有较强的通用性(王坤和鲁录义，2012)。

一般依据规范(国标等)进行材料的疲劳试验时，规范对试样的尺寸、形状、表面质量、加载方式、加载速度都有明确说明。标准试样与实际零部件之间在结构尺寸、加工工艺、工作环境和应力状态等方面都存在很大的差别，因此需要有针对性地进行修正。修正后的 S-N 曲线就是工程界常用的构件 S-N 曲线，如目前评价汽轮发电机组轴系扭振疲劳所使用的 S-N 曲线(陈传尧，2002)。

在一些场合下，由于所关注位置点的应力水平和部件承担的功率有一定关系，因此还使用了 P-N 曲线，即功率-寿命(循环次数)曲线，甚至将功率与额定功率进行折算，使用 p.u.-N 曲线。

2. 材料 S-N 曲线的估算方法

如图 4-2 所示，S-N 曲线可大致分为三个区域，由于第一区域对应的循环次数较少，人们主要关注第二和第三区域。

图 4-6 为工程简化的 S-N 曲线，当应力 S 与循环次数 N 都用对数坐标时，S-N 曲线可近似简化成图中所示的 ABC 折线，AB 段为一条斜线，BC 段为与横轴近似平行的直线。则图中 B 点为疲劳极限点，对于钢试样一般采用 $N_0=5 \times 10^6$；对于 S-N 曲线有水平渐近线的材料，如结构钢等，$N_0=10^7$；对于铝合金等无水平渐近线的材料，$N_0=10^8$（陈传尧，2002）。

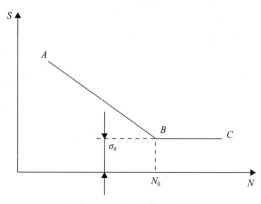

图 4-6　工程简化 S-N 图

根据 AB 段进行的疲劳强度设计称为有限寿命设计，根据 BC 段进行的疲劳强度设计称为无限寿命设计，即当应力幅水平大于该极限值 σ_0 时，试件经有限次应力循环就会产生疲劳裂纹；当应力幅水平低于某一特定值 σ_0 时，对应的循环次数将是无限次或者时间远超过服役期。更进一步可将应力幅扩展为循环中的最大应力 $\sigma_{\max}$（限制了最大应力也就相当于同时限制了应力幅和平均应力，在工程应用上更简单）。

采用无限寿命设计理论对实际构件进行动强度设计主要是为了增强构件的安全性，因此在利用该设计理论设计时疲劳极限也就成了一个极端重要的指标。当然，近年来的研究表明（杨延辉等，2020），实际并无绝对的疲劳极限，对于常用的金属材料 BC 曲线仍然具有一定斜度。

3. 材料的疲劳极限

工程上各种材料的对称循环变应力的疲劳极限（弯曲试样疲劳极限可表示为 σ_{-1}，拉压试样疲劳极限可表示为 σ_{-1l}，扭转试样疲劳极限可表示为 τ_{-1}）一般应来自疲劳试验，当材料的疲劳极限难以获得时可用经验公式进行估算。

1）依据疲劳极限与抗拉极限强度之间定量关系的统计规律

将一些通过试验得到的不同金属材料的疲劳极限 S_f 与其强度极限 S_u 数据作为横纵坐标绘于图中，发现二者之间可用分段线性关系描述（陈传尧，2002）。由此，对于一般常用金属材料，有下述经验计算式。

旋转弯曲试验(图 4-7)产生的对称循环载荷作用下，其疲劳极限可用下面的关系式估计：

$$\sigma_{-1} = \begin{cases} 0.5S_u, & S_u \leqslant 1400\text{MPa} \\ 700\text{MPa}, & S_u > 1400\text{MPa} \end{cases}$$

不同材料的实验结果表明，轴向拉压载荷作用下的疲劳极限可估计为

$$\sigma_{-1l} = (0.3 \sim 0.45)\ S_u$$

承受对称扭转时有 $\tau_{-1} = (0.25 \sim 0.3)\ S_u$。对于高强脆性材料，强度极限 S_u 取极限抗拉强度极限；对于延性材料，S_u 取屈服强度极限。

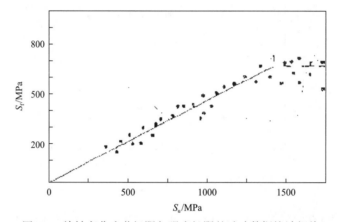

图 4-7 旋转弯曲疲劳极限与强度极限的试验数据统计规律

单辉祖和谢传锋(2004)推荐，载荷型式与静强度指标之间的定量关系系数范围如下：
弯曲变形：$\sigma_{-1} \approx (0.4 \sim 0.5)\sigma_b$，$\sigma_b$ 为屈服强度。
拉压变形：$\sigma_{-1l} \approx (0.33 \sim 0.59)\sigma_b$。
扭转变形：$\tau_{-1} \approx (0.23 \sim 0.29)\sigma_b$。

2) 疲劳极限与屈服强度及抗拉强度之间综合定量关系的统计规律

根据徐灏(1981)的相关论述，屈服强度及抗拉强度 σ_s 对疲劳极限都存在一定影响，对于结构钢的对称循环变应力，其经验公式如下：
拉压疲劳极限：$\sigma_{-1l} = 0.23(\sigma_s + \sigma_b)$。
弯曲疲劳极限：$\sigma_{-1} = 0.27(\sigma_s + \sigma_b)$。
扭转疲劳极限：$\tau_{-1} = 0.156(\sigma_s + \sigma_b)$。

3) 疲劳极限与静力学参数的稍复杂关系

强度指标和延性指标都对疲劳极限有影响，因此可以形成疲劳极限和两类指标之间的经验关系式(吴富民，1985)，如弯曲疲劳极限与抗拉强度极限之间可用下述关系估算：
钢：$S_{-1} = 0.35\sigma_b + 12.2$ (MPa)
高强度钢：$S_{-1} = 0.25(1 + \psi)\sigma_b$ (MPa)
式中，ψ 为断面收缩率。

上述为依据材料各种性能指标对 *S-N* 曲线中疲劳极限的估算方法。

4. 材料的 *S-N* 曲线

一般认为，*S-N* 曲线在双对数坐标系中在 $10^3 \sim 10^6$ 范围内可用线性近似，即在 S 与 N 之间可用幂函数形式表达：

$$S^m \times N = c \tag{4-1}$$

式(4-1)中存在两个未知数 m、c，需要两个数据点才能解得，其中一个即疲劳极限数据点，另一个可用下述方法获得。

当循环次数 $N=1$ 时，$S_1 = S_u$，即单调载荷作用下，试件将在极限强度下破坏或屈服。考虑到一般使用 *S-N* 曲线时很少用 $N < 10^3$ 以下的部分特性，故可假定 $N=10^3$ 时，有 $S_{10^3} = 0.9S_u$。

对于金属材料，疲劳极限 S_f 所对应的循环次数一般为 $N=10^7$，考虑到 S_f 估计时的误差，做偏于保守的假定：对于 $N=10^6$ 时，有 $S_{10^6} = S_f = kS_u$。其中，系数 k 称为载荷系数，反映不同载荷方式对疲劳性能的影响，按照前述各式弯曲时取 $k=0.5$，拉压时取 $k=0.35$，扭转时取 $k=0.29$。

5. 实际构件的 *S-N* 曲线

用光滑小试件试验方式获得的疲劳极限是标准试样本身的疲劳极限，实际构件的外形结构、截面尺寸以及加工方式等与光滑小试件存在差别，因此实际构件的疲劳极限需要在材料疲劳极限的基础上进行修正。

1) 应力集中对疲劳极限的影响

构件存在截面尺寸突变的时候(如切槽、圆孔、尖角等)应力会出现放大效应，即应力集中现象。应力集中会促进裂纹形成与扩展，因而也导致疲劳极限明显降低。应力集中的程度，一般用理论应力集中系数定量描述。工程上已将各种情况下的理论应力集中系数编成了手册，图 4-8 所示就是相关手册(徐灏，1981)中跟轴类结构有关的部分图。

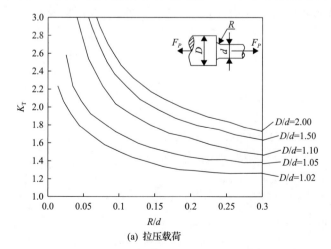

(a) 拉压载荷

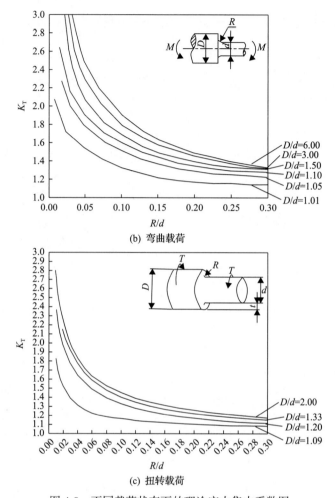

图 4-8　不同载荷状态下的理论应力集中系数图

理论应力集中系数只考虑了构件应力集中处附近结构外形对应力分布的影响，没有考虑材料性能对应力集中效应的影响，因而根据理论应力集中系数还不能直接确定应力集中对疲劳极限的影响程度。工程中使用有效应力集中系数 K_f 定量描述应力集中对疲劳极限的影响，该系数是在材料、尺寸、加载条件相同的前提下，光滑小试件与有应力集中小试件疲劳极限的比值，即

$$K_f = \frac{S_{-1}}{(S_{-1})_K} \tag{4-2}$$

式中，S_{-1} 为光滑小试件的疲劳极限；$(S_{-1})_K$ 为有应力集中小试件的疲劳极限。

有两种途径可获得有效应力集中系数。

A. 图表法直接查有效应力集中系数

该方法通过查阅工程手册获得有效应力集中系数 K_f。

a. 对于有肩轴承受扭转载荷的情况

对于有肩轴承受扭转载荷的情况(徐灏,1981),其倒角处有效应力集中系数可根据有肩轴的结构参数从图 4-9 查得。

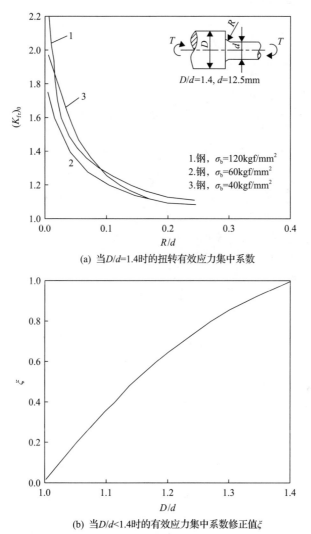

(a) 当 D/d=1.4时的扭转有效应力集中系数

(b) 当 D/d<1.4时的有效应力集中系数修正值 ξ

图 4-9 有肩轴的对称扭转有效应力集中系数

1kgf/mm²=9.80605×10⁶Pa

图 4-9 中,D 为轴较粗部分的直径,d 为轴较细部分的直径,R 为倒角半径。对于 D/d<1.4 的情况应首先根据 D/d 获得有效应力集中系数修正值 ξ,然后根据 R/d 和材料的抗拉强度指标获得 D/d = 1.4 时的有效应力集中系数,最后根据式(4-3)计算获得有效应力集中系数:

$$K_\tau = 1 + \xi[(K_\tau)_0 - 1] \tag{4-3}$$

b. 对于有肩轴承受弯曲载荷的情况

有肩轴承受弯曲载荷的情况与承受扭转载荷类似(徐灏，1981)，如图 4-10 所示。

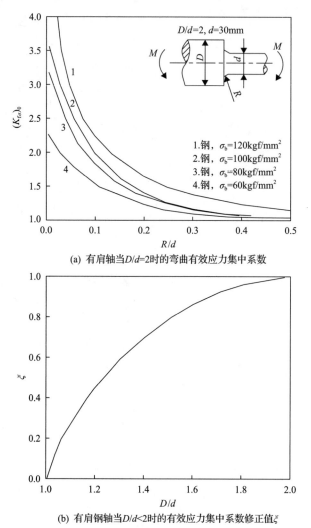

(a) 有肩轴当 D/d=2 时的弯曲有效应力集中系数

(b) 有肩钢轴当 D/d<2 时的有效应力集中系数修正值 ξ

图 4-10　有肩轴的对称弯曲有效应力集中系数

c. 对于有肩轴承受拉压载荷的情况

有肩轴承受对称拉压载荷的情况与承受扭转载荷类似(徐灏，1981)，如图 4-11 所示。

B. 通过理论应力集中系数与疲劳缺口敏感度系数估算有效应力集中系数

该方法通过有效应力集中系数 K_f 与理论应力集中系数 K_t 关系的常用经验公式进行估算：

$$K_f = 1 + q(K_t - 1) \tag{4-4}$$

式中，q 为缺口敏感系数。式(4-4)对于正应力与切应力时均成立，对于正应力可写成 $K_{f\sigma} = 1 + q(K_{t\sigma} - 1)$；对于切应力，可写成 $K_{f\tau} = 1 + q(K_{tc} - 1)$，$K_{tc}$ 为理论剪应力集中系数。

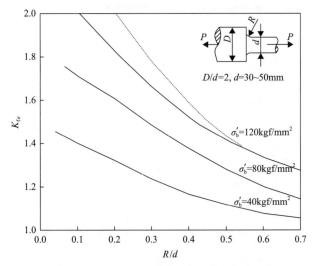

图 4-11 有肩轴的对称拉压有效应力集中系数

实线为有效应力集中系数，虚线为理论应力集中系数，$K_{f\sigma}$ 为弯曲有效应力集中系数

研究表明，q 首先取决于材料性质。一般说来，材料的抗拉强度提高时 q 增大，而晶粒度和材料性质不均匀度增大时 q 减小。不均匀度增大时 q 减小的原因是材质的不均匀相当于内在的应力集中，在没有外加的应力集中时它已经在起作用，因此减小了对外加应力集中的敏感性。

此外，q 还与应力的梯度或缺口的半径等因素有关，故 q 不是材料常数。许多学者对 q 进行了试验研究，给出了 q 与缺口半径间的关系式或曲线图。徐灏(1981)认为，对于钢材的 q 值可由图 4-12 曲线查得。

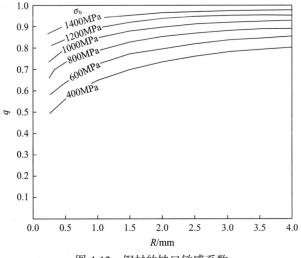

图 4-12 钢材的缺口敏感系数

当缺口半径 $R > 4.0\text{mm}$ 时，可采用外推法，将 $R = 4.0\text{mm}$ 处曲线的切线作为该曲线的延长，求出 q 值。若需10mm 以上的结果，可直接取 $q = 1.0$。

还可以使用屈服极限和强度极限之比查阅缺口敏感系数，参见图 4-13(徐灏，1981)。

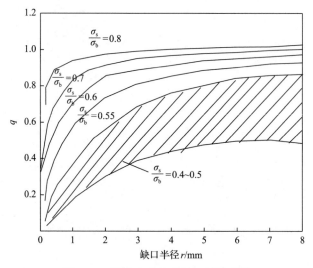

图 4-13 钢的应力集中缺口敏感系数

最常使用的缺口敏感系数公式为 Neuber 公式和 Peterson 公式。Neuber 公式为

$$q = \frac{1}{1+(\rho'/\rho)^{1/2}} \tag{4-5}$$

式中，ρ 为缺口半径(mm)；ρ' 为 Neuber 参数，可通过材料性能数据和应力集中结构数据，查图 4-14 获得(赵少汴和王忠保，1997)。

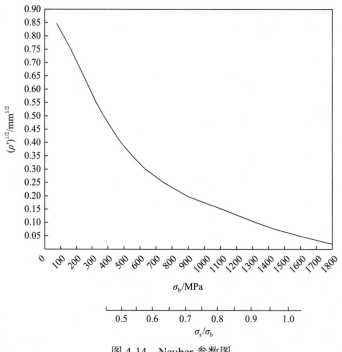

图 4-14 Neuber 参数图

根据文献(徐灏，1980)，图 4-14 的横坐标有两个，一个是强度极限、一个是屈服极限

与强度极限之比(屈强比)。在求正应力的 q 时,先用强度极限坐标求得一个 q 值,再用屈强比求得一个 q,最后取平均值。求切应力的 q 时,则用屈强比坐标直接查得 q 即可。

Peterson 公式(石德珂和金志浩,1998)为

$$q = \frac{1}{1+\alpha/r}$$

式中,$\alpha = 0.25\left(\dfrac{2070\mathrm{MPa}}{\sigma_\mathrm{b}}\right)^{1.8}$($\sigma_\mathrm{b} \geqslant 550\mathrm{MPa}$)。在求正应力的 q 时,用强度极限坐标直接求得一个 q 值。求切应力的 q 时,则上式中 α 应乘以求得值的 0.6。

2)构件尺寸范围对疲劳极限的影响

弯曲与扭转试验表明,疲劳极限也存在一定的尺寸效应,疲劳极限随试件横截面尺寸的增大而减小。因为在相似的条件下,大试件处于高应力区的材料多于小试件,这样大试件出现裂纹的概率就大于小试件,疲劳极限也就低于小试件。

尺寸对疲劳极限的影响程度可用尺寸系数 ε_s 来描述,即

$$\varepsilon_\mathrm{s} = \frac{(S_{-1})_\mathrm{d}}{S_{-1}} \tag{4-6}$$

式中,$(S_{-1})_\mathrm{d}$ 为光滑大试件的疲劳极限。对于正应力,$\varepsilon_\sigma = \dfrac{(\sigma_{-1})_\mathrm{d}}{\sigma_{-1}}$;对于切应力,$\varepsilon_\tau = \dfrac{(\tau_{-1})_\mathrm{d}}{\tau_{-1}}$。

碳素钢和合金钢的尺寸系数可参考图 4-15(徐灏,1981)。

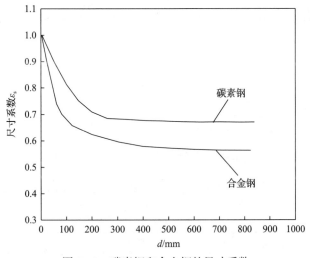

图 4-15　碳素钢和合金钢的尺寸系数

显然,当构件尺寸大于 100mm 时,系数变化比较平缓。对于汽轮机转子构件,根据图 4-15,尺寸系数应该在 0.55~0.6。

王学颜和宋广惠(1992)认为,钢材的尺寸效应除与尺寸和截面形状有关外,还与应力循环次数有关。通常应力循环次数小于 10^3 次时,尺寸效应很小,不必修正。当应力循环次数为 10^6~10^7 次时,弯应力尺寸系数由图 4-16 查出;剪应力尺寸系数由图 4-17

查出；或查阅有关资料获得。对循环次数为 $10^3 \sim 10^6$ 次的截面形状与尺寸修正系数的求法，可用线性插值的方式修正。

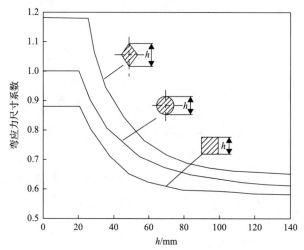

图 4-16   不同尺寸和截面形状的弯应力尺寸系数

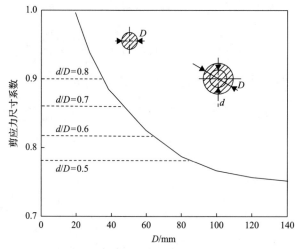

图 4-17   圆形与环形的剪应力尺寸系数

关于不同材料的尺寸系数可参见表 4-1(赵少汴和王忠保，1997)，也可以供参考选择。

表 4-1   不同材料的尺寸系数

材料		直径 d/mm									
		20～30	30～40	40～50	50～60	60～70	70～80	80～100	100～120	120～150	150～500
ε_a	碳素钢	0.91	0.88	0.84	0.81	0.78	0.75	0.73	0.70	0.68	0.60
	合金钢	0.83	0.77	0.73	0.70	0.68	0.66	0.64	0.62	0.60	0.54
ε_τ	各种钢	0.89	0.81	0.78	0.76	0.74	0.73	0.72	0.70	0.68	0.60

3) 表面质量对疲劳极限的影响

机械零件的加工过程也是产品坯料不断去除多余部分的过程，去除过程中难免会给零件表面留下刀痕、擦伤等各种微缺陷，从而也可能造成应力集中。一般情况下，最大应力出现在构件表面层，对构件做渗氮、渗碳、淬火等表面处理，可提高表层材料的强度。构件表面加工质量和加工工艺将影响疲劳极限，其影响程度用表面质量系数 β 表示，即

$$\beta = \frac{(S_{-1})_\beta}{S_{-1}} \tag{4-7}$$

式(4-7)中的 β 为有别于光滑小试件加工(磨削加工)的疲劳极限。表面质量系数 β 可查有关手册得到，见图 4-18、图 4-19(徐灏，1981)。

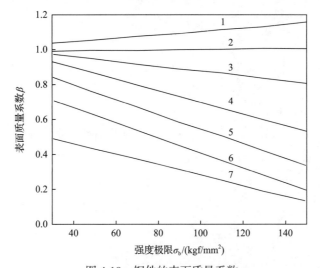

图 4-18 钢件的表面质量系数

1-抛光光洁度▽11 以上；2-磨削▽9～▽10；3-精车▽6～▽8；4-粗车▽3～▽5；
5-轧制，未加工表面；6-表面淡水腐蚀；7-表面海水腐蚀

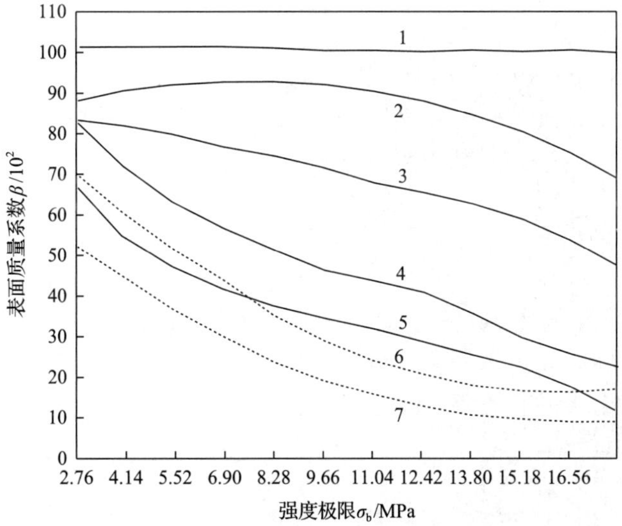

图 4-19 表面质量系数 β 与强度极限 σ_b 的关系

1-抛光；2-磨削；3-机加工；4-热轧；5-锻造状态；6-自来水侵蚀；7-盐水侵蚀

由图 4-18 知，除抛光加工以外的其他工艺或环境影响的表面质量系数都是小于 1.0 的，它随强度极限的增高而降低。

对于钢材的研究结果证明，表面质量系数除与加工方法有关外，还与材料拉伸强度极限的数值有关，值越高，系数越大。

上述系数为 10^6 次循环寿命的修正系数，10^3 次以下可不计表面质量对疲劳极限的影响。

4) 关于载荷系数

理论与试验研究表明，材料纯剪切时的许用切应力 τ 与许用应力 σ 间存在下述关系：对于塑性材料，$\tau = (0.5 \sim 0.577)\sigma$；对于脆性材料，$\tau = (0.8 \sim 1.0)\sigma$。

因此，对于扭转剪切 1 次疲劳强度的载荷系数可取 0.577。

5) 平均应力的考虑

一般来说，对于无限寿命设计理论，疲劳极限或 10^6 次循环寿命处的疲劳应力是最关键性的指标，对该处应力指标根据平均应力 σ_m 状态进行修正的方法有以下几种。

A. 抛物线方程(Gerber——格尔伯)

假设疲劳极限线是经过对称循环疲劳极限点 A 和拉伸强度极限点 B 的抛物线，其方程为

$$\sigma_a = \sigma_{-1}\left[1 - \left(\frac{\sigma_m}{\sigma_b}\right)^2\right]$$

B. 直线方程(Goodman——古德曼)

假设疲劳极限线是经过对称循环疲劳极限点 A 和拉伸强度极限点 B 的一条直线，其方程为

$$\sigma_a = \sigma_{-1}\left[1 - \left(\frac{\sigma_m}{\sigma_b}\right)\right]$$

C. 直线方程(Soderberg——索德贝格)

假设疲劳极限是经过对称循环疲劳极限点 A 和静载屈服极限点 S 的一条直线，其方程为

$$\sigma_a = \sigma_{-1}\left[1 - \left(\frac{\sigma_m}{\sigma_s}\right)\right]$$

上述三种方法中，显然采用第三种方法是比较保守即偏安全的。但是根据经验，对大多数工程合金，Goodman 式对脆性金属吻合较好，对延性合金偏保守；Gerber 式一般可较好地描述延性合金的有关疲劳行为。

6) 复杂应力状态的 S-N 曲线的修正

材料的疲劳试验一般是标准的正应力或剪应力状态，弯曲疲劳试验的设计出发点主要是载荷施加的简便性和这种载荷存在一定的普遍性。在实际部件中，包括汽轮发电机转子，其危险部位往往表现为复杂的三向应力状态，因此需要将复合应力状态下的强度

等效为材料试验时的应力状态。

在静强度校核复合应力状态进行时，对于具有一定塑性性质的材料，其强度条件常用"最大剪应力理论"，即第三强度理论，或者用"畸变能理论"，即第四强度理论。方法是按照这些强度理论计算出"相当应力"，再将之与材料的强度极限进行比较。

上述对于复合应力状态下静强度校核的方法也可以用于疲劳强度问题。此时，只要按给定的载荷算出当量应力(包括相当的应力幅和相当的平均应力等)，再利用材料的 S-N 曲线，即可定出相应的疲劳寿命。

复杂应力状态下的最大剪应力及等效应力可用下述方法计算。

在直角主坐标系中任意一点的应力状态需使用九个应力分量来描述，可用张量符号 σ_{ij} 表示，下角标 i、j 分别依次等于 x、y、z，即可得到九个应力分量的矩阵式：

$$\sigma_{ij} = \begin{bmatrix} \sigma_{xx} & \tau_{xy} & \tau_{xz} \\ \tau_{yx} & \sigma_{yy} & \tau_{yz} \\ \tau_{zx} & \tau_{zy} & \sigma_{zz} \end{bmatrix}$$

由于单元体处于静力平衡状态，故绕单元体的合力矩必为零，导出剪应力互等关系式：

$$\tau_{xy} = \tau_{yx}, \quad \tau_{yz} = \tau_{zy}, \quad \tau_{xz} = \tau_{zx}$$

可见，上述九个应力分量中只有六个是独立的。根据力学理论(卓华等，2015)，必然存在着唯一的三个相互垂直的方向，与此三个方向相垂直的微分面上的剪应力恰为零，只存在着正应力。此正应力称为主应力，一般用 σ_1、σ_2、σ_3 表示，主应力可通过求解式(4-8)得到：

$$\sigma^3 - I_1\sigma^2 - I_2\sigma - I_3 = 0 \tag{4-8}$$

式中，I_1、I_2、I_3 为应力张量的三个不变量

$$I_1 = \sigma_x + \sigma_y + \sigma_z$$
$$I_2 = -(\sigma_x\sigma_y + \sigma_y\sigma_z + \sigma_z\sigma_x) + \tau_{xy}^2 + \tau_{yz}^2 + \tau_{zx}^2$$
$$I_3 = \sigma_x\sigma_y\sigma_z + 2\tau_{xy}\tau_{yz}\tau_{zx} - (\sigma_x\tau_{yz}^2 + \sigma_y\tau_{zx}^2 + \sigma_z\tau_{xy}^2)$$

使剪应力取极限值的平面为主剪应力平面。它们是与某一主平面垂直，而与另两个主平面呈45°交角的平面。

三个主剪应力中绝对值最大的一个，就是受力质点所有方向的切面上剪应力的最大值，以 τ_{max} 表示，称为最大剪应力。如果 $\sigma_1 > \sigma_2 > \sigma_3$，则

$$\tau_{max} = \frac{\sigma_1 - \sigma_3}{2}$$

式(4-8)的解为

$$\sigma_1 = \frac{I_1}{3} + R\cos\frac{\phi}{3}, \quad \sigma_1 = \frac{I_1}{3} + R\cos\frac{2\pi + \phi}{3}, \quad \sigma_1 = \frac{I_1}{3} + R\cos\frac{2\pi - \phi}{3}$$

式中，$R = \frac{2}{3}\sqrt{I_1^2 - 3I_2}$；$\phi = \arccos\dfrac{2I_1^3 - 9I_1 I_2 + 27I_3}{2(I_1^2 - 3I_2)^{3/2}}$。

von Mises 等效应力的计算公式为

$$\sigma_{eq} = \sqrt{\sigma_1^2 + \sigma_2^2 + \sigma_3^2 - \sigma_1\sigma_2 - \sigma_2\sigma_3 - \sigma_3\sigma_1} \tag{4-9}$$

采用 von Mises 等效应力作为强度安全判据称为第四强度理论；采用最大剪应力作为强度安全判据称为第三强度理论。

4.1.3 扭振疲劳损伤

任何一个疲劳累积损伤理论都需要对疲劳损伤 D 进行定义，并对疲劳损伤的演化规律 dD/dn 进行假设和解释。对于一个合理的疲劳累积损伤理论，其疲劳损伤 D 应该有比较明确的物理意义可应用于工程实际，也应该有与试验数据或工程实践观察比较一致的疲劳损伤演化规律，并且简单易用。

目前所研究和使用的疲劳累积损伤理论可大致分为确定性的损伤理论和基于随机性的损伤理论，前者又可分为线性疲劳累积损伤理论、修正线性的疲劳累积损伤理论和非线性的疲劳累积损伤理论。其中线性疲劳累积损伤理论在工程上使用得最为广泛，主要原因包括其易于理解、易于使用、准确性尚可接受。

线性疲劳累积损伤理论的主要假设是在循环载荷作用下，不同阶段的疲劳损伤可进行线性累加，各个应力循环所造成的损伤之间相互独立和互不相关，当累加的总损伤达到某一数值时，试件或构件就发生疲劳破坏。线性疲劳累积损伤理论中典型的是Palmgren-Miner 理论，简称为 Miner 理论。

Miner 理论主要规则为，一个循环造成的疲劳损伤 $D=1/N$，其中 N 为对应于某载荷水平 S 的疲劳寿命（通过 S-N 曲线查得）；等幅载荷下 n 个循环造成的疲劳损伤 $D=n/N$，显然当循环应力的次数 n 等于其疲劳寿命 N 时，疲劳破坏发生，即 $n=N$，临界损伤值 $D_{CR}=1$。变幅载荷下，n 个循环造成的损伤式中 N_i 为对应于载荷水平 S_i 的疲劳寿命，通过不同等级的循环分别计算并累积后的临界损伤值 $D_{CR}=1$ 时，疲劳破坏发生（陈传尧，2002）。

Miner 理论没有考虑加载次序的影响，实际上加载次序对疲劳寿命的影响很大。在二级或者很少几级加载的情况，试验件破坏时的 D_{CR} 偏离 1 很大；对于随机性载荷，试验件破坏时的临界损伤值 D_{CR} 在 1 附近，这也是目前工程上广泛采用 Miner 理论的原因之一。

4.2 汽轮机组轴系扭振疲劳分析方法

目前对于汽轮机组轴系扭振疲劳寿命评估采用全寿命分析方法（S-N 曲线法）。全寿命分析方法需要通过应力分布确定轴系的危险部位并获得其载荷谱，而后根据 Miner 损伤线性累积理论计算分析对象所受疲劳损伤值，从而得出轴系的扭振疲劳寿命损伤。

由于转子体高速旋转，因此技术上较难直接、实时、就地测量获得其应力应变值，一般情况下需要建立扭振数学模型。扭振数学模型包括机、电、网三大部分，细分为五个模型：①汽轮发电机组轴系；②汽轮机及其调速系统；③发电机及其励磁调节系统；④电力网络；⑤机网接口。其中，汽轮发电机组轴系模型与机网接口模型及算法是扭振模型的关键，其他 3 个模型已发展得比较完备，在一些行业标准或者权威文献中可找到经典模型结构和推荐模型数据参数。考虑到结构件的复杂性和应力集中的放大效应，可以认为轴系准确建模是进行扭振分析的关键之一，其精确性和简单实用性将大大提高这些模型的研究效率和研究准确度。

本节主要介绍利用电厂实时录波数据的机组轴系扭振疲劳损伤计算方法，该方法以全尺寸有限元分析结果为基础，从机头扭角速度录波着手获得危险部位的载荷谱，可对任意电气或其他扰动下的轴系扭振疲劳损伤进行在线或离线精确评估。

4.2.1　基本原理

1. 轴系固有扭振特性的全尺寸有限元分析

一般大型汽轮发电机组具有多段汽轮机转子及发电机转子，汽轮机转子可能有轮盘套装式、整锻转子及焊接轮盘转子等结构。由集中质量模型物理概念可知，理论上可以考虑每一轴段微元的质量及刚度，但是实际上，能够划分的段数是有限的，而且由于这一模型无法考虑应力集中现象而不能直接获得应力谱，也很难准确描述叶栅、套装联轴器等特殊结构特征对轴系振动特征的影响。与此同时，在有限元技术发展很成熟的今天，采用全尺寸有限元技术进行轴系扭振分析理论上能够很好地保证分析精确度。图 4-20 是某轴系的全尺寸模型(带四级末叶栅)(王坤和鲁录义，2012)。

虽然已经尽量进行了简化，但图 4-20 中模型仍然具有 65 万个实体单元、197 万个节点，模型文件为 3.5GB，结果文件为 6.5GB，分析 100 阶以内的固有模态需耗时 40 多小时(16 核×2.0GHz，64GB 内存)。因此理论上，上述有限元方法的轴系模型完全可以用于扭振分析，考虑到模型规模，需要较高的计算资源和时间，这一方法目前显然只能用于离线分析。但是，对不同轴段在扭振发生时的变形分布信息方面，上述模型的拟合精确度显然要比工程上常用的多质量块模型高很多。

2. 轴系关键部件的非线性有限元分析

将经过简化的轴系全尺寸模型和轴系关键部位的精细非线性有限元模型分析结合起来，是本节介绍的解决措施。

图 4-20 轴系全尺寸模型

一般而言，轴系最易发生扭振破坏的位置是轴颈处或联轴器等部件的应力集中处，通过对这些关键部位进行精细有限元建模和非线性有限元分析，可以获得比较准确的应力集中系数值。大型轴系的轴颈往往采用如图 4-21(a)所示的典型结构，该结构可通过相关经验公式(如西屋公式)，或者查询标准机械手册得到相关应力集中系数，进而计算获得疲劳特性参数或者应力值。对于套装联轴器这一特殊部件，如图 4-21(b)所示，由于存在工艺上的特殊性(过盈配合)，或者形如图 4-21(c)这样的汽轮发电机轴系上常见的非标准阶梯轴，从标准手册中不能查到其应力集中系数的情况，采用非线性有限元(包括接触和塑性)分析是比较有效和准确的。

(a) 大型轴系的轴颈　　　　(b) 套装联轴器　　　　(c) 非标准阶梯轴

图 4-21 轴颈和套装联轴器及非标准阶梯轴结构示意图

3. 基于全尺寸有限元分析和轴系扭振录波数据的扭振疲劳评估方法

录波数据是扭振发生时在机组轴端处测得的真实扭振数据，可作为边界条件放入全尺寸轴系有限元扭振模型中进行响应分析，这样可直接获得整个轴系关键部件危险位置处的应力谱，这一方法比较消耗计算资源；同时，也可以将该数据模态分解为各阶模态数据，然后依据全尺寸轴系扭振模型计算获得的结果，获得机头模态扭角和关键部件相对扭角的关系，进而根据线性叠加原理，结合关键部件精细有限元分析，最终得到关键部件危险位置处的扭应力。后者经过数据关系整理后非常有利于在线系统应用，前者则可用于离线分析。

采用线性原理叠加获得关键部件危险位置处的扭应力谱后，即可根据 Miner 损伤线性累积理论，依据部件材料的 S-N 曲线（或 P-N 曲线），采用雨流法计算分析对象所受扭应力谱下的疲劳损伤值。

上述基于实时录波疲劳损伤分析的流程如图 4-22 所示。

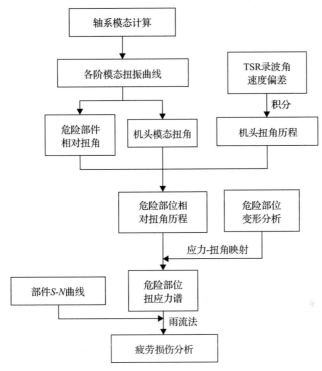

图 4-22　轴颈疲劳损伤计算过程示意（卓华等，2015）

4.2.2　方法实施及算例

1. 轴系模态仿真

图 4-23 为某 1000MW 汽轮发电机组（四缸四排气）轴系有限元数值模型，包括高压转子、中压转子及两根低压转子。分析表明，叶栅对整个轴系扭振振型分布影响有限，在依据振型对关键部件进行损伤分析过程中，其对轴系不同轴段在扭振过程中的变形分布可以忽略，因此本算例中对叶栅采用等效惯量简化，整个轴系单元共用了 187903 个节点、801645 个单元。轴系各段的材料属性设置为：高中压缸，密度 7800kg/m³，杨氏模量 2.1×10^{11}Pa，泊松比 0.3；低压缸 A、B，密度 7800kg/m³，杨氏模量 2.04×10^{11}Pa，泊松比 0.3；发电机转子，密度 7800kg/m³，杨氏模量 2.2×10^{11}Pa，泊松比 0.3。

采用 ANSYS 软件计算得到的前三阶扭转频率分别为 13.262Hz、23.772Hz、26.72Hz，与之对应的振型模态如图 4-24 所示。电厂实测三阶模态频率为 13.34Hz、23.83Hz、

26.77Hz，最大误差小于 1%。这一结果表明，采用三维实体模型对大型汽轮发电机组轴系建模具有相当高的精度，表明前述简化是可以接受的，该模型可在一定程度上保证后续实时录波的模态分解和危险部位扭应力谱计算的正确性。

图 4-23　某汽轮发电机组轴系的有限元数值模型

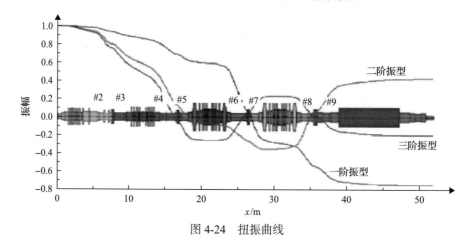

图 4-24　扭振曲线

2. 实时录波数据处理

TSR 录波数据为扭角速度随时间的变化，如图 4-25 中浅色曲线所示。在寿命评估中需要将其转化为扭角-时间的变化关系，以便得到轴颈端面的扭矩。首先需要对 TSR 录波信号进行积分，得到扭角随时间的变化曲线，由于轴系刚性转动，积分后曲线并不是在 0 点附近波动，直接积分的结果如图 4-25 中实线所示。为得到真实可靠的扭角振动数据，需对 TSR 数据积分后进行去趋势波动分析，消除轴系刚性转动对扭角的影响。

机头扭角随时间变化的信号包含了各种频率成分，不能够直接将扭角变化曲线推导到轴系各部位上，需要进行模态分解，利用各模态振动下各点的位移特征计算轴系危险部位的相对扭角。

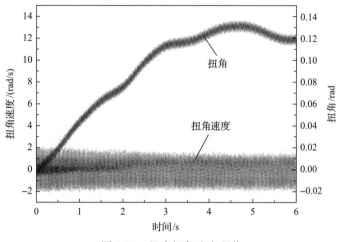

图 4-25　机头扭角速度积分

3. 危险部位载荷谱

根据图 4-24，对其中八个轴颈进行分析，分别得到其扭角差，如表 4-2 所示。

表 4-2　轴颈与联轴器所对应的坐标位置和扭角差

名称	轴系位置	坐标起点 /m	坐标终点 /m	模态 1 端面 扭角差$\Delta\theta_1$/rad	模态 2 端面 扭角差$\Delta\theta_2$/rad
#2 轴颈	高压转子后轴颈	5.723	6.349	-8.615×10^{-5}	-4.573×10^{-5}
#3 轴颈	中压转子前轴颈	7.903	9.213	-1.913×10^{-5}	-9.894×10^{-5}
#4 轴颈	中压转子后轴颈	14.421	15.040	-2.100×10^{-5}	-9.079×10^{-5}
#5 轴颈	A 低压转子前轴颈	17.053	17.963	-2.739×10^{-4}	-1.133×10^{-4}
#6 轴颈	A 低压转子后轴颈	23.893	25.873	-2.400×10^{-4}	-1.324×10^{-4}
#7 轴颈	B 低压转子前轴颈	26.671	27.613	-1.159×10^{-4}	-5.956×10^{-5}
#8 轴颈	B 低压转子后轴颈	33.543	34.453	-6.013×10^{-5}	-1.706×10^{-5}
#9 轴颈	发电机转子前轴颈	36.523	37.423	-4.367×10^{-5}	-1.285×10^{-4}
联轴器	低压转子 – 发电机	35.209	35.781	-9.260×10^{-6}	-2.724×10^{-5}

以#9 轴颈为例，通过建立其精细有限元模型（建模细节不进行详述），对图 4-26 中的实时录波数据进行去趋势波动分析和模态分解，并结合表 4-2 得到#9 轴颈的扭功率谱，通过瞬态分析可以得到#9 轴颈的一阶扭应力谱，如图 4-27 所示。

4. 扭振疲劳损伤分析

通过对材料的 S-N 曲线进行修正，可以得#2～#9 轴颈的 S-N 曲线图，如图 4-28 所示。进一步采用雨流法可以完成轴系的疲劳损伤评估，得出此次冲击对#9 轴颈的损伤约为0.00024%。

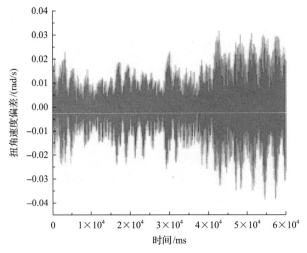

图 4-26　#9 轴颈扭角速度偏差信号

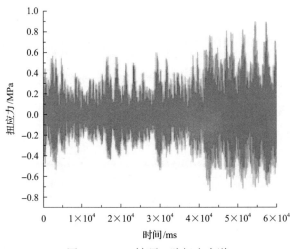

图 4-27　#9 轴颈一阶扭应力谱

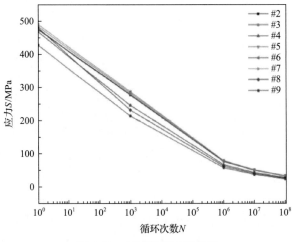

图 4-28　各轴颈的 *S-N* 曲线

值得说明的是，上述过程中，除了轴系全尺寸有限元模态分析和轴颈的精细有限元分析比较耗费时间以外，后续基于录波曲线的数据处理完全可以满足在线系统的要求。

上述结合全尺寸有限元轴系模型和录波数据的扭振疲劳损伤分析方法具有以下特点。

(1)该方法中的全尺寸有限元技术可以更准确地获得轴系的振型曲线及模态频率，同时得到关键部位(如轴颈)在轴端单位扭角下的扭应力的对应关系。振型曲线和模态频率可通过试验或其他理论分析进行相互验证，应力集中处的扭应力或应力集中系数可通过查询相关机械手册得到验证，从而较好地保证了有限元结果分析的准确性和精确度。

(2)对于某一特定结构的轴系，通过有限元分析获得不同模态下轴端扭振幅值(录波测量)与危险部位(轴颈)扭振幅值的一一对应关系以后，通过录波评估轴系扭振疲劳损伤过程，即不再需要重新进行轴系全尺寸瞬态有限元分析以及非线性瞬态分析(如轴系含有套装式联轴器且该部件为危险部件的情况)，从而可在极大地节省分析时间的同时仍然具有较高的分析精确度，为该方法应用于在线系统提供前提条件。

(3)通过对机组实时录波数据进行模态分解，并结合轴系模态扭振曲线，本节总结了一种基于实时录波数据和全尺寸有限元分析结果的汽轮发电机组轴系扭振疲劳损伤评估方法，该方法可以准确分析评估机组轴系扭振疲劳风险，也可形成简化代码或参数嵌入扭振监测系统相关功能模块。

4.3 本 章 小 结

汽轮发电机轴系的扭振疲劳损伤评价方法既有与其他部件疲劳损伤评价方法相同的地方也有其特殊之处，准确了解和掌握这一方法及其背后的理论和概念、知识，对正确认识和应用汽轮发电机组轴系扭振疲劳损伤估算结果具有重要指导意义。

本章主要参考文献

陈传尧. 2002. 疲劳与断裂——面向 21 世纪课程教材. 武汉: 华中科技大学出版社.

单辉祖, 谢传锋. 2004. 工程力学(静力学与材料力学). 北京: 高等教育出版社.

石德珂, 金志浩. 1998. 材料力学性能. 西安: 西安交通大学出版社.

王凯. 2014. 主应力的计算公式. 力学与实践, 36(6): 783-785.

王坤, 鲁录义. 2012. 锦界电厂机组轴系扭振安全性分析报告. 武汉: 华中科技大学.

王学颜, 宋广惠. 1992. 结构疲劳强度设计与失效分析. 天津: 兵器工业出版社.

吴富民. 1985. 结构疲劳强度. 西安: 西北工业大学出版社.

徐灏. 1980. 机械零部件的疲劳强度设计. 辽宁机械, (1): 27-33.

徐灏. 1981. 安全系数和许用应力. 北京: 机械工业出版社.

杨延辉, 王琛, 范海东, 等. 2020. 100Cr6 轴承钢的超高周疲劳性能研究. 中国冶金, (9): 41-44, 59.

赵少汴, 王忠保. 1997. 抗疲劳设计: 方法与数据. 北京: 机械工业出版社.

卓华, 鲁录义, 王坤, 等. 2015. 一种汽轮发电机组轴系扭振疲劳损伤的估算方法. 汽轮机技术, 57(4): 313-316, 269.

第5章 汽轮发电机组轴系扭振保护与扭振特性参数测量方法

汽轮发电机组在稳定运行时,蒸汽力矩与电磁阻力矩大致上相平衡(忽略摩擦力矩),此时机组维持恒定转速运行。当发生故障时轴系的力矩平衡被破坏导致转子发生转速波动,一般情况下这种波动是短暂的、瞬时发生的,这就形成了一种对轴系旋转运动的扰动,即扭转振动。造成这种扰动有设备、系统故障原因,如发电设备或变压器绝缘下降引起的短路,自然环境(如大风、冰雪或树枝接触)造成的线路短路;有操作原因,如人员操作不当引起的机组误并列;在电网系统中不断发生的网内设备工况改变、设备切换等也是各种扰动源。电网一般具有较强的稳定性,因此大部分情况下这些扰动冲击性较小,造成的影响也会逐渐消逝。但是特定的条件下也会有一定概率发生较强的扰动而形成显著的冲击性扰动,如各种振荡现象;还有些扰动会诱发机网耦合谐振,如次同步谐振现象等,谐振发生时振幅不会快速衰减,而是等幅持续甚至幅值越来越大,可造成较大危害,研究表明这种现象主要与电网的结构及其系统特性有关,而不仅仅是扰动源的原因。

汽轮发电机组轴系扭振的危险性是可能导致轴系的疲劳损伤,并且这种损伤具有累积效应。另外,由于故障类型不同和不同型号汽轮发电机组的转子结构不同,在交变扭力矩下轴系扭振疲劳损伤风险承受失效的部位和损伤快慢也不完全相同。

5.1 汽轮发电机组轴系的扭应力限值与设计要求

汽轮机发电机组轴系在某种强烈的冲击性扭矩下发生一次性扭断的可能性是不大的,而且一般而言,在各种事件中扭矩幅值与事件发生的概率成反比,也就是说大幅值的冲击性扭矩发生的概率较小,幅值越小的扰动发生得越频繁,当然幅值小到一定程度后扰动产生的轴系损伤可以忽略不计。因此,考虑到扭振疲劳损伤的累积效应,从设计的角度对各种不同扰动下轴系扭应力及扭矩的限值进行规范,以及在机组运行服役期间对轴系的疲劳损伤寿命进行估计都是非常有必要的。

5.1.1 轴系扭振扰动来源及其影响

电网是连接电源和负载的通道,网络、电源和负载的特性各异,因此电网每时每刻都处于一种复杂性较高的动态平衡状态下,这种动态平衡的一个关键性指标就是电网的周波。电网的周波在一定幅值范围内波动,反映了负载和电源的某种平衡关系,同时在一定程度上也影响了汽轮发电机组轴系的旋转速度及其变动。

电网的日常操作和机组的负荷变动都是轴系的扭转扰动源,这种振动发生的概率较高，但是其程度轻微，导致的扭转动应力属于高周疲劳甚至超高周疲劳，在轴系整个服役寿命期内的累积损伤一般都可忽略不计。

对轴系有可见影响、需要考虑的扰动出现的概率不大，但是导致的扭应力较大、程度较为严重，一般符合 CIGRE 建议的标准："如扰动时，发电机过载出现的过电流、电磁及机械力矩值大于发电机额定电压下机端对称或不对称短路的 0.7～0.8 倍，则认为是严重扰动。"

综合而言，电力系统中需要考虑的严重扰动包括以下几类。

(1)发电机与电力系统存在较大相位差时并网，相位差在 120°时扭应力达到最大值。

(2)调速器工作不正常时甩汽轮机负荷导致的转子超速。

(3)发电机带励磁失步运行状态，其扭应力最大幅值与系统两侧等值阻抗有关。

(4)发电机失磁异步运行状态，滑差超过允许值。

(5)发电机出口或升压变压器高压侧三相或两相短路工况。

(6)发电机变压器组近距离处发生短路故障，故障切除后仍保持与电网连接运行，故障清除后电压突然恢复将再次形成冲击。

(7)电厂出线单相或两相重合闸不成功可导致轴系的多次冲击。

(8)次同步谐振。交流输电系统采用串联电容补偿后，可形成 LC 谐振回路，若谐振频率与汽轮发电机组轴系的固有扭振频率满足某个关系则容易诱发机网耦合谐振现象。

(9)次同步扭振。直流输电也可能导致电网与轴系之间发生耦合扭振现象，常称为次同步扭振。汽轮发电机组与直流输电整流站距离接近、汽轮发电机组与交流大电网联系薄弱、汽轮发电机组的额定功率与直流输电输送的额定功率在一个数量级上等可能不利于次同步扭振的稳定过程。

值得指出的是，我国的部分电网由于电网结构、远距离输电技术的采用及负载和电源等特性，次同步谐振和次同步扭振的发生概率比几十年前有了明显增加。

各扰动中谐振属于比较危险的情况之一，其危险性在于发生谐振时振动的幅值对应的应力虽然不太高但是持续时间有可能较长。随着电网新能源电源点的日益增多、远距离输电技术的采用，电网中的各种扰动也日益复杂和频繁。仿真分析表明，在特定情况下由于电气阻尼为负，不太明显的小扰动也可能会激发轴系的谐振，使得轴系扭振幅值越来越大。如果不对其进行抑制，这种谐振有可能在有限的时间内(如数个月)使轴系寿命耗尽。

不同型式的系统扰动对轴系扭振疲劳寿命造成的损耗与扰动的类型、扰动发生的条件、扰动发生的概率、轴系的结构和材料、疲劳寿命的评估方法等许多因素有关。表 5-1 中汇总列出了德国 KWU 公司对多种型号汽轮发电机组的分析结果。表中分别用数字标识了轴系疲劳寿命损耗的范围，以理想的轴系概率期望寿命(裂纹萌生寿命)作为 100%。

5.1.2 轴系扭振疲劳的寿命分配原则

19 世纪 80 年代，国际上许多研究和制造企业及国际性学术组织(如 CIGRE)非常关注考虑扭振因素的轴系设计要求。1992 年，CIGRE 的专门工作组即第十一委员会第一小组(CIGRE11.01)提出了关于 T-G 轴系设计的建议和要求(袁季修，1997)。

表 5-1　各种冲击对汽轮发电机(T-G)轴系损伤的估计(袁季修，1997)

扭振冲击等级	故障类型/扰动		扰动频繁程度(A)	最不利条件下加于T-G的应力(B)			出现最大应力的概率(C)	出现最大应力的有关因素	A、B、C总损伤概率
				轴系疲劳损耗/%	对轮	定子线圈			
第一级单一冲击	发-变组短路	高压侧	不频繁	<0.10	轻	中	高	短路瞬间	中
		低压侧	不频繁	<1.00	中	严重	高		中
	甩负荷，线路操作		频繁	<0.05	轻	轻	中	相角差，系统条件	轻
	误并列		不频繁	<20.00	很严重	很严重	中	相角差，滑差	中
第二级两次冲击	系统故障及切除	相间短路	中等	<0.10	中	中	低	故障点距离，短路发生、切除、重合瞬间，控制系统，电网条件	轻
		三相短路	不频繁	<10.00	严重	中	低		轻
第三级多次冲击	系统故障及重合闸	单相接地	很频繁	<0.10	轻	轻	低		轻
		相间短路	中等	<10.00	严重	中	很低		轻
		三相短路	不频繁	→100.00	很严重	中	很低		轻
	系统严重故障后失步		很不频繁	<20.00	严重	中			轻
第四级谐振冲击	串补输电引起次同步谐振	有保护措施	很不频繁	<1.00	轻/严重	轻	高		轻
		无保护措施	频繁	→100.00	很严重	中	高		很严重
	轴系自然振荡频率与周期性变化的电磁力矩谐振	接近振荡	不频繁	<0.05	很轻	很轻	低	变化量大小，谐振程度，衰减	轻
		全振荡	频繁	→100.00	严重		中		严重

(1)日常运行过程中的运行操作不应对轴系疲劳寿命损耗产生明显影响；幅度小于额定功率一半的功率摆动引起的扭应力，应小于轴系材料的强度指标，当合闸角小于 10°时的例行并列亦应如此；幅度大于额定功率一半的较大功率摆动为稀少扰动，对轴系的总的寿命损耗累积不应超过百分之几。单相接地故障的切除与重合闸操作经常发生，因此按最坏情况(附近区域的故障且跳合闸时间不利)，每次事故应远低于0.1%，在机组服役期因该类故障而导致的疲劳损耗累积值在 1%左右；上述扰动对轴寿命损耗的总累积值不超过 10%。

(2)由于理论上最坏情况下三相短路重合闸能损失 100%的疲劳寿命，但发生概率极低，从费效比的角度设计时可以不作考虑。

(3)一般设定的严重扰动必须包括：①机组短路(一次)；②120°误并列(一次)；③在一般快速切除故障时间的范围内，切除近区三相短路(三次)；④慢速切除近区三相短路，此时两侧电势已拉开(一次)，每次故障都应考虑在最坏情况下发生。上述几类扰动服役期内总共累积不得大于30%，

(4)由于电气谐振引起的轴系扭振必须完全避免，不考虑分配轴系的疲劳寿命损耗。

(5)总的轴系疲劳寿命损耗需要有一部分预留用于其他未知情况，一般为60%。

5.1.3　严重扰动对轴系影响的分析与处理

1. 分析评估方法

严重扰动对轴系影响较大，需要有针对性地进行分析，获得扰动过程中的扭矩数据并进行损伤评估，通常有两种方法。

第一种是电气与机械弹性扭振分别分析计算。可先假设轴系为一个刚性体代入电气仿真模型，计算确定电气扰动导致的发电机暂态电磁转矩数据，再将此转矩数据作为边界条件分析多质量块轴系弹性模型或有限元模型，利用求得的各轴段的扭矩与应力变化分析轴系最危险部位，并用雨流法估算轴疲劳损耗。此方法一般用于常规分析。

第二种是电气和机械弹性扭振同时进行分析。轴系中直接用简单的集中质量或连续质量多段模型。电力系统采用多机模型，一般需要考虑电气和机械阻尼。此方法通常用于专门的计算，需要消耗的计算机资源大于第一种方法。

2. 对轮与轴颈的检修要求规则

由于各轴段轴颈刚性最小，因而轴系中轴颈是值得关注的部位。又因为轴段连接所使用的联轴器靠背对轮一般采用螺栓连接或者套装连接，也存在薄弱部分或应力集中现象，也应予以重视，当发生严重冲击性扰动或者长期运行后应对对轮各处进行检测，并评估和检查对轮局部变形程度。各严重工况对对轮的影响程度及允许标准可参见表 5-2 和表 5-3。

表 5-2　最大扭矩产生的对轮变形程度（袁季修，1997）

级别	受力程度	影响与措施		
		运行状态和校准	停机检查	修理范围
A	在弹性区内	不需要	不需要	不需要
B	主要位于弹性区	几乎不需要	下次计划停机检查	可能不需要
C	支持区局部永久变形	几乎不需要	下次计划停机检查，如果运行状态恶化建议尽快检查	可能不需要
D	对轮孔和螺栓永久变形	需要		可能翻修轮孔，更换螺栓
E	严重永久变化	很需要	立即	翻修对轮和更换对轮螺栓

表 5-3　KWU 关于严重扰动对轴系及对轮影响的允许值（袁季修，1997）

扰动类型	允许对轮变形	每次事件寿命损耗/%	
		目标值	最大允许值
机端三相短路 (SC)	A 或 B	<1	3
误并列 (FS)	A 或 B	<7	20
切除近区故障 (FC)，FCT<150ms	A 或 B	<3	10
切除近区故障 (FC)，150ms<FCT<临界 FCT	A 或 B	<5	15

5.2 汽轮发电机组轴系扭振保护设备及其定值

根据表 5-3，CIGRE 建议应对 SSO 的策略归纳如下：

(1)装有串补设备的远距离输电的电网(包括直流远距离输电)内应该有针对性的保护措施，以避免谐振现象使发电机组轴系受到损坏。美国制定的关于隐极同步发电机标准 IEEE Std C50.13™-2005 第 4.2.5 条明确规定：装串补的线路必须与发电机制造厂共同选择预防 SSR 的措施。工程实践表明，联轴器靠背轮和转轴的热套过盈量与键销应力集中系数对额定工况下的最大应力值有较大影响，设计时可尽量协调平衡。在谐振发生后，会在额定工况下导致的平均应力基础上再叠加一个交变应力，理论上只要扭振转矩不收敛，断裂只是时间早晚的问题。即使采用安全性较好的整体式联轴器(消除了热套过盈和键销应力集中)，对于具有组装特征的汽轮发电机轴系而言，危险部位也将会从联轴器键销应力集中处转移至其他薄弱位置(可能的位置包括联轴器螺栓、长叶片，甚至发电机线圈附件等)，因此应采取一定的轴系保护措施。

(2)切除三相故障时禁止使用三相重合闸。

(3)对同期误并网次数应加以限制(寿命期内并网相角 120° 条件下允许 2 次并网以内)。

SSO 的发生除了与发电机及汽轮机轴系参数有关以外，还与电网输电线路接线参数及运行方式有关，因此目前不可能通过改变机组模态频率来回避 SSO，或者说难以通过事前改变汽轮发电机轴系结构、工艺来避免 SSR。

若无保护措施，SSO 的发生会很频繁而且轴系损坏的可能性会很大。目前工程上广泛采用的是两种思路。一是采取技术措施抑制 SSO，如可控串补装置(thyristor controlled series compensator，TCSC)、附加励磁阻尼控制器(supplementary excitation damping controller，SEDC)或采用次同步扭振动态稳定器(sub synchronous resonance dynamic statiblizer，SSR-DS)，这些抑制措施主要的原理是当系统出现 SSR 电流时，抑制装置调制出同样频率但相位相反的电流加入电气回路中，从而对轴系扰动产生明显的抑制作用。不同的技术措施投资和费效比有较大差距。二是装设扭应力保护装置(torsional stress relay，TSR)。TSR 的功能是，万一上述抑制 SSO 的措施失效，TSR 按给定值触发报警或切机，保护机组免于损坏。TSR 作为第二道防线也是不可缺少的，但是如果定值设置不合理导致频繁报警或切机，实际上机组就无法正常运行，因此 TSR 的定值是比较关键性的指标。

国内扭应力问题的研究和应用工作最早是在安徽淮南平圩发电厂和上海华能石洞口电厂开始的。国内的扭应力分析仪(torsional stress analyzer，TSA)及 TSR 最早应用在美国进口机组上。美国 GE 公司提供的 TSA 和 TSR 的功能及特点如下(陈大宇等，2010)：

1)TSA 功能及特点

(1)实时记录和保存扭振的过程和历史数据。

(2)显示轴系各危险截面应力过程曲线。

(3)对轴系各危险截面进行扭振疲劳寿命损耗评估并进行数据显示。

2）TSR 功能及特点

（1）在线分析轴上危险截面各扭矩模态的应力。

（2）反时限疲劳跳闸。

（3）失稳跳闸。

（4）主辅跳闸回路分别具有不同的定值和跳闸输出。

（5）危险工况发生时给出报警、提示。

TSR 在检测到危险扭振时，动作切机保护机组安全。它主要利用扭振模态不稳定判据和疲劳寿命损失限值判据对轴系扭转信号进行监控分析，做出切机动作指令。

扭振模态不稳定判据的基本原理是：模态转速超过启动值，并且在一定连续时间内模态扭振幅度持续增长。如果模态扭振幅度持续下降或模态扭振低于启动值，则判定该模态稳定（收敛）。

疲劳寿命损失判据分两种情况：模态扭振超过启动值，单次事件疲劳寿命损失超过常规定值则判定为常规疲劳越限，而如果单次疲劳损失超过极限定值则判定为极限疲劳越限。

TSR 的判据可以较好地起到抑制 SSO、保护机组轴系安全的作用。一般需设置的定值参数如表 5-4 所示。

表 5-4　一般 TSR 需设置的定值参数

整定参数	整定值	备注
模态 1 滤波器中心频率/Hz	—	根据计算和实测设定
模态 1 滤波器带宽	—	需调整优化
模态 2 滤波器中心频率/Hz	—	根据计算和实测设定
模态 2 滤波器带宽	—	需调整优化
模态 3 滤波器中心频率/Hz	—	根据计算和实测设定
模态 3 滤波器带宽	—	需调整优化
TSR 保护启动值/(rad/s)	0.1	模态转速的有效值，报警值，开始录波门槛
模态 1 疲劳累积开始值	—	根据计算调整，累积至常规疲劳越限的门槛值（1%）跳闸
模态 2 疲劳累积开始值	—	
模态 3 疲劳累积开始值	—	
TSR 模态稳定/不稳定判据/%	0.2	轴系疲劳损耗门槛
TSR 常规疲劳越限的门槛值/%	1	一般不调整
TSR 极限疲劳越限的门槛值/%	2.8	可调整
TSR 的响应等待时间/s	1	可调整

表 5-4 中的具体数据仅供一般原理性参考。具体的不稳定判据、常规或极限疲劳门槛的确定与具体机组、送出系统（结构参数及各种故障发生概率）、抑制 SSO 装置的性能有关，应在大量仿真计算各种工况下的轴系寿命损失后，考虑故障（或扰动）发生概率，

按照既确保机组寿命年限无损，又避免跳闸切机事故的原则予以选择。

5.3 汽轮发电机组轴系扭振固有频率的测量方法

扭振的测量对于准确理解和掌握机组扭振特别重要，在机组扭振测量过程中，涉及测量原理、测量方案、传感器、数据采集与分析等方面的多学科知识，正确的测量技术是试验成功并取得可靠数据的前提。

目前轴系扭振测量基本上皆采用"非接触测量法"，如图 5-1 所示。在轴 4 上安装测量齿轮 5。在静止部分对准齿轮沿径向布置传感器 1(一般采用可靠性较高的磁电式传感器)。当轴以均匀角速度 ω_1 旋转时，传感器输出等间距的信号(即基频)，如图 5-1 中 a 所示。当轴附加了扭转振动的角速度 ω_2 后，传感器输出间距变化的信号(即调频信号)，如图 5-1 中 b 所示。该信号数据经扭振仪 3 分析处理后，得到了轴的扭振信号，如图 5-1 中 c 所示。

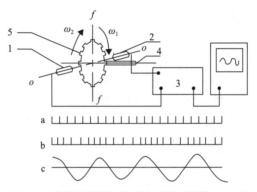

图 5-1 轴系扭振测量原理图(张恒涛等，1992)

信号处理过程有两种原理，一种是对获得的实时波形进行低通滤波、隔离直流，提取出扭振信号；另一种是根据测速齿轮的齿数、弧度和相邻脉冲之间的时间间隔确定瞬时扭角速度。

扭振测量还需要注意以下问题。

(1)测速齿轮与被测轴的连接方式。直接利用机组原有的测速齿轮是最好的情况，如果直接利用有困难，则只能用齿套连接这种方式中，齿套的间隙会导致测量齿轮与主轴不完全同步，产生误差或者引入错误信号。

(2)扭振测量位置的选择。扭振测量的直接目的是获得轴系扭振的频率，扭振频率是叠加在轴系工频之上的转动角速度偏差，因此实际上扭振测量就是准确测取转子的旋转速度。根据轴系扭转振动的基本原理，不同扭振模态下，轴系各位置的幅值存在较大差异，既存在振幅为零的节点位置，也存在振幅较大的波峰波谷位置，不同位置还存在相位的差别，综合考虑，测点最好布置在轴系两个自由端附近(可选择其中幅值较大处)，因为该位置一般各阶模态下的振动幅值都较为明显，可获得较高的测量精度。

(3)弯振的消除(刘英哲和傅行军，1997)。由图 5-1 可知，轴的弯曲振动、测速齿轮与旋转中心的偏离都会对旋转速度产生调制，产生虚假的扭振信号成分，因此需将两个传感器呈 180°方向成对布置，然后通过两组测速信号做平均，这样可以避免上述干扰。

5.3.1　测量要求

(1)频率测量范围一般为 10～200Hz，仪器幅频特性曲线平直部分的误差值应为满量程的±10%，若低频响应欠佳，必须按事先确定的特性对测量值进行修正。

(2)测量前，应掌握轴系各阶扭振频率和振型的大致情况。

(3)至少布置一个测量位置，采用至少两个传感器作为一组，以消除弯振的影响。

(4)测速齿轮最好刚性固定在轴上，齿数不低于 60，分度均匀(偏差小于 0.01°，大致相当于齿轮加工 7 级精度)，齿轮宽度不小于 15mm。

5.3.2　轴系扭振固有频率的试验测量方法

轴系扭振固有频率的测量一般有冲击(激振)法和扫频法两类。

1. 冲击法

(1)盘车起停激振。在机组静止时反复投入和退出盘车，盘车电机启动和停止时的冲击力会激发轴系各阶模态扭振信号，对响应信号数据进行分析可得到固有频率成分。这种方式的缺点是只能粗略获得 1～2 个低阶轴系固有频率，同时由于处于非运行状态，与实际工作条件存在差异。

(2)并网激振。特意使变压器高压侧电压和母线电压之间存在一定的相位差，通过发电机气隙对轴系施加冲击性转矩从而获得响应信息。利用线路开关起停操作或者短路，也可以起到类似效果。

(3)起停串补电容激振。这种方式会在电网产生扰动，进而通过发电机电磁场传导到轴系上。

(4)稳态不对称短路变频激振。在发电机出口处人为地造成稳态不对称短路(单相接地、两相短路或者两相接地短路)，使得发电机定子产生负序电流，最终形成交变电磁转矩扰动。

(5)励磁变频激振。通过专门设计的压控扫描振荡器在发电机励磁绕组中加入一个频率幅值可变的交变电流进行激振。

2. 扫频法

可采用发电机承受不平衡负载变速运行的扫频法来测量轴系扭振频谱，使机组在600～3000r/m 内缓慢、均匀升降(变速率为 100r/m 左右)，寻找各阶共振转速。或者通过其他方式使机组在各个频率成分下产生扰动，测量其扭转振动幅值。

上述两类方法可以根据实际条件选择其一，也可以组合起来先使用扫频法测得各阶共振频率后，再做暂态工况的激振试验，如在并网、解列、甩负荷等试验过程中测量扭振数据，最后对所有数据进行详细分析处理。经验表明，用冲击法(如并网、甩负荷等)测得的数据精度不高，所测频率的阶数也比较有限，扫频法比较可靠和全面。

5.3.3 其他问题

(1)根据经验，对同型号、同批次生产的两台机组进行扭振频率实测，两台机组的频率分散值在 0～0.75Hz。对同一台机组由不同单位按同一测试方法各自进行扭振频率实测，数值误差在 0.5Hz 左右，所以可以认为同型号或典型机组，其频率值的测量误差不超过 ±1Hz。

(2)根据国外有关资料及国内工程经验，由于轴系扭振阻尼值较小，在各阶扭振通过共振区时，它们的共振峰是尖形的而不是馒头形，峰谷比可达 5～10，甚至几十，没有这两个明显特征的数据需要谨慎对待。

5.4 汽轮发电机组轴系扭振机械阻尼系数测量与数据处理方法

虽然刘英哲和傅行军(1997)认为汽轮发电机组轴系机械扭振阻尼值较小，对扭振冲击响应的模拟精度影响较小，但是作为影响轴系扭转振动现象的比较关键的物理参数，轴系扭振阻尼测量也是值得关注和研究的重要内容之一。

轴系扭振现象中导致机械阻尼效应的因素较多，理论上想要区分和确定轴系中的各类机械阻尼很困难也不可能，工程实践中一般只测量模态阻尼。需要指出的是，轴系扭振实际阻尼参数和机组本身(如负荷、机组安装、磨损等)的很多因素都有关系。实测轴系的机械模态阻尼时通常可采用与模态频率测量类似的方法测量模态频率下幅值的衰减过程。现场实测时，以安全为第一，一般不宜使用机端三相或不对称短路的方式，即使是甩负荷方式，也需事先认真研究好安全而便于实施的方案确保安全，在 2008 年锦界电厂现场调试时，首次使用了利用 SSR 抑制装置的新测试方法，安全实用，使轴系次同步扭振固有频率与阻尼测试有了一个新的实用方法。

5.4.1 轴系扭振模态阻尼系数的计算方法

通过前述方式得到扭振的衰减曲线数据后，可以按照下面两种方法处理获得阻尼系数(张晋源，1997)。

1. 自由时域衰减法

自由时域衰减法是在脉冲或初始位移激励(阶跃)引发轴系扭振自由衰减的条件下，通过测试幅值的变化获得其阻尼系数的方法，其理论基础如下：

考虑一个单自由度线性振动系统，其方程为(龚乐年，1995)

$$\ddot{x} + 2\xi\omega_N\dot{x} + \varpi_n^2 x = 0$$

自由衰减振动响应关系为

$$x(t) = A\mathrm{e}^{-\xi\varpi_n t}\sin(\varpi_d t + \varphi)$$

式中，ξ 为黏性阻尼比(又称为相对阻尼系数)；ϖ_n 为无阻尼固有频率；$\varpi_d = \varpi_n\sqrt{1-\xi^2}$

为有阻尼固有频率；A、φ 为由初始条件确定的常数，且有

$$x(0) = A\sin\varphi, \quad \dot{x}(0) = -A\xi\omega_N\sin\varphi + A\omega_d\cos\varphi$$

自由衰减曲线如图 5-2 所示，虚线为波峰值的衰减曲线，A_i 为第 i 波峰幅值，则有

$$\delta = \ln\frac{x_1}{x_2} = \ln\frac{A\mathrm{e}^{-\xi\varpi_n t_1}}{A\mathrm{e}^{-\xi\varpi_n t_2}} = \xi\varpi_n T_d m = 2m\pi\xi / \sqrt{1-\xi^2} \tag{5-1}$$

式中，$T_d = 2\pi / \varpi_d$，为自然频率对应的时间周期；m 为选取的两个波峰幅值 x_1、x_2 对应的时刻 t_1、t_2 周期数。由式 (5-1) 可知，通过两个波峰的幅值高度之比即可计算获得 ξ。

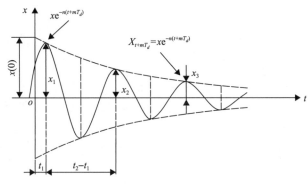

图 5-2　自由衰减曲线

令 $B = \dfrac{1}{m\cdot 2\pi}\ln\dfrac{x_1}{x_2} = \dfrac{\delta}{m\cdot 2\pi}$，则 $\xi = \dfrac{B}{\sqrt{1+B^2}}$。小阻尼情况下，$\xi$ 可按公式 $\xi = B$ 近似直接计算。

阻尼比与动力学中的实际黏性阻尼系数的关系如下：

$$\xi = \frac{c}{2\sqrt{K\cdot M}} \tag{5-2}$$

式中，c 为实际黏性阻尼系数；K 为系统等效刚度（扭转刚度）；M 为系统等效质量（转动惯量）。

阻尼系数还有另一种表达方式（黄方林等，2002），阻尼衰减系数 n，其计算公式为 $n = \xi\cdot\varpi_n$。则振动的自由衰减响应曲线（图 5-2 中实线）表达式为

$$x(t) = A\mathrm{e}^{-nt}\sin(\varpi_d t + \varphi)$$

同时，振动波峰值的衰减曲线（图 5-2 中虚线）表达式为

$$x(t) = A\mathrm{e}^{-nt}$$

具体实施步骤如下：

(1) 对轴系进行激励，并记录自由衰减的时间历程曲线，图 5-2 所示为自由衰减曲线。

(2) 读取两个峰值，所选取的两个峰值相差 m 个周期，一般取 m 使得两个峰值相差

一半左右，以便提高精度。

(3)将读取的两个峰值相除并计算其自然对数。

(4)计算所需系数。

2. 半功率带宽法

半功率带宽法测试阻尼利用自功率谱(也是频响函数)的共振峰寻求系统的固有频率，再根据谱线求得系统阻尼。图 5-3 为系统频响曲线，β 为输入量(机械量或电气量)对频率的响应。

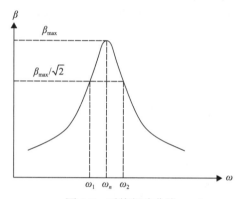

图 5-3　系统频响曲线

测试步骤如下：

(1)扫频法获取系统各频率点对应的幅值变化曲线，并找到明显峰值点，其所对应的频率即为各阶固有频率。

(2)在固有频率两边寻找半功率点(即幅值的 $1/\sqrt{2}$ 点)处对应的频率。

按如下公式计算出阻尼比：

$$\varepsilon = \frac{\omega_2 - \omega_1}{2\omega_n}$$

式中，ω_n 为第 n 阶固有频率；ω_1、ω_2 分别为 ω_n 左右两个半功率点。

研究认为(刘英哲和傅行军，1997)，自由时域衰减法具有较高的精确度；半功率带宽法的计算精度与共振峰位置有关，共振频率较低时，会有较大误差。

5.4.2　汽轮机轴系扭振的电气阻尼和机械阻尼

值得注意的是，当汽轮发电机组在并网状态时，轴系扭振的阻尼特性应该综合了机械和电气两方面的因素，其中电气因素涉及电网结构和发电机相关特性性能，机械因素则既涉及机械方面的能力损耗，也可能与控制系统特性有关；若处于非并网状态，扭振的阻尼特性仅与机械因素有关。

在汽轮发电机组正常运行状态下，轴系的机械阻尼因素与电气阻尼因素共同起作用。在进行机网谐振分析时，电气阻尼因素可通过电气相关模型予以考虑，机械阻尼需要直接设置扭振的阻尼系数。

理论和试验研究表明，机械阻尼与汽轮机负荷水平有密切的关系，这是因为不同负荷状态下蒸汽流量和蒸汽参数存在差异较大，龙劲强(2008)对某 600MW 机组的试验研究得到表 5-5 和表 5-6 所示的固有频率和阻尼系数。

表 5-5 机组前三阶扭振固有频率

阶数	第一阶	第二阶	第三阶
固有频率/Hz	13.2	22.7	28.2

表 5-6 机组不同工况下的阻尼系数

模态阻尼		第一阶	第二阶	第三阶
相对阻尼系数 ξ	空载/%	0.056	0.037	0.048
	50%负荷/%	0.441	0.176	0.154
	100%负荷/%	0.703	0.371	0.318
阻尼衰减系数 n	空载	0.046	0.031	0.085
	50%负荷	0.365	0.252	0.273
	100%负荷	0.583	0.531	0.562

应该指出，大量理论和试验研究表面，对于机网耦合扭振问题，机械阻尼在其中的影响远小于电气阻尼的影响，因此目前大部分机网耦合扭振的仿真和试验研究中对于机械阻尼并不太关注。

根据振动相关理论，阻尼对系统固有频率也有影响，何成兵等(2020)的研究表明影响也比较小，参见表 5-7。

表 5-7 某 600MW 汽轮发电机转子扭振固有频率 (单位：Hz)

测试方法		第一阶	第二阶	第三阶
厂家给定		13.390	22.710	28.330
黄方林等(2002)		13.200	22.700	28.200
本书分析结果	5°角并解列	13.371	22.714	28.312
	甩 60%负荷	13.362	22.707	38.307
	甩 100%负荷	13.355	22.698	28.301

由上述数据可知，不同测量方法带来的固有频率差异不超过 0.1Hz，因此工程上也可以不予考虑。

5.5 本章小结

影响汽轮发电机组轴系扭振的因素众多且机理复杂，现有的机组扭振抑制技术还难以完全满足工程实际所需，因此对轴系扭振过程及其特性参数进行精确测量和分析对提高扭振模拟和预测的准确性，以及对机组和电网进行保护都具有很大的理论和实际意义。

本章主要参考文献

陈大宇, 赵永林, 刘全, 等. 2010. 上都电厂轴系次同步扭振保护系统. 电力系统保护与控制, 38(6): 122-125.

龚乐年. 1995. 浅析机组轴系扭振时的机械(模态)阻尼. 电网技术, 19(8): 29-33.

何成兵, 王润泽, 张霄翔. 2020. 基于改进一维卷积神经网络的汽轮发电机组轴系扭振模态参数辨识. 中国电机工程学报, 40(S1): 195-203.

黄方林, 何旭辉, 陈政清, 等. 2002. 识别模态结构阻尼比的一种新方法. 土木工程学报, 35(6): 20-23.

刘英哲, 傅行军. 1997. 汽轮发电机组扭振. 北京: 中国电力出版社.

龙劲强. 2008. 汽轮发电机组轴系扭振固有特性分析与实测研究. 北京: 华北电力大学.

袁季修. 1997. 关于汽轮发电机轴系扭应力设计准则. 东方电气评论, 11(3): 169-176.

张恒涛, 危奇, 于爱平. 1992. 汽轮发电机组轴承扭振考核导则的拟定. 上海: 上海发电设备成套设计研究所.

张晋源. 2020. 阻尼比求解的半功率带宽法和时域衰减法对比研究. 农业装备与车辆工程, 58(4): 113-115.

第6章　汽轮发电机组轴系暂态扭矩特性及作用因素分析

目前电力行业内关于暂态扭矩放大问题的研究较少。理论上难以获得暂态扭矩的线性解和非线性解，因此迄今为止数学仿真软件仍是分析暂态扭矩放大的主要工具。通过仿真计算观察扭矩波形的峰值、持续时间及变化趋势等，有助于直观地理解扭矩的变化情况。

6.1　暂态扭矩放大问题

暂态扭矩放大问题是指在系统发生某些大扰动的暂态过程中，由于机电相互作用，与串补线路连接的大型汽轮发电机组的轴系扭矩数值可能大大超过机端三相短路所产生的扭矩。暂态扭矩放大可能导致汽轮发电机组轴系产生裂纹，甚至断裂，其严重程度主要由暂态扭矩峰值和波形决定(陈武晖等，2010)。

在研究暂态扭矩放大的影响因素之前，应知道轴系扭矩是如何产生的。轴系扭矩实际上是对冲击力矩的响应，而冲击力矩响应主要来自两个方面：一是汽轮发电机蒸汽流量的变化引起的机械力矩的变化，二是电气侧扰动引起的发电机电磁转矩的变化。通常与电磁转矩的变化相比，机械力矩的变化较为缓慢，可以忽略其影响。因此，电磁转矩的突变是轴系扭矩产生的主要原因。

可以用两质量块机组轴系弹性模型来说明暂态扭矩放大现象。设机组轴系可以近似等值为发电机质量块与汽轮机质量块，二者之间由刚度系数为 K 的无质量轴连接，如图 6-1 所示。

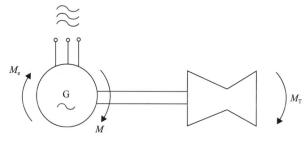

图 6-1　发电机组轴系两质量块弹性结构示意图

令 I_G、I_T 分别为发电机与原动机质量块的转动惯量；θ_G、θ_T 分别为发电机与原动机的扭转角；M_e、M_T 分别为电磁力矩与原动机机械转矩；M 为连接轴扭矩，为最终的求解目标。K 为无质量弹性连接轴刚度系数，则可列出发电机与汽轮机两质量块轴系弹性模型的扭振运动方程：

$$I_T \frac{d^2 \theta_T}{dt^2} = M_T - M \tag{6-1}$$

$$I_G \frac{d^2\theta_G}{dt^2} = M - M_e \tag{6-2}$$

$$M = K(\theta_T - \theta_G) \tag{6-3}$$

定义

$$\omega_n^2 = K \frac{I_T + I_G}{I_T I_G} \tag{6-4}$$

由此，可求以无质量弹性连接轴上扭矩 M 为待求量的微分方程为

$$\frac{d^2 M}{\omega_n^2 dt^2} + M = \frac{I_G M_T + I_T M_e}{I_T + I_G} \tag{6-5}$$

在研究由电网侧故障、操作等引起的机电谐振问题时，认为 M_T 保持不变，即 $\Delta M_T = 0$，再与故障前稳态扭矩相加而得故障后扭矩。此时，一般使用叠加计算方法，计算出扰动扭矩 ΔM_T 与 ΔM_e 引起的 ΔM，此时可通过式(6-5)并考虑 $\Delta M_T = 0$，得

$$\frac{d^2 \Delta M}{\omega_n^2 dt^2} + \Delta M = \frac{I_T \Delta M_e}{I_T + I_G} \tag{6-6}$$

若 $\Delta M_e = M_e$，则可由式(6-6)解得

$$\Delta M = \frac{I_T}{I_T + I_G} M_e \left[1 - \cos(\omega_n t)\right] \tag{6-7}$$

若 $\Delta M_e = M_e \sin(\omega_0 t)$，则可由式(6-6)解得

$$\Delta M = \frac{I_T}{I_T + I_G} \Delta M_e \frac{1}{1 - \left(\frac{\omega_n}{\omega_0}\right)^2} \left[\frac{\omega_n}{\omega_0} \sin(\omega_n t) - \left(\frac{\omega_n}{\omega_0}\right)^2 \sin(\omega_0 t)\right] \tag{6-8}$$

式(6-7)与式(6-8)说明了两种不同方式的电磁力矩变化，引起的相应机组轴系扭矩的变化以及有关参量的关系如下。

(1)一般汽轮发电机组的 $\frac{I_T}{I_T + I_G} = 0.65 \sim 0.85$，而水轮发电机组则为 $0.05 \sim 0.1$。因为水轮发电机组的 $I_T \ll I_G$，所以不会发生轴系扭振问题。

(2)如果由电网激励的电磁力矩频率 ω_0 与轴系固有的扭振频率 ω_n 接近，将因谐振而引起很大的轴扭矩，由于 ΔM_e 中常存在工频或两倍工频分量，因而轴系扭振固有频率需要躲开系统的工频与两倍工频；而电网固有频率则需要躲开与轴系各模态互补的频率。如果某一电磁力矩频率与轴系的固有扭振频率很接近，即使电磁力矩很小，因为阻尼很小，所以轴系扭振振幅仍会明显增大，可能使之达到轴系疲劳强度的极限；而如果发生次同步谐振，那么电磁扭矩 ΔM_e 中可能存在频率与轴系固有扭振频率 ω_n 很接近的分量，其结果可能极其严重。

（3）无论是式（6-7）还是式（6-8），ΔM 均与 ΔM_e 成正比。而 ΔM_e 主要取决于故障后的增量电流，而增量电流的大小与故障相角（短路时刻的相角）有关，因此，ΔM 与故障时刻（相角）有关，当多次故障或操作时，与各故障或操作时刻的组合时序有关，当然，与故障点位置和系统运行状态也是有关的，这点无须多言。

上述分析虽对轴系做了简化，但原则上也可供实际机组轴系定性参考。

6.2 影响暂态扭矩放大的因素

电力系统瞬态故障扰动下机组轴系扭振响应的幅值和频率主要取决于两方面因素的影响：机组轴系的参数和暂态电磁转矩（苏丽宁，2015）。系统发生扰动时，发电机气隙磁场变化不大，电枢电流发生突变，因此，会产生变化较大的暂态电磁转矩。线路串补投运情况、故障类型、故障发生位置及故障切除时间等影响短路电流的因素，都会对暂态电磁转矩产生影响，从而影响暂态扭矩。

6.2.1 串补投运对发电机暂态扭矩的影响

串补投运对电网的等值阻抗影响较大，使得扰动时暂态电磁转矩的频率和幅值发生变化，从而影响暂态扭矩峰值的大小。通常串补投运时，发生故障后暂态扭矩放大现象较未投入串补时严重。

锦界电厂串补送出系统具有典型的 SSR 性质。为了分析串补投运对暂态扭矩的影响，以锦界电厂机组为例，仿真计算串补投运前后，发生故障时发电机暂态扭矩的变化情况。系统运行工况设置：府忻 1 线退出，锦界#1～#4 机组满载，其余机组半载运行。扰动设置：10s 时锦忻 2 线锦界母线侧发生三相短路。

在投入串补和未投串补两种方式下分别进行仿真，结果如图 6-2 所示。可知，线路投入串补时，故障时机组轴系的暂态扭矩冲击比未投串补时要大。

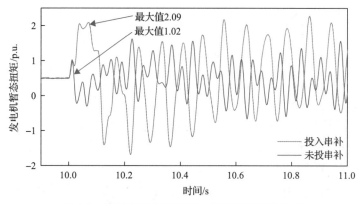

图 6-2 串补投运与否对发电机暂态扭矩的影响

6.2.2 故障位置对发电机暂态扭矩的影响

电网中故障位置的不同导致发电机暂态电磁转矩的变化较大，故障后暂态扭矩放大的严重程度也不同，因此故障位置不确定性是影响暂态扭矩放大的一个重要因素。

选择工况：府忻 1 线退出，全部机组半载运行。扰动设置：分别在锦忻 2 线锦界母线侧、串补前端、串补后端设置 10s 时刻三相短路故障，其仿真结果如图 6-3 所示。由图 6-3 可知，在串补后端发生短路故障时，其冲击最严重，锦界母线侧次之，而在串补前端发生短路故障对系统冲击最轻。

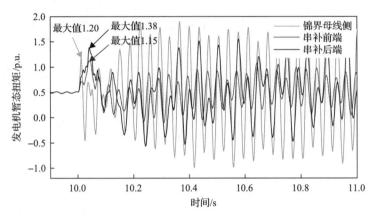

图 6-3 不同故障位置对发电机暂态扭矩的影响

另外，不同的故障类型对系统暂态扭矩放大的影响程度不同。一般情况下，多相故障导致电功率的阶跃变化较大，会导致较严重的暂态扭矩放大现象。但是，对某些非对称故障而言，系统负序电流产生的影响会更加不利。

故障切除是继电网故障后对机组的又一次冲击，其对汽轮发电机组轴系扭振的影响是由故障切除时刻所激发的轴系扭振与故障时刻所激发的轴系扭振模态叠加造成的。当扰动清除时间为该轴系固有振荡频率半周期的偶数倍时，暂态扭矩达到极小值；当扰动清除时间为该轴系固有振荡频率半周期的奇数倍时，暂态扭矩达到极大值(程欣，2019)。

6.3　故障发生后发电机暂态扭矩变化情况

6.3.1　故障后短期线路电流和发电机暂态扭矩分析

当电力系统受到某种扰动冲击时，电力系统稳定性受到破坏，转子阻尼绕组和转子表层涡流会使定子线圈的同步电抗变小，此时，系统将从一个稳态过渡到另一个稳态，无论最终如何，通常把这个过程称为过渡过程。过渡过程中系统的电压、电流、阻抗等都会出现非周期成分，相当于在原来的周期分量上叠加了两个按不同时间常数衰减的指数分量。在此过程中，最初的分量衰减迅速，称为"次暂态分量"(以 u''、i''、x'' 表示)，其时间常数 T_d'' 约为一个工频周期；其后的分量衰减比较缓慢，称为"暂态分量"(以 u'、i'、x' 表示)，其时间常数 T_d' 比 T_d'' 大许多倍。过渡过程中电流(或电压)包含基频分量、直流分量、倍频分量，且不同成分的比例一直在变化。

由前述分析可知，串补投退情况和系统扰动的特性都是影响暂态扭矩放大的因素。然而系统中故障的位置、类型以及时间等都是不确定的因素。分析发生故障后，机组轴系暂态扭矩中各分量的变化情况，有助于进一步理解 SSO 的激发过程，更直观地掌握暂态扭矩与轴系 SSO 之间的关系。

结合锦界三期电厂次同步扭振工程案例，采用数字仿真软件 PSCAD/EMTDC 分析计算故障发生后暂态扭矩的变化情况。锦界三期送出系统图见附图 C-1。

工况设置：锦忻 1 线、府忻 1 线退出，全部机组半载运行。扰动设置：10.0s 时刻锦忻 2 线串补前端发生单相接地短路，10.1s 单相分闸，10.2s 重合成功。分别在以下三种方式下对系统进行仿真，分析故障后短期内(0.3s)线路电流和发电机轴系扭振的变化规律：①不投串补且无抑制装置；②投入串补但无抑制装置；③投入串补并加装抑制装置。

图 6-4 和图 6-5 分别给出了三种方式下故障后 0.3s 内故障线路电流和发电机轴系暂态扭矩的变化规律。从图 6-4 可以看出，在故障发生后短期内，串补装置会对线路电流产生

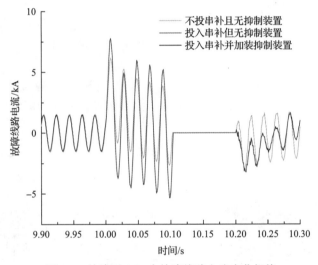

图 6-4　故障后 0.3s 内故障线路电流变化规律

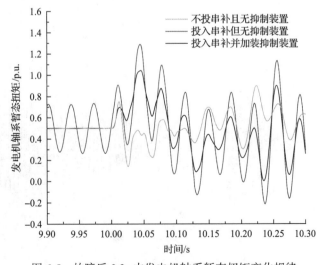

图 6-5　故障后 0.3s 内发电机轴系暂态扭矩变化规律

显著影响，投入串补时故障线路电流明显增大。而基于 STATCOM 电流调制的 SSR-DS II 型动态稳定器抑制装置对这一期间的电流几乎没有影响。从图 6-5 可以看出，若线路投入串补，在故障发生后短期内，发电机轴系暂态扭矩显著增大，而在加装抑制装置后，暂态扭矩会有一定减小，但减小幅度不大。仿真结果表明，在投入串补装置后，短路故障对系统和机组的冲击更大，加装抑制装置对故障初始时刻的短期冲击几乎没有作用。

6.3.2 故障后短期暂态扭矩与轴系 SSR 关系分析

当电网发生短路故障后，轴系会受到较大的能量冲击，严重情况下该冲击会对轴系疲劳寿命造成较大伤害。下面以最严重的三相短路故障为例，说明暂态扭矩和 SSR 之间的关系。

选择一种典型的工况：锦界#1~#4 机组满载运行，锦界#5、#6 机组半载运行，府谷#1~#4 机组半载运行，府忻 2 线、锦忻 3 线和忻石 4 线带串补运行，府忻 1 线退出。不投入抑制装置。

故障设置：10.0s 时刻在锦忻 2 线串补前端发生三相短路故障，10.1s 故障线路切除。

由电磁暂态仿真分析，得到锦界#1 机组暂态扭矩模态分解图和锦忻 1 线电流次同步分量分解图，如图 6-6 所示。

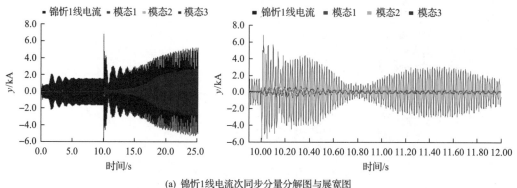

(a) 锦忻 1 线电流次同步分量分解图与展宽图

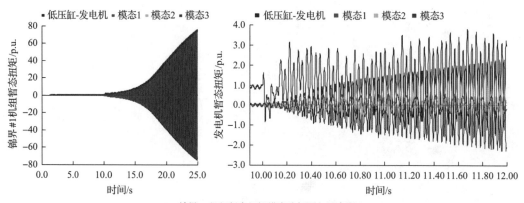

(b) 锦界#1 机组暂态扭矩模态分解图与展宽图

图 6-6 三相故障下机网分量波形图

该方式下锦界一期机组轴系模态 3 最终振荡发散，电网电流中主要含与模态 3 互补 (21.8Hz) 的次同步分量，将暂态扭矩和线路电流在故障发生后 2s 内的波形进一步放大。

由图 6-6 可知，发电机轴系在三相故障期间的暂态扭矩冲击幅值可达稳态时的数倍。而暂态扭矩的模态分解结果表明，故障发生瞬间暂态扭矩达到最大时，与发电机组模态频率相对应的分量很小。

图 6-6 中对锦忻 1 线的电流进行滤波得到次同步分量。分析可知，冲击电流是由短路期间的切除操作引起的，线路电流在该过程中包含了各种频率的谐波分量，其中次同步分量很少。

综合图 6-6 可得出以下结论：在短路时虽然冲击电流很大，但次同步分量较小，随着 SSR 的发展，次同步分量电流会逐渐增大。同样，机组轴系在短路瞬间会产生较大的暂态扭矩冲击，该冲击几乎不含与发电机组轴系模态频率相对应的分量，因此与机组 SSR 并没有直接关系。这也是 SSR-DS I 和 SSR-DS II 装置无法在这段时间内发挥抑制作用的主要原因。

6.3.3 基于 STATCOM 电流调制的 SSR 抑制装置输出电流分析

SSR-DS II 通过测量轴系的转速，提取出扭振模态频率分量，从而产生与轴系模态频率互补的电流，以抑制机组 SSR。因此，理论上 SSR-DS II 只发出用于维持装置运行的少量基频电流和相应的次/超同步电流。为了进一步研究 SSR-DS II 的抑制机理和抑制效果，对抑制装置投入前后的线路电流进行频谱分析，并重点关注 SSR-DS II 抑制装置发出的电流。本节所有工况中 SSR-DS I 均不投运。

选择一种典型的严重危险工况：锦忻 1 线、府忻 1 线退出，全部机组半载运行。扰动设置：锦忻 2 线在 10.0s 时刻单相接地短路，10.1s 单相分闸，10.2s 重合成功。

图 6-7 所示为 SSR-DS II 未投运情况下，锦界机组的转速曲线。可以看出，锦界#1 机组模态 3 快速发散，锦界#5 机组的模态 2 也缓慢发散。故障后锦忻 3 线 15s 内电流的

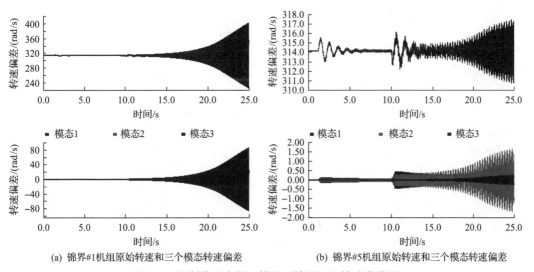

(a) 锦界#1机组原始转速和三个模态转速偏差　　　(b) 锦界#5机组原始转速和三个模态转速偏差

图 6-7　抑制装置未投运情况下锦界机组转速曲线图

频谱分析如图 6-8 所示，可知线路电流中除基波电流外，还含有幅值很大的次同步扭振电流和超同步振荡电流，其频率与锦界#1 机组的模态 3 互补，证明机网的相互作用加剧了系统 SSR 的严重程度。图 6-9 和图 6-10 展示了线路电流和其模态 3 互补分量电流，值得关注的是，次/超同步振荡电流在故障发生后开始一段时间幅值很小，随着时间的推移才逐渐快速增幅振荡。

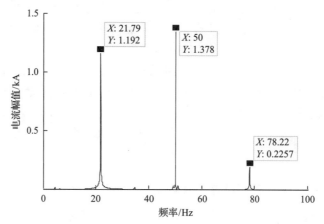

图 6-8　故障后锦忻 3 线电流（10～25s）频谱分析图

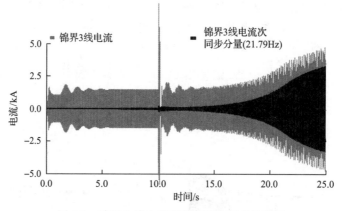

图 6-9　锦忻 3 线电流和其电流次同步分量图

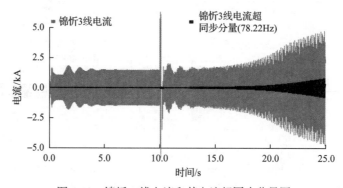

图 6-10　锦忻 3 线电流和其电流超同步分量图

图 6-11 为 SSR-DSⅡ投运情况下，锦界机组的转速曲线，可见，各机组转速曲线均快速收敛，各模态幅值最大值不超过 0.15rad/s，抑制效果显著。同样，系统中电流分量也逐渐衰减，次/超同步电流含量很少，几乎全部为基波电流，如图 6-12 和图 6-13 所示。

SSR-DSⅡ发出的电流频谱如图 6-14 所示。由图 6-14 可知，SSR-DSⅡ在故障后发出多个频率的次/超同步电流，分别对应于锦界电厂两种机型的多个模态，由此可以证明 SSR-DSⅡ对多机多模态的复杂 SSR 问题具有良好的抑制效果。本节选取了幅值较高的两个频率电流分量，分别做出对应的时域图，如图 6-15 和图 6-16 所示。再次需要强调的是，

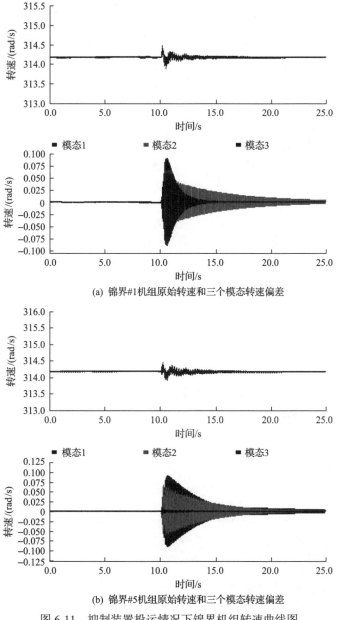

(a) 锦界#1机组原始转速和三个模态转速偏差

(b) 锦界#5机组原始转速和三个模态转速偏差

图 6-11 抑制装置投运情况下锦界机组转速曲线图

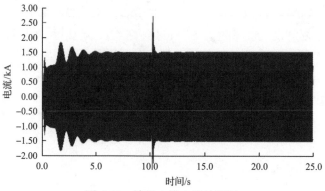

图 6-12　锦忻 3 线电流波形图

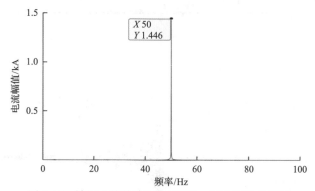

图 6-13　锦忻 3 线故障后电流(10～25s)频谱分析图

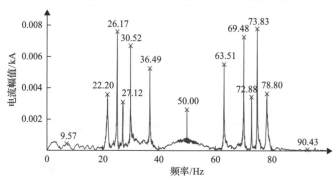

图 6-14　SSR-DSⅡ发出电流(10～25s)电流频谱图

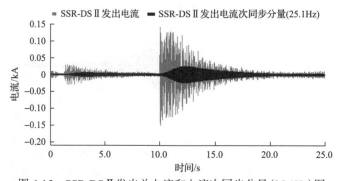

图 6-15　SSR-DSⅡ发出总电流和电流次同步分量(25.1Hz)图

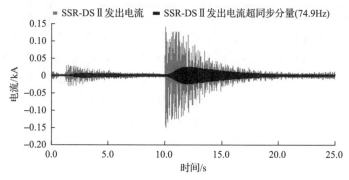

图 6-16　SSR-DS Ⅱ发出总电流和电流超同步分量(74.9Hz)图

相较于线路电流，抑制装置发出的电流幅值很小。因此，相对机组容量而言，SSR-DS Ⅱ
容量不需要很大便可以有效抑制系统的 SSR 问题。

6.3.4　故障发生后电流和暂态扭矩定量分析

本节对故障发生后线路电流、发电机暂态扭矩以及抑制装置输出电流进行进一步的
定量分析，重点关注故障发生后模态分量和非模态分量的变化趋势。

仿真工况：锦界#1～#4 机组满载运行，锦界#5、#6 机组和府谷#1～#4 机组均半载
运行。10.0s 时刻在锦忻 2 线发生三相短路故障，10.1s 故障线路切除。

当不投入抑制装置时，锦界#1 机组暂态扭矩以及各模态分量如图 6-17 所示。由图 6-17
可知，不投入抑制装置时，系统明显存在 SSR 风险。暂态扭矩存在全部三个模态分量，
在故障发生初期，其数值较小，模态分量以模态 1、2 分量为主，随着 SSR 逐渐发展，

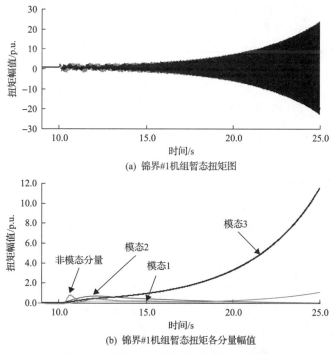

(a) 锦界#1机组暂态扭矩图

(b) 锦界#1机组暂态扭矩各分量幅值

图 6-17　锦界#1 机组暂态扭矩及各分量图

模态分量 3 占据主要成分,模态 1、2 分量逐渐衰减。非模态分量在短路后短时间内迅速达到峰值,然后又迅速衰减。后期系统 SSR 逐渐加重,整个系统处于严重发散状态,其数值达到不可承受的地步,以基波为主的非模态分量也有所上升。

发电机机端电流有效值及各分量分解图如图 6-18 所示。当故障发生后,基波分量迅速增加,然后逐渐振荡衰减;次同步分量也迅速增加,但增加幅度较小,然后逐渐衰减,随着 SSR 又逐渐发散;非模态分量电流在故障后短期迅速爬升。由图 6-18 明显可知,短路后冲击电流主要成分为非模态分量电流,之后又迅速衰减下去。

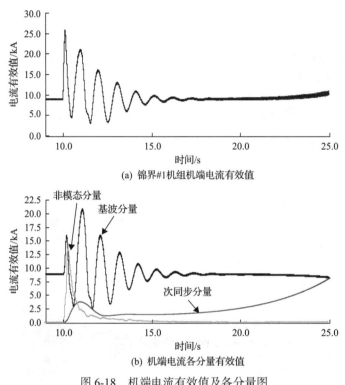

(a) 锦界#1机组机端电流有效值

(b) 机端电流各分量有效值

图 6-18　机端电流有效值及各分量图

SSR-DS II 投运情况下,锦界#1 机组暂态转矩以及各模态分量如图 6-19 所示。由图 6-19 可知,抑制装置投运情况下,系统 SSR 能够得到有效抑制。暂态扭矩中存在全部三个模态分量,在故障发生初期,以模态 1、2 分量为主,由于 SSR-DS II 的有效作用,模态 3 并未得到激发,模态 1、2 分量也迅速衰减。非模态分量在短路后短时间内迅速达到峰值,然后又迅速衰减。由于 SSR 已经得到抑制,非模态分量在后期不再增加。

SSR-DS II 投运情况下,发电机机端电流及分量分解图如图 6-20 所示。其中基波分量和非模态电流波形与无抑制装置时情形基本一致,说明 SSR-DS II 几乎不影响这些频率的电流,同时由于短路后冲击电流主要成分为非模态分量电流,因而 SSR-DS II 几乎不影响短路后的冲击电流。而次同步分量在短路后逐渐增加,但增加幅度较小,然后由于 SSR-DS II 的作用迅速衰减,系统趋于稳定。锦忻 1 线线路电流及其次同步分量发展趋势与锦界#1 机组机端电流基本一致。

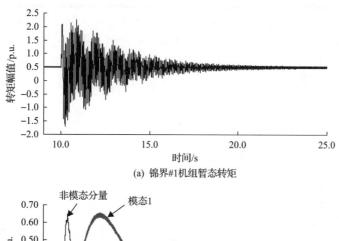

(a) 锦界#1机组暂态转矩

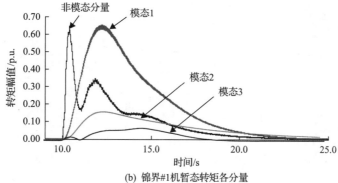

(b) 锦界#1机暂态转矩各分量

图 6-19 锦界#1 机组暂态转矩及各分量图

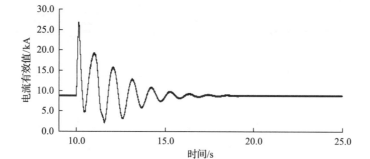

(a) 锦界#1机组机端电流有效值

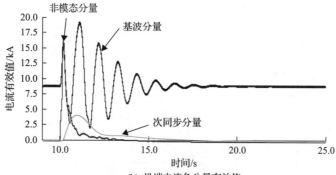

(b) 机端电流各分量有效值

图 6-20 机端电流有效值及各分量

SSR-DSⅡ输出电流及次同步分量如图 6-21 所示。由图 6-21 可知，SSR-DSⅡ输出电流几乎全部为次同步分量。故障发生后，系统逐渐开始 SSR，SSR-DSⅡ输出电流逐渐增大。由于 SSR-DSⅡ对系统 SSR 的有效抑制，系统迅速趋于稳定，因而其输出电流也逐渐减小。

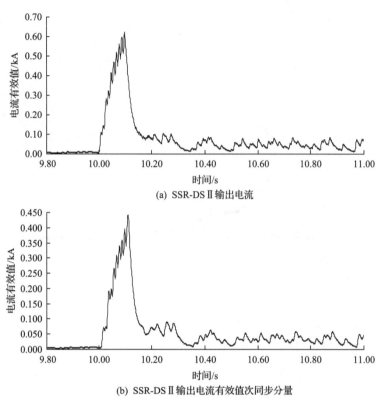

(a) SSR-DSⅡ输出电流

(b) SSR-DSⅡ输出电流有效值次同步分量

图 6-21　SSR-DSⅡ输出电流有效值及次同步分量

进一步对图 6-17～图 6-21 进行量化分析，在抑制装置不投运以及投运情况下，系统电流、轴系暂态转矩在各时刻的值如表 6-1 和表 6-2 所示。通过对暂态转矩和网络电流

表 6-1　抑制装置不投运情况下机端电流、锦忻 1 线电流和暂态转矩值

参数		10.0s	10.1s	11.0s	15.0s	20.0s	25.0s
机端电流/kA	次同步分量	0	0.19	4.20	1.61	2.96	9.05
	自由分量	0	5.32	1.46	0.209	0.01	0
	基频分量	8.80	11.39	19.90	8.60	8.80	8.80
锦忻 1 线电流/kA	次同步分量	0	0.03	0.60	0.14	0.30	0.95
	自由分量	0	0.80	0.208	0.020	0	0
	基频分量	0.67	1.22	2.29	0.92	0.96	0.96
暂态转矩/p.u	模态分量	0	0.05	0.45	1.38	3.48	11.60
	非模态分量	0	0.16	0.2234	0.153	0.10	0

表 6-2　抑制装置投运情况下机端电流、锦忻 1 线电流、暂态转矩和抑制装置输出电流值

参数		10.0s	10.1s	11.0s	15.0s	20.0s	25.0s
机端电流/kA	模态互补频率分量	0	0.18	4.60	0.75	0.21	0.08
	其他分量	0	4.90	1.50	0.20	0.05	0
	基频分量	8.8	11.46	17.96	7.85	8.80	8.80
锦忻 1 线电流/kA	模态互补频率分量	0.030	0.630	0.078	0.037	0.015
	其他分量	0	0.800	0.211	0.023	0.001	0
	基频分量	0.670	1.220	2.059	0.826	0.975	0.975
暂态转矩/p.u	模态分量	0	0	0.340	0.370	0.105	0.023
	非模态分量	0	0.120	0.173	0.123	0.006	0
SSR-DSⅡ输出电流/kA	模态互补频率分量	0	0.020	0.080	0.160	0.080	0.034

的定量分析，进一步证明在故障发生后短时间内，其冲击分量主要为非模态分量，模态分量仅占极小成分；随后非模态分量迅速衰减，系统发生 SSR，模态分量占据主要成分。由于在振荡初期系统次同步分量很小，因而相对应地，抑制装置也仅需发出幅值较小的次同步和超同步电流便可有效抑制系统 SSR。这是抑制装置小容量发挥大作用的根本原因。

6.4　本 章 小 结

当发电机组受到故障扰动时，轴系扭矩会发生突变。发电机定子电流与转子电流之间存在电磁转换关系，所以扰动过程中，发电机机端电流存在基频分量、次同步分量和其他非线性分量，轴系扭矩也存在模态分量和非模态分量。在故障发生初期，暂态扭矩非模态分量突然增大，是暂态扭矩的主要成分，然后迅速衰减，同时暂态扭矩各模态分量呈现快速增长趋势，但数值远小于非模态分量，随后快速衰减，再往后逐渐缓慢增长，逐渐呈现次同步扭振现象。因此，在发生扰动初期，由于暂态扭矩的模态分量较小，SSR-DS 对该时期的暂态扭矩冲击抑制作用很小。随着模态分量的出现，机网的次同步扭振逐渐加重，暂态扭矩的模态分量也逐渐增大。此时，如果没有抑制装置，在严重情况下会发生谐振发散现象，非模态分量将会增大到不可承受的数值。如果有抑制装置，则其开始发挥抑制作用，向电网中注入模态互补频率电流，使各模态 SSR 快速衰减。

本章主要参考文献

陈武晖, 毕天姝, 杨奇逊. 2010. 模态叠加对次同步谐振暂态扭矩放大的影响. 中国电机工程学报, 30(28): 1-6.

程欣. 2019. 考虑故障切除时间的暂态扭矩放大风险评估方法. 电力工程技术, 38(4): 171-176.

苏丽宁. 2015. 次同步扭振的暂态力矩放大作用研究. 北京: 华北电力大学.

第7章 次同步扭振抑制方法与比较

次同步扭振引发的多起汽轮发电机组轴系断裂事故发生以来，电力行业相关学者针对此问题展开了大量的研究，陆续提出了多种抑制 SSO 的方法。同时，随着电力电子行业的发展，电力系统的结构变得日益复杂，SSO 问题也越来越常见，而 SSO 的抑制方法及技术也在不断地革新。

7.1 抑制次同步扭振的基本原理

次同步扭振有感应发电机效应、轴系扭转振荡和暂态扭矩放大三种形态。其中，感应发电机效应是纯电气系统的自激现象，与机组的轴系无关。轴系扭转振荡和暂态扭矩放大是考虑机电耦合作用的振荡现象，强调电气系统与轴系机械系统之间的相互作用。因此，抑制感应发电机效应与抑制轴系扭转振荡、暂态扭矩放大在原理上有较大的区别。

感应发电机效应是纯电气的谐振现象，其等效电路可简化为电阻、电容和电感的串联，且该等效电路中元件参数往往是非线性、相互耦合的。只有当发变组与线路组成的电气系统处于谐振频率点处且回路等效电阻呈负值或 0 时，才会出现感应发电机效应。因此，抑制感应发电机效应的基本原理是破坏其谐振条件。

轴系扭转振荡和暂态扭矩放大都与机网耦合作用有关，当机组的参数固定后，轴系扭转振荡和暂态扭矩放大主要与轴系承受的电磁转矩有关。因此，改变电磁转矩的动态特性，尤其是改变机组轴系固有扭振频率点附近的动态特性是解决轴系扭转振荡和暂态扭矩放大问题的核心。电磁转矩的大小与电机磁链和流入发电机定子的电流有关，而磁链又与励磁电压、励磁电流、电枢电流、阻尼绕组等参数有关。因此，理论上控制励磁电流和电枢电流、改变励磁回路中的阻尼绕组等参数均可控制电磁转矩与电磁功率，从而抑制轴系扭转振荡和暂态扭矩放大。

7.2 次同步扭振的抑制方法及其效果

次同步扭振的抑制方法有很多，有不同的分类方式。按照抑制机理大致可以分为避开谐振点、提高电气阻尼和抑制次同步电气量三大类。其中避开谐振点法可分为改变系统运行方式和加装 TCSC；提高电气阻尼法可分为加装 SEDC、基于 SVC 电流调制的 SSR-DS I 动态稳定器、基于 STATCOM 电流调制的 SSR-DS II 动态稳定器；抑制次同步电气量法可分为加装阻塞滤波器(blocking filter，BF)、旁路滤波器。按照设备管理与应用场合次同步扭振抑制可分为电厂采用的方法和电网上采用的方法。其中电厂采用的方法专用于抑制本厂机组的轴系因次同步扭振而造成的疲劳损伤，主要方法有调整汽轮发电机组轴系参数、加装附加励磁阻尼控制器、加装阻塞滤波器、加装基于 SVC 电流调制的动态稳定器、加装基于 STATCOM 电流调制的动态稳定器等，其中，后三种方法也适用于电网。电网上采用的方法的目的在于抑制电网中出现的较大次同步电流，该次同步电流可能会导致大型火电汽轮机组轴系疲劳损伤，也可能会导致其他设备(如电容器等)保护动作甚至损坏设备，主要方法除上述提到的三种外，还有改变系统运行方式、加装 TCSC、加装旁路阻尼滤波器、加装附加次同步阻尼控制器(supplementary subsynchronous damping controller，SSDC)以及其他可用于抑制 SSO 的 FACTS 控制方法等。

7.2.1 基于 SVC 电流调制的动态稳定器

为了区别于传统的 SVC，将使用 SVC 主电路而改造控制系统后用于抑制机组次同步扭振的装置命名为基于 SVC 电流调制的动态稳定器(Dynamic Statiblizer I，SSR/SSO-DS I)，根据系统的次同步扭振类型，该动态稳定器抑制 SSR 时，称为 SSR-DS I；抑制 SSO 时，称为 SSO-DS I。基于 SVC 电流调制的动态稳定器的主电路由晶闸管控制电抗器(TCR)和滤波器构成，其中 TCR 在产生次同步频率电流的同时，也会产生特征谐波电流，滤波器用于消除相应特征谐波。其抑制 SSR 的基本原理为：以发电机转速偏差作为控制器的输入信号，在 TCR 的固定导纳上叠加与轴系扭振频率相对应的调制导纳分量，通过等效导纳与触发角之间的非线性关系，形成各晶闸管所需的触发角，向接入点注入包含抑制 SSR/SSO 所需的与扭振模态频率互补且具有适当相角的电流分量，从而在机组轴系中产生次同步正阻尼电磁转矩。该方法的原理、控制方式及应用将在第 8 章详细讲述。

7.2.2 基于 STATCOM 电流调制的动态稳定器

基于 STATCOM 电流调制的动态稳定器是在基于 SVC 电流调制的动态稳定器抑制原理基础上发展而来的，故命名为 SSR/SSO-DS II，同样该动态稳定器抑制 SSR 时，称为 SSR-DS II；抑制 SSO 时，称为 SSO-DS II。其主电路采用全控型功率器件 STATCOM。该稳定器以汽轮发电机组轴系 $\Delta\omega$ 信号作为控制器输入，使用脉宽调制(pulse width modulation，PWM)产生与轴系扭振频率工频互补的次同步频率电流，以适当相位和幅值流入发电机以产生正阻尼转矩，实现对次同步扭振的阻尼和抑制。

STATCOM 是一种并联型无功补偿的 FACTS 装置，它能够发出或吸收无功功率，并且其输出可以变化以控制电力系统中的特定参数。其功能实际上与 SVC 相似，但又存在着一些优点。响应自适应输入的优势使其具备更好的暂态特性，在面临系统扰动时具有更好的性能。STATCOM 信号调制的效果比 SVC 更好，可以更准确地调制出相应幅值和相位的次同步频率的电流信号。基于 STATCOM 电流调制的动态稳定器在主电路结构上与传统的 STATCOM 相似，但是由于控制目标的不同，其控制策略与设备参数有着本质的区别。当 STATCOM 用于抑制 SSO 时，其控制器需要进行重新设计，在其控制回路中加入多模态 SSR 阻尼控制器，其输出电流将以与扭振模态互补的次同步频率分量为主。该方法的原理、控制方式及应用将在第 9 章详细讲述。

7.2.3 调整汽轮发电机组轴系参数

机网次同步扭振是电网侧的电气参数发生振荡或谐振并与机组轴系参数相互耦合引

起的。如第 3 章所述，轴系的固有扭振频率和振型取决于轴系刚度和转动惯量以及二者的空间分布。因此，通过调整轴系的相关参数可以改变其固有扭振频率和振型，从而避开与电网发生次同步扭振的风险。但是实际操作中，该方案的可行性较低，有以下几个原因。

（1）长期的设计、分析、运行过程中，大型机组的结构和参数往往已经定型，调整轴系参数需要与机组厂家进行协商，而且可调整的参数范围很小。大型发电机组轴系一般由多个质量模块构成，有多个固有模态频率，通过微小的轴系参数调整，很难避开所有固有模态频率下的次同步扭振。

（2）很多时候，建发电厂时机组的订货时间早于电网串补或线路设计的时间，因此无法确定电网的网架结构和参数，使得机组轴系避开电网的电气谐振频率变得难以实现。

（3）次同步谐振不仅与机组轴系参数有关，也与电网电气参数有关。即使改变了机组轴系的参数，但是电网运行方式千变万化，且由于新能源发电的不断接入，电气谐振频率多变，也很难完全避免次同步扭振。

7.2.4 附加励磁阻尼控制器

SEDC 为在常规的励磁调节器中附设用于抑制 SSO 的控制环节，其基本工作原理如图 7-1 所示。SEDC 的输入通常是汽轮机高压缸转子或发电机转子端部的转速偏差信号，该转速偏差信号经过与发电机轴系扭振模态频率相对应的带通滤波器后，形成各模态振荡分量，再分别对各模态分量进行移相和比例放大，最终叠加后形成统一的控制量，经限幅后作为励磁系统电压调节器的辅助信号参与励磁电压的调节。在发电机的励磁调节器中注入 SEDC 输出信号 u_{SEDC}，叠加到晶闸管触发角的控制信号中，控制励磁绕组产生相应的次同步频率的励磁电压和励磁电流，进而在轴系产生相应的电磁转矩分量，以抑制轴系的次同步扭振。

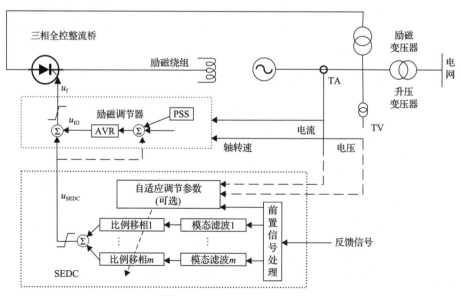

图 7-1 SEDC 的工作原理

由于 SEDC 附加在励磁系统内，因此在实际应用中其抑制 SSO 的效果会受到一定的限制，具体如下。

(1)受励磁绕组电感限制，SEDC 响应速度较慢；受励磁系统放大倍数和输出限幅等因素的影响而不能进行充分有效的调节，虽然有一定的抑制效果，但不能彻底解决电厂存在的 SSO 问题。

(2)在增益较大时容易达到励磁限幅值，并且可能与励磁系统其他功能冲突，增益较小时降低了抑制效果，并且响应时间长。

(3)对于控制响应速度较低的励磁控制器，无法保证 SEDC 次同步控制信号正确通过励磁功率部分。

(4)当系统发生严重短路故障等大扰动时，励磁调节器会进行强励，SEDC 输出受励磁顶值限制而被不对称"削顶"，其抑制 SSO 的效果会受到一定限制，同时畸变产生的直流分量会降低强励电压直流分量，导致机端电压出现偏差。

(5)励磁回路在次同步频率下的阻抗，比直流或者低频(1~2Hz)时要大得多，即使调节励磁整流器触发角形成了次同步频率电压分量，也难以产生很大的次同步频率励磁电流分量。

国内外工程实践中，有电厂在仅使用 SEDC 时出现了无法抑制大扰动时机组 SSO 的问题，需要 TSR 保护切机后方可稳定运行，后在机端增补了数台次同步阻尼控制器，与 SEDC 联合一起解决大扰动时的 SSO 问题。

7.2.5　阻塞滤波器

通过安装阻塞滤波器可以达到阻止发电机组与电网之间电气耦合作用的目的。其基本原理是在机组升压变压器高压绕组中性点侧，每相串接由若干个 LC 并联谐振子回路相互串联构成的滤波器，以阻塞发电机组次同步固有扭振频率所对应的工频互补电流流入发电机，从而防止复合共振和减轻暂态扭矩放大的可能性，基本结构如图 7-2 所示。在设计与调试精准的前提下，该回路在设定的次同步频率下呈现高阻抗，对工频却呈现出低阻抗，不会影响变压器的正常运行，从而阻止或削弱次同步扭振频率下机械系统和电气系统之间的相互作用，达到抑制 SSO 的目的。在电网故障的时候为限制电容器过电压，需在滤波器上加装金属氧化物压敏电阻(MOV)。滤波器的设计应能适应电容器故障、电网拓扑结构和操作条件以及电网频率、环境温度的变化等情况。该方案是针对机组设计的在电厂采取的预防 SSO 问题的保护措施，是解决机组 SSO 最直接有效的措施。该方案理论上能够最有效地预防轴系扭转振荡、暂态扭矩放大和感应发电机效应等各种形态的 SSO。

虽然阻塞滤波器从原理上看比较简单，但在实际应用中存在着一些问题。

(1)抑制多模态 SSO 时，每个并联子回路需要在对应的模态频率下形成并联谐振，以形成高阻抗，同时整个阻塞滤波器对工频形成低阻抗以不影响主变压器正常运行，参数要求严格、调整困难；为形成好的阻尼效果，对品质因数要求也高。

(2)对频率十分敏感，当外界温度、运行温升导致元件参数变化以及系统运行频率变化时，都会导致调谐点偏离而使阻尼效果减弱，甚至形成容性阻抗而引发谐振。

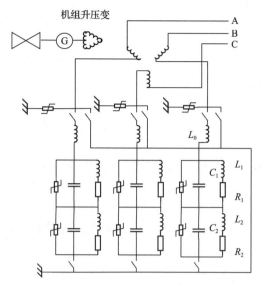

图 7-2 阻塞滤波器的基本结构

(3)安装前需要对升压变压器进行改造,投资巨大。

(4)设备并入主系统、阻塞滤波器或者变压器设备故障时,都将影响系统安全运行。

(5)需要定期测试阻塞频率,定期进行预防性试验,运行维护困难、成本高。

上述缺点的存在严重影响了实际应用中阻塞滤波器对 SSO 的抑制效果。国内外工程实践案例中,曾因阻塞滤波器的投运诱发了严重的异步自励磁,导致机组出现强烈的振动,最终逆功率保护动作跳闸。后来,阻塞滤波器的电抗品质因数经历了长期的调整分析和设计,其间,阻塞滤波器装置无法正常投运,造成了电厂长时间窝电运行,经济损失严重。

7.2.6 改变系统运行方式

改变系统运行方式通过躲过不稳定运行方式来避免或者消除次同步扭振的发生,如改变运行的发电机组数量、分段串补投入/退出等方式,是一种操作简单且实现成本较低的抑制措施。对于仅在特殊运行方式下才存在 SSR 问题的情况,在事先研究的基础上,能够找到可靠的运行控制策略来消除 SSR 问题并通过自动控制实现这种方式变化时,可以考虑采用。这种方案需要电网方面积极有效配合,需要事前大量的研究寻求解决问题的各种策略并且需要在不影响电网正常运行的情况下方可采用,应该说是可遇不可求的方案,并非每个系统均存在这种方案。在实际实施过程中,该方法面临以下困难。

(1)需要对系统进行研究和仿真分析,全面掌握系统的运行特性。

(2)随着新能源电源的不断接入和 HVDC 输电的投运,电力系统结构日益复杂化,寻求稳定的无 SSO 风险的运行方式难度很大。

(3)稳定、经济的系统运行方式往往对系统运行条件要求较为苛刻,改变其运行条件常使其输送能力与经济性下降。例如,发电机组运行于无串补投入的交流输电系统中,无 SSR 问题,但是不采用串补,线路的输送容量往往不能满足输电要求。

7.2.7　可控串补

可控串补又称为晶闸管控制的串联电容器(TCSC)，是在串补的基础上发展起来的柔性交流输电技术，属于电网上采用的抑制 SSR 的方法。其电路拓扑图如图 7-3 所示。

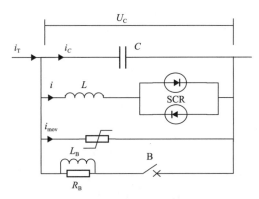

图 7-3　TCSC 电路拓扑图

TCSC 通过改变可控硅晶闸管(SCR)的触发角，改变流过电感 L 的电流，从而改变 TCSC 整个回路的等值阻抗，控制调节流过电抗器/电容器的电流、电容器电压等物理量，实现抑制 SSR 的功能。可以采用部分固定串补加部分可控串补的方案来降低投资，在不恶化 SSR 问题的前提下提高串补度和输电能力，如果固定串补和可控串补组合方式及控制系统设计合理，可以较有效地解决轴系扭转振荡、感应发电机效应等各种形式的 SSR 问题。缺点是抑制效果在很大程度上取决于控制器的性能，投资同样较高，控制器可能需要根据系统的变化进行修改或者调整，TCSC 的控制信号一般为线路电压和电流信号，对小扰动引发的次同步扭振抑制性能较差。

7.2.8　旁路阻尼滤波器

旁路阻尼滤波器由一个并联谐振回路串联一个阻尼电阻组成，该滤波器再与每相的串联电容器并联。旁路阻尼滤波器在工频下被设计成高阻抗特性，这样使得滤波器回路中无工频电流存在，因此回路中的阻尼电阻造成的工频有功损失很小。同时在次同步频率下，滤波器的阻抗明显减小，从而起到旁路次同步电流的作用，此时阻尼电阻的作用就会发挥出来，形成较大的正阻尼，抵消了次同步电流回路的负阻尼，减小了发电机与电网间的相互作用，从而达到抑制 SSR 的目的。该方案对感应发电机效应有很好的抑制作用。旁路阻尼滤波器与阻塞滤波器一样，都是通过电路调谐实现滤波的，因此也存在参数整定困难、容易失调、运行损耗增加，甚至引起其他谐振等问题，除此之外，该方案所需的电容器和电抗器因电压等级高，所以投资有所增加，因此限制了其在实际工程中的应用。该方案同样可以采用部分固定串补和部分滤波串补组合以降低工程投资，如果组合方案合理同样可以解决复合共振、异步自励磁等各种形式的 SSR 问题。旁路阻尼滤波器的电路如图 7-4 所示。图中 L 和 C_2 在工频情况下并联谐振，在次同步频率下表现为较小的阻抗。

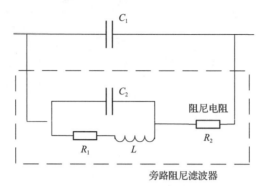

图 7-4 旁路阻尼滤波器电路图

7.2.9 直流附加次同步阻尼控制器

HVDC 直流电流控制系统引起的负阻尼是导致与 HVDC 整流侧相连的汽轮发电机组发生轴系不稳定振荡的直接原因。因此，在直流控制系统中增设 SSDC 是抑制 HVDC 引起的 SSO 的有效措施。当汽轮发电机组发生 SSO 时，SSDC 利用 HVDC 换流器的快速响应，为发电机组提供正的电气阻尼。将换流母线的电压频率和电压幅值、换流变压器的交流电流、直流电流、直流电压、直流功率、目标发电机组转速等能够反映 SSO 的特征信号作为 SSDC 的输入信号。目标发电机组发生 SSO 时，直流控制系统根据 SSDC 的输出信号调节功率指令，为交流系统提供阻尼。当目标发电机组的转速增加时，SSDC 调节直流控制系统增大直流功率，使得发电机的输出电磁功率增大，其电磁转矩增大，发电机机械功率不变时，发电机转子减速。反之，当目标发电机组转速减小时，HVDC 直流功率减小，发电机输出电磁转矩减小，发电机转子加速。SSDC 控制系统主要由测量环节、带通滤波器、相位补偿、比例放大环节组成。直流附加次同步阻尼控制的主要难点在于次同步电压电流分量的测量，这是因为相比于电力系统工频高电压大电流，次同步扭振电压电流分量常常难以准确测量得到。

7.2.10 其他 FACTS 控制方法

基于电力电子元件的 FACTS 在电力系统中得到了越来越广泛的应用，除了提高线路输电能力、补偿和调节无功、提高系统稳定性等作用外，应用 FACTS 装置并设计相应控制器来抑制系统次同步扭振理论上也具有较好的效果和前景。相关文献中还研究过其他可用于抑制 SSO 的 FACTS 装置，有超导磁储能系统（SMES）（Lee and Wu，1991；程时杰，2009）、NGH 次同步谐振阻尼装置（Hingorani et al.，1987；Benko et al.，1987）、静止同步串联补偿器（static synchrononous serise compensator，SSSC）（郑翔等，2011）以及 SSSC 与固定串补装置同时使用，从而形成混合串联补偿装置等。此处不进行详述，感兴趣的读者可参考相关文献。

此外，第 5 章中提到，对于可能发生 SSO 的机组，通常会安装 TSR 装置，用作 SSO 抑制装置抑制作用失效时的后备保护。虽然 TSR 无法抑制 SSO，但它是机组发生 SSO 时机组轴系的最后一道防线。

7.3 次同步扭振抑制方法的综合比较

对于存在 SSO 风险的系统,在选择抑制 SSO 的方法时,应从中远期规划、投资代价、运行以及安全性等多方面进行综合考虑。表 7-1 所示对上述提到的几种抑制 SSO 的方法在设备管理与应用场合、抑制效果、运行维护、投资和占地以及对系统和主设备的影响等方面进行了综合比较,以供参考。

表 7-1 次同步扭振抑制方法综合比较

序号	具体方法	设备管理与应用场合	抑制效果	运行维护	投资和占地	对系统和主设备的影响
1	基于 SVC 电流调制的动态稳定器(SSR/SSO-DS I)	适用于电厂和电网	良好,与容量有关	设备可靠性高,检修周期长,成本低	应用年代较早,投资适中。安装在升压站附近,锦界电厂一、二期工程约 2928m^2	通过变压器与系统连接,设备故障对系统无影响
2	基于 STATCOM 电流调制的动态稳定器(SSR/SSO-DS II)	适用于电厂和电网	良好,与容量有关	设备可靠性高,检修周期长,成本低	投资较低。安装于升压站附近,锦界三期工程约 680m^2	通过变压器与系统连接,设备故障对系统无影响
3	调整汽轮发电机组轴系参数	适用于电厂	较弱,可调整参数范围较小	—	轴系需定制,投资较大,无额外占地	轴系结构尺寸发生变动
4	SEDC	适用于电厂	较弱,无法抑制大扰动时的次同步扭振	配合励磁系统的维护,成本低	投资较小。安装于励磁小间,占地小	影响励磁系统安全性
5	BF	适用于电厂和电网	良好,与滤波器参数有关	作为一次设备定期检修,维护成本高	投资大。安装于主变压器高压绕组中性点侧,每套占地约 50m×50m	BF 故障可能影响主变压器;参数不合理可能造成机组跳闸
6	TSR	适用于电厂	无直接抑制效果,作为机组轴系扭振的后备保护	—	投资较小。安装于电子间,约 0.8m×0.8m	如轴系疲劳累积保护整定不合适,过大会造成轴系损伤,过小会造成电网单一故障切机
7	改变系统运行方式	适用于电网	良好,从根源上解决次同步扭振问题	系统网架结构的每一次变化都需重新计算,运行成本高	投资较大	降低系统运行方式灵活性和可操作性
8	TCSC	适用于电网	一般,控制信号通常为线路电压和电流信号,对小扰动引发的次同步扭振抑制性能较差	设备可靠性高,检修周期长	投资较大。安装于升压站,占地较大	输出特性与其控制系统密切相关,不利情况下,甚至会加强与机组轴系扭转相互作用
9	旁路阻尼滤波器	适用于电网	一般,与滤波器参数有关	定期检修,测试电容、电感的参数	投资较大。在既有串补平台上增加相应的阻抗元件	可能对机组在故障过程中的特性产生影响

序号	具体方法	设备管理与应用场合	抑制效果	运行维护	投资和占地	对系统和主设备的影响
10	NGH 次同步谐振阻尼装置	适用于电网	良好	设备可靠性高，检修周期长	投资较 TCSC 低。在既有串补平台上增加晶闸管阀组和相应的阻抗元件	是 TCSC 的简化版，其应用没有得到推广
11	SSSC	适用于电网	一般，控制信号通常为线路电压和电流信号，对小扰动引发的次同步扭振抑制性能较差	设备可靠性高，检修周期长，成本低	安装于升压站，占地面积与容量和电压等级有关	通过变压器串联在电网中，属电网一次设备
12	SSDC	适用于电网	一般，控制信号通常为线路电压和电流信号，对小扰动引发的次同步扭振抑制性能较差	配合直流控制系统的维护，成本较低	占地小	?

注：? 表示不确定或未找到相关资料；—表示无此项。

　　由于系统运行方式千变万化，调整机组轴系参数和系统运行方式的方法不是有效地避免次同步扭振风险的方法，实现起来难度和成本也可能较大。通过电网侧可控装备的控制设计抑制次同步扭振理论上具有可行性，但是实际应用时存在困难，主要原因在于基于就地量测的反馈控制效果欠佳，如直流附加阻尼控制，以及基于 FACTS 的附加次同步扭振阻尼控制。所有电网侧控制措施中，NGH 是经过电网试验检验的一种相对有效的次同步扭振抑制技术，这取决于其作用原理不同于直流附加阻尼控制，NGH 通过投入电阻消耗振荡能量的方式来阻尼振荡。

　　能够有效解决大型火电机组机网相互作用引起的次同步扭振问题的技术措施主要在于电厂侧。这其中，SEDC、阻塞滤波器和基于 SVC/STATCOM 电流调制的动态稳定器为得到工程应用的主要技术。SEDC 对于增强机组电气阻尼从而抑制机网动态相互作用具有一定的作用，但是仍然存在本章所述的各种问题，不能成为有效彻底的独立解决方案。阻塞滤波器在调谐准确的前提下通过阻断机网扭振交互作用路径实现次同步扭振的抑制，但是涉及一次设备的改造及运行维护等，实际工程应用需要综合各方面的因素，考虑其技术经济性。

　　基于 SVC/STATCOM 电流调制的动态稳定器通过反馈机组扭振模态转速实现次同步频率电流调制和补偿，从而抑制机网相互作用。相比阻塞滤波器，动态稳定器在配置安装和适应电网参数变化方面具有较好的灵活性和技术优势。本书作者团队先后自主研发了基于 SVC 和 STATCOM 电流调制的 SSR-DS I 型和 SSR/SSO-DS II 型次同步扭振抑制技术及装置动态稳定器，并成功运用于多个电厂，抑制效果良好。2009 年 SSR-DS I 成功应用于锦界电厂一、二期，实现了动态稳定器的国产化，也为 SSR/SSO-DS II 的研制奠定了基础。随着 SSR-DS/SSO II 装置的出现，SSR-DS I 因其晶闸管触发方式的限制而不再应用。

7.4 网侧与机端接入抑制方法的对比

早期美国 Mohave 电厂使用的次同步谐振动态稳定器是通过专用变压器连接到发电机机端 20kV 封闭母线，可称为机端接线方式。近年来，国内发展出两种新接线方式：其一为经厂用变接线方式，该方法属于机端接入的一种；其二为经降压变压器接入电厂高压母线，即网侧接入方法。机端接入和网侧接入方式分别如图 7-5 和图 7-6 所示。

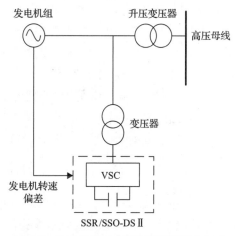

图 7-5　SSR/SSO-DS Ⅱ 系统机端接入方式

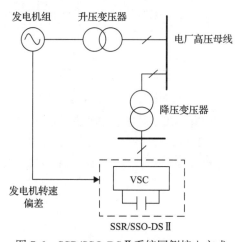

图 7-6　SSR/SSO-DS Ⅱ 系统网侧接入方式

在机端接入方式下，SSR/SSO-DS Ⅱ 是针对一台机组设计的，只输入该机组的 $\Delta\omega$ 信号，其回路出线尽可能靠近目标机组 20kV 母线，以使 SSR/SSO-DS Ⅱ 输出电流尽可能多地流入目标机组，其控制效果最直接。但是对于有多台发电机的电厂，需每台机组各配置一套 SSR/SSO-DS Ⅱ，当某台机组所配的 SSR/SSO-DS Ⅱ 因故退出运行时，该机组轴系 SSR 仅由其他机组的 SSR/SSO-DS Ⅱ 来实施抑制。其他机组因配置接入和控制问题，仅对自身的机组起作用，不会对其他机组起保护作用。若需要满足电网公司要求的抑制装置退出检修时需有备用抑制装置，考虑检修和设备故障，每台发电机需装配两台专用的 SSR/SSO-DS II，多套设备的占地面积需求在已建成的电厂中较难满足。同时，由于有部分电流会流入其他机组，在严重次同步谐振时，其相角可能改变，而对其他机组产生不利影响。再有，在机端接入方式下，为降低母线故障风险，必须配置设计优良的变压器和断路器，造价较为昂贵。

采用网侧接入抑制方法，同型机组的情况下任一套 SSR/SSO-DS II 产生的抑制电流将完全对称地流入各机组，幅值与相角均相同。当外电网变化（包括串补送出系统谐振状态）与 SSR/ SSO-DS II 控制作用时，虽然抑制电流幅值甚至相角变化，但仍能保持流入各机组的抑制电流的幅值和相角相同。这一方法的实施，是由各机组的对应模态转速信号经处理器分别处理，并形成组合的信号，作用于控制系统，主要是对电网产生于电机的次同步信号进行调制，产生相应的抑制分量，来消除单机信号的影响，实际处理过程中也证实了这一方法的有效性，即任意去掉一台机组信号，整体抑制效果不受影响，即一套 SSR/SSO-DS II 因故退出运行时，由剩余一套 SSR/SSO-DS II 仍能有效抑制各机组 SSR。在锦界项目研究和实际应用过程中，若采用 SSR/SSO-DS II 的抑制方式无须再额外配套 SEDC 装置。

在经降压变压器接入高压母线的接线方式下，SSR/SSO-DS II 利用降压变压器接入发电厂公共并网点。该接线方式下，输入每套 SSR/SSO-DS II 的各机组 $\Delta\omega$ 的平均值，是针对所有并联机组设计的，从鲁棒性角度来说，其控制效果比机端接入方式更佳。经过合理设计，该方式可以达到利用单台 SSR/SSO-DS II 同时抑制多台发电机 SSR 的效果。在实际工程中，可根据发电厂具体的需求选择不同的接线方式。

该网侧对称接入方式是我国 2008 年在锦界电厂率先采用的，2020 年锦界三期实施过程中抑制装置升级后也采用该接入方式，这是国内外第一次应用。这种接入方法的特点是发电机安全运行不受影响，对机组和变压器纵差保护没有影响，且检修过程安全快捷灵活，对抑制效果不产生影响。在安装施工和调试期间，不影响电厂的正常输电。运行损耗及其维修费用低，施工简单方便，便于实施，不需要专用的特殊设计。

对比机端接入方式，网侧接入方式不额外增加机组母线安装费用，其工程实施过程中也不需要停机处理，对已运行机组进行经济评估，停机接入抑制装置所产生的电量损失远超该设备的投资费用。

7.5 机端接入两种方式的比较

通常在网侧接入抑制装置不能实现时，可采用机端接入法，该方法有两种实现形式，一是经厂用变低压侧接入，二是发电机出口 20kV 经封闭母线与新增专用变接入，具体接入方式见图 7-7 和图 7-8。

采用以上两种方式都能有效抑制机组轴系 SSR。

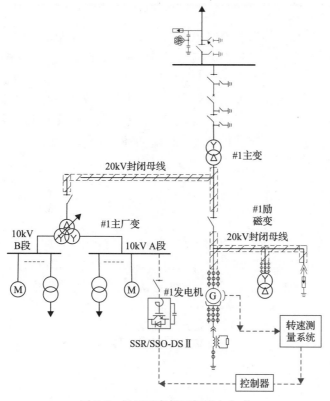

图 7-7 经厂用变低压侧接入方式

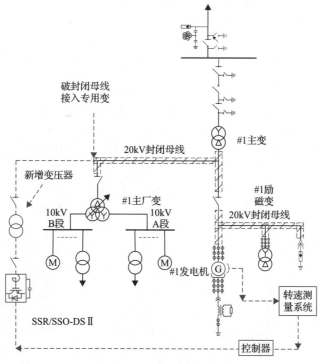

图 7-8 经专用变接入方式

厂用变低压侧接入是从厂用变低压侧间隔接入，方式简单，工作量小，占地小，投资费用低且无新增降压变压器，省略了一项安装。对现有发变组保护无影响，装置的调试及投运过程不受电厂、电网建设影响。但需要特殊的控制技术与高次谐波技术防止对其他设备的影响。这一技术已在呼贝电厂成功应用。

发电机出口经专用变接入方式需新增专用变压器，破开发电机出口的封闭母线，机端封闭母线需要破开、接入、重新封闭，施工较为复杂，配套开关等设备均会增加发电机母线故障风险，此外发变组保护还需要核算 SSR/SSO-DS II 产生的电流对发变组差动保护的影响。

7.6 本 章 小 结

本章介绍了现有的几种主流次同步扭振抑制方法的工作原理及抑制效果，对几种抑制方法在实际工程中的应用进行了综合比较，分析了暂态扭矩特性及作用因素。不同的抑制措施，效果不尽相同，在实际工程中需要从多种角度综合考虑，以选择合适的 SSO 抑制方法。

本章主要参考文献

陈武晖, 毕天姝, 杨奇逊. 2010. 模态叠加对次同步谐振暂态扭矩放大的影响. 中国电机工程学报, 30(28): 1-6.

程时杰. 2009. 电力系统次同步扭振的理论与方法. 北京: 科学出版社.

程欣. 2019. 考虑故障切除时间的暂态扭矩放大风险评估方法. 电力工程技术, 38(4): 171-176.

刘取. 2007. 电力系统稳定性及发电机励磁系统. 北京: 中国电力出版社.

苏丽宁. 2015. 次同步扭振的暂态力矩放大作用研究. 北京: 华北电力大学.

谢小荣, 韩英铎, 郭锡玖. 2015. 电力系统次同步谐振的分析与控制. 北京: 科学出版社.

郑翔, 徐政, 屠卿瑞, 等. 2011. 静止同步串联补偿器次同步谐振多模式阻尼控制器设计. 高电压技术, 37(9): 2321-2327.

Benko I S, Bhargava B, Rothenbuhler W N. 1987. Prototype NGH subsynchronous resonance damping scheme Part II -switching and short circuit tests. IEEE Transactions on Power Systems, 2(4): 1040-1047.

Hingorani N G, Bhargava B, Garrigue G F, et al. 1987. Prototype NGH subsynchronous resonance damping scheme Part I -field installation and operating experience. IEEE Transactions on Power Systems, 2(4): 1034-1039.

Lee Y S, Wu C J. 1991. Application of superconduction magnetic energy storage unit on damping of turbogeneration subsynchronous oscillation. Generation, Transmission and Distribution, IEE Proceedings C, B8(5): 419-426.

第8章 基于SVC电流调制的动态稳定器

SVC由晶闸管控制电抗器(TCR)静止元件和固定的电容滤波支路(FC)两部分构成,其中TCR提供可控的感性无功分量,FC提供固定的分量,由此组成可变的无功分量。SVC一般并联接在母线上,通过合适的控制策略调整其输出电流,以控制电力系统中需要关注的参数,如无功功率、母线电压等。作为目前应用最为广泛的SVC控制器,TCR由一组反并联的晶闸管和电抗器串联组成,通过控制晶闸管的触发延迟角可以调整每个工频周波下电流的导通时间,从而改变等效的基波电抗,进而控制输出电流。目前,SVC广泛地并联接入输电系统中,通过无功补偿控制节点电压,提高高压线路的输送容量和稳定性。由于SVC响应速度快,当其安装在大型汽轮发电机附近时,可能会影响机组的次同步扭振SSO特性,因而可以设计合适的控制策略使得SVC起到抑制机组SSO的效果。

8.1 SVC工作原理及数学模型

电力系统的电压分布与无功潮流分布密切相关,因此可以通过调整系统的无功分布来改善系统电压。最早的静止无功补偿装置并不包含电力电子器件,仅仅在补偿节点上并联安装电容器、电抗器或者它们的组合,通过固定的机械开关按组投切,从而注入或吸收无功功率,进一步达到调整系统电压的作用。由于机械开关运行状态简单,其调节本质上是离散的。机械开关响应缓慢,系统的动态要求难以满足。除此之外,传统的静止并联无功补偿具有电压负特性,当节点电压降低(升高)时,注入电力系统的无功也会降低(升高),不利于系统的电压调节。

以各式各样的半控型器件和全控型器件为代表,电力电子器件在近几十年来迅速发展,现代静止无功补偿装备性能显著提升。动、静态调节特性良好,对无功功率变化响应迅速,调节曲线连续。因而在电力系统中,广泛通过SVC调节来稳定补偿节点电压。SVC的基本元件为TCR和TSC。图8-1所示为SVC的基本原理示意图。

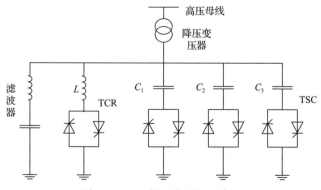

图8-1 SVC的基本原理示意图

图 8-1 中，SVC 通过降压变压器接入系统，滤波器的作用是抵消晶闸管控制过程中出现的谐波电流。图 8-2 分别为 TCR 和 TSC 的电路结构图。下面将重点分析 TCR 的控制原理。

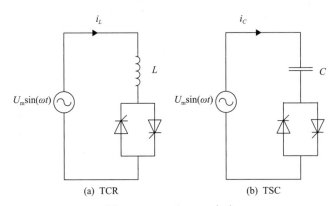

(a) TCR   (b) TSC

图 8-2 TCR 和 TSC 支路

TCR 支路由两个晶闸管反向并联后再与电抗器串联构成。通过控制晶闸管的触发延迟角来控制每个电压周波下电流的导通时间。不考虑系统电压的谐波影响，母线电压波形为标准正弦交流波，如图 8-3 所示。晶闸管的触发延迟角为 $\alpha \in [\pi/2, \pi]$，则触发角度为

$$\omega t = \alpha + k\pi, \qquad k = 0, 1, 2, \cdots$$

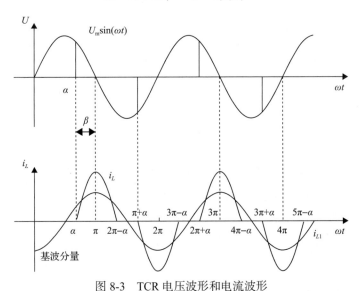

图 8-3 TCR 电压波形和电流波形

晶闸管触发后开始导通，流过电抗器的电流开始增大，当 $\omega t = \pi$ 时（ω 为电流角频率），系统电压过零，电流达到最大；之后虽然电压变负，但电感电流不能突变，因此晶闸管无法立即截止。流过电抗的电流逐渐减小直至为零，此时晶闸管关断。之后当 $\omega t = \pi + \alpha$ 时，另一个晶闸管被触发，电流变化情况类似。当晶闸管导通时，忽略电阻，通过电抗器的电流和电压服从电路方程：

$$L \frac{\mathrm{d}i_L}{\mathrm{d}t} = U_{\mathrm{m}} \sin(\omega t) \tag{8-1}$$

式中，L 为电抗器的电感；U_{m} 为系统电压的幅值。

式(8-1)两边积分可得

$$i_L = K - \frac{U_{\mathrm{m}}}{\omega L} \cos(\omega t) \tag{8-2}$$

式中，K 为待定的积分常数。根据边界条件，在晶闸管触发时，通过电感的电流为零，则从式(8-2)可得

$$i_L = K - \frac{U_{\mathrm{m}}}{\omega L} \cos(\alpha + k\pi) = 0$$

将上式得到的 K 代入式(8-2)可得电感电流：

$$i_L = \frac{U_{\mathrm{m}}}{\omega L} \big[\cos(\alpha + k\pi) - \cos(\omega t) \big], \qquad k = 0, 1, 2, \cdots \tag{8-3}$$

对电流进行傅里叶分解，得到基波分量的幅值：

$$I_{L1} = \frac{2}{\pi} \int_{\alpha}^{2\pi - \alpha} \frac{U_{\mathrm{m}}}{\omega L} (\cos\alpha - \cos\theta) \cos\theta \mathrm{d}\theta = \frac{U_{\mathrm{m}}}{\pi\omega L} \big[2(\alpha - \pi) - \sin 2\alpha \big]$$

通过傅里叶分解还可以得到各次谐波分量，因而需要适当参数的滤波器进一步抵消，避免对系统的影响。基波分量角频率为 ω_0，基波分量的瞬时值为

$$i_{L1} = I_{L1} \cos(\omega_0 t) = \frac{U_{\mathrm{m}}}{\pi\omega_0 L} 2(\beta - \sin 2\beta) \sin(\omega_0 t - \pi/2) \tag{8-4}$$

从而进一步得到 TCR 支路的等值基波电抗：

$$X_L(\beta) = \frac{\pi\omega_0 L}{2\beta - \sin 2\beta}, \qquad \beta \in \left[0, \frac{\pi}{2} \right] \tag{8-5}$$

式中，$\beta = \pi - \alpha$，为触发超前角，从式(8-5)可见，TCR 支路的等值电抗可以通过控制触发角 α 连续调整。TCR 吸收的无功功率为

$$Q_L = U I_{L1}^* = \frac{U^2}{X_L(\beta)} = \frac{2\beta - \sin 2\beta}{\pi\omega_0 L} U^2 \tag{8-6}$$

式中，2β 为晶闸管导通角；U 为电压相量；I_{L1}^* 为电流相量共轭。

如图 8-2 所示，TSC 支路由两个反向并联的晶闸管与电容器串联组成。TSC 支路接入点电压同样为系统电压，波形为标准正弦波。TSC 中晶闸管不起调节作用，只有全通和全断两种运行状态。全通时相当于直接投运整个电容器，全断时相当于退出电容器。电容器在接通期间，向系统注入的无功功率为

$$Q_C = \omega_0 C U^2 \tag{8-7}$$

式中，C 为电容器的电容。SVC 向系统注入的无功功率为 TSC 和 TCR 向系统注入的总无功：

$$Q_{\text{SVC}} = Q_C - Q_L = \left(\omega_0 C - \frac{2\beta - \sin 2\beta}{\pi \omega_0 L} \right) U^2 \tag{8-8}$$

对 TCR 和 TSC 两者的容量进行合理配合，理想状态下，SVC 可以实现从系统吸收无功功率 Q_1 到发出无功功率 Q_2 的全部范围内连续平滑地调节。Q_1 和 Q_2 为式(8-8)的最值。现实运行过程中，往往采用多个 TSC 支路进一步扩大 SVC 的调节范围。

由式(8-8)可以看出，SVC 的等值电抗为

$$X_{\text{SVC}} = -\left(\omega_0 C - \frac{2\beta - \sin 2\beta}{\pi \omega_0 L} \right)^{-1} = \frac{\pi \omega_0 L}{2\beta - \sin 2\beta - \pi \omega_0^2 LC} \tag{8-9}$$

SVC 的等值伏安特性与 TCR 和 TSC 的组成情况及控制规律相关。图 8-4 给出了系统电压 U 变化时不同导通角下 SVC 的运行示意图。由图 8-4 可知，当系统电压为 U_1，TCR 的导通角为 $2\beta_1 = \pi$ 时，两条直线的交点 A 即为 SVC 的运行点；类似地，当系统电压为 U_6，导通角为 $2\beta_6 = 0$ 时，交点 B 为此时 SVC 的运行点。如果并联装置为传统的并联电抗，只存在唯一的 β 值，假设 $\beta=\beta_1$。由图 8-4 可知，系统电压从 U_1 变化为 U_6，运行点将从 A 沿固定的导通角直线移动到 C，显然此时节点电压很低。而对于现代的 SVC 装置，可以积极地将导通角 β 调整为 β_6，运行点调整为 B。由图 8-4 可知，B 点的电压大于 C 点，从而改善了系统的动态电压特性。如果要使节点电压偏差很小，直线 AB 的斜率应该接近零，即无差调节。但此时 SVC 运行不稳定，通常采用有差调节，直线 AB 的斜率略大于零，通常取 0.05 左右。SVC 的伏安特性如图 8-5 所示。采用这样的控制策略，SVC 的伏安特性可以表达为

$$U = U_{\text{ref}} + X_e I_{\text{SVC}} \tag{8-10}$$

式中，U_{ref} 为系统电压给定值；X_e 为图 8-4 中直线 AB 的斜率；U 及 I_{SVC} 分别为 SVC 的端电压及端电流。

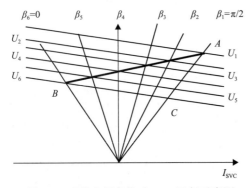

图 8-4 系统电压变化时 SVC 运行示意图

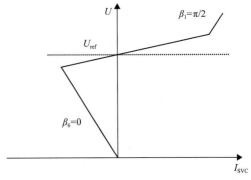

图 8-5 SVC 的伏安特性

以上对 SVC 的基本原理、补偿无功与维持母线电压稳定的方法进行了介绍。补偿无功与维持母线电压稳定均是在三相对称电网中实施的，SVC 运行于三相对称触发控制状态。

当电网中某一负荷电流三相不对称时，可能影响主网，使主网中存在负序电流和负序电压。在主网与不对称负荷交接处接入 SVC，SVC 采用平衡负序电流的控制算法，可平衡注入电网的负序电流，使主网恢复平衡。此时，为了补偿不平衡引起的负荷电流，SVC 工作于三相不对称触发控制状态，SVC 各相工频等值阻抗不同，且随不平衡负荷电流变化，以达到"抵消"不平衡电流之目的。

SVC 用于平衡负序电流的典型接线如图 8-6 所示。

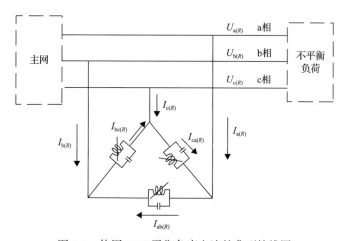

图 8-6 使用 SVC 平衡负序电流的典型接线图

图 8-6 中，$U_{a(R)}$、$U_{b(R)}$、$U_{c(R)}$ 为 SVC 接入母线的 a、b、c 相电压，$I_{a(R)}$、$I_{b(R)}$、$I_{c(R)}$ 为电网 a、b、c 相流入 SVC 的电流；$I_{ab(R)}$、$I_{bc(R)}$、$I_{ca(R)}$ 为 SVC 的各相电流；$U_{ab(R)}$、$U_{bc(R)}$、$U_{ca(R)}$ 为 SVC 的各相间电压。

SVC 各相阻抗由相应的固定电容 C 与可控电抗 L 并联组成，C 实际上是 SVC 滤波器在该相的等值工频电容值，L 即为 SVC 的可控电抗器的电抗值。当控制 L 变化时，视 L 的大小，每一相负荷可为感性或容性。故 SVC 各相可调负荷可用 $jb_{ab(R)}$、$jb_{bc(R)}$、$jb_{ca(R)}$ 表示。容性时为正值，感性时为负值。

由图 8-6，并注意到 $U_{b(R)}=\alpha^2 U_{a(R)}$，$U_{c(R)}=\alpha U_{a(R)}$，$\alpha=-\dfrac{1}{2}+j\dfrac{\sqrt{3}}{2}$，则有

$$I_{ab(R)} = jb_{ab(R)}U_{ab(R)} = j(1-\alpha^2)b_{ab(R)}U_{a(R)} \tag{8-11}$$

$$I_{bc(R)} = jb_{bc(R)}U_{bc(R)} = j(\alpha^2-\alpha)b_{bc(R)}U_{a(R)} \tag{8-12}$$

$$I_{ca(R)} = jb_{ca(R)}U_{ca(R)} = j(\alpha-1)b_{ca(R)}U_{a(R)} \tag{8-13}$$

从而

$$I_{a(R)} = I_{ab(R)} - I_{ca(R)} = j[(1-\alpha^2)b_{ab(R)} - (\alpha-1)b_{ca(R)}]U_{a(R)} \tag{8-14}$$

$$I_{b(R)} = I_{bc(R)} - I_{ab(R)} = j[(\alpha^2-\alpha)b_{bc(R)} - (1-\alpha^2)b_{ab(R)}]U_{a(R)} \tag{8-15}$$

$$I_{c(R)} = I_{ca(R)} - I_{bc(R)} = j[(\alpha-1)b_{ca(R)} - (\alpha^2-\alpha)b_{bc(R)}]U_{a(R)} \tag{8-16}$$

考虑:

$$\begin{bmatrix} I_{1(R)} \\ I_{2(R)} \\ I_{0(R)} \end{bmatrix} = T^{-1} \begin{bmatrix} I_{a(R)} \\ I_{b(R)} \\ I_{c(R)} \end{bmatrix}$$

其中, $T = \begin{bmatrix} 1 & 1 & 1 \\ \alpha^2 & \alpha & 1 \\ \alpha & \alpha^2 & 1 \end{bmatrix}$, $\alpha = -\dfrac{1}{2} + j\dfrac{\sqrt{3}}{2}$。

并取 $U = |U_{a(R)}|$, 从而有

$$\mathrm{Re}(I_{1(R)}) = \tag{8-17}$$

$$\mathrm{Im}(I_{1(R)}) = (b_{ab(R)} + b_{bc(R)} + b_{ca(R)})U \tag{8-18}$$

$$\mathrm{Re}(I_{2(R)}) = \left(-\frac{\sqrt{3}}{2}b_{ab(R)} + \frac{\sqrt{3}}{2}b_{ca(R)} \right)U \tag{8-19}$$

$$\mathrm{Im}(I_{2(R)}) = \left(\frac{1}{2}b_{ab(R)} - b_{bc(R)} + \frac{1}{2}b_{ca(R)} \right)U \tag{8-20}$$

式中, $I_{1(R)}$、$I_{2(R)}$ 为 SVC 流入电网的正序电流、负序电流。

从式(8-18)～式(8-20)可见,调节 SVC 各相等值电纳 $b_{ab(R)}$、$b_{bc(R)}$、$b_{ca(R)}$,则可调节 SVC 注入电网的正序电流、负序电流的实部和虚部。若使 SVC 注入电网负序电流与不平衡负荷注入电网的负序电流相互抵消,则必有下列方程成立:

$$\left(-\frac{\sqrt{3}}{2}b_{ab(R)} + \frac{\sqrt{3}}{2}b_{ca(R)} \right)U = -\mathrm{Re}(I_{2(L)}) \tag{8-21}$$

$$\left(\frac{1}{2}b_{ab(R)} - b_{bc(R)} + \frac{1}{2}b_{ca(R)} \right)U = -\mathrm{Im}(I_{2(L)}) \tag{8-22}$$

式中, $I_{2(L)}$ 为不平衡负荷注入电网的负序电流。式(8-21)、式(8-22)组成一个联立方程组,不平衡负荷产生的负序电流实部与虚部都是已知的(或者是可实时测量的),而相控电抗器型 SVC 的各相电纳 $b_{ab(R)}$、$b_{bc(R)}$、$b_{ca(R)}$ 为未知量(或可实时调节控制量)。由于方程组共两个方程,而未知量为三个,故是可解的,且存在无穷多个解,这就证明了从

电路原理看，SVC 具有平衡不平衡负荷的能力。

由于式(8-21)、式(8-22)组成的联立方程组的未知数比方程数多一个，故在 SVC 平衡了不平衡负荷引起的负序后仍有潜力可发挥，即还可兼顾补偿负荷无功。也就是说，在求解 $b_{ab(R)}$、$b_{bc(R)}$、$b_{ca(R)}$ 时，除了使用式(8-21)、式(8-22)外，还可增加正序分量虚部平衡方程式(8-23)，式(8-23)由式(8-18)并考虑 $\mathrm{Im}(I_{1(R)}) = -\mathrm{Im}(I_{1(L)})$ 而得出，即用 SVC 产生的正序电流虚部去补偿不平衡负荷正序电流虚部，也即 SVC 补偿了不平衡负荷正序中的无功部分，从而有

$$U(b_{ab(R)} + b_{bc(R)} + b_{ca(R)}) = -\mathrm{Im}(I_{1(L)}) \tag{8-23}$$

由式(8-21)～式(8-23)联立求解可得

$$b_{ab(R)} = -\frac{1}{3U}\left[\mathrm{Im}(I_{1(L)}) + \mathrm{Im}(I_{2(L)}) - \sqrt{3}\,\mathrm{Re}(I_{2(L)})\right] \tag{8-24}$$

$$b_{bc(R)} = \frac{1}{3U}\left[-\mathrm{Im}(I_{1(L)}) + 2\,\mathrm{Im}(I_{2(L)})\right] \tag{8-25}$$

$$b_{ca(R)} = -\frac{1}{3U}\left[\mathrm{Im}(I_{1(L)}) + \mathrm{Im}(I_{2(L)}) + \sqrt{3}\,\mathrm{Re}(I_{2(L)})\right] \tag{8-26}$$

由式(8-24)～式(8-26)可见，当不平衡负荷负序电流与无功已知或已测出时，即可方便地求出实现负序全平衡与无功全补偿所需的 SVC 三相各自的等值电纳值。再利用 SVC 电纳与触发角的关系，即可计算出对应的触发角，实现 SVC 平衡负序与补偿无功的触发控制。

8.2 SSR/SSO-DS I 抑制 SSO 的基本原理

SSR/SSO-DS I 是基于 SVC 电流调制的次同步谐振/振荡稳定器，其抑制机组 SSO 的机理与 SVC 维持电压稳定的机理有所不同，它是在稳态电纳参考值的基础上附加阻尼控制实现的。将与发电机组轴系扭振模态频率相关的量作为 SSR/SSO-DS I 阻尼控制器的输入量，一般取发电机的转速偏差。通过控制器得到含相应次同步频率的电纳参考值，基于此控制晶闸管的触发延迟角，从而控制 TCR 支路向系统输入相应次同步频率电流，流入机组产生阻尼转矩以抑制其轴系次同步扭振。

8.2.1 抑制机理

8.1 节介绍的 SVC 相控原则难以调节固有的等效次同步电纳，这是因为 TCR 的次同步频率电纳和触发延迟角之间无法得到类似式(8-5)的显式表达式。除此之外，系统发生 SSO 时，实际电网母线电压的工频分量远大于次同步频率分量，即 $u_1 \gg u_{\omega_0 - \omega_m}$，而在次同步频率下的等效电纳与工频电纳量值相差不大。因此 SVC 产生的次同步频率电流要比工频电流小得多，即使在次同步频率下调制得到合适的电纳值，也很难产生满足要求的次同步频率电流。

　　基于以上分析，本节提出导纳调制控制策略。在工频基波电纳参考值基础上叠加次同步频率分量，使 SVC 输出相对应的次同步频率电流，从而进一步在电机中产生次同步频率的阻尼转矩，实现抑制机组 SSO 的目的。

　　系统发生 SSO 时，对应于不同频率分量的母线电压，装置将产生不同频率的电流分量，SSR/SSO-DS I 的输出电流可以表示为

$$i_{SVC} = u_1 B_1 + \sum_{m=1}^{N} u_{\omega_0-\omega_m} B_{\omega_0-\omega_m} + \sum_{k=1}^{\infty} u_1 B_{1,pk\pm1} + \sum_{k=1}^{\infty} u_{pk\pm1} B_{pk\pm1} + i_{else} \tag{8-27}$$

式中，u_1 为基波电压；N 为轴系扭振模态数量；$u_{\omega_0-\omega_m}$ 为与机组轴系频率互补的次同步电压分量；$u_{pk\pm1}$ 为与 SVC 特征谐波相关的电压分量，下标 p 为 SVC 脉冲数，k 为自然数，$pk\pm1$ 表示特征谐波次数，例如，对于六脉冲 SSR/SSO-DS I，谐波分量主要为 5,7,11,13 等；B_1、$B_{\omega_0-\omega_m}$、$B_{pk\pm1}$ 为 SVC 与 u_1、$u_{\omega_0-\omega_m}$、$u_{pk\pm1}$ 相对应产生同频率电流的等效电纳；$B_{1,pk\pm1}$ 为与基波电压产生的特征谐波电流对应的等效电纳；i_{else} 为其他可忽略的频率分量。

　　将次同步频率分量引入 TCR 的基波电纳参考值，可以得到

$$B_{1,ref} = B_{10,ref} + \sum_{m=1}^{N} B_{1m,ref} \cos(\omega_m t + \varphi_{m,ref}) \tag{8-28}$$

式中，$B_{10,ref}$、$B_{1m,ref}$ 分别为 SVC 基波电纳的固定分量和次同步频率分量的参考值；$\varphi_{m,ref}$ 为对应于各次同步调制电纳的初始相位参考值。

　　结合 8.1 节介绍的 SVC 控制策略，SSR/SSO-DS I 的基波电纳可以近似地表示为

$$B_1 = B_{10} + \sum_{m=1}^{N} B_{1m} \cos(\omega_m t + \varphi_m) \tag{8-29}$$

式中，B_{10}、B_{1m} 分别为基波电纳的直流分量和次同步频率分量；φ_m 为对应于各次同步调制电纳的初始相位。

　　将式 (8-29) 代入式 (8-27) 等号右边的第 1 项，并令 $u_1 = u_1(t)\cos(\omega_0 t)$，则有

$$\begin{aligned}
u_1 B_1 &= u_1(t) B_{10} \cos(\omega_0 t) + \sum_{m=1}^{N} u_1(t) B_{1m} \cos(\omega_0 t) \cos(\omega_m t + \varphi_m) \\
&= u_1(t) B_{10} \cos(\omega_0 t) + \sum_{m=1}^{N} \frac{1}{2} u_1(t) B_{1m} \cos[(\omega_0 + \omega_m)t + \varphi_m] \\
&\quad + \sum_{m=1}^{N} \frac{1}{2} u_1(t) B_{1m} \cos[(\omega_0 - \omega_m)t - \varphi_m]
\end{aligned} \tag{8-30}$$

　　进而式 (8-27) 中 SSR/SSO-DS I 的输出电流可以表示为

$$i_{SVC} = i_{\omega_0} + i_{\omega_0+\omega_m} + i_{\omega_0-\omega_m} + \sum_{k=1}^{\infty} (i_{\omega_0(pk\pm1)} + i_{\omega_0(pk\pm1)\pm\omega_m}) + i'_{else} \tag{8-31}$$

式中，i_{ω_0} 为基波电流分量；$i_{\omega_0+\omega_m}$、$i_{\omega_0-\omega_m}$ 分别为频率为 $\omega_0+\omega_m$ 和 $\omega_0-\omega_m$ 的超同步和次同步频率电流分量；$i_{\omega_0(pk\pm1)}$ 为特征谐波电流；$i_{\omega_0(pk\pm1)\pm\omega_m}$ 为特征谐波两侧的分数次谐波电流分量；i'_{else} 为其他分量。

　　当对 SSR/SSO-DS I 的基波电纳进行次同步频率调制时，输出电流包括与机组轴系模态频率互补的次同步频率分量和超同步频率分量。虽然进入发电机定子侧的电流以次同步电流为主，但两种频率的电流均可以对机组轴系产生频率为 ω_m 的阻尼转矩，从而达到抑制系统 SSO 的目的。需要指出的是，对 SSR/SSO-DS I 的基波电纳进行次同步频率调制时无可避免地会在特征谐波电流两侧产生对应的分数次谐波电流，但其含量很小，对机组轴系一般不会造成影响。

8.2.2　阻尼转矩分析

　　SSR/SSO-DS I 产生的次同步电流流入发电机组中，会在轴系中产生相对应的次同步频率阻尼转矩，从而抑制机组 SSO。本节将以简单的单机串补输电线路模型为例分析影响阻尼转矩的相关参数。

　　发电机电磁转矩可以用瞬时电流分量表示为（肖湘宁，2014）

$$T_e = -6M\,\text{Re}(-ji_{1\alpha}i_{1\beta}^*e^{-j\theta}) \tag{8-32}$$

式中，$i_{1\alpha}$ 为定子电流的瞬时正序分量；$i_{1\beta}^*$ 为转子电流瞬时正序分量的共轭；θ 为定子 A 相绕组磁链滞后转子磁链的角度；M 为定转子正弦变化互感的幅值。

　　对式(8-32)两边进行微分，只保留一阶小量，则电磁转矩偏差表示为

$$\Delta T_e = -6M\,\text{Re}(-jI_\beta e^{-j\omega t}\Delta i_{1\alpha} - jI_\alpha\Delta i_{1\beta}'^* - I_\alpha I_\beta\Delta\theta) \tag{8-33}$$

式中，I_α 为定子电流的稳态正序分量；I_β 为转子电流的稳态正序分量；$\Delta i_{1\beta}'$ 为 $\Delta i_{1\beta}$ 折算到定子侧的电流。

　　显然，式(8-33)的最后一项将会产生一个与发电机功角偏差 $\Delta\theta$ 呈比例的同步转矩分量，该分量不产生阻尼转矩，不会影响振荡阻尼，为简化分析，接下来的推导中将忽略该项。

　　发电机定子和转子的瞬时电流满足以下关系：

$$\Delta i_{1\alpha} + e^{j\omega t}\Delta i_{1\beta}' = 0 \tag{8-34}$$

　　同时，发电机定子和转子的稳态电流满足以下关系：

$$I_\alpha + I_\beta = -U_\alpha/(3j\omega M) \tag{8-35}$$

式中，U_α 为定子电压正序分量幅值。

　　将式(8-34)和式(8-35)代入式(8-33)中，可以得到

$$\Delta T_e = -\frac{6}{\omega}\text{Re}(U_\alpha e^{j\omega t}\Delta i_{1\alpha}^*) + 6M\,\text{Re}[jI_\beta(e^{-j\omega t}\Delta i_{1\alpha} + e^{j\omega t}\Delta i_{1\alpha}^*)] \tag{8-36}$$

式(8-36)等号第二项为零，因而发电机转矩偏差表示为

$$\Delta T_{\mathrm{e}} = -\frac{6}{\omega}\mathrm{Re}(U_{\alpha}\mathrm{e}^{\mathrm{j}\omega t}\Delta i_{1\alpha}^{*}) \tag{8-37}$$

由式(8-37)可以看出，发电机电磁转矩的扰动分量正比于定子电流的扰动分量。

假定在发电机转子轴系存在某一次同步固有频率 ω_m 的无衰减自由扭振振荡 $\Delta\theta$，幅值为 A，$\Delta\theta$ 的时域方程表示为

$$\Delta\theta = A\cos(\omega_m t) \tag{8-38}$$

发电机转速偏差：

$$\Delta\omega = \Delta\dot{\theta} = -A\omega_m\sin(\omega_m t) \tag{8-39}$$

其在发电机定子感应的电势可以表示为(肖湘宁，2014)

$$\Delta E(t) = \frac{U_{\alpha}A}{2\omega}[\mathrm{j}(\omega+\omega_m)\mathrm{e}^{\mathrm{j}(\omega+\omega_m)t} + \mathrm{j}(\omega-\omega_m)\mathrm{e}^{\mathrm{j}(\omega-\omega_m)t}] \tag{8-40}$$

式(8-40)表明，在发电机转子轴系发生的振荡 $\Delta\theta$，会在定子侧产生相应的感应扰动电势，其主要包括次同步频率分量和超同步频率分量，分别用 ΔE_{sub} 和 ΔE_{sup} 表示。图 8-7 为次同步频率分量下表示发电机感应电势和线路电流的等效电路，相关参数均由上述模型的局部线性化处理得到。图 8-7 中，$L_{\mathrm{g}} = L_{\alpha} + \frac{3}{2}L_{\beta} - 3M$，$r_{\mathrm{g}} = r_{\alpha} - \frac{3}{2}r_{\beta}\frac{\omega_{\mathrm{en}}}{\omega - \omega_{\mathrm{en}}}$。$L_{\alpha}$ 和 L_{β} 分别为定子和转子的自感，r_{α} 和 r_{β} 分别为定子和转子的等效电阻，R 和 L' 分别为系统侧电阻和电感，ω_{en} 为电气谐振频率。

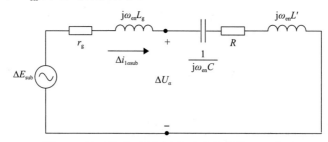

图 8-7　转子扰动下次同步频率分量的等效电路图

由图 8-7 可以得到对应于次同步频率电压分量的次同步电流：

$$\Delta i_{1\alpha\mathrm{sub}} = -\frac{U_{\alpha}A}{2\omega}\frac{\mathrm{j}(\omega-\omega_m)\mathrm{e}^{\mathrm{j}(\omega-\omega_m)t}}{R + r_{\mathrm{g}} + \mathrm{j}[(\omega-\omega_m)(L_{\mathrm{g}}+L') - 1/(\omega-\omega_m)C]} \tag{8-41}$$

利用同样的方法可以得到超同步电流分量：

$$\Delta i_{1\alpha\mathrm{sup}} = -\frac{U_{\alpha}A}{2\omega}\frac{\mathrm{j}(\omega+\omega_m)\mathrm{e}^{\mathrm{j}(\omega+\omega_m)t}}{R + r_{\mathrm{g}} + \mathrm{j}[(\omega+\omega_m)(L_{\mathrm{g}}+L') - 1/(\omega+\omega_m)C]} \tag{8-42}$$

得到电流分量后，由式(8-37)即可计算转矩分量，其中次同步电气转矩偏差为

$$\Delta T_{e}' = -\frac{3\left|U_{\alpha}\right|^{2} A}{\omega^{2}} \mathrm{Re}\left\{\frac{\mathrm{j}(\omega-\omega_{m})\mathrm{e}^{\mathrm{j}\omega_{m}t}}{R+r_{\mathrm{g}}-\mathrm{j}[(\omega-\omega_{m})(L_{\mathrm{g}}+L')-1/(\omega-\omega_{m})C]}\right\} \quad (8\text{-}43)$$

从而可以进一步得到阻尼转矩系数为

$$\Delta \dot{D}_{e} = \frac{\Delta \dot{T}_{e}'}{\Delta \dot{\theta}} = \frac{-3\left|U_{\alpha}\right|^{2}(\omega-\omega_{m})}{\omega^{2}\omega_{m}\{R+r_{\mathrm{g}}-\mathrm{j}[(\omega-\omega_{m})(L_{\mathrm{g}}+L')-1/(\omega-\omega_{m})C]\}} \quad (8\text{-}44)$$

由式(8-44)知，当次同步电气转矩与发电机的转速偏差相位偏差在±90°范围时，该次同步频率的转矩将有助于减弱发电机的转速振荡。需要指出，式(8-44)中当转子自然谐振频率与电气系统的谐振频率互补时，将产生最大负阻尼，此时，系统会出现严重的次同步谐振问题。

当在发电机机端并联 SSR/SSO-DS I 时，相当于并联一个可以调控的电流源，设稳态时 TCR 的等效电感为 L_{s}，则稳态时 SSR/SSO-DS I 在母线上吸收的电流为

$$I_{1\mathrm{s}} = \frac{U_{\alpha}\mathrm{e}^{\mathrm{j}\omega t}}{\mathrm{j}\omega L_{\mathrm{s}}} \quad (8\text{-}45)$$

按 8.2.1 节介绍的导纳调制控制策略设计控制回路，使调制控制函数为 $1+n\sin(\omega_{m}t+\gamma)$，当加入控制回路，忽略高次谐波后，TCR 的总吸收电流可以表示为

$$I_{1\mathrm{s}} + \Delta i_{1\mathrm{s}} = \frac{U_{\alpha}\mathrm{e}^{\mathrm{j}\omega t}}{\mathrm{j}\omega L_{\mathrm{s}}}[1+n\sin(\omega_{m}t+\gamma)] \quad (8\text{-}46)$$

式中，n 为调制的比例系数；γ 为调制相位；$I_{1\mathrm{s}}$ 为工频分量；$\Delta i_{1\mathrm{s}}$ 为次（超）同步频率分量。SSR/SSO-DS I 中的滤波器将补偿工频分量 $I_{1\mathrm{s}}$，则 SSR/SSO-DS I 从母线吸收的电流（或从 SSR/SSO-DS I 注入母线的电流）只有 $\Delta i_{1\mathrm{s}}$。

式(8-46)中电流的扰动分量 $\Delta i_{1\mathrm{s}}$ 可以分解为

$$\Delta i_{1\mathrm{s}} = -\frac{n}{2}\frac{U_{\alpha}}{\omega L_{\mathrm{s}}}\{\mathrm{e}^{\mathrm{j}[(\omega+\omega_{m})t+\gamma]} - \mathrm{e}^{\mathrm{j}[(\omega-\omega_{m})t-\gamma]}\} \quad (8\text{-}47)$$

由式(8-47)知，忽略高次谐波后 SSR/SSO-DS I 注入母线电流，包括次同步分量和超同步分量，两者可以独立叠加分析。图 8-8 显示次同步频率分量下机端并联 SVC 的等效电路图。

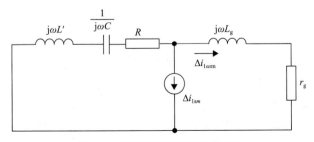

图 8-8 机端并联 SVC 的等效图

由图 8-8 等效电路图可知，对应于次同步频率分量，SSR/SSO-DS I 流入发电机定子的电流为

$$\Delta i_{1\alpha sm} = -H[\mathrm{j}(\omega - \omega_m)]\Delta i_{1sm} \tag{8-48}$$

$$H[\mathrm{j}(\omega - \omega_m)] = \frac{R + \mathrm{j}[(\omega - \omega_m)L' - 1/(\omega - \omega_m)C]}{R + r_g + \mathrm{j}[(\omega - \omega_m)(L_g + L') - 1/(\omega - \omega_m)C]} \tag{8-49}$$

利用式(8-37)可以得到对应于该次同步电流分量的电磁转矩偏差：

$$\Delta T_{sm} = -\frac{6}{\omega}\mathrm{Re}(U_\alpha \mathrm{e}^{\mathrm{j}\omega t}\Delta i_{1\alpha sm}^*) \tag{8-50}$$

同样的思路可以分析对应于超同步分量下的电磁转矩。然而由于只有次同步分量会在电气谐振点放大，而且超同步频率阻抗远大于次同步频率阻抗，因此超同步分量要远小于次同步分量，在分析电磁转矩时主要研究次同步分量的作用。

结合式(8-39)可以得到相应的阻尼转矩系数：

$$\Delta \dot{D}_{sm} = -\frac{3|U_\alpha|^2}{\omega^2 L_s} \cdot \frac{n\mathrm{e}^{\mathrm{j}\gamma}}{\omega_m A} \cdot \mathrm{j}H^* \tag{8-51}$$

假定 SSR/SSO-DS I 比例控制系数与发电机转速偏差成正比，即 $n = k(\omega_m A)$。同时，令 $\gamma = 0$，则式(8-51)变为

$$\Delta \dot{D}_{sm} = -\frac{3|U_\alpha|^2}{\omega^2 L_s} \cdot k \cdot \mathrm{j}H^* \tag{8-52}$$

显然，此时将在发电机转子侧产生对应于自然谐振频率的最大阻尼转矩。因此在设计 SSR/SSO-DS I 的控制系统时，移相环节需要采取反相位的策略进行补偿，确保阻尼效果达到最佳。

8.2.3 SSO-DS 抑制 SSR 容量选择

SVC 主回路结构不变，仅改造其控制器，即可用于抑制机组轴系次同步谐振，该装置称为 SSO-DS。

SSO-DS 的容量由 TCR 容量与 FC 容量构成，由于 FC 容量固定不变，且对抑制 SSR 无直接作用。一般 SSO-DS 抑制 SSR 容量是指在抑制 SSR 时 TCR 达到的容量。

从 8.2.2 节分析可知，机组轴系在扰动后，发生的次同步自由扭振 $\Delta\omega_i$，$i=1,2,3$，为各阶扭振模态转速。$\Delta\omega_i$ 将在电机定子绕组中产生相应次同步频率电势 ΔE_i，$i=1,2,3$。此电势 ΔE_i 作用于发电机和电网时，将在发电机定子绕组中产生电流 Δi_i，并产生相应的电磁转矩，在外电路(电网)满足一定条件时，此电磁转矩为负阻尼转矩，引起机组轴系次同步振荡不稳定。如果 SSO-DS 注入此机组绕组一个同模态次同步电流，相角合适，并且其电流幅值大于电流 Δi_i，则可抑制机组轴系次同步扭振。按此原理，可以初步估算所需 SSO-DS 容量。

当某轴段模态扭矩已知时，可除以该轴段刚度，求出该轴段相邻两集中质块间的扭角差，再考虑轴系该模态振型系数，则可算出发电机质块模态扭角幅值 θ_i，从而算出 $\Delta\omega_i$、ΔE_i，按 SVC 注入电机绕组电流，大于 ΔE_i 在电机绕组中产生的电流（如等于两倍），即可粗估 SSO-DS 容量。当 SSO-DS 从发电机 20kV 母线接入时，此法可得出简单的计算公式 (Abi-Samra et al., 1985)。

计算时所需的扰动后的轴段模态扭矩初值是可以估计的，一般不会超过三倍额定转矩。

实际上不同电力送出系统和不同类型扰动下，所需 SSO-DS 抑制 SSR 的容量和要求不同，SSO-DS 接入点对所需 SSO-DS 容量也有明显影响，在考虑 SSO-DS 容量时侧重点也不同。例如，有的送出系统主要是抑制大扰动后的次同步谐振，如果 SSO-DS 也是从发电机 20kV 母线接入，则可按上述方法粗估 SSO-DS 容量。再如，有的送出系统中主要是中低幅值随机次同步扭振，每天若干次，则主要考虑机组寿命损失来选择 SSO-DS 容量；再有，当电厂有多台机组并联运行时，即使是从每台机组 20kV 母线接入 SSO-DS，由于 SSO-DS 电流注入 20kV 母线后，一部分电流可能流入其他并联机组中，上述估算 SSO-DS 容量的方法也可能过于简化，难以使用。

实际工程中的 SSO-DS 容量，一般是在重点工况下经仿真计算初定。

8.3　SSR/SSO-DS I 控制器结构

8.3.1　控制结构

当发电机转子侧出现次同步扭振时，以机组轴系 $\Delta\omega$ 为输入信号，通过导纳调制控制使得 SVC 产生与发电机轴系谐振频率互补的次同步频率电流，从而进一步在发电机转子侧产生阻尼转矩，起到抑制系统次同步扭振的作用。当注入发电机的调制电流相位与发电机转速偏差相位相反时，SVC 能够给发电机提供最大的阻尼转矩。图 8-9 为 SSR/SSO-DS I 次同步阻尼控制器原理框图。

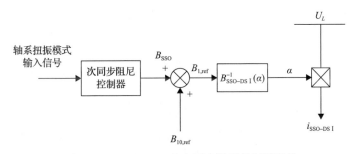

图 8-9　SSR/SSO-DS I 次同步阻尼控制器结构

通过以上关于导纳调制控制策略的分析可知，SVC 控制系统的输入信号需要选取与发电机轴系模态频率相关的物理量，发电机的转速偏差由于易于取得且精度较高，成为目前 SSR/SSO-DS I 广泛采用的输入量。输入物理量通过控制器处理后得到相应的次同步电纳调制量 B_{SSO}，与稳态电纳参考值之和即为最终电纳参考值。根据 SVC 等效电纳与晶闸管触发延迟角间的数学方程，可以计算得到控制晶闸管导通的触发延迟角 α，从而在系统电压下产生用于抑制次同步扭振的次同步电流。

图 8-9 中稳态电纳参考值 $B_{10,\text{ref}}$ 的设置可基于以下原则进行。

(1)SVC 的首要目标为抑制系统次同步谐振，$B_{10,\text{ref}}$ 的取值应远小于 B_{SSO}，应在尽可能确保 $B_{1,\text{ref}}$ 不被限幅的条件下有较大的运行范围，从而充分利用 SVC 容量产生抑制 SSO 的次同步频率电流。

(2)满足原则(1)的前提下，理论上也可以对 $B_{10,\text{ref}}$ 进行一定的附加控制，来满足电力系统其他的控制需要，如维持母线电压、抑制低频振荡等。但实际上过于复杂，TCR 的调制能力有限，往往得不偿失。

(3)当系统稳态运行时，如果 TCR 稳态电纳参考值 $B_{10,\text{ref}}$ 取值很小，可以大幅降低 TCR 的运行损耗。但是为达到最大的非饱和运行范围和平衡接入母线无功，需与电力滤波器参数和运行点相配合，而这两者难以兼顾。

发电机轴系一般有 3 个次同步扭振模态，各个扭振模态对抑制电流的要求(如频率、相位、大小)可能不同。由于我国电网运行规模日益增大，往往存在多个型号不同的发电机组和串补度不同的输电线路，还可能存在直流输电线路或风力、光伏发电系统，同时机网运行方式变化多样，系统还可能出现更多模态次同步谐振问题。如果发电机转速偏差输入量不进行分模态解耦处理，可能很难达到各模态均能抑制的效果。因而阻尼控制器需要从输入量中分别提取各个扭振模态的频率分量，并设置独立通道处理，分模态调整其移相角和放大倍数，从而降低各模态间的相互干扰，满足各模态的抑制要求。SVC 次同步阻尼控制器的分模态控制结构如图 8-10 所示。

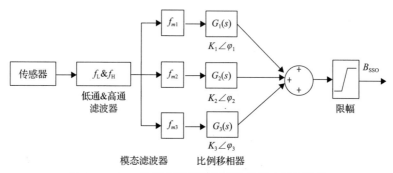

图 8-10 SVC 次同步阻尼控制器的分模态控制结构

图 8-10 中，控制器的输入量选取发电机组的转速偏差 $\Delta\omega$。目前，发电机已广泛采用高精度的测速探头，完全能够满足轴系扭振的检测和控制要求。一般采用安装在汽轮发电机组轴系端部的转速探头获取输入信号。

前置信号处理模块为带通滤波器，其频率范围典型值为 10～40Hz，一般由低通滤波器和高通滤波器串联组成。它可以滤除转速偏差信号中的直流、低频和高频分量，仅使次同步频率分量通过。之后分别根据不同的汽轮发电机组轴系模态频率设计独立的模态控制通道，每个通道内都包含模态滤波器和比例移相环节 $(G_1/s) \sim (G_3/s)$ 和 $(f_{m1} \sim f_{m3})$ 模态滤波器通常由一个带通滤波器和两个带阻滤波器构成，目的是减小模态控制通道之间的干扰。比例移相环节分别对各谐振模态分量进行比例放大和相位调整，从而得到对应模态的次同步电纳调制量，各通道输出量求和并限幅后形成总的次同步电纳调制量 B_{SSO}。该信号与 TCR 稳态电纳参考值叠加，形成最终电纳参考值。

8.3.2　滤波器设计

图 8-10 控制器中模态滤波器的设计应当满足以下几个要求。

（1）独立性。模态滤波器应该使各模态分量相互独立，避免模态间的相互干扰，理想情况为各模态间完全解耦。但是，实际滤波器不可能将其他频率分量完全滤除，尤其当几个模态频率较为接近时。这种情况下，应将不能完全滤除的分量限制在合理范围以内。

（2）适应性。当系统运行方式或者部分参数发生变化时，要求原先设定的 SSO 模态滤波参数仍然能够达到目标效果，实现各模态分量独立的目标。

模态滤波器实际设计过程中，往往面临独立性与适应性的矛盾。如果要求各模态分量尽量独立，则需要强选择性的模态滤波器，但强选择性意味着高品质因数，中心频率附近的相频特性的变化将非常剧烈，不利于适应运行方式和机网参数的变化。综合考虑独立性和适应性，采用图 8-11 所示的模态滤波器方案。

图 8-11　针对模态 i 的模态滤波器方案

每一组针对模态 i 的模态滤波器均由一个带通滤波器和两个带阻滤波器构成。设计滤波器的方法很多，这里采用常见的二阶滤波器形式，分别针对关注的模态 i 及其相邻模态 $i-1$ 和 $i+1$，具体如下。

1）模态 i 带通滤波器：

$$H_{\mathrm{P}i}(s) = \frac{s / \omega_i}{1 + 2\zeta_{i,i} s / \omega_i + (s / \omega_i)^2} \tag{8-53}$$

式中，ω_i 为模态 i 的角频率；$\zeta_{i,i}$ 为滤波器的阻尼比参数，典型取值为 $\zeta_{i,i}=3\pi / \omega_i$，表示该带通滤波器的带宽为 3Hz。

2）模态 $i-1$ 带阻滤波器：

$$H_{\mathrm{B},i-1}(s) = \frac{1 + (s / \omega_{i-1})^2}{1 + 2\zeta_{i,i-1} s / \omega_{i-1} + (s / \omega_{i-1})^2} \tag{8-54}$$

式中，ω_{i-1} 为与模态 i 相邻且频率略低的扭振模态频率；$\zeta_{i,i-1}$ 为滤波器的阻尼比参数，典型取值为 $\zeta_{i,i-1}=2\pi / \omega_{i-1}$，表示该带阻滤波器的带宽为 2Hz。

3）模态 $i+1$ 带阻滤波器：

$$H_{\mathrm{B},i+1}(s) = \frac{1 + (s / \omega_{i+1})^2}{1 + 2\zeta_{i,i+1} s / \omega_{i+1} + (s / \omega_{i+1})^2} \tag{8-55}$$

式中，ω_{i+1} 为与模态 i 相邻且频率略高的扭振模态频率；$\zeta_{i,i+1}$ 为滤波器的阻尼比参数，典型取值为 $\zeta_{i,i+1}=2\pi/\omega_{i+1}$，表示该带阻滤波器的带宽为 2Hz。

由式(8-53)～式(8-55)可见，由带通滤波器和针对相邻模态的带阻滤波器串联组成的模态滤波器，不仅可以较好地提取当前模态，还避免了其他模态的影响。在电网中，机组轴系扭振模态频率在系统各种运行方式和网络参数变化下基本保持一致，其变化通常不超过 0.1Hz。因此针对轴系扭振频率可提前设定各模态滤波器频率。同时注意到带通滤波器的带宽较大，从而使得模态滤波器在中心频率附近的相频变化相对平缓，在获得独立性的同时兼顾了适应性。

8.4 控制器参数设计

8.4.1 系统建模

当 SVC 采用电纳调制次同步控制策略时，SVC 输出次同步频率电流和幅值相对较小的超同步频率电流，两者都会在发电机轴系产生阻尼扭矩，从而抑制系统 SSO。而基波、次/超同步电流的大小和相位取决于电纳参考值。

图 8-12 所示为基于 SVC 电流调制的 SSO 抑制装置的工作原理。反馈信号(机组转速偏差的平均值)通过模态滤波获取各模态的振荡分量，进而对其进行比例和移相调节得到对应模态的控制信号，相加并限幅后形成总的控制输出，经一定偏置后作为 SVC 电纳调制的参考值，再利用 SVC 中 TCR 电纳与触发角的非线性关系得到晶闸管的触发延迟角，调制 TCR/SVC 的电纳，使其输出次/超同步频率电流分量，进而在机组轴系形成对应的阻尼转矩，抑制 SSO。

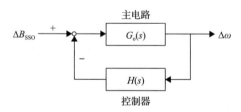

图 8-12　基于 SVC 电流调制的 SSO 抑制装置的工作原理

在特定运行方式下对系统进行小增量下的线性化建模，可得到开环系统的线性化传递函数，即

$$\Delta\omega = G_o(s)\Delta B_{SSO} \tag{8-56}$$

式中，$G_o(s)$ 为小扰动下系统运行状态的传递函数。

限幅范围内，基于 SVC 电流调制的 SSO 抑制方法的控制器的反馈传递函数为 $H(s)$，从而得到闭环线性系统传递函数：

$$G_c(s) = G_o(s)[1 + G_o(s)H(s)]^{-1} \tag{8-57}$$

显然，$G_o(s)$、$G_c(s)$ 跟扭振相关的极点分别决定了开环和闭环系统的 SSO 稳定性和模态阻尼；而特定运行方式下 $G_o(s)$ 一定时，$G_c(s)$ 的极点与 SSO 特性取决于控制器的比例和移相参数，即图 8-10 中的参数 $K_i, \varphi_i (i = 1, 2, 3)$。

8.4.2 控制器参数设计的基本原则

工程中针对机组轴系多模态系统的 SSO 问题是一种复杂的机网耦合稳定性问题，其控制器设计主要考虑目标机组的稳定性，在减少对系统其他负面影响的同时有效抑制机组 SSO，其控制器应该在合适的工程投资下实现，在经济上要具有可行性。具体的控制器参数设计的基本原则包括以下几个方面。

(1) 控制器的首要功能为抑制汽轮发电机组轴系 SSO。尤其对于目标机组轴系多扭振模态系统，所设计的控制策略和参数应该兼顾各模态的抑制效果，并不得对电网中非目标机组产生不良影响。

(2) 对于各种运行方式具有优良的适应性和鲁棒性，达到对各种运行方式下多模态的同时镇定作用。电网运行方式和系统扰动形式的变化对系统 SSO 特性哪些模态存在振荡风险有重要影响。考虑线路投切、串补投切、发电机投切和半载、满载运行情况等因素，对于一个特定的系统，理论上可能存在上万种不同的运行工况。在控制器设计中，需要考虑充足的稳定裕度，以镇定最危险工况的 SSO 为目标，以满足在各种情况和不确定环境下机组的 SSO 抑制需求。

(3) 改善暂态扭矩特性。在实际运行过程中，系统难以避免的大扰动(如系统短路故障)可能会引发瞬间的发电机暂态扭矩放大效应，其故障期间巨大的暂态冲击会严重危害发电机轴系的疲劳寿命，危及设备和运行人员的生命安全。实际控制器设计中，应该充分考虑发电机暂态扭矩的放大作用，保护机组和系统的安全，特别是机组的寿命安全。

(4) 最优化的控制效果。受到工程投资预算和控制器容量的限制，控制参数的设计应实现总体的优化控制效果，充分发挥抑制装置的潜力，保证机网安全稳定。

(5) 机网相关控制与保护系统的协调配合。控制器的设计应以不影响其他系统控制保护功能为基础。在系统未发生 SSO 事故时，要尽量减少控制器对系统的影响；系统发生 SSO 时，控制器被激活时不能和其他控制器相冲突。

(6) 需考虑未来电厂发展的可扩展性和兼容性。在控制器参数设计中，需要留有一定可调整的裕度，来适应未来电厂扩展的需求，如电网拓扑发生改变，新线路、新串补的建设，新机组的投运等。

8.4.3 控制器参数优化建模

基于 SVC 电流调制的 SSO 抑制方法的控制器设计目标如下：

(1) 同时抑制多模态 SSO。

(2) 高适应性，即能在各种实际运行方式下有效阻尼 SSO。

(3) 控制器参数合理且易于实现。

理论上不能穷尽所有运行方式，故在设计时确立一组具有代表性的"评价方式"，它涵盖不同的电网拓扑方式、串补投运情况、并网机组台数及负载水平等多种情况，既包含 SSO 最严重方式，又涵盖运行的边界条件，具有良好的代表性。在此基础上，基于 SVC 电流调制的 SSO 抑制方法的控制效果采用以下性能函数来表示：

$$f = \sum_{i=1}^{3} w_i \eta_i + w_4 \min\{\eta_1, \eta_2, \eta_3\}, \qquad \sum_{i=1}^{4} w_i = 1, w_i > 0$$

$$\eta_i = \min_{j=1}^{j=160}\{\sigma_{ij}\}, \quad \sigma_{ij} = -\mathrm{Re}(\lambda_{ij}) / \left|\mathrm{Im}(\lambda_{ij})\right| \qquad (8\text{-}58)$$

$$\lambda_{ij} = \lambda_i\{G_{cj}(G_{1,2,3}, T_{1,2,3})\}$$

式中，下标 i 为模态编号；下标 j 为方式编号；$\lambda_i\{\}$ 为闭环极点；σ_{ij} 为闭环模态阻尼；η_i 为所有评价方式下的最差阻尼；$w_i(i=1,2,3)$ 为权重；$\min\{\eta_1, \eta_2, \eta_3\}$ 为 3 个模态的最差阻尼值，并被赋予附加权重 w_4。权重设置为：$w_1 = w_2 = w_3 = 0.2$，$w_4 = 0.4$。

考虑到 SSR/SSO-DS I 容量限制和硬件可实现性，对控制参数进行适当限制，进而将控制参数设计问题规范为一个非线性约束优化问题：

$$\begin{aligned}&\max f \\ &\text{subject to: } |G_k| \leqslant G_{\mathrm{ub},k}, \ 0 \leqslant T_k \leqslant T_{\mathrm{ub},k}\end{aligned} \qquad (8\text{-}59)$$

式中，$G_{\mathrm{ub},k} = 10.15$，为增益 G_k 绝对值的上限；$T_{\mathrm{ub},k} = 0.1\mathrm{s}$，为时间常数 T_k 上限值。

较大的增益在小扰动下能取得较好的阻尼，但在大扰动时易导致输出限幅，降低了有效增益；因此，增益(限值)选择需在小扰动阻尼、大扰动限幅时间和 SSR/SSO-DS I 容量三者之间平衡，原则是 SSR/SSO-DS I 容量应满足在最严重方式和故障情况下足够抑制 SSO，增益(限值)保证在所有方式和扰动下提供足够的阻尼且在最严重方式和故障情况下使输出限幅时间在 5s 以内。

8.4.4 基于 GASA 的参数优化设计

以上问题是一个复杂的多模态多模型非线性约束优化问题，传统方法难以求解。可采用一种综合遗传算法(genetic algorithm，GA)和模拟退火(simulated annealing，SA)算法的新型指导性搜索算法，即 GASA 算法来求解。GASA 将 GA 的并行搜索结构和 SA 算法的概率突跳性结合起来，它的优势是：①群体并行优化可提高算法的时间性能；②利用 SA 算法的 Metropolis 抽样稳定准则和算法终止准则来控制算法的收敛性，避免"早熟"；③搜索能力和范围均有所提高，算法参数选择不必过分严格。对于大规模优化问题求解，GASA 的优化性能和鲁棒性都有大幅提高。

1)GASA 的初始化

在参数限制范围内随机生成数目为 n 的个体组成初始种群。

设定初始温度 $T_0 = -\varDelta_{\max} / \ln p_r$（$p_r$ 为初始接受概率），$\varDelta_{\max} = |f_{\max} - f_{\min}|$，其中 $f_{\max}$、$f_{\min}$ 分别为当前最优个体和最差个体的性能值。

2)分 3 步对当前种群进行 GA 操作

选择操作：在当前种群中采用轮盘策略选择 n_b 个性能优越的个体作为父代。

交叉操作：对父代个体与当前种群的最佳个体进行算术交叉产生子代个体，并将其和原种群合并，选择 n 个性能值高的个体构成新种群。

保优变异操作：保留新种群中的最优个体，对其他个体以概率 p_m 进行变异操作，即 $x_n = x_o + m\xi_{GA}$，x_o、x_n 分别为变异前/后的个体，$m \in (-3,3)$ 服从柯西分布，ξ_{GA} 为扰动幅度。

3) 分两步对新种群个体进行并行模拟退火搜索

状态产生：应用轮盘策略，对高性能个体进行 k_{SA} 次状态转移，状态转移与 GA 变异在操作上相同，只是采用较小的扰动幅度 ξ_{SA}，设个体 x_i 转移后为 x_{i+1}，对应性能值为 f_i 和 f_{i+1}。

状态接受：如果 $f_{i+1} < f_i$，则 x_{i+1} 被接受；否则以概率 $p = \exp[(f_i - f_{i+1})/T_p]$ 被接受。

4) 退温操作

随着优化的进行，温度 T_p 按照 $T_{p_{k+1}} = rT_{p_k}$，调整 r (r 为退温速率) 逐渐减小，使 SA 操作在温度较高时有一定概率接受较差状态，防止陷入局部极小，而在温度低时变成一个小范围随机搜索的优化函数。

5) GASA 终止条件

若当前种群性能难有明显改进或遗传已经到了一定的代数 k_{GA}，则终止算法并输出控制参数，否则跳到第 2) 步继续执行。算法流程图如图 8-13 所示。

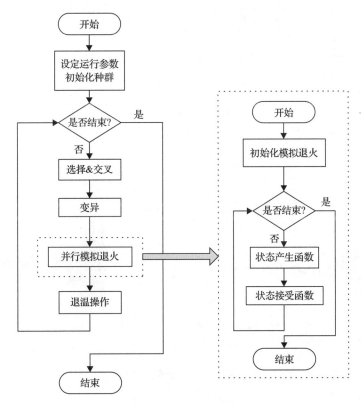

图 8-13 GASA 流程图

8.5 算例系统应用与验证

以 IEEE 第一基准模型为算例,说明基于 SSR/SSO-DS I 电流调制的动态稳定器抑制 SSO 的有效性。

利用 PSCAD/EMTDC 搭建 IEEE 第一基准模型,在机端接入 SSR/SSO-DS I 。1.5s 时在并网点设置三相接地故障,0.075s 后切除故障。比较不投入和投入 SSR/SSO-DS I 两种状态下发电机轴系振荡曲线。图 8-14 为不投入 SSR/SSO-DS I 时,故障期间发电机转速及模态偏差曲线。图 8-14 表明,发生故障后,发电机转速发散,在不采取抑制措施或者切机切串补操作时,发电机组的轴系必然会受到损坏。

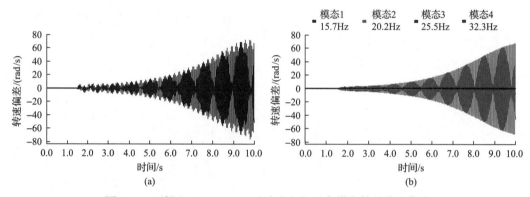

图 8-14 不投入 SSR/SSO-DS I 发电机组及各模态转速偏差曲线

采用前述的 SSR/SSO-DS I 控制策略和抑制系统次同步谐振的模态控制结构,在相同的系统结构和运行工况下投入 SSR/SSO-DS I ,在相同位置发生相同故障,发电机组及各模态转速偏差曲线如图 8-15 所示。当 SSR/SSO-DS I 投入后,在相同故障情况下,发电机组转速能在短时间内得到有效抑制,快速恢复到稳定运行状态。

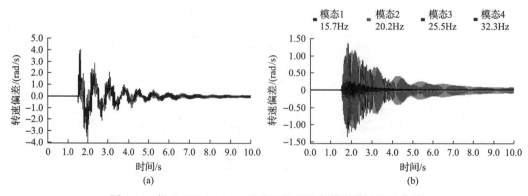

图 8-15 投入 SSR/SSO-DS I 发电机组及各模态转速偏差曲线

8.6　本章小结

本章介绍了传统无功补偿型 SVC 的工作原理和数学模型，在使用瞬时对称坐标变换使分析得以简化的基础上，进一步分析了 SVC 抑制 SSO 的原理，从阻尼转矩的角度详细推导了 SVC 抑制 SSO 的完整物理过程。设计了 SVC 抑制 SSO 的控制器结构，考虑不同接线方式对阻尼效果的影响，同时深入考虑滤波器的设计原则。为使 SVC 抑制效果最佳，对优化问题进行数学建模，并介绍了基于 GASA 的关键控制参数优化算法。最后，在 PSCAD/EMTDC 仿真平台中验证了 SVC 抑制电力系统 SSO 的有效性。

本章主要参考文献

程时杰. 2009. 电力系统次同步扭振的理论与方法. 北京: 科学出版社.

李伟, 肖湘宁, 赵洋. 2011. 无功发生源抑制次同步扭振的机理分析. 电工技术学报, 26(4): 168-174.

王锡凡, 方万良, 杜正春. 2003. 现代电力系统分析. 北京: 科学出版社.

肖湘宁. 2014. 电力系统次同步扭振及其抑制方法. 北京: 机械工业出版社.

肖湘宁, 杨琳, 张丹, 等. 2011. 基于特征值法的次同步阻尼守恒特性分析. 电网技术, 35(11): 80-84.

谢小荣, 韩英铎, 郭锡玖. 2015. 电力系统次同步谐振的分析与控制. 北京: 科学出版社.

谢小荣, 杨庭志, 姜齐荣, 等. 2008. 采用 SVC 抑制次同步谐振的机理分析. 电力系统自动化, 32(24): 1-5.

徐政. 2000. 复转矩系数法的适用性分析及其时域仿真实现. 中国电机工程学报, 20(6): 1-4.

张东辉, 谢小荣, 刘世宇, 等. 2008. 串补输电系统中次同步谐振的模态阻尼推导. 电力系统自动化, 32(6): 5-9.

张帆, 徐政. 2007. 利用 SVC 抑制发电机次同步谐振的理论与实践. 高电压技术, 33(3): 26-31.

张帆, 徐政. 2008. 利用 TCR 抑制发电机次同步谐振的仿真研究. 高电压技术, 34(8): 1692-1697.

Abi-Samra N C, Smith R F, Mcdermott T E, et al. 1985. Analysis of thyristor-controlled shunt SSR countermeasures. IEEE Transactions on Power Apparatus and Systems: 583-597.

Hammad A E, El-Sadek M. 1984. Application of a thyristor controlled var compensator for damping subsynchronous oscillations in power systems. IEEE Transactions on Power Apparatus & Systems, 103(5): 1119.

Hamouda R M, Iravani M R. 1989. Torsional oscillations of series capacitor compensated AC/DC systems. IEEE Transactions on Power Systems, 4(3): 889-896.

Hsu Y Y, Jeng L H. 1995. Damping of subsynchronous oscillations using adaptive controllers tuned by artificial neural networks. Generation, Transmission and Distribution, IEE Proceedings, 142(4): 415-422.

Li W, Ching-Huei L. 2002. Stabilizing torsional oscillations using a hunt reactor controller. IEEE Transactions on Energy Conversion, 6(3): 373-380.

Padiyar K R, Varma R K. 1990. Static VAR system auxiliary controllers for damping torsional oscillations. International Journal of Electrical Power & Energy Systems, 12(4): 271-286.

Varma R K, Auddy S, Semsedini Y. 2008. Mitigation of subsynchronous resonance in a series-compensated wind farm using FACTS controllers. IEEE Transactions on Power Delivery, 23(3): 1645-1654.

Wasynczuk O. 1981. Damping subsynchronous resonance using reactive power control. IEEE Transactions on Power Apparatus & Systems, 100(3): 1096-1104.

Xie X, Jiang Q, Duo Y. 2012. Damping multimodal subsynchronous resonance using a static var compensator controller optimized by genetic algorithm and simulated annealing. European Transactions on Electrical Power, 22(8): 1191-1204.

第9章　基于 STATCOM 电流调制的动态稳定器

STATCOM 已在电力网络中被广泛用于系统电压支撑、无功补偿与潮流调整等。与 SVC 相比，STATCOM 的运行范围更为宽泛、动态调节更加快速、器件调制能力更强、运行期间的谐波污染更少。从器件性能来讲，SVC 使用的晶闸管是半控型器件，阀电流过零时其电力电子开关才可关断。另外，STATCOM 采用全控型器件，在任意时刻可接通和关断。从控制角度来讲，SVC 一般采用相控方式，即使采用非对称触发，晶闸管在每半个周波中也只能触发一次，如按传统的对称触发方式，虽然实际上是每半波触发一次，但受制于一周波内相邻二次触发角之差为 180° 的约束，从控制 (或调制) 角度上相当于每周波触发一次。因此在调制所需的次同步抑制电流时，其波形调制能力较差，调制控制效果不佳，而 STATCOM 采用 PWM 技术，其开关频率高达上千赫兹，波形调制能力极强。通过控制换流器开关动作，理论上 STATCOM 可以调制出任意幅值和相位的电流，且其响应速度快，对外界电网依赖较弱。

9.1　STATCOM 的工作原理

作为一种并联型无功补偿设备，STATCOM 的一次设备由电压源型换流器 (voltage source converter，VSC)、直流储能电容装置、平波电抗器和连接变压器组成，其并网单线连接图如图 9-1 所示。STATCOM 使用的电容元件和电抗器远比 SVC 小，这大大缩小了设备的成本和占地面积。通过平波电抗器滤除逆变器产生的高次谐波电流，通过连接变压器即可灵活地将 STATCOM 接入电网公共连接点 (PCC)。

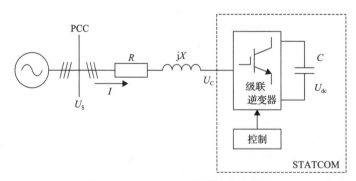

图 9-1　STATCOM 并网单线连接图

VSC 为 STATCOM 的核心器件，其原理如图 9-2 所示。当 STATCOM 应用在无功补偿领域时，VSC 利用 PWM 技术调整逆变器基频电压的幅值和相位，与电网交换无功功率。在工程运用中，为了提高 STATCOM 的额定容量与最大耐受电压，VSC 可采用基于级联多电平逆变器的链式结构，其拓扑图如图 9-3 所示。应用低耐压的器件，该拓扑能够用于高电压大功率输出，同时多电平的级联拓扑也改善了输出电压的质量，减少了输出的谐波和系统电压波形畸变。

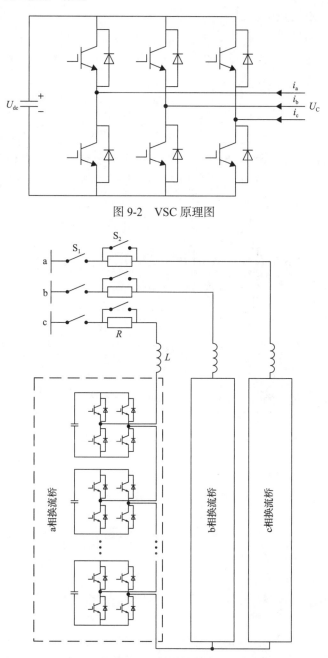

图 9-2　VSC 原理图

图 9-3　基于级联多电平逆变器的链式 STATCOM

　　以图 9-1 的并网 STATCOM 为例，说明其无功补偿的工作原理。U_C 和 U_S 分别为 STATCOM 输出电压和并网点电压。I 为 STATCOM 与电网交换的电流，ΔU 为连接电抗 X 和连接电阻 R 上的电压差。STATCOM 通过调整 U_C 的幅值和相位来调整电压降 ΔU，

从而调整电流 I，最终影响 STATCOM 向电网吸收的无功功率。图 9-4 给出了 STATCOM 的相量图。图中，电流相量 I 与 STATCOM 输出电压相量 U_C 总是垂直的。由于逆变器等是有损耗的，因而并网点电压相量 U_S 与 U_C 总存在相角差 δ，δ 的大小可度量 STATCOM 在运行过程中从电网吸收的有功功率。当相量 I 超前 U_C 时，为容性运行工况，此时 STATCOM 向电网注入无功功率；当相量 I 滞后 U_C 时，为感性运行工况，此时 STATCOM 从电网吸收无功功率。

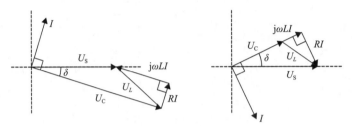

图 9-4　STATCOM 电压相量图

由图 9-4 可知，STATCOM 注入电网的无功功率 Q 为

$$Q = IU_S \cos\delta \tag{9-1}$$

其电流 I 的幅值为

$$I = \frac{U_S}{R}\sin\delta \tag{9-2}$$

因此，交流电流 I 中的有功电流分量 I_P 和无功电流分量 I_Q 的幅值分别为

$$I_P = I\cos\left(\frac{\pi}{2}-\delta\right) = \frac{U_S}{R}\sin^2\delta = \frac{U_S}{2R}(1-\cos 2\delta) \tag{9-3}$$

$$I_Q = I\sin\left(\frac{\pi}{2}-\delta\right) = \frac{U_S}{2R}\sin 2\delta \tag{9-4}$$

STATCOM 通过改变相角差 δ 和 U_C 的幅值，使 I 的相位和大小也随之改变，从而 STATCOM 与电网的无功交换得到控制。

9.2　SSR/SSO-DS Ⅱ 抑制 SSO 的基本原理

传统的 STATCOM 主要是为电力系统提供无功功率支撑，常用于负荷侧以提升并网点的电压质量，也有用于提高电力输送能力的，其输出电流主要为基波形式。若在其控制系统中加入 SSO 阻尼控制器以抑制机组轴系扭振，当系统发生 SSO 时，STATCOM 的 SSO 阻尼功能即被激活，可为机组输入所需的阻尼电流，有效提升机组 SSO 不稳定模态的阻尼。与基于 SVC 的 SSO 抑制装置不同的是，此处使用的基于 STATCOM 电流调制的 SSO 抑制方法，可不需要其稳态无功补偿的功能，而只需要输出很小的无功以维持正常运行即可。STATCOM 用于抑制次同步谐振时，在传统的定无功控制中加入发电机转速反馈抑制路径，来调制 STATCOM 端口输出电压 U_e，从而产生输出的电流，该电流从 STATCOM 并网接入点输出，经过电网分流后流进发电机机端，在机电耦合作用下，在发电机气隙中产生次同步的电气阻尼转矩，进而抑制轴系的 SSO，因此称作 SSR/SSO-DS Ⅱ。

9.2.1　控制器接线方式

传统的无功补偿型 STATCOM 为了给电力输送提供电压支撑和改善系统阻尼，一般选择装设在线路的中间位置以发挥其最佳的功能。但该接线方式对于抑制 SSO 存在以下缺陷：①电力系统发生 SSO 的主要受害者是发电机本体，将 SSR/SSO-DS Ⅱ 装设在线路中间无法对发电机起到直接的保护作用；②由于该接线方式远离发电机，为了获取包含发电机扭振模态的转速偏差信号，不可避免地需要用到远距离通信。早期利用 SSR/SSO-DS Ⅱ 就近接入点的母线电压电流信号获取发电机扭振模态，但系统发生 SSO 初期，线路电流中的次同步分量非常少，导致该方法存在灵敏度低、控制效果差的缺点。

考虑到以上两点，为了避免远距离通信，同时发挥 SSR/SSO-DS Ⅱ 最佳的抑制效果，通常情况下，可以将 SSR/SSO-DS Ⅱ 并联到发电厂侧。

9.2.2　抑制原理分析

在实际电力系统中，汽轮发电机组的轴系通常具有多个不同自然扭振频率的振荡模态。假设系统额定频率为 ω_0，机组某一个扭振模态的扭振频率为 ω_m。如图 9-5 所示，当机组轴系质量块受到系统扰动时，机组转子转速偏差 $\Delta\omega$ 中会出现频率 ω_m 的分量，该分量会在定子侧感应出两个互补的次同步频率 $\omega_0-\omega_m$ 和超同步频率 $\omega_0+\omega_m$ 电压分量。那么包含了次/超同步分量的电压偏量 ΔU_g 又会作用于电网产生频率为 $\omega_0\pm\omega_m$ 的电流分量 Δi_s。该次/超同步电流分量作用于发电机气隙磁场，通过电磁耦合产生频率为 ω_m 的电磁转矩偏差 ΔT_e，若电网某一谐振频率与发电机轴系频率互补，即谐振频率为 $\omega_0-\omega_m$，一定条件下它对频率为 ω_m 的转速偏差 $\Delta\omega$ 可能产生负阻尼作用，导致不稳定的次同步扭振现象。

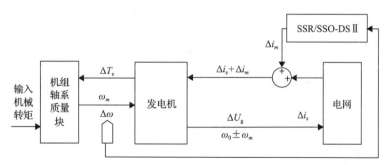

图 9-5　SSR/SSO-DS Ⅱ 与电网间相互作用机理示意图

根据以上发电机轴系产生次同步扭振的机理，若 SSR/SSO-DS Ⅱ 向发电机注入频率为 $\omega_0\pm\omega_m$ 的阻尼电流分量 Δi_m，那么将会产生频率为 ω_m 的附加阻尼转矩。该阻尼转矩在大小和相位合适的情况下，可以为该频率下的发电机扭振模态提供充足的正阻尼，抵消由机网互激引发的负阻尼效应。

进一步地，对于单台发电机，受到扰动后，其电磁转矩偏差 ΔT_e 和 $\Delta\omega$ 之间的传递函数 $G_\mathrm{e}(s)$ 可定义为

$$G_\mathrm{e}(s) = \frac{\Delta T_\mathrm{e}(s)}{\Delta\omega(s)} \tag{9-5}$$

从而，电磁转矩偏差 ΔT_e 可用式（9-6）描述：

$$\Delta T_\mathrm{e} = K_\mathrm{s}\Delta\delta + D_\mathrm{e}\Delta\omega \tag{9-6}$$

式中，$K_\mathrm{s}\Delta\delta$ 为同步转矩；K_s 为同步转矩系数；$\Delta\delta$ 为转角增量；D_e 为阻尼转矩系数；$D_\mathrm{e}\Delta\omega$ 为阻尼转矩。

针对扭振频率为 ω_m 的扭振模态，其电磁转矩偏差 $\Delta T_\mathrm{e}(\mathrm{j}\omega_m)$ 对应的电气阻尼为

$$D_\mathrm{e}(\omega_m) = \mathrm{Re}\left\{G_\mathrm{e}(\mathrm{j}\omega_m)\right\} \tag{9-7}$$

图 9-6 所示为发电机电磁转矩的向量图。在不加任何控制的情况下，扭振频率为 ω_m 的不稳定模态对应的电气阻尼系数为负，导致电磁转矩偏差 ΔT_e 处于第四象限。为了给该模态提供正阻尼，同时又减小对系统原有同步转矩的影响，SSR/SSO-DS II 控制器作用下产生的附加阻尼转矩 ΔT_d 一般位于第一象限靠近纵轴的范围。合理控制阻尼转矩 ΔT_d 的幅值和相位，最终叠加后的电磁转矩偏差 $\Delta T_\mathrm{e}'$ 将由第四象限转移至第一象限，系统电气阻尼系数由负变为正，SSO 被有效抑制。

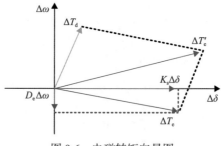

图 9-6　电磁转矩向量图

下面以单相为例，说明 SSR/SSO-DS II 产生阻尼电流的过程。通过合理地设计 SSR/SSO-DS II 控制器，可使换流器的调制波中包含基波分量和与发电机组轴系固有扭振模态频率互补的正弦分量，以加入次同步分量的调制波为例，即

$$u_i = U_t \sin(\omega_0 t + \theta_t) + U_m \sin[(\omega_0 - \omega_m)t + \theta_m] \tag{9-8}$$

式中，ω_0 为系统的基波频率；U_t 为调制波的幅值；θ_t 为调制波的初始相角；U_m 和 θ_m 分别为次同步电压分量的幅值和相位。

利用幅值为 U_tri 的三角波作为载波。将调制波和载波进行叠加，调制产生所需要的开关信号。其中，开关动作的频率由载波的频率 f_s 决定；SSR/SSO-DS II 输出电压的相位和基波频率均与调制波相同，而幅值则由直流母线电压 U_dc 和换流器调制比 $m_\mathrm{a} = U_t / U_\mathrm{tri}$ 共同决定。

利用该调制波对三角波进行调制后，SSR/SSO-DS Ⅱ 的端口输出电压为

$$u_c = m_a U_{dc} \sin(\omega_0 t + \theta_c) + m'_a U_{dc} \sin[(\omega_0 - \omega_m)t + \theta_m] \tag{9-9}$$

式中，$m'_a = U_m / U_{tri}$，为互补频率的次同步电压分量对应的幅值调制率。

图 9-1 中假设系统电压为 $u_s = U_S \sin(\omega_0 t + \theta_s)$，电抗器电感为 L_s。则 SSR/SSO-DS Ⅱ 流入系统的电流为

$$L_s \frac{\mathrm{d}i}{\mathrm{d}t} = u_c - u_s \tag{9-10}$$

对式(9-10)左右积分，其解可表示为

$$i = i_0 + \Delta i \tag{9-11}$$

式中，i_0 为由 SSR/SSO-DS Ⅱ 产生的基频电流分量；Δi 为频率与对应扭振模态频率互补的次同步电流分量

$$i_0 = \frac{m_a U_{dc}}{\omega_0 L_s} \cos(\omega_0 t + \theta_c) - \frac{U_s}{\omega_0 L_s} \cos(\omega_0 t + \theta_s) \tag{9-12}$$

$$\Delta i = \frac{m'_a U_{dc}}{(\omega_0 - \omega_m)L_s} \cos[(\omega_0 - \omega_m)t + \theta_m] \tag{9-13}$$

同样的道理，若在调制波中加入超同步分量，SSR/SSO-DS Ⅱ 能够输出对应的超同步电流分量。

由式(9-12)可知，通过合理地控制调制比，可以控制 SSR/SSO-DS Ⅱ 输出的基波分量近乎为零。因此，在系统没有发生 SSO 时，SSR/SSO-DS Ⅱ 可以接近零功率运行。系统只需提供少量的功率维持 SSR/SSO-DS Ⅱ 直流电压稳定，以补偿开关和谐波产生的相关损耗。当系统发生次同步扭振时，将含有相应轴系扭振频率的信号作为 SSR/SSO-DS Ⅱ 控制器的输入信号，控制器产生含有相同谐振频率的调制信号分量，通过调制三角波载波信号，在变换器的输出侧产生与相应轴系扭振频率互补的次同步电压分量，进而输出相应的次同步电流分量进入发电机的定子绕组，若控制器移相、放大等参数合理，最终将产生足够的抑制机组 SSO 的电气阻尼转矩。

9.3 SSR/SSO-DS Ⅱ 控制器结构

对于利用 STATCOM 抑制 SSO 的装置，其一般可分为以下两类：一类安装在串补线路中间站，采用线路电流或电压作为输入信号，主要目标是抑制电网次同步谐振；另一类安装在电厂附近，使用机组 $\Delta\omega$ 信号，主要目标是抑制机组轴系次同步扭振。本节提出并设计专门用于抑制电厂机组轴系 SSO 现象的 STATCOM 型控制器(SSR/SSO-DS Ⅱ)，介绍其结构，分析影响控制器提供阻尼大小的因素。该控制器动态响应速度快，对系统影响小，可有效抑制机组轴系扭振和机网耦合次同步扭振。

9.3.1 控制器框架

图 9-7 展示了 SSR/SSO-DS Ⅱ 控制器的整体控制框架。总体来说,控制器由阻尼信号控制回路、dq 矢量控制回路以及换流器构成。

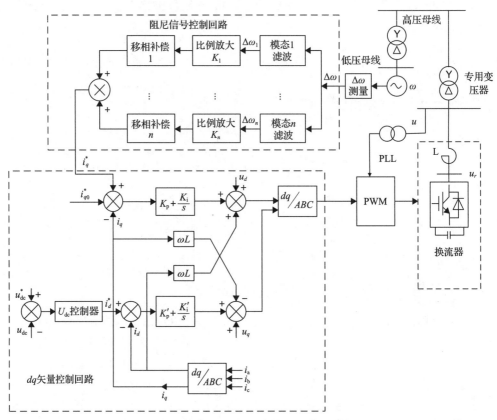

图 9-7　SSR/SSO-DS Ⅱ 控制器的控制框架

u_r 为阀端电压;L 为电抗;u 为母线电压

1. 阻尼信号控制回路

发电机组轴系转速偏差 $\Delta\omega$ 信号通过专用的测量设备采集并输入阻尼信号控制回路。每一个扭振模态分别有一个专门的处理通道,每个通道对应于一个模态频率进行窄带通滤波,然后分模态通过比例、移相环节进行放大和移相,形成换流器输出电流 q 轴分量参考值。

作为控制策略的核心部分,阻尼信号控制回路的设计决定着控制器的 SSO 抑制效果。一个有效的阻尼信号控制回路应该具有以下特征。

(1)考虑到实际系统中多发电机组轴系多模态,针对每一个扭振频率下的模态,阻尼信号控制回路中的滤波器应把反映该扭振模态的转速偏差信号精准地从众多信号中过滤出来。

(2)不同模态之间的信号不应该互相影响和冲突。

(3) 合理地设计比例移相环节参数, 以最大地发挥控制器的阻尼效果。

为了满足以上要求, 控制器的滤波器常采用多低阶滤波器级联的形式, 包括低通、高通、带通和带阻滤波器。其比例移相环节也采用多传递函数级联形式。

2. dq 矢量控制回路

在 dq 矢量控制回路中, 采用实测直流电容电压 u_{dc} 与直流电容电压参考值 u_{dc}^* 的差值作为 d 轴外环分量的输入信号, 经过 PI 控制器调节后形成 d 轴内环电流指令值, 进而形成 d 轴电压的参考值, 最终通过改变换流器与电网之间的有功交换来间接控制直流电容电压恒定。阻尼信号控制回路输出的 q 轴分量参考值被直接作为 q 轴内环电流指令值, i_{q0}^* 为维持装置正常运行所必需的基波电流参考值。在合适的参数下, 换流器输出电流的 q 轴分量可以理想地跟踪其参考值, 进而为电网注入所需的 SSO 阻尼电流。

3. 换流器

换流器参与调制和输出所需的阻尼电流。考虑到换流器有可能接入高压母线, 实际换流器一般采用图 9-3 所示多 VSC 级联的拓扑, 以增加其耐压能力和换流器容量。同时, 为了降低换流器注入系统的谐波, 减少谐波对发电机和电网的负面影响, 换流器采用 SPWM(正弦脉宽调制)技术。

9.3.2 阻尼分析

本节具体分析动态稳定器为发电机提供的阻尼及其影响因素。以抑制单台发电机单个扭振模态 SSO 为例, 假设当系统发生扰动后, 发电机转子轴的转速产生一个频率为 ω_m 的微小扰动:

$$\Delta\omega = A_m \cos(\omega_m t) \tag{9-14}$$

式中, A_m 为该模态转速偏差扰动的幅值。

根据图 9-7 的控制框架, 如果忽略滤波器的相移影响, 转速偏差经过阻尼信号生成模块后, 产生的 q 轴电流参考值 i_q^* 为

$$i_q^* = K_m A_m \cos(\omega_m t + \varphi_m) \tag{9-15}$$

式中, K_m 和 φ_m 分别为比例、移相环节的放大系数和移相角。

忽略 dq 矢量控制回路电流内环的动态, 即认为换流器能够理想地跟踪控制系统的参考值, 那么换流器实际输出的 dq 轴电流 (i_d 和 i_q) 即为控制系统产生的 dq 轴参考电流 (i_d^* 和 i_q^*):

$$i_d = i_d^*, \quad i_q = i_q^* \tag{9-16}$$

i_q^* 如式 (9-15) 或式 (9-16) 所示。而 i_d^* 对应于电容器损耗电流, 其值很小, 在计算输

出电流时, 可予以忽略。

将 dq 轴电流转换为 abc 三相电流形式:

$$i_{abc} = P^{-1} i_{dq0} \tag{9-17}$$

式中, $i_{abc} = [i_a \quad i_b \quad i_c]^T$; $i_{dq0} = [i_d \quad i_q \quad i_0]^T$。$P^{-1}$ 为 Park 变换矩阵:

$$P^{-1} = \begin{bmatrix} \cos\theta & -\sin\theta & 1 \\ \cos(\theta - 2\pi/3) & -\sin(\theta - 2\pi/3) & 1 \\ \cos(\theta + 2\pi/3) & -\sin(\theta + 2\pi/3) & 1 \end{bmatrix} \tag{9-18}$$

其中, $\theta = \omega_0 t + \delta$, δ 为换流器锁相环测量的并网点电压初相位。根据式(9-15)~式(9-18), 忽略 i_d 后可求得控制器输出的三相电流:

$$\begin{cases} i_a = K_m A_m \cos(\omega_m t + \varphi_m) \sin(\omega_0 t + \delta) \\ i_b = K_m A_m \cos(\omega_m t + \varphi_m) \sin(\omega_0 t + \delta - 2\pi/3) \\ i_c = K_m A_m \cos(\omega_m t + \varphi_m) \sin(\omega_0 t + \delta + 2\pi/3) \end{cases} \tag{9-19}$$

以 a 相为例进行分析:

$$\begin{aligned} i_a &= K_m A_m \cos(\omega_m t + \varphi_m) \sin(\omega_0 t + \delta) \\ &= \frac{1}{2} K_m A_m \{ \sin[(\omega_0 - \omega_m)t + \delta - \varphi_m] + \sin[(\omega_0 + \omega_m)t + \delta + \varphi_m] \} \\ &= i_{asub} + i_{asup} \end{aligned} \tag{9-20}$$

从式(9-20)中可以得出, 在所提控制策略下, 控制器输出了一组频率为 $\omega_0 \pm \omega_m$ 的次/超同步电流(i_{asub} 和 i_{asup})。这一组关于工频对称的次/超同步电流通过控制器并网点注入网络, 经过网络的分流作用流入发电机机端。假设式(9-20)中的电流经过网络后, 流入发电机的部分为

$$i_{Ga} = i_{Gasub} + i_{Gasup} \tag{9-21}$$

考虑到网络的分流作用和移相作用, 式(9-21)可具体表示为

$$\begin{cases} i_{Gasub} = \frac{1}{2} k_{sub} K_m A_m \sin[(\omega_0 - \omega_m)t + \delta - \varphi_m + \Delta\varphi_{sub}] \\ i_{Gasup} = \frac{1}{2} k_{sup} K_m A_m \sin[(\omega_0 + \omega_m)t + \delta + \varphi_m + \Delta\varphi_{sup}] \end{cases} \tag{9-22}$$

式中, k_{sub} 和 k_{sup} 分别为次/超同步电流的电网分流系数; $\Delta\varphi_{sub}$ 和 $\Delta\varphi_{sup}$ 分别为考虑网络传输线路和变压器造成的相位偏移。

对于一个特定的同步电机, 输入的增量电流产生的增量电磁转矩偏差为

$$\Delta T_e = \psi_{d0} \Delta i_q - \psi_{q0} \Delta i_d \tag{9-23}$$

式中, ψ_{d0} 和 ψ_{q0} 为发电机磁链稳态初始值。

将式(9-22)转换为 dq 坐标系形式，并代入式(9-23)，可以得到，流入发电机的电流产生的附加阻尼电磁转矩偏差为

$$\Delta T_{\mathrm{d}} = \Delta T_{\mathrm{dsub}} + \Delta T_{\mathrm{dsup}} \tag{9-24}$$

$$\begin{cases} \Delta T_{\mathrm{dsub}} = \dfrac{1}{2} k_{\mathrm{sub}} K_m A_m \psi_0 \sin(\omega_m t - \delta + \varphi_m - \Delta\varphi_{\mathrm{sub}} - \theta_{\mathrm{s}}) \\[2mm] \Delta T_{\mathrm{dsup}} = -\dfrac{1}{2} k_{\mathrm{sup}} K_m A_m \psi_0 \sin(\omega_m t + \delta + \varphi_m + \Delta\varphi_{\mathrm{sub}} + \theta_{\mathrm{s}}) \end{cases} \tag{9-25}$$

$$\psi_0 = \sqrt{\psi_{d0}^2 + \psi_{q0}^2}, \quad \theta_{\mathrm{s}} = \arctan(\psi_{d0} / \psi_{q0}) \tag{9-26}$$

根据式(9-5)和式(9-7)可得该阻尼电磁转矩对应的阻尼系数 D_{e} 为

$$\begin{aligned} D_{\mathrm{e}} = \mathrm{Re}\{G_{\mathrm{e}}(\mathrm{j}\omega_m)\} &= \frac{1}{2} k_{\mathrm{sub}} K_m A_m \psi_0 \sin(-\delta + \varphi_m - \Delta\varphi_{\mathrm{sub}} - \theta_{\mathrm{s}}) \\ &\quad - \frac{1}{2} k_{\mathrm{sup}} K_m A_m \psi_0 \sin(\delta + \varphi_m + \Delta\varphi_{\mathrm{sub}} + \theta_{\mathrm{s}}) \end{aligned} \tag{9-27}$$

由式(9-27)可知，当满足以下条件时，控制器能够发挥最大的阻尼效果：

$$\begin{cases} \varphi_m = \dfrac{1}{2}(\Delta\varphi_{\mathrm{sub}} + \Delta\varphi_{\mathrm{sup}}) \\[2mm] \delta = -\dfrac{1}{2}(\pi + \Delta\varphi_{\mathrm{sub}} + \Delta\varphi_{\mathrm{sup}} + 2\theta_{\mathrm{s}}) \end{cases} \tag{9-28}$$

最大阻尼 D_{emax} 的表达式为

$$D_{\mathrm{emax}} = \frac{1}{2} K_m A_m \psi_0 (k_{\mathrm{sub}} + k_{\mathrm{sup}}) \tag{9-29}$$

从式(9-27)中可以看出，控制器阻尼 SSO 的效果受到控制器参数、运行工况和运行初始点等多种因素影响，包括控制器比例移相环节参数、控制器并网点电压相位、网络分流系数、发电机磁链初始值等。其中，控制器比例移相环节参数的调整是简单可实现的，其他参数受到网络拓扑和运行方式的制约，无法灵活调整。

由于在严重次同步扭振时，$k_{\mathrm{sub}} \gg k_{\mathrm{sup}}$，也可在式(9-27)中忽略超同步分量影响(如取 $k_{\mathrm{sup}} = 0$)，使公式简化后，再分析获得较大正阻尼效果的影响因素及控制整定方法，更易实现。

9.4　控制器参数设计

9.4.1　控制器参数设计说明

SSR/SSO-DS Ⅱ 和 SSR/SSO-DS Ⅰ 控制器的核心思路都基于滤波器和比例移相环节，SSR/SSO-DS Ⅱ 控制器参数设计思路大体和 SSR/SSO-DS Ⅰ 控制器的参数设计思路相同。

详细过程参考第 7 章，本章简述 SSR/SSO-DSⅡ控制器的参数设计过程。

9.4.2 阻尼信号控制回路参数设计说明

作为控制器的核心部分，其阻尼信号控制回路的滤波器和比例移相环节如图 9-8 所示。对于实际电厂中的某台机组，机组轴系 $\Delta\omega$ 信号进入控制器后，分别进入 i 个通道，每个通道对应于一个模态频率进行窄带通滤波，然后通过比例放大、移相补偿，分模态进行放大和移相，最终得到内环电流参考值。

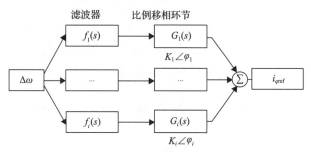

图 9-8 滤波器和比例移相环节

对于图 9-8 中某一模态的比例移相环节，当输入 $\Delta\omega$ 为该模态正弦波且考虑稳态计算时，其数学模型可以简化为

$$G_i(s) = K_i\left(\frac{1+T_i s}{1-T_i s}\right)^2 = K_i\angle\varphi_i \tag{9-30}$$

$$\varphi_i = 4\arctan(T_i\omega_i) \tag{9-31}$$

式中，T_i 为第 i 个模态的比例移相环节的时间常数；K_i 和 φ_i 分别为第 i 个模态对应的放大倍数和相移角度；ω_i 为第 i 个模态的特征角频率。时间常数 T_i 和相移角度 φ_i 之间的关系可用式 (9-31) 换算。在实际工程中可以利用多个低阶传递函数级联的形式达到式 (9-30) 的比例移相效果。

对于控制器放大倍数，理论上说，只要移相角设置合理，各个模态通道的放大倍数越大，控制器为发电机轴系提供的 SSO 阻尼就越大。然而，实际放大倍数的设置需要考虑以下因素。

(1) 在控制回路限幅(防止在系统大扰动下控制信号瞬间被过度放大)和控制器容量的限制下，实际放大倍数不可能无限大。

(2) 需要考虑多模态阻尼的差异，在容量约束下充分利用资源实现效益最大化。对于弱阻尼或负阻尼模态，其放大倍数应合理加大；对于正阻尼模态，其放大倍数可以适当减小。

作为比例移相环节的另一个重要参数，移相角深刻地影响着控制器的阻尼效果。由前述分析可知，由阻尼信号生成模块产生电流参考值，进而使得换流器生成所需的 SSO 阻尼电流，其电流通过电气网络最终流入目标发电机，产生正阻尼转矩，最终达到抑制 SSO 的效果。其中，最终流入发电机机端的阻尼电流的相位会受到以下因素的影响。

(1)换流器固有延时的作用下,产生的阻尼电流会有相位滞后的情况,其时滞环节可用一个一阶惯性环节描述:

$$G(s) = \frac{1}{1 + sT_{\mathrm{VSC}}} \qquad (9\text{-}32)$$

分析表明,由于 VSC 的快速调制能力,实际换流器的时滞环节时间常数 T_{VSC} 非常小。因此在理论分析和工程应用中可忽略换流器固有延迟带来的相位偏移效应。

(2)电气网络引起的相位偏移:传输线路中的 RLC,会引起电流的相位偏移。

(3)发电机机端变压器引起的相位偏移:变压器的不同接法所引发的注入电流相位偏移量是不同的。

由图 9-7 中可知,附加电磁转矩的幅值及相位都影响着最终叠加后发电机电磁转矩的分布情况。在附加电磁转矩幅值限制下,合理地调整相位参数有利于发挥控制器的最大阻尼效果。

9.4.3 控制器参数优化建模问题

现实中,电力系统是一个高度非线性的系统,但从 SSO 产生的机制来看,扭振频率与电网谐振频率的信息以及各个 SSO 模态的阻尼特性都是在系统的某一平衡点小范围线性化分析得到的。基于此,为了减小非线性化给参数优化设计带来的困难,实际中可以先基于系统的小范围线性化模型进行理论分析与控制参数优化,然后再在非线性系统仿真模型上进行校核,最终通过相互印证和反复迭代,实现参数的优化。

基于线性化模型及经典控制理论分析方法,控制器参数设计可以抽象为一个非线性优化问题:

$$\begin{aligned} \max\, & f(\alpha, \lambda) \\ \text{s.t.} & \begin{cases} \lambda_{ij} = \lambda_i[A_j(\alpha)], & i = 1, \cdots, N; j = 1, \cdots, M \\ \alpha_{\min} \leqslant \alpha \leqslant \alpha_{\max} \\ \underline{\Gamma}(\alpha) \leqslant \Gamma(\alpha) \leqslant \bar{\Gamma}(\alpha) \end{cases} \end{aligned} \qquad (9\text{-}33)$$

式中,f 为定义的性能指标(目标)函数;$\lambda_i()$ 为对矩阵或者传递函数求取 SSO 模态 i 的特征值计算;$\alpha_{\max}$ 和 $\alpha_{\min}$ 分别为控制器参数的上下界约束;$\Gamma(\alpha)$ 为待设计控制参数 α 的函数,$\underline{\Gamma}(\alpha)$ 和 $\bar{\Gamma}(\alpha)$ 分别为其上下界;下标 i 表示多个 SSO 模态,下标 j 表示多种运行方式,共考虑 N 个模态和 M 种运行方式。

式(9-33)为一个多模态、多控制目标、多参数的非线性约束优化问题。其中,目标函数一般为控制参数的非线性隐函数,其形式不受限,可以根据应用场景和控制目标的不同设计不一样的目标函数。

9.4.4 基于 GASA 的参数优化方法

考虑到式(9-33)所描述的优化问题是一个高维非线性的优化问题,其问题难度在于以下两方面。

(1)目标函数的确定涉及高阶矩阵特征值运算、模态选择和多运行方式下模态的筛选比较等操作。

(2)需要同时整定多机多模态的 SSO 问题，需要优化多组控制参数，同时考虑到多个非线性约束的存在，常规的线性优化方法难以有效地解决这样一个高维度多约束的优化问题。

考虑到以上原因，现代优化算法为该优化问题提供了可行的思路。在此仍可以利用第 8 章所介绍的组合优化算法，即 GASA。

9.5 算例系统应用与验证

本节以 IEEE 第一基准模型为算例验证 SSR/SSO-DS Ⅱ 的有效性。在 PSCAD/EMTDC 中搭建了 IEEE 第一基准模型，在发电机机端接入所设计的 SSR/SSO-DS Ⅱ。1.5s 时在并网点设置三相接地故障，0.075s 后切除故障。其中，IEEE 第一基准模型有四个扭振模态（15.7Hz、20.2Hz、25.5Hz、32.3Hz）。接入控制器后，仿真结果如图 9-9 所示。

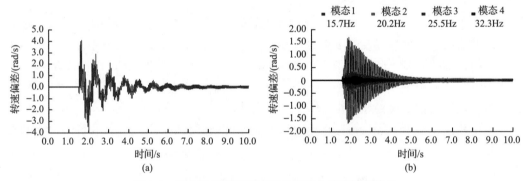

图 9-9   发电机组原始转速偏差和四个模态转速偏差

从图 9-9 可以看出，PSCAD/EMTDC 的仿真结果验证了仿真模型的合理性，以及控制的鲁棒性和有效性。

9.6 本 章 小 结

本章在传统无功补偿型 STATCOM 技术的基础上，论述了 SSR/SSO-DS Ⅱ 抑制 SSO 的原理、思路和方法；设计了 SSR/SSO-DS Ⅱ 控制器的控制框架，分析了影响控制器阻尼效果的关键因素；基于此，给出了控制参数设计的方法与优化的思路。

本章主要参考文献

陈宝平, 林涛, 陈汝斯, 等. 2018. 机侧与网侧多通道附加阻尼控制器参数协调综合抑制低频振荡和次同步扭振. 电力自动化设备, 38(11): 50-56.

陈晨, 杜文娟, 王灵安, 等. 2019. 双馈风电场内部多模式谐振引发电力系统次同步扭振的机理研究. 中国电机工程学报, 39(3): 642-651.

陈武晖, 王丹辉, 郭小龙, 等. 2017. 基于次同步扭振局部传播机制的建模边界识别. 中国电机工程学报, 37(17): 4999-5009.

程时杰. 2009. 电力系统次同步扭振的理论与方法. 北京: 科学出版社.

李伟, 肖湘宁, 赵洋. 2011. 无功发生源抑制次同步扭振的机理分析. 电工技术学报. 26(4): 168-174.

孙焜, 姚伟, 文劲宇. 2018. 双馈风电场经柔直并网系统次同步扭振机理及特性分析. 中国电机工程学报, 38(22): 6520-6533.

王玉芝, 王亮, 姜齐荣. 2019. 基于 STATCOM 的风电场 SSCI 附加阻尼抑制策略. 电力系统自动化, 43(15): 49-59.

肖湘宁. 2014. 电力系统次同步扭振及其抑制方法. 北京: 机械工业出版社.

肖湘宁, 杨琳, 张丹, 等. 2011. 基于特征值法的次同步阻尼守恒特性分析. 电网技术, 35(11): 80-84.

谢小荣, 杨庭志, 姜齐荣, 等. 2008. 采用 SVC 抑制次同步谐振的机理分析. 电力系统自动化, 32(24): 1-5.

谢小荣, 韩英铎, 郭锡玖. 2015. 电力系统次同步谐振的分析与控制. 北京: 科学出版社.

谢小荣, 刘华坤, 贺静波, 等. 2016. 直驱风机风电场与交流电网相互作用引发次同步振荡的机理与特性分析. 中国电机工程学报, 36(9): 2366-2372.

徐政. 2000. 复转矩系数法的适用性分析及其时域仿真实现. 中国电机工程学报, 20(6): 1-4.

张东辉, 谢小荣, 刘世宇, 等. 2008. 串补输电系统中次同步谐振的模态阻尼推导. 电力系统自动化, 32(6): 5-9.

张陵, 李苗芝, 杨金成, 等. 2019. 风电汇集地区次同步扭振控制系统的研究. 高压电器, 55(3): 199-207.

赵书强, 李忍, 高本锋, 等. 2018. 光伏并入弱交流电网次同步扭振机理与特性分析. 中国电机工程学报, 38(24): 7215-7225.

周佩朋, 李光范, 宋瑞华, 等. 2018. 直驱风机与静止无功发生器的次同步扭振特性及交互作用分析. 中国电机工程学报, 38(15): 4369-4378.

Bizzarri F, Brambilla A, Milano F. 2018. Simplified model to study the induction generator effect of the subsynchronous resonance phenomenon. IEEE Transactions on Energy Conversion, 33(2): 889-892.

El-moursi M S, Bak-jensen B, Abdel-rahman M H. 2010. Novel STATCOM controller for mitigating SSR and damping power system oscillations in a series compensated wind park. IEEE Transactions on Power Electronics, 25(2): 429-441.

Fan L, Miao Z. 2012. Mitigating SSR using DFIG-based wind generation. IEEE Transactions on Sustainable Energy, 3(3): 349-358.

Moharana K, Varma R, Seethapathy R. 2014. SSR alleviation by STATCOM in induction-generator-based wind farm connected to series compensated Line. IEEE Transactions on Sustainable Energy, 5(3): 947-957.

Sternberger R, Jovcic D. 2009. Analytical modeling of a square-wave-controlled cascaded multilevel STATCOM. IEEE Transactions on Power Delivery, 24(4): 2261-2269.

Wang L, Xie X, Jiang Q. 2014. Mitigation of multimodal subsynchronous resonance via controlled injection of supersynchronous and subsynchronous currents. IEEE Transactions on Power Systems, 29(3): 1335-1344.

Xie H, Li B, Heyman C, et al. 2014. Subsynchronous resonance characteristics in presence of doubly-fed induction generator and series compensation and mitigation of subsynchronous resonance by proper control of series capacitor. IET Renewable Power Generation, 8(4): 411-421.

Xie X R, Jiang Q R, Han Y D. 2012. Damping multimodal subsynchronous resonance using a static var compensator controller optimized by genetic algorithm and simulated annealing. European Transactions on Electrical Power, 22(8): 1191-1204.

Xie X R, Wang L, Han Y D. 2016. Combined application of SEDC and GTSDC for SSR mitigation and its field tests. IEEE Transactions on Power Systems, 31(1): 769-776.

第10章 次同步扭振在线监测与分析评估系统

10.1 次同步扭振在线监测与分析评估的必要性

多年来，在对次同步扭振问题的研究过程中，研究人员发现无论是研究次同步扭振对机组轴系疲劳程度的损伤、对电网安全运行的影响，还是分析次同步扭振事故的原因等，都需要大量、长时间以及全面的电厂机组、变压器、母线等设备的机械量、电气量的实测原始数据作为依据。

虽然大型发电机组都配置相应的故障录波装置，可以记录事故全过程的全部数据，但是机组的故障录波设备并未针对次/超同步振荡的电气量进行专门的记录。另外，TSR厂家一般采用加密的数据记录格式，只能使用设备厂家专用软件打开数据。因此为了更深入、准确地了解机组次同步扭振，使得TSR及次同步扭振动态稳定器能充分发挥作用，保障机组安全、稳定运行，有必要建立一套专用的次同步扭振在线监测系统，全方位地记录次同步扭振全过程的数据，为事故分析及装置的参数整定提供准确可靠的数据源，同时其应有相应的高级应用功能，通过对采集的基础数据进行计算分析，得出次同步扭振定量化的评估结果，给出分析评估报告。

10.2 次同步扭振在线监测与分析评估系统的构成

10.2.1 在线监测与分析评估系统的构成

在线监测与分析评估系统功能框图如图10-1所示，硬件系统由监测终端系统和上位监测系统两大部分构成，如图10-2所示。监测终端系统分布安装在电厂的发电机组、主变、次同步谐振抑制装置、电网出线等监测对象的附近，根据电厂的具体情况合理布点，采集运行设备的状态数据，监测运行设备的状态变化，监测装置采集的信号经交换机组网后通过网络与上位监测系统相连；上位监测系统由通信服务器、监测应用服务器、同步时钟和工作站构成，上位监测系统对监测终端上传的监测数据进行分析以评估次同步扭振抑制装置的抑制效果，指导次同步扭振抑制、保护装置参数的设置。

10.2.2 监测系统在实际工程的布局及接线方式

以锦界电厂一、二期为例，介绍监测系统的布局。锦界电厂一、二期4台汽轮发电机组均安装有次同步扭振保护装置(TSR)，在厂内500kV降压变低压侧35kV母线接有4套80MV·A的SSR-DS I型次同步谐振抑制装置。

结合锦界电厂的主设备、厂用系统、SSR-DS I装置等实际安装情况，在#1发电机组电子间、#3发电机组电子间、升压站#1电子间、升压站#2电子间、SSR-DS的#2控制室布置监测终端系统，在#4发电机组的GPS小室内布置上位监测系统(服务器和工作站)。监测终端系统布置示意图如图10-3所示。

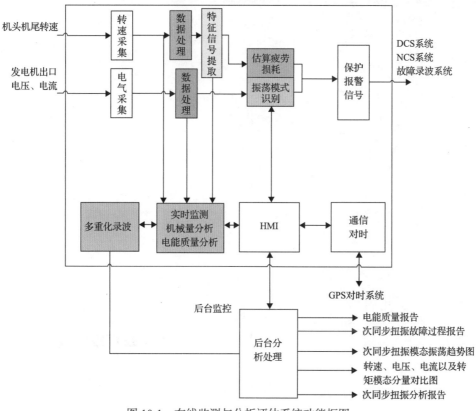

图 10-1　在线监测与分析评估系统功能框图

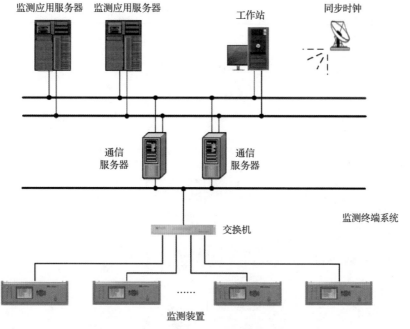

图 10-2　在线监测与分析评估系统结构图

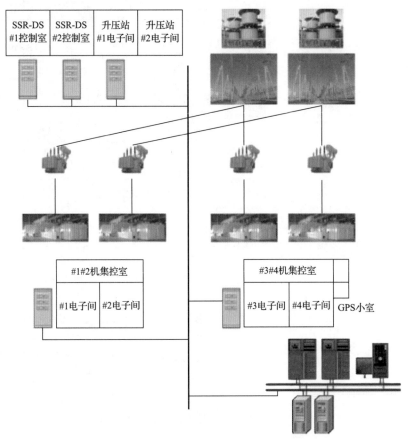

图 10-3　监测终端系统布置示意图

　　发电机扭振监测装置接线方式见图 10-4。监测装置可测量发电机机端三相电压、三相电流，同时测量汽轮发电机组轴系两端的转速信号。通过测量机端电压、电流值，监测发电机运行状态；通过测量转速值，监测、评估轴系扭振状况。

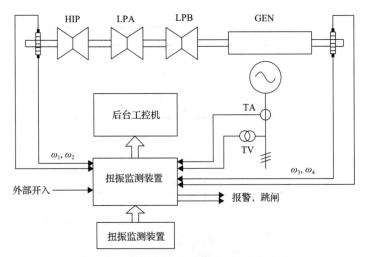

图 10-4　发电机扭振监测装置接线方式图

10.3　次同步扭振在线监测与分析评估系统的功能

10.3.1　监测终端系统的功能

根据抑制次同步扭振的需求，监测终端系统应具备以下功能。

1) 基本量测量

对发电机、主变压器、次同步扭振抑制系统、电网出线的电气量(包括三相电压、电流、功率等电气量)、开关量信号进行基本量测量，监测上述设备及系统的运行状态。开关量信号一般以空接点方式引入，经过光电隔离后转换成数字信号进入装置。

2) 机组扭振测量

监测发电机组的次同步扭振，为评估次同步扭振对机组的影响(尤其是大轴危险断面疲劳累积)提供基础数据。监测接入的机组转速脉冲信号及发电机机端三相电压、电流信号，分析计算得到机组转速、各模态频率、模态转速、模态扭角等，具备就地监测次同步扭振和低频振荡的功能，并将计算分析结果发送至上位监测系统。

3) 电能质量指标测量

在 SSR-DS I 装置抑制电厂近距离扰动引起的次同步扭振时，发电机的负序电流会增大。而且，SSR-DS I 为电力电子设备，对电力系统有一定的谐波污染。因此需对电能质量指标进行评估和趋势分析。

4) 录波与存储功能

为实现日常分析与事故分析功能，监测装置应支持两种录波功能：连续录波和暂态录波，即在稳态状态下长时间不间断录波，同时当电气量发生振荡、突变、越限时，或在开关量变位触发下，装置以原始采样速率连续记录触发前后一定时间内的采样波形，形成记录故障事件的暂态录波文件。装置按一定速率连续记录各个通道的采样数据，每隔一段时间形成一个文件存储在硬盘中，文件应遵循标准 COMTRADE 格式。录波文件可送到上位监测系统。

5) 数据与文件通信

监测装置采集与计算的基本量测量结果(基波相量、开关量、直流 4~20mA 测量值等)、扭振分析结果(转速测量值、模态转速和扭角量计算值等)、次同步扭振监测值(包括主导分量的幅值和频率)和电能质量指标的测量值(序分量及不平衡度、电压闪变、谐波及间谐波等)，均支持以标准规约送监测后台。

监测装置的暂态录波文件和连续录波文件可采用循环冗余存储方式保存在装置本地的固态硬盘中。当系统发生扰动时，上位监测系统可基于标准规约召取装置中的录波文件，进行扰动计算和分析。

锦界电厂次同步扭振在线监测量配置明细见表 10-1。根据需要，还可同时接入必要的开关量信号，包括断路器位置信号、TSR 保护报警/跳闸信号、SSR-DS 运行信号等。

表 10-1　在线监测量配置明细

监测位置	监测对象	接入量	监测功能
发电机组	#1 发电机	机端三相电压、电流、转速脉冲	(1)发电机运行状态监测 (2)发电机次同步扭振及扭振监测 (3)谐波/间谐波监测
	#2 发电机	机端三相电压、电流、转速脉冲	
	#3 发电机	机端三相电压、电流、转速脉冲	
	#4 发电机	机端三相电压、电流、转速脉冲	
500kV 系统	锦忻 1 线	三相电压、电流	(1)500kV 系统状态监测 (2)主变运行状态监测 (3)次同步扭振监测 (4)谐波/间谐波监测
	锦忻 2 线	三相电压、电流	
	#1 主变压器	高压侧三相电压、电流	
	#2 主变压器	高压侧三相电压、电流	
	#3 主变压器	高压侧三相电压、电流	
	#4 主变压器	高压侧三相电压、电流	
	#1 降压变	高压侧三相电压、电流	
	#2 降压变	高压侧三相电压、电流	
35kV 系统	#1 启备变	高压侧三相电压、电流	(1)35kV 系统运行状态监测 (2)SSR-DS 运行状态监测 (3)次同步扭振监测 (4)谐波/间谐波监测
	#2 启备变	高压侧三相电压、电流	
	#3 启备变	高压侧三相电压、电流	
	#4 启备变	高压侧三相电压、电流	
	Ⅰ 段 SSR-DS Ⅰ	三相电压、电流	
	Ⅱ 段 SSR-DS Ⅰ	三相电压、电流	

10.3.2　上位监测系统的功能

上位监测系统通过通信网络接收监测装置发送的遥测数据、录波数据，实现对发电厂内发电机组、主变压器、次同步扭振抑制系统、电网出线的运行状态监测，通过高级应用系统的计算分析功能，实现对次同步扭振的定量化评估。

监测后台一般采用分层模块化的设计，所有应用基于统一的支撑平台开发。支撑平台采用通用中间软件技术屏蔽操作系统和硬件的差异，使得系统能够运行在多种操作系统和硬件平台上。支撑平台总结不同应用的需求，为上层应用提供网络通信、实时数据库、图形展示、消息总线、系统管理等服务。

1. 高级分析功能

高级分析功能模块主要对来自上位监测系统的振荡录波数据进行分析，并通过画面展示接口，将参与振荡的设备在接线图上进行展示，图 10-5 所示是以锦界电厂一、二期为例设计的主界面展示图，黑色箭头为次同步功率振荡方向。

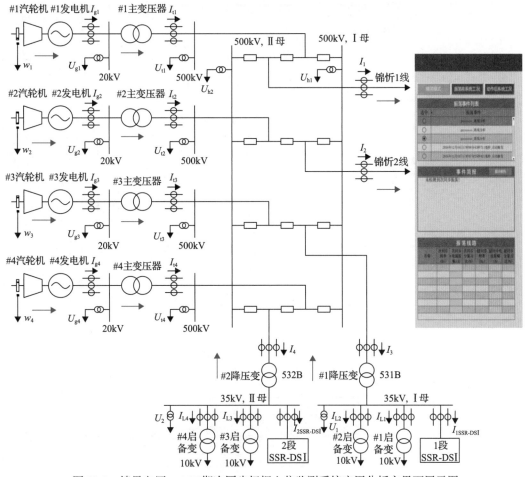

图 10-5　锦界电厂一、二期次同步扭振上位监测系统应用分析主界面展示图

w_i 为转速

2. 抑制效果的实时定性与定量评估

SSR-DS 抑制次同步扭振时，其核心在于相位和幅值控制，相位的正确性是基础，幅值体现控制的能力。通过同步采集振荡电流与功率、SSR-DS 的输入信号、SSR-DS 的输出电气量，经次/超同步模态分解、时频计算，将相关相量实时地展示在同一平面，可以直观显示 SSR-DS 的抑制效果，如图 10-6 所示。通过实时定性和定量评估，可以精准地掌握 SSR-DS 的抑制行为和抑制效果，消除 SSR-DS 装置存在的问题并给出建议措施。

3. 机组大轴危险断面疲劳程度的全生命周期精准评估

建立发电机模型、机组轴系模型，实测发电机机端三相电压、三相电流，计算发电机运行状态；通过时频分析，得出次/超同步振荡电气特征；实测机组大轴转速，通过模态辨识，结合机械-电气耦合模型，进行断面扭矩的准确辨识；最后对全过程进行准确的疲劳计算，对断面疲劳程度进行评估。对机组的各模态扭振经过信号处理后，定量分析各模态频率、幅值、阻尼等特征量，定量分析机网相互作用的振荡情况。计算框图如图 10-7 所示。

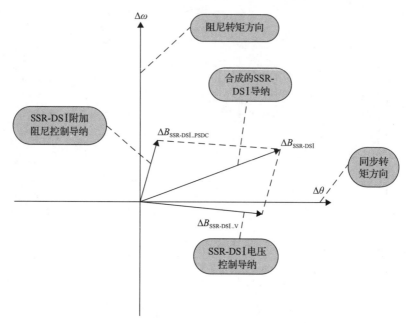

图 10-6　锦界电厂一、二期 SSR-DS 系统抑制效果的实时评估

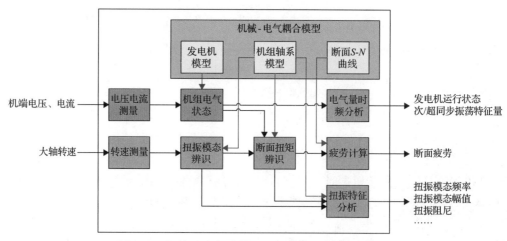

图 10-7　机械-电气耦合模型的扭振定量分析计算框图

4. 多机系统相互作用评估

多机系统运行时，各个机组之间、机网之间的次/超同步振荡的相互作用更加复杂，可能存在一定的影响。以锦界电厂一、二期为例，SSR-DS 通过降压变接入 500kV 侧，当它发挥抑制作用时，其效果是对并联运行的多台机组同时起作用。建立全厂完整的监测系统，实时监测运行机组、SSR-DS 设备、电网之间的次同步扭振功率流向。通过定量数据及形象化展示，评价多机系统的次同步扭振及扭振的相互作用。

5. 电能质量问题的全方位监测与评估

通过监测装置对反映电能质量的闪变、谐波与间谐波、三相不平衡以及电压暂降进行高精度的采集与记录，同时将上述结果汇集到反映全厂状态的、具有统一时标的平台上，进一步分析电能质量问题的时空特性，从而为查找造成电能质量问题的原因、传播路径和相应的解决措施提供有利的基础条件。通过对全电厂范围内的电能质量问题的一体化监测与评估，为电能质量问题的解决打下良好的基础，其示意图如图 10-8 所示。

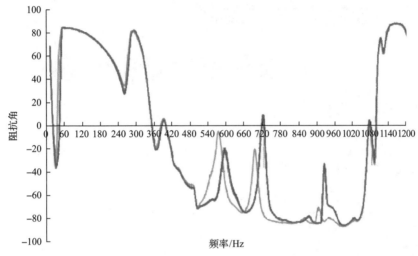

图 10-8　全厂范围内电能质量问题的一体化监测与评估示意图

10.4　次同步扭振在线监测与分析评估系统工程应用案例

下面以锦界电厂一、二期机组为例，说明次同步扭振在线监测与分析评估系统在事故分析中所起的作用。

10.4.1　案例 1

2017 年 4 月 23 日，锦界电厂在串补投运前未投入任何抑制装置，导致扭振保护动作、3 台机组相继解列。图 10-9 是事件中发生次同步扭振时各发电机轴系模态 3 的扭振波形，因 4 台机组模态 1、模态 2 的振荡均为幅值都很小的收敛振荡，故没列波形。

根据 4 台机组全过程录波图，由上位监测系统高级应用归总分析后形成以下结论。

(1) 对图 10-9 的波形进行分析比较，形成表 10-2 的事件过程中 4 台机组扭振过程描述。

(2) 表 10-3 所示为 4 台机组的相互影响。可以看出，#3 机解列后，其他机组模态 3 的振荡幅值反而增大了，待#1 机解列后，#2 机、#4 机的模态 3 的振荡幅值则有所减小，#3 机、#1 机、#4 机三台机都解列后，#2 机模态 3 的振荡幅值明显减小，且逐渐趋于稳定。

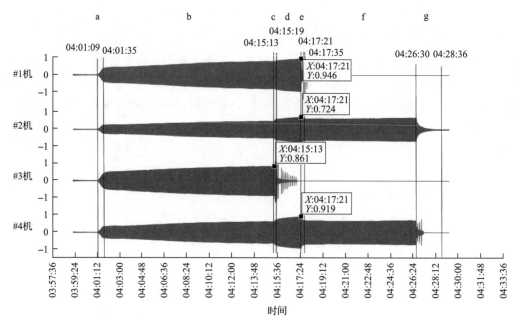

图 10-9　事件中 4 台机组全过程录波比较分析示意图

表 10-2　4 台机组扭振过程描述

机组		#3 机	#1 机	#4 机	#2 机
扭振开始时间		03:57:22	03:57:22	03:57:22	03:57:22
过程中各模态情况 /(rad/s)	模态 1	<0.05	<0.05	<0.05	<0.05
	模态 2	<0.05	<0.05	<0.05	<0.05
	模态 3 峰值	0.82	0.95	0.70	0.65
TSR 动作跳机时间		04:11:25	04:13:32	04:22:41	—
扭振结束后情况		—	—	—	模态 1<0.05rad/s；模态 2<0.05rad/s；04:22:41，模态 3 由 0.7rad/s 在 1min 内衰减至 0.10rad/s，后平缓降至 0.02rad/s 以下

表 10-3　4 台机组逐步解列相互影响汇总

机组	#3 机解列	#1 机解列	#4 机解列
#1 机	模态 3 振荡幅值有所增大	—	
#4 机	模态 3 振荡幅值有所增大	模态 3 振荡幅值有所减小	—
#2 机	模态 3 振荡幅值有所增大	模态 3 振荡幅值有所减小	模态 3 振荡幅值明显减小，并逐渐衰减到 0.02rad/s 以下

#1 机轴系自然扭振频率分别为 13.19Hz、22.82Hz、28.12Hz。通过分析得到在不同的模态下，#1 机轴系的应力分布，如图 10-10 所示。

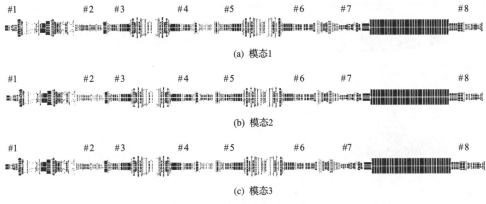

(a) 模态1

(b) 模态2

(c) 模态3

图 10-10　各模态扭应力分布

可以看出，扭应力较大和相对位置切向位移较大处为分别为高中压缸转子后轴颈(#2)、低压缸 A 转子前轴颈(#3)、低压缸 A 转子后轴颈(#4)、低压缸 B 转子前轴颈(#5)、低压缸 B 转子后轴颈(#6)和发电机转子前轴颈(#7)。这些位置在运行过程中需要加强监测与控制。

表 10-4 为各阶模态下不同轴颈段应力标幺值，可以发现，在模态 1 和模态 3 下，轴系的#2、#3、#4、#5、#6、#7 轴颈段应力均较大。在模态 2 下，#2、#3、#6、#7 轴颈段应力较大。锦界电厂一、二期机组扭振事件主要是模态 3 被激励，则#2、#3、#4、#5、#6、#7 轴颈段为危险部位。

表 10-4　各阶模态下不同轴颈段应力标幺值

轴颈段	模态 1	模态 2	模态 3
2#轴颈段	0.7099	1.0000	1.0000
3#轴颈段	0.4792	0.6434	0.6185
4#轴颈段	0.9896	0.0100	1.0278
5#轴颈段	1.0000	0.0248	1.0188
6#轴颈段	0.7138	0.5997	0.9796
7#轴颈段	0.6231	0.5471	0.9262

计算得到锦界电厂#1 机的危险轴颈的应力谱如图 10-11 所示，各轴颈疲劳累积损伤如表 10-5 所示。

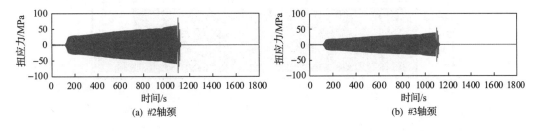

(a) #2轴颈

(b) #3轴颈

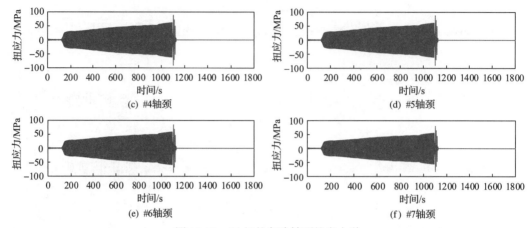

图 10-11 #1 机的危险轴颈的应力谱

表 10-5 各机组联轴器疲劳累积（以机组负荷功率 350MW 计算）

机组	a 阶段	b 阶段	c 阶段	d 阶段	e 阶段	f 阶段	g 阶段	总累积/%
#1 机	3.57×10^{-8}	1.98×10^{-2}	6.91×10^{-4}	7.08×10^{-3}	7.48×10^{-5}	6.27×10^{-5}	6.90×10^{-64}	2.77
#2 机	3.35×10^{-12}	0.00011	0.000179	0.003471	0.000492	0.015262	4.68×10^{-5}	1.96
#3 机	1.55×10^{-7}	0.028224	1.21×10^{-4}	7.97×10^{-5}	1.11×10^{-57}	1.60×10^{-54}	1.19×10^{-55}	2.84
#4 机	1.46×10^{-9}	6.91×10^{-3}	5.22×10^{-4}	6.28×10^{-3}	6.72×10^{-4}	1.77×10^{-2}	4.65×10^{-5}	3.21

在整个故障发生过程中，四台机组不同阶段产生的疲劳损伤值与扭振幅值以及在此幅值水平持续的时间均相关。部分阶段幅值较高，但是持续时间较短；部分时段幅值一般，但是持续时间较长，需要具体情况具体分析。

10.4.2 案例 2

2020 年锦界电厂 500kV 送出线路锦忻 1 线串补退出运行时，由于电厂一组 SSR-DS Ⅰ 装置出现异常现象，SSR-DS Ⅰ 装置发出的次同步电流相位异常，抑制作用紊乱，产生的异常次同步电流造成轴系扭振。

图 10-12 为#1 发电机电压、电流、功率等电气量波形，可以看出，电流中包含明显的次同步分量，有功功率和无功功率中也叠加了低频交流分量。

图 10-13 为#1 发电机各个模态转速变化情况，模态 1 和模态 2 幅值较小，且呈现与正常运行时相同的"锯齿"状特征。模态 3 幅值较高，维持在 0.3～0.45rad/s。

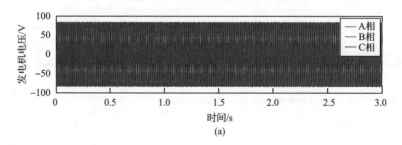

(a)

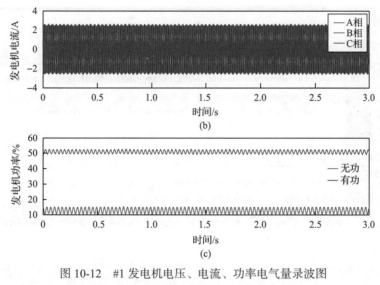

图 10-12　#1 发电机电压、电流、功率电气量录波图

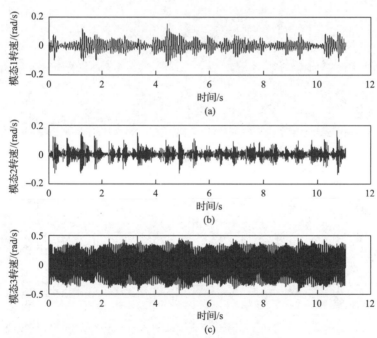

图 10-13　#1 发电机模态转速录波图

调取次同步扭振在线监测与分析评估系统宽频测量装置对锦忻双回线的连续录波文件，如图 10-14 所示，可以发现在扰动发生后 2s，在锦忻双回线的电流通道中出现次同步扭振分量。

对锦忻双回线电流通道的连续录波波形进行频谱分析，显示锦忻 1 线和锦忻 2 线中次同步扭振分量在三相电流通道中基本呈对称分布。图 10-15 为锦忻 1 线和锦忻 2 线 B 相电流通道分析计算结果。

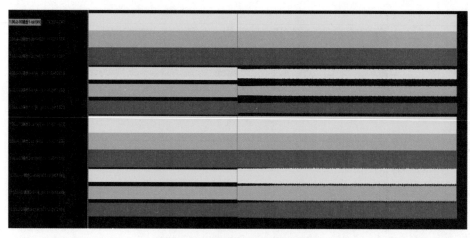

图 10-14 锦忻双回线连续录波

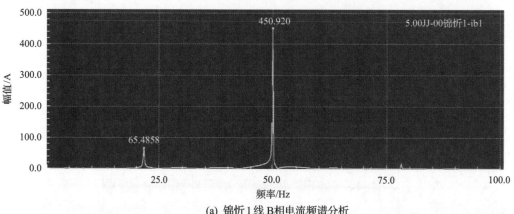

(a) 锦忻 1 线 B 相电流频谱分析

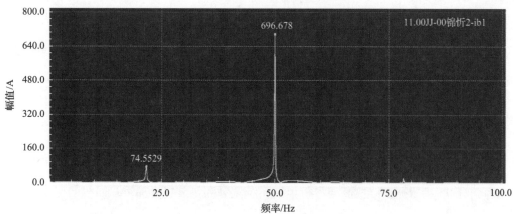

(b) 锦忻 2 线 B 相电流频谱分析

图 10-15 锦忻 1 线和锦忻 2 线 B 相电流通道分析计算结果

锦忻 1 线 B 相电流：基波幅值 450.920A，次同步分量频率 22Hz，次同步分量幅值 65.4858A。锦忻 2 线 B 相电流：基波幅值 696.678A，次同步分量频率 22Hz，次同步分量幅值为 74.5529A。

对锦忻 1 线进行序分量分析，结果如图 10-16 所示：U_1=439.062kV，U_2=0.016kV，$3U_0$=0.059kV；I_1=461.616A，I_2=9.047A，$3I_0$=19.619A。

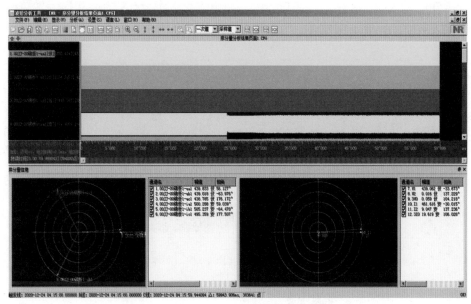

图 10-16　锦忻 1 线序分量分析结果

对锦忻 2 线进行序分量分析，结果如图 10-17 所示：U_1=439.680kV，U_2=0.095kV，$3U_0$=0.507kV；I_1=755.413A，I_2=24.578A，$3I_0$=35.141A。

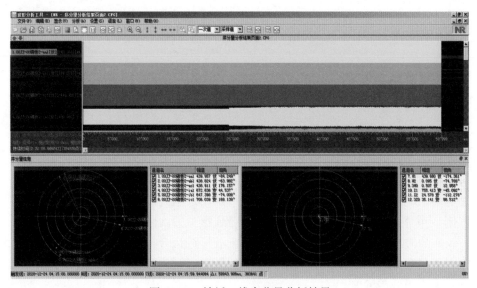

图 10-17　锦忻 2 线序分量分析结果

事件前后#1 机组模态 3 的整体波形如图 10-18 所示。当锦忻 1 线串补退出时产生扰动，由于 SSR-DS I 装置 2 出现异常现象，SSR-DS I 装置发出的次同步电流相位异常，抑制作用紊乱，产生的异常次同步电流造成模态 3 等幅振荡，幅值为 0.34rad/s 左右；运行人员退出 SSR-DS I 装置 2 后，振荡幅度略有增大，幅值达到 0.37rad/s 左右，形成另一种平衡状态；运行人员继续退出 SSR-DS I 装置 1 后，振荡幅度略增大达到 0.42rad/s 左右；重新投入 SSR-DS I 装置 1 后，模态振幅略减小，之后一直呈很慢的增幅振荡；直到相关人员研究采取了有效措施使振幅逐渐降低，最终恢复稳定运行。

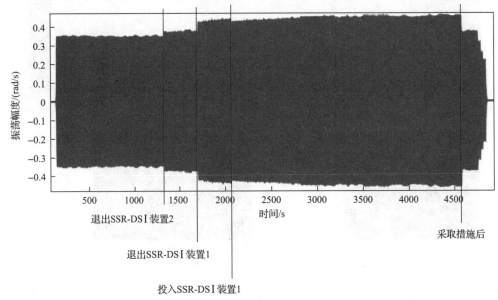

图 10-18   事件前后#1 机组模态 3 的整体波形图

10.5 本 章 小 结

本章介绍了次同步扭振在线监测与分析评估系统的构成和功能。次同步扭振在线监测与分析评估系统由监测终端系统和上位监测系统两大部分构成。监测终端系统采集运行设备的运行状态量，采集到的信号经交换机组网后通过网络与上位监测系统相连；上位监测系统通过高级分析功能和可视化两大模块，对监测装置上传的监测数据进行分析后得到评估结果，可视化模块将监测状态及评估结果以图形或表格的方式来展示。

次同步扭振在线监测与分析评估系统可对机械量和电能质量进行基本分析，为提高和改善电网系统的电能质量、保证电网和电厂及用户电力设备安全经济运行提供有效数据和依据。同时，装置可以提取电压电流中造成扭振的次同步分量和超同步分量，可以在运行及故障时对次同步电流波形及轴系扭振波形进行分析对比，有利于研究机械设备和电气设备动态特性耦合作用引发的次同步扭振动态行为，对于深化次同步扭振的理论认识具有重要的科学价值。

第11章 动态稳定器的工程调试技术

次同步扭振和发电机轴系参数、电网结构有很大关系，电网的运行方式非常多，不可能在现场进行所有方式的试验。如何验证次同步扭振动态稳定器的性能和参数是工程实际面临的两个关键问题。

11.1 次同步扭振的全数字建模及仿真

目前，市场上已有功能完备的电磁暂态仿真工具，如 PSCAD/EMTDC、MATLAB/Simulink 软件等，用于进行全数字的电力系统时域仿真分析。这类软件几乎提供了电力系统所有元件的各类数学模型，用户可以在软件平台中直接建立待研究系统的模型。由于次同步扭振问题同时涉及电网电磁暂态和机组机电暂态过程，PSCAD/EMTDC 是一种非常适合用于该项研究的计算工具。PSCAD/EMTDC 采用 Dommel 提出的计算方法，系统各元件均采用描述变量瞬时值变化特性的微分方程表示，将表示电力系统各元件机械特性和电气特性的微分方程转换为差分方程，利用节点分析方法联立求解系统各运行变量在每一个计算时刻的瞬时值，通过合理地选取计算步长，其计算结果能够准确反映待研究系统中所有需要考虑的各频率分量的变化情况，既可用于小扰动下次同步扭振的研究，也可用于大扰动下次同步扭振的研究。

准确的仿真模型是研究次同步扭振问题的前提，因此需要搜集待研究机组所属电网的相关参数，如电网网架结构、机组轴系、发电机、励磁系统、调速器、变压器、线路参数、受端电网等值阻抗等，搭建待研究系统的全数字仿真模型，保证模型的正确性。建模完成后，可进行频率特性扫描分析、复转矩系数计算以及各种运行工况下的数字仿真，从而判断次同步扭振的风险程度，其计算结果是次同步扭振动态稳定器的设计依据。

次同步扭振动态稳定器的设计原则是能够抑制电网所有工况下的 SSR/SSO。对于某台或某几台待研究机组，其次同步扭振的风险与所属电网的运行工况、扰动类型有关，电网中发电机组、线路、串补的运行情况组合后会出现成千上万种运行工况，通过 PSCAD/EMTDC 仿真计算，首先筛选出最具代表性的、SSR/SSO 风险最大的典型工况；在这些典型工况下，结合不同扰动的仿真计算，设计次同步扭振动态稳定器，确定动态稳定器的容量、控制器的各模态放大倍数和移相角。此外，通过全数字仿真平台还可进行机组出力对次同步扭振的影响、待研究电网中已有的 SSR/SSO 抑制装置与动态稳定器之间的相互关系等研究。

现场调试时，当控制器参数设置不合理需要调整时，为了避免现场修改参数引起风险，需要先在 PSCAD/EMTDC 和实时数字仿真仪(real time digital simulation system, RTDS)平台上重新进行核算，核算通过后方可进行现场修改。

11.2 基于 RTDS 的动态稳定器调试试验

RTDS 由加拿大马尼托巴 RTDS 公司开发制造,是一种专门设计用于研究电力系统中电磁暂态现象的装置。它具备实时物理闭环试验的仿真性能,一般能够完成 50μs 步长的大规模电力系统实时仿真试验。对于全控型的电力电子器件,RTDS 提供了小步长的子网络仿真环境,仿真步长可达到 1.4~2.5μs。

RTDS 对电力系统暂态过程模拟的结果与非实时仿真软件(如电磁暂态程序 EMTP)一般是等效的。RTDS 的一个非常重要的特点就是可以和外部物理设备相连进行闭环的数模混合试验,对装置及控制器进行实际的检验,目前已广泛应用于 HVDC、SSR/SSO-DS、继电保护装置等设备的研制、开发及测试。

通过 RTDS 试验可以验证 SSR/SSO-DS 控制器硬件、参数设置及输出特性,进而模拟现场试验,预判试验现象。根据不同运行工况整定 SSR/SSO-DS 参数,从而保障设备现场调试安全,降低事故风险,提高设备可靠性。

11.2.1 RTDS 试验平台构成

RTDS 试验平台由软件和硬件两部分构成。软件 RSCAD(real time simulator CAD)用于搭建等效的电力系统模型,包括详细的发电机模型、传输线路模型、SSR/SSO-DS 主回路模型,模拟模型的实时运行与操作,并实时记录、分析试验结果。硬件部分主要包括计算板卡、接口板卡等,完成系统实时仿真计算与对外实时接口。此外,可以外接 SSR/SSO-DS 控制器、TSR 构成硬件闭环测试系统。

RTDS 每 50μs 将模型中的模拟量(电流、电压、转速信号)、开关量通过接口板卡输出给 SSR/SSO-DS 控制器,同时采集 SSR/SSO-DS 控制器根据 RTDS 输出计算得到的指令,然后将这些指令代入模型进行计算,整个测试平台形成闭环。

SSR-DS Ⅱ 控制器与 RTDS 连接拓扑如图 11-1 所示,RTDS 硬件接口包含模拟信号输出(GTAO)、数字信号输出(GTDO)、数字信号输入(GTDI)、多模块通信接口(MMC)等接口板卡;SSR/SSO-DS Ⅱ 装置控制器包含工控机、主控箱、脉冲箱等。通过 RTDS 的 GTAO、GTDO 将系统电压、电流、发电机转速、开关状态等信号输入 SSR/SSO-DS 装置控制器,再通过 GTDI、MMC 接收 SSR/SSO-DS 控制器发出的指令,形成完整的物理闭环,在 RSCAD 软件中进行实时仿真计算。

11.2.2 全数字与数模混合对比仿真试验

SSR/SSO-DS 系统全数字与数模混合对比仿真试验是对 SSR/SSO-DS 控制器数学模型的验证与检验,通过试验结果修正控制器模型,使其能模拟 SSR/SSO-DS 物理控制器的主要物理特性,实现完全代替物理控制器,达到提高试验效率、加快试验进度、减少人员投入、降低试验成本的目的。这样可以更方便地研究控制器控制特性,提高试验效率,也是对物理控制器功能的有效检验。

在 RTDS 平台,每台物理控制器采集发电机的转速偏差(由 RTDS 仿真系统产生),并

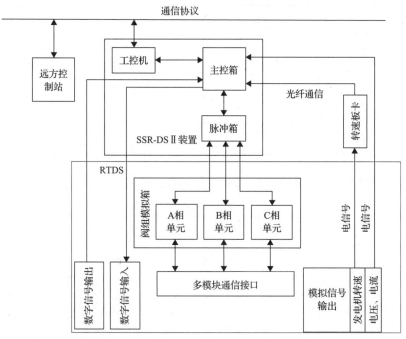

图 11-1　锦界三期 SSR-DS Ⅱ 装置与 RTDS 连接拓扑图

将转速偏差通过滤波移相环节后输出给 RTDS 仿真系统作为触发角控制量。另外，在 PSCAD/EMTDC 中建立控制模型后，调整全数字仿真工况、控制器参数、故障方式与数模混合仿真一致，对比二者的仿真结果。

以锦界电厂某一工况为例，将 RTDS 模型与 PSCAD/EMTDC 模型进行对比，节点电压对比（表 11-1）误差小于 0.003p.u.，潮流对比（表 11-2）误差小于 1%，模态频率对比（表 11-3）误差在 ±0.05Hz 以内，两个模型基本一致。

表 11-1　节点电压对比

节点	节点电压/kV	PSCAD/EMTDC/p.u.	RTDS/p.u.	偏差/p.u.
锦界电厂 500kV 母线	550	1.099	1.100	−0.001
忻都变电站 500kV 母线	550	1.101	1.010	0.001
国神府谷电厂 500kV 母线	550	1.098	1.100	−0.002
石北变电站 500kV 母线	550	1.093	1.096	−0.003
锦界电厂 35kV 母线	35	1.057	1.057	0

表 11-2　潮流对比

节点	PSCAD/EMTDC/p.u.	RTDS/p.u.	偏差/p.u.
锦界电厂 500kV 母线	1.099	1.100	−0.001
忻都变电站 500kV 母线	1.101	1.010	0.001
国神府谷电厂 500kV 母线	1.098	1.100	−0.002
石北变电站 500kV 母线	1.093	1.096	−0.003
锦界电厂 35kV 母线	1.057	1.057	0

表 11-3   模态频率对比

发电机	模态	PSCAD/EMTDC/Hz	RTDS/Hz	偏差/Hz
锦界电厂 #1 发电机	模态 1	13.51	13.54	0.04
	模态 2	22.80	22.84	0.04
	模态 3	27.80	27.78	0.02
锦界电厂 #5 发电机	模态 1	19.48	19.44	0.04
	模态 2	23.83	23.82	0.01

11.2.3   控制参数优化及工况验证 RTDS 仿真试验

该试验主要是对控制器进行参数优化（主要包括滤波器参数、相位校正参数、增益参数），完成物理控制器的拷机试验，验证控制器的可靠性。

1. SSR/SSO-DS 控制器 IO 接口性能测试

转速信号是次同步谐振动态稳定器的基础输入信号，直接决定了 SSR/SSO-DS 装置的输出。因此，转速测量系统在整个次同步谐振抑制系统中非常关键，直接影响抑制性能。一般需要从模态信号精度、模态信号延时、抗噪声干扰能力三个方面进行试验。模态信号精度测试时，在转速中注入不同频率的模态分量，观察对比转速测量系统的输入和输出；模态信号延时测试时，需要记录稳态的固定延时；注入白噪声与模态频率正弦信号的叠加信号，观察转速测量系统的输出情况，验证转速测量系统的抗噪声干扰能力。

2. SSR/SSO-DS 外特性测试

测试 SSR/SSO-DS 输出次同步电流的能力，评价在不同次同步频率处输出的精确度和不同幅值次同步电流的输出线性度。正常情况下，SSR/SSO-DS 在不同次同步频率下输出的精确度应该是一致的，一致性越好，后续整定参数越容易。以某项目作为示例，在 15～39Hz 频率范围内，SSR/SSO-DS 输出电流中次同步电流和超同步电流含量分别如图 11-2 所示，表明在不同次同步频率下 SSR/SSO-DS 输出精确度是很稳定的。

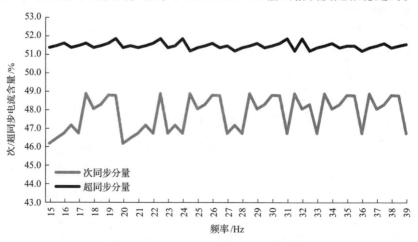

图 11-2   SSR/SSO-DS 输出电流精确度

3. 控制器参数测试

控制器相移的设计原则为选取各个模态相位校正稳定域的中心点。由于系统结构的变化会造成不同的相移,因此对若干种典型工况在 RTDS 上进行了各模态稳定域的测量。不同运行工况对应的稳定域不同,稳定域交集部分作为相移补偿环节参数选择的依据,交集部分的中心角作为相位校正的角度。

增益的设计原则为选择各模态分量含量最大的工况,计算容量为装置总容量的 1.5 倍,维持各模态的含量为原始比例。在相同相移情况下,增益系数越大增加的阻尼越大,振荡衰减越迅速(此部分试验需在相移角度固定且其余模态的增益系数不变的情况下进行)。由于控制器中限幅环节的存在,当限幅程度过大时会使补偿输出波形畸变,从而使控制输出出现偏差甚至造成系统不稳定。所以过大的增益系数有可能造成对应模态稳定域的缩小,增益系数的选择应当综合考虑衰减时间和稳定域的要求。各模态的增益需保证在最严重工况下次同步扭振的收敛速度不会导致 TSR 保护动作,并留有一定裕度。

11.2.4 RTDS 模拟现场调试试验

SSR/SSO-DS 现场调试本身存在较大的风险,且调试工作可能引起电厂发电机组轴系的扭振、跳机及线路跳闸等重大事件,必须提前在 RTDS 仿真平台上模拟现场调试,以指导制定全面、安全、细致的现场调试方案。

一般试验方法与步骤如下。

(1)检验 SSR/SSO-DS 一次设备、控制系统设计与现场实施的正确性以及控制策略的正确性,初步确定 SSR/SSO-DS 装置的控制参数。该试验主要是在无串补运行条件下利用 SSR/SSO-DS 激发、抑制发电机组次同步扭振来实现。

(2)精确确定各机组固有扭振模态的频率,进一步试验优化 SSR/SSO-DS 装置的控制参数。

(3)验证安装 SSR/SSO-DS 设备的必要性与有效性,同时验证 SSR/SSO-DS 装置控制参数的合理性。在前两步控制参数达到最优的情况下,投入串补验证 RTDS 的仿真结论,即在某些带串补工况下,SSR/SSO-DS 不投入运行,机组模态有发散的趋势,投入 SSR/SSO-DS 后可以达到良好的抑制效果。

通过模拟现场调试确定加入激励信号的大小,为现场试验提供指导性和预测性的数据。对比同工况同试验条件下 RTDS 模拟现场试验与实际现场试验的结果,从而可以修正参数。

11.3 动模试验

国内自主研发的 SSR/SSO-DS 最早于 2008 年 9 月在锦界电厂进行调试。在工程前期,由于当时国内外没有成功的案例指导,为保证动态稳定器的安全可靠,搭建了功能完备的动模试验平台,检测 SSR/SSO-DS 数据采集系统与控制系统的软硬件设计,检测转速测量探头、转速测量装置及传输系统、控制器等 SSR/SSO-DS 主要组成系统的性能,验证 SSR/SSO-DS 控制器的滤波环节、相位矫正环节、触发环节的正确性，为后续现场系统调试积累原始数据及经验。随着仿真平台的日渐成熟，目前，上述测试试验在 RTDS 仿真平台上即可完成，因此在新的项目中已不需要再做动模试验。

图 11-3 所示为次同步扭振动模试验平台接线原理图，启动变频器，变频调速三相异步电动机，电动机拖动同步发电机进行发电。测速系统由测速齿轮、测速传感器和信号处理器构成，把采集数据按要求转换成方波信号，送给 SSR/SSO-DS 装置的采样系统；由低压 SSR/SSO-DS 装置抑制发电机次同步扭振。

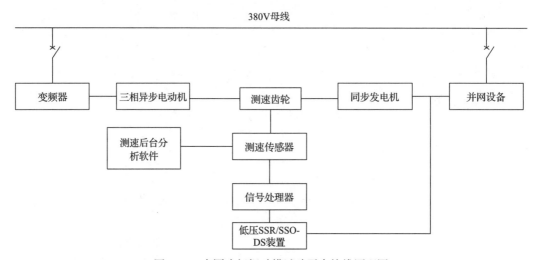

图 11-3 次同步扭振动模试验平台接线原理图

一般试验步骤如下：

(1)利用变频器的恒转矩闭环控制，分别叠加机组次同步模态频率转矩，启动三相异步电动机，拖动同步发电机进行并网发电。测量同步发电机的转速信号，校验测速齿轮和测速传感器的精度，校验转速信号传输、处理过程中各环节(包括 SSR/SSO-DS 控制器接口、控制器、各模态滤波环节)的精度。

(2)测量信号发生器产生的信号与机组转速回馈信号相位差，作为相位校正环节的校正参数。修改相位校正环节的校正参数后再次观察测量信号发生器产生的信号与机组转速回馈信号相位差，直到相位差接近 0°为止。

(3)分别叠加机组次同步模态频率转矩，发电机在直接并网发电、串联电抗器并网发电、带负荷不并网三种工况下运转。投入 SSR/SSO-DS 装置并自动补偿，测量同步发电机的转速信号，观察 3 种工况下次同步转速信号的变化。

(4)检验相位校正环节参数的准确性及对抑制 SSR 的影响。叠加机组次同步模态频率转矩，在发电机串联电抗器并网发电的工况下运转，投入 SSR/SSO-DS 装置并自动补偿，分别左右调整移相角，测量同步发电机的转速信号，观察次同步转速信号的变化。

(5)检验增益环节系数的稳定性及对抑制 SSR 的影响，同时验证 SSR/SSO-DS 在小扰动下抑制 SSR 的有效性及稳定性。叠加机组次同步模态频率信号，在发电机串联电抗器并网发电的工况下，减小发电机次同步转矩输出幅值，调节 SSR/SSO-DS 控制器增益系数到 SSR/SSO-DS 输出接近满载，运行一段时间并录波。逐步减小增益环节参数，运行一段时间并录波。

11.4　现　场　试　验

在 RTDS 试验完成后，在现场进行 SSR/SSO-DS 装置本体上电测试、启停逻辑测试、保护功能验证、输出精度测试、满载测试、旁路冗余测试、输出特性测试等常规试验，确保在装置基本功能正确、有效的前提下，进行机组模态频率测定试验和参数有效性验证试验。

11.4.1　机组模态频率测定试验

汽轮机、发电机厂家提供的机组轴系次同步扭振固有模态参数需要验证，目前一般主要是通过理论计算和实际测量进行，理论计算方法目前使用较多的为有限元方法和传递矩阵方法；而实际测量目前主要用的是模态扫频方法。由于各种理论计算方法受机组参数影响较大，计算出的理论值与实际值都存在较大偏差，其偏差在 ±0.5Hz 以内，而机组轴系扭振对频率偏差的响应非常灵敏，可达 0.01Hz。为保证抑制效果，一般不能直接将用理论计算出的固有频率作为控制器机组模态频率参数进行检测和控制，需要对机组扭振固有频率进行实际测量，为监测、保护、抑制控制提供准确的基础数据。

模态扫频法通过向发电机定子注入次同步电流，对机组的转速进行监测、计算，进而观察机组扭振情况，不断改变注入发电机定子电流的频率，绘制出注入模态的电流与反馈模态的振荡曲线，最终确定模态频率。该试验一般在电网无次同步扭振风险的方式下进行或者有其他次同步扭振动态稳定器在运行。

1. 注入非特征频率电流

向系统注入非特征频率电流，在不对机组造成冲击的前提下，验证动态稳定器的输出电流是否按照指令进行，确认现场实际转速的响应和 RTDS 试验结果是否相吻合，熟悉特定频率电流注入的流程。

2. 注入特征频率电流

对于发电机来说一般有 2～3 个特征频率，并不是每个特征频率都是发散的、不稳定的。经常会出现一个或两个特征频率在各个工况均是收敛的。按照试验风险由小到大的原则，首先应注入非发散型特征频率进行扫频，确定实际的非发散型模态频率，其次注入发散型特征频率进行扫频。由于发电机对特征频率非常敏感，精度越高越能找到真正的特征频率以及对应的相角变化。一般要求特征频率电流的精度应能达到 0.01Hz。

如果发电机配有其他抑制装置，则注入的模态信号为阶跃信号，通过查看不同阶跃信号对应的转速响应曲线判断特征频率。

注入的特征频率电流应该从小到大，缓慢调节以保证发电机转速中次同步分量稳定下来。特征频率的电流注入范围一般为特征频率–0.5Hz 到特征频率+0.5Hz，先大步长进行扫描，确认特征频率的大致范围后再进行小步长扫描。在整个试验过程中应密切关注转速变化，如有异常立即停止注入电流。待完成第一次扫频后，如果实际特征频率与之前的理论频率偏差较大，需要重新调节动态稳定器滤波器参数，然后再进行扫频。

3. 其他扰动时转速分析

机组并网、机组调试期间进行的甩负荷试验和线路调试期间进行的线路、串补投退试验等扰动均会引起不同程度的机组转速信号波动，对上述试验时机组的转速录波信号进行快速傅里叶变换(FFT)分析，可进一步验证 SSR/SSO-DS 的扫频试验结果。

11.4.2 参数有效性验证试验

模态收敛域与系统运行工况有较大关系，且不同模态的收敛域也不同，控制参数设计优化时应选择最优参数，能满足所有可能出现的运行工况。因此，需在多种运行工况下进行激发抑制试验，测试动态稳定器对系统产生正向电气阻尼的范围，并与 RTDS 试验进行对比，从而修正控制器参数。

工程上一般会有两套以上 SSR/SSO-DS 装置同时运行并互为备用。试验前确定系统运行工况，设置一套 SSR/SSO-DS 装置处于激发模式，另外一套处于抑制模式。激发模式下的 SSR/SSO-DS 装置处于开环状态，可视为一个扭振模态信号发生器，通过它向系统注入一个频率、幅值、时间可控的次同步电流激励信号，该次同步电流流入发电机，产生次同步扭矩，从而在机组轴系上产生安全可控的扭振。

具体试验步骤：逐步调节抑制模式下的 SSR/SSO-DS 装置的移相角，并保持激发模式下的 SSR/SSO-DS 装置发出的激励信号不变，全程记录转速模态信号、SSR/SSO-DS 阀组的输入值、SSR/SSO-DS 阀组的输出值(包括功率、电流、电压)、系统接入点的电压等。

试验过程中，次同步电流激励信号幅值由小到大，激励时间由短到长，以避免引起较大的次同步扭振，造成机组扭振的疲劳累积，影响机组的正常运行。

在机组模态不存在发散风险的系统运行方式下，使用一套 SSR/SSO-DS 装置对被测电机模态进行激发，直到模态幅值达到设定阈值后，停止激发，观察模态在系统阻尼下的自然衰减曲线。重复激发过程，当模态幅值达到设定阈值后，停止激发信号，同时使能 SSR/SSO-DS 装置的抑制功能，观察模态在该 SSR/SSO-DS 装置抑制下的衰减曲线。对比两条曲线，如果 SSR/SSO-DS 抑制功能使衰减速度加快，即表明 SSR/SSO-DS 具有抑制效果。

11.5 工程调试案例

2008年,锦界电厂SSR-DS工程调试全面验证了第一台基于SVC电流调制的SSR-DS I 型装置从转速测量到数据处理在抑制系统大扰动时性能的有效性，为后期基于STATCOM 电流调制的 SSR/SSO-DS II 型装置的调试技术提供了有力支撑。SSR-DS I 全面的调试试验结果和多年稳定运行的数据表明，SSR/SSO-DS 装置的调试不需进行动模试验、人工短路试验，从人力、物力以及时间等多方面为工程应用节省了成本。主要工程调试项目见附录 D。

　　以锦界电厂三期工程#5 机组为例，分别通过 RTDS 数模混合和现场扫频试验，在多种工况下对#5 机组模态进行扫频。RTDS 扫频结果作为现场扫频试验的依据，机组实际固有频率以现场扫频结果为准，最终确定模态 2 实际固有频率为 23.96Hz。某工况下，#5 机组模态 2 的 RTDS 扫频曲线与现场扫频曲线如图 11-4 所示。

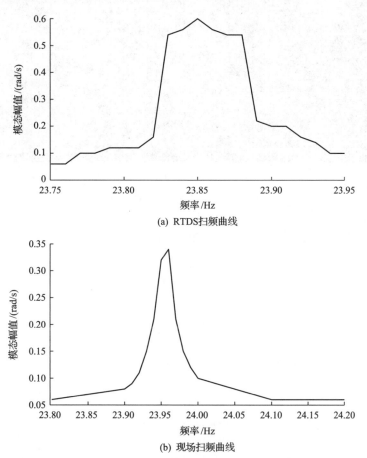

(a) RTDS扫频曲线

(b) 现场扫频曲线

图 11-4　锦界电厂三期#5 机组模态 2 扫频试验曲线

　　对#5 机组并网时刻转速录波信号进行 FFT 分析。分析结果与现场扫频结果一致。

　　对于#5 机组模态 2，设置一套 SSR-DSⅡ装置处于激发模式，发出频率为 23.96Hz 的激励信号，直到转速模态幅值达到 0.17rad/s 时，停止激发。在该 SSR-DSⅡ抑制功能不投入时，记录模态 2 幅值从 0.17rad/s 自然衰减至 0.01rad/s 时所需的时间；在该 SSR-DSⅡ抑制功能投入时，逐步调节抑制模式下的装置的移相角，记录模态 2 幅值从 0.17rad/s 衰减至 0.01rad/s 时所需的时间，图 11-5 所示为试验过程记录波形。整理形成移相角与衰减时间的关系，如图 11-6 所示。

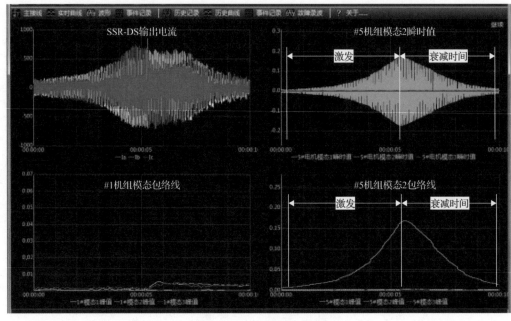

图 11-5　试验波形记录

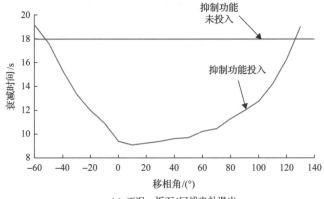

(a) 工况：忻石4回线串补退出

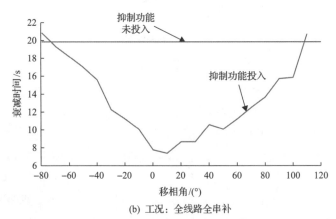

(b) 工况：全线路全串补

图 11-6　SSR-DSⅡ控制器移相角与衰减时间的关系

11.6　本 章 小 结

本章介绍了 RTDS 系统、动模试验的功能以及在次同步谐振研究中的作用。RTDS 仿真试验能模拟 SSR/SSO-DS 物理控制器的主要物理特性，部分代替现场试验，提高工程进度、降低工程成本。本章以锦界电厂为例说明了 RTDS 如何应用于现场调试试验。

第12章 汽轮发电机组轴系扭振分析的工程实践

汽轮发电机组轴系扭振问题研究的目的是掌握轴系扭振特性并在工程上对其导致的疲劳损伤风险进行控制。

汽轮发电机组轴系发生扭振是由于汽轮发电机组转子受到了扰动,从而激发了其固有模态扭振。扰动的类型决定了扭振时各固有模态成分的比重差异,当扰动频率接近某阶或者某几阶模态频率时,该模态成分将被放大。从工程上看,轴系主要以这阶或者这几阶模态频率为主进行扭转振动,而轴系不同位置轴段的扭转幅值也将符合这阶或者这几阶模态振型曲线的分布规律。因此,不同的固有扭振模态下,各轴段会有不同的扭转振动幅值(扭角),换言之就是承受不同大小的往复扭力矩(扭功率)、产生不同的往复扭曲变形幅度和扭应力。这种往复以一定的周期(频率)围绕某一中间值变动,从而对材料及部件带来不同程度的扭剪疲劳损伤。中间值即轴系平均扭转载荷,与机组负荷水平直接相关。

轴系部件扭振疲劳损伤评估的基础性数据是扭振工况数据、轴系材料的疲劳特性和轴系扭振特性。

在机网耦合故障仿真研究时,轴系扭振工况数据是仿真模型输出的发电机扭矩、扭功率或者发电机/汽轮机轴段的扭角速度;在工程实践中,轴系扭振工况数据则是通过汽轮发电机组轴系机头或机尾的转速传感器测量得到的扭角速度及其偏差。

轴系材料的疲劳特性,一般是疲劳周次与对应循环寿命等级的应力值或者扭功率值之间的关系。它应来源于实际的材料疲劳试验或者部件的疲劳试验,由于汽轮发电机组转子部件在实际抗扭振疲劳设计时采用的是无限疲劳寿命设计思想,因此在工程实践中,制造厂一般不会对不同材料进行疲劳试验,通常是在材料强度指标、结构、工艺、经验性系数等数据的基础上,依据疲劳特性曲线的规律,通过不同方法估算形成较为粗略的疲劳特性曲线。基于对安全性的要求,可以通过选择不同大小的系数,获得可靠度、保守程度不同的 S-N 曲线或者 p.u-N 曲线。

在进行轴系扭振监控时,一般必须设定轴系的扭振频率,同时应设定机头或机尾扭角速度与关键部位扭应力的对应转换系数,然后结合扭振传感器采集的扭振信息和 S-N 曲线就可以对不同时段的扭振过程进行损伤评价。

扭振监控的目的是了解和掌握扭振的危险情况,针对不同危险程度的扭振损伤提供报警、降负荷、停机以及维修决策等信息。本章主要以锦界电厂为例,对轴系扭振工程实践中存在的一些问题展开论述。

12.1 扭振特性的分析计算与工程测量比较

多年以来轴系扭振方面的观察和工程研究表明,即使是同型号、同批次的汽轮发电机组，其实测扭振频率也可能存在多至 0.5~0.75Hz 的偏差。仿真计算和实测偏差的主要原因是轴系是由很多尺寸大小、惯量参数不同的部件组装而成的，各组成部件材料不均匀程度的差异、尺寸公差的差异以及部件装配质量的差异等因素累积起来会反映到作为轴系整体力学特性的扭振频率上去。同型号、同批次的汽轮机组轴系实测值之间的偏差则可能来自装配过程带来的差异，也有可能是长期运行后轴系劣化程度的不同导致的。

上述两种偏差也提示人们，应尽可能根据实测数据对仿真模型和监测系统的关键数据进行修正，以使各类数据和实际结构特性更吻合。

模态振型曲线反映了轴系发生扭转振动时的扭转幅值分布规律，根据模态振型曲线可以推算轴系各部分在扭振发生时承受的扭矩，进而得到其截面扭应力，因此模态振型曲线是估算轴系各部位疲劳损伤程度的关键数据，也是 TSR 反时限保护设定的重要依据。由于大部分轴系都处于汽缸内部，轴段扭振的测量需要借助固定安装于转子轴系上的齿轮盘，而目前 TSR 测量扭振时只能在发电机转子外侧(机尾)或汽轮机转子外侧(机头)两个位置之间进行选择，因此仅能依据测量的机头、机尾扭振幅值校验模态振型曲线准确度。

模态频率也是 TSR 设备进行滤波的重要参数，通过设置中心频率和滤波带宽，工程上可以将测量得到的扭振原始数据分解为各模态数据。TSR 的扭应力计算也可以依据分模态数据进一步估算和合成，不准确的中心频率也会导致滤波得到的模态波形幅值的差异。模态频率和振型曲线应该是一一对应的关系。

在工程实践方面，可以通过实测数据对分析模型进行校验和修正，提高轴系模态特性(包括模态频率和模态振型曲线)分析的准确度，这也是提高轴系扭振疲劳损伤估算可信度的前提之一，也为科学合理地设定扭振监测设备定值提供了保障。

锦界电厂三期工程汽轮发电机组参见图 12-1 和图 12-2。

锦界电厂#5、#6 机组质量模型参数如表 12-1 所示。

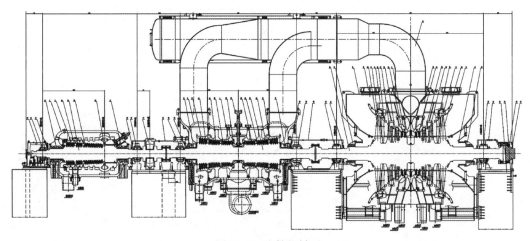

图 12-1　汽轮机转子

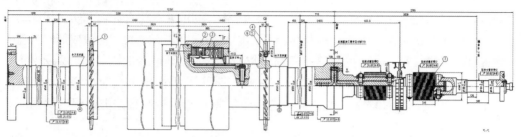

图 12-2　发电机转子

表 12-1　锦界电厂#5、#6 机组质量模型参数

质块	等效转动惯量/(kg·m²)	质块间	块间弹性常数/(kN·m/rad)
1	7250	1 和 2	7.7135×10^7
2	23400	2 和 3	1.4026×10^8
3	135000	3 和 4	1.3605×10^8
4	40012		

　　厂家提供的采用连续质量模型和传递函数法计算得到的模态频率和振型曲线如图 12-3 所示。

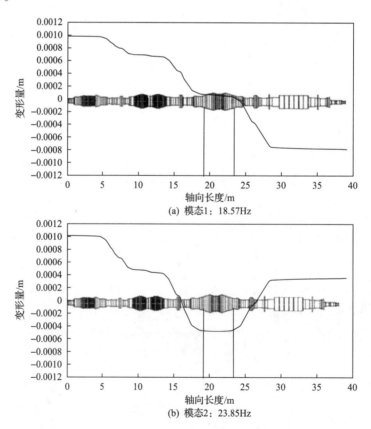

(a) 模态1：18.57Hz

(b) 模态2：23.85Hz

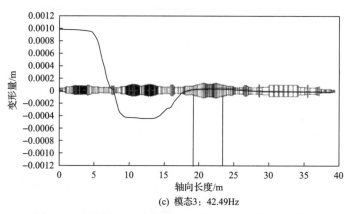

(c) 模态3：42.49Hz

图 12-3　锦界电厂三期机组各阶模态频率及其振型曲线

12.1.1　不同模型计算方法的模态特性结果

1. 集中质量模型及结果

根据表 12-1 中的数据建立集中质量模型并进行分析。可得锦界电厂三期机组轴系扭振特性，如图 12-4 所示。

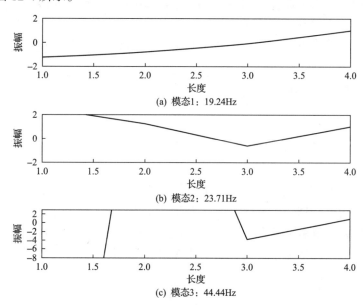

图 12-4　集中质量模型轴系振型曲线

2. 有限元法模型及结果

根据图 12-1、图 12-2 及集中质量模型的参数建立有限元模型，计算得到的轴系前三阶模态振型曲线如图 12-5 所示。

图 12-3～图 12-5 相比可知，不同方法获得的频率和振型曲线均存在一定差异，集中质量法的结果较为粗略。连续质量法的和有限元法得到的振型曲线比较平滑、精细，均可用于轴系的扭振疲劳损伤估算及 TSR 应用。

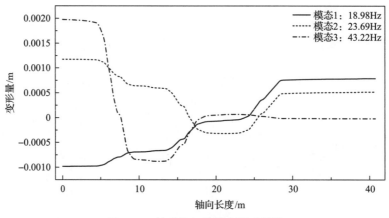

图 12-5　轴系前三阶模态振型曲线

12.1.2　现场实测扭振特性数据与分析

汽轮发电机组轴系扭振固有特性的现场测试一般只包括扭振固有频率,如果能获得机头、机尾两处的测量数据,通过分析同时刻两个不同位置处的振幅和相位,可判断分析获得的振型曲线与实际振型的相似度。根据图 12-5 可知,模态 1 和模态 3 机头机尾相位均相差 180°,模态 2 机头机尾相位相同。三个模态机头、机尾幅值比例关系为 1.15、2.49、113,其中模态 3 在机尾处的幅值不明显,表明模态 3 扭振主要发生在机头,从机尾测量的难度较大。

现场实测扭振频率的方法包括扰动法和扫频法。

1.并网扰动录波数据的频谱分析

当汽轮发电机组并网时,相位差等原因导致转子轴系在并网瞬间承受一次冲击扰动,可激发其各种固有模态。

锦界电厂#5 机组于 2020 年 12 月 3 日 20:36:34 并网成功。根据现场获取的机头、机尾转速录波数据可进行傅里叶变换。由机头数据可得,前三阶固有频率分别为 18.97Hz、23.95Hz、44.29Hz。由机尾数据可得,前三阶固有频率分别为 18.96Hz、23.95Hz、44.29Hz。

以各阶固有频率为中心频率对原始录波数据进行滤波,分别得到机头、机尾的分模态波形曲线,如图 12-6 和图 12-7 所示。

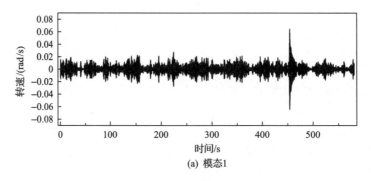

(a) 模态1

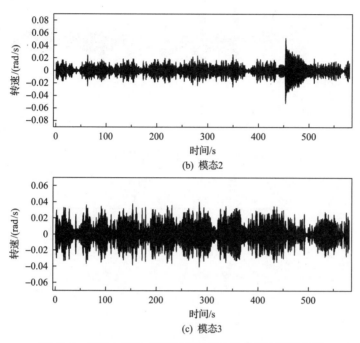

(b) 模态2

(c) 模态3

图 12-6 锦界电厂#5 机组并网时机头的分模态波形曲线

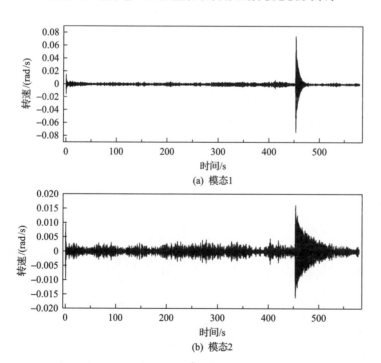

(a) 模态1

(b) 模态2

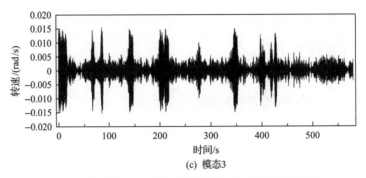

(c) 模态3

图 12-7 锦界电厂#5 机组并网时机尾的分模态波形曲线

选取各模态同一时刻的局部数据并放大，可得图 12-8。

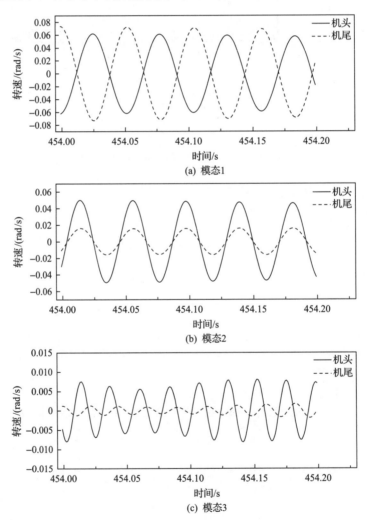

(a) 模态1

(b) 模态2

(c) 模态3

图 12-8 #5 机组并网时分模态时域波形放大

由图 12-8 可看出，各模态的机头机尾幅值比分别大致为 0.85、3.14、5.8(模型计算值：1.15、2.49、113），相位差为 180°、0°、90°。

上述数据显示实测特性与模型分析存在一定差异，模态 1 和模态 2 吻合度相对较好，模态 3 差异明显。由于模态 3 的机头侧扭振幅值也不大，说明并网扰动并没有完全激发模态 3 的扭振。

2. 串补投运扰动录波数据的频谱分析

串补投运也会对机组轴系造成扰动，选取#5 机组在忻石线串补投运期间的录波数据文件进行分析。首先分别选取机头机尾的录波数据进行快速傅里叶变换，根据机头数据，前三阶固有频率分别为 19.04Hz、23.94Hz、44.20Hz。机尾的频谱与机头不一样，在三阶 44.2Hz 附近检测不到明显峰值，其前两阶固有频率分别为 19.04Hz、23.94Hz。

对原始录波数据进行滤波得到机头机尾的分模态曲线，选取各模态同一时刻的局部数据并放大，可得图 12-9。

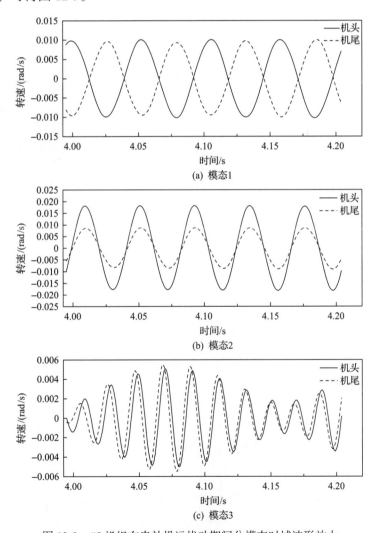

图 12-9 #5 机组在串补投运扰动期间分模态时域波形放大

由图 12-9 可看出，各模态的机头机尾幅值比分别大致为 0.924、2.948、1.157（模型计算值为 1.15、2.49、113），相位差大约为 180°、0°、15°。

3. 扫频分析

1）#5 机组

试验期间，电网运行方式为锦界电厂#1～#5 机组运行，全线路无串补，4 套 SSR-DS I 和 2 套 SSR-DS II 均运行。使用 SSR-DS II 装置对锦界电厂#5、#6 机组进行扫频试验，#5 机组前三阶扫频曲线见图 12-10。

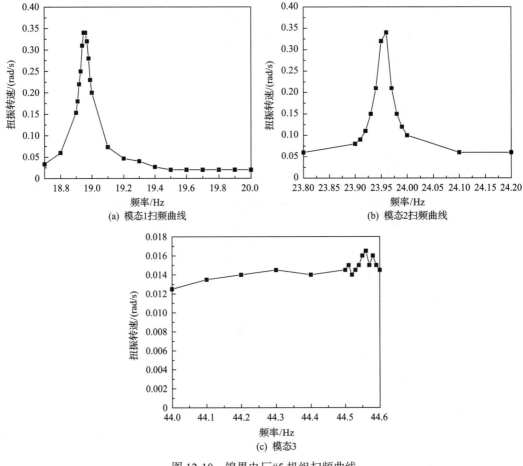

(a) 模态1扫频曲线　　　　　　　(b) 模态2扫频曲线

(c) 模态3

图 12-10　锦界电厂#5 机组扫频曲线

根据锦界电厂#5 机组扫频数据，前三阶模态频率为 18.95Hz、23.96Hz、44.56Hz。其中模态 3 峰值不明显。

2）#6 机组

试验期间，电网运行方式为锦界电厂#1～#4、#6 机组运行，全线路无串补，4 套 SSR-DS I 和 2 套 SSR-DS II 均运行。#6 机组前两阶扫频曲线见图 12-11。

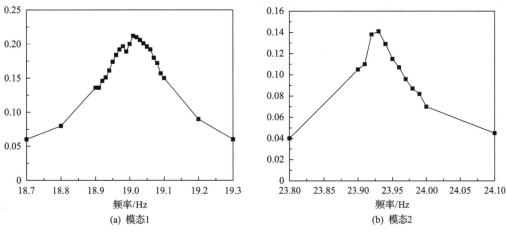

(a) 模态1   (b) 模态2

图 12-11 锦界电厂#6 机组扫频曲线

根据锦界电厂#6 机组扫频数据，前两阶模态频率为 19.01Hz、23.93Hz。

由上述数据分析可见，在利用现场录波进行频谱分析以获得轴系扭振频率和振型信息时，不同时刻、不同工况的录波数据结果存在一定的差异性，并且与分析模型计算得到的模态频率和振型曲线也有所不同，特定情况下部分模态频率甚至检测不到。数据汇总参见表 12-2。

表 12-2　不同方法模态频率计算结果 （单位：Hz）

分析方法	模态 1	模态 2	模态 3
厂家给出(连续质量法)	18.57	23.85	42.49
集中质量法	19.24	23.71	44.44
有限元法	18.98	23.69	43.22
锦界电厂#5 机组并网录波分析	18.97	23.95	44.29
锦界电厂#6 机组并网录波分析	19.02	23.87	44.29
锦界电厂#5 机组串补投运录波分析	19.04	23.94	44.20
锦界电厂#5 机组扫频分析	18.95	23.96	44.56
锦界电厂#6 机组扫频分析	19.01	23.93	

由表 12-2 可得以下结论。

(1)各种实测模态频率值的差异小于 0.1Hz；有限元法相对于集中质量法和连续质量法而言与各种实测数据值相对更接近；以实测数据为基准集中质量法模态 3 频率的差异在 2Hz 左右，模态 1 和模态 2 频率的差异小于 0.2Hz。

(2)将连续质量法和有限元法的振型曲线机头机尾振幅与实测的机头机尾振幅比较，数值上存在差别，一般 TSR 设置定值时以实测为准。

(3)锦界电厂三期机组轴系模态 3 扭振主要集中在机头(汽轮机侧)，从机尾(发电机侧)较难检测，从模态 3 的振型曲线以及扭振机尾实测均可证实这一点，因此 TSR 监测时，建议取机头位置较为可靠。

12.2　S-N 曲线的类型与选择

实际构件的疲劳寿命损耗研究是一个涉及可靠性计算、材料力学、金属加工等许多学科和领域的复杂问题，不同的计算方法对各影响因素的考虑不同，得出的计算结果也会有一定的差别。

根据文献研究，目前制造厂对轴系疲劳寿命损耗的估算方法主要是来源于美国原西屋公司。该方法是在试验基础上提出的一套简化的部件 S-N 曲线的计算方法，国内公司在其基础上有少量修正。

12.2.1　原西屋公司 S-N 曲线估计方法

原西屋公司推荐的 S-N 曲线是理想化的两个不同轴颈的力学模型，并由此推出 3 个关键特征值。

寿命为 1 次的剪切应力 $S_1 = 0.8S_U$，寿命为 10^3 次的剪切应力 $S_3 = 0.9 \times S_1 \times C_3 / K_f$，寿命为 10^6 次的剪切应力 $S_6 = 0.5 \times S_U \times C_S \times C_D \times C_L / K_f'$。式中，$S_U$ 为试件材料的拉伸强度极限，MPa；C_3 为在 10^3 周时的尺寸系数，取 1.0；K_f'、K_f 分别为在 10^3、10^6 周处的应力集中系数；C_S 为表面系数，取 0.9；C_L 为负荷系数，可取 0.6；C_D 为尺寸系数，当轴上有应力集中点时 $C_D = 1 - 0.35e^{-30/(rD)}$，其中 r 为倒角半径，mm，D 为变截面处的大直径，mm。

在 10^3 周处的应力集中系数 K_f 可用如下公式计算：

$$K_f = 1 + 0.0027(S_U / 1000 - 70)^{0.6} \times (K_f' - 1)$$

而 $K_f = 1 + q(K_t - 1)$，此处 $K_t = 1 + \left[\dfrac{(D/d - 1) \times 0.025}{(D/d - 0.9) \times r/d} \right]^{0.6}$ 和 $q = r / \left(r + 0.284e^{-1.39 \times 10^{-5} S_U} \right)$ 分别为理论应力集中系数与疲劳缺口敏感系数，d 表示变截面处的一般直径。

从上式可以看出原西屋公司的 S-N 曲线涉及部件材料本身的强度特性、部件的表面加工工艺、载荷(拉压还是扭剪应力)和尺寸等影响因素。

12.2.2　某国内制造厂 S-N 曲线估计方法

根据资料，某国内制造厂 S-N 曲线的估算方法与原西屋公司资料非常相似，部分参数经过修正。

(1)理论应力集中系数、表面系数 C_S 与负荷系数 C_L，与原西屋公司公式完全一样。

(2)疲劳缺口敏感系数 $q = r / \left(r + 0.72e^{-2.2023 \times 10^{-3} \sigma_b} \right)$，$r$ 为缺口半径，$r \leqslant 1$mm。

(3)对于存在过渡端面的轴，尺寸系数 $C_D = 1 - 0.35e^{\frac{-19.35 \times 10^3}{rD}}$。

(4)缺口效应。10^3 次寿命的缺口有效应力集中系数 $K_f = 1 + q(K_t - 1)$；10^6 次寿命的缺口有效应力集中系数 $K_f' = 1 + 0.027(0.145\sigma_b - 70)^{0.6}(K_f - 1)$。该式与原西屋公式存在差异，可能跟单位制有关。

(5) 材料抗剪强度极限 $\tau_b = 0.8\sigma_b$ 与对称弯曲疲劳极限 $\sigma_{-1} = 0.5\sigma_b$。

(6) 材料各周次剪切疲劳强度。循环 1 次断裂强度 $\tau_{n1} = 0.8\sigma_b$；循环 10^3 次断裂强度 $\tau_{n3} = \dfrac{0.9\tau_{n1}C_{D3}}{K_f}$，其中 C_{D3} 为 10^3 次循环的尺寸系数，通常取 1.0；循环 10^6 次断裂强度（剪切疲劳极限）$\tau_n = \dfrac{\sigma_{-1}C_S C_L C_D}{K_f'}$。上述与原西屋公司公式基本一致。

(7) 平均应力修正方法：扭屈服极限 $\tau_n' = \dfrac{\tau_b - \tau_m}{\tau_b}\tau_n$。

12.2.3　直接依据材料手册查图表的 S-N 曲线估算方法

无论是西屋公司方法还是国内经过修正的方法，其基本原理是一致的，本书依据疲劳强度基本原理和材料手册中的图表数据直接估算 S-N 曲线。

1）疲劳极限对应寿命周次

传统疲劳理论中对于结构钢的疲劳极限没有一致的标准，包括循环周次 $N_0 = 10^7$ 和 $N_0 = 5 \times 10^6$ 等多种，西屋公司方法均将疲劳极限定义为 $N_0 = 10^6$。

2）疲劳极限的计算方法

传统方法中不同资料对此有不同说法，不过差异不大，根据项目统计有以下几种。

(1) 根据屈服指标和强度指标之和计算。

拉压疲劳极限：

$$\sigma_{-1l} = 0.23(\sigma_s + \sigma_b)$$

扭转疲劳极限：

$$\tau_{-1} = 0.156(\sigma_s + \sigma_b)$$

(2) 根据屈服指标或者强度指标分别估算。

对称拉压

$$\begin{cases} \sigma_{-1} = 0.5\sigma_b, & \sigma_{-1} \leqslant 1400\text{MPa} \\ \sigma_{-1} = 700\text{MPa}, & \sigma_{-1} > 1400\text{MPa} \end{cases} \text{ 或 } \sigma_{-1} \approx (0.33 \sim 0.59)\sigma_b$$

对称扭转 σ_{-1} 大多在 $(0.25 \sim 0.3)\sigma_b$ 或 $\tau_{-1} \approx (0.23 \sim 0.29)\sigma_b$。

(3) 根据强度指标或者塑性指标计算。

弯曲疲劳极限与抗拉强度极限之间可用下述关系估算：

对于钢

$$S_{-1} = 0.35\sigma_b + 12.2(\text{MPa})$$

对于高强度钢

$$S_{-1} = 0.25(1+\psi)\sigma_b\text{(MPa)}$$

对于钢材料的拉压疲劳极限, 其估算公式为 $S_{-1p} = 0.85S_{-1}$。

对于钢和轻合金材料的扭转疲劳极限, 其估算公式为 $\tau_{-1} = 0.55S_{-1}$。

显然, 上述对不同载荷方式(如拉压、扭转等)下的疲劳极限已经内含了西屋公式或某制造厂公式中的载荷系数项。也有资料对于不同载荷形式下疲劳极限之间的换算系数做了介绍, 一般认为拉压载荷与扭转剪切载荷之间可用 $1/\sqrt{3}$ 进行换算。

3)尺寸系数

西屋方法中与某制造厂方法中的尺寸系数均用于计算 10^6 周次的尺寸系数, 在 10^3 周次尺寸系数取 1.0。通过西屋方法计算获得的尺寸系数在 0.6523, 与传统资料文献中查图表获得的尺寸系数比较接近。某制造厂的尺寸系数计算值为接近 1.0。

4)理论应力集中系数

西屋方法与某制造厂方法用来计算缺口理论应力集中系数, 公式形式完全一致, 但该公式是否已被公认为扭转载荷形式下的理论应力集中系数计算公式尚不明确。

根据查文献经验图表方法对锦界电厂一、二期机组轴系轴颈应力集中系数进行估算得到的结果, 如表 12-3 和表 12-4 所示, 西屋公式获得的数据与经验图表中拉压载荷应力集中系数值比较接近, 而稍大于扭转载荷应力集中系数。

表 12-3　根据西屋公式计算获得锦界电厂一、二期机组轴系轴颈理论应力集中系数

应力集中系数	高中压缸		低压缸 A		低压缸 B		发电机
	#1	#2	#3	#4	#5	#6	#7
	1.59	1.51	1.69	1.69	1.69	1.69	1.70

表 12-4　锦界电厂一、二期机组轴系各轴颈不同载荷形式的理论应力集中系数

应力集中系数	高中压缸		低压缸 A		低压缸 B		发电机
	#1	#2	#3	#4	#5	#6	#7
扭应力集中系数	1.42	1.38	1.50	1.50	1.50	1.50	1.48
拉压应力集中系数	1.60	1.60	1.60	1.60	1.60	1.60	1.75
弯曲应力集中系数	1.22	1.22	1.22	1.22	1.22	1.22	1.34

5)关于缺口敏感系数

表 12-5 为锦界电厂一、二期机组转子轴系各轴颈根据不同公式计算获得的缺口敏感系数。

值得注意的是, 某制造厂方法与西屋方法有差异, 从其标注的公式适用范围来看, 并不适用于锦界转子轴系的计算, 因为锦界转子的缺口半径一般为 10mm。

表 12-5　锦界电厂一、二期机组转子轴系各轴颈缺口敏感系数

	轴承对应轴颈号						
	#1	#2	#3	#4	#5	#6	#7
某制造厂	0.98	0.99	0.99	0.99	0.99	0.99	1.00
西屋公式	0.97	0.98	0.97	0.97	0.97	0.97	1.00

6) 有效应力集中系数

对比西屋方法和某制造厂方法,若缺口敏感系数取 1.0,则缺口有效应力集中系数与缺口理论应力集中系数在数值上是一致的。

7) 负荷系数

西屋方法与某制造厂方法中负荷系数(均为 0.6)只用于估算疲劳极限(即 10^6 寿命处的疲劳强度),但是实际上在计算 1 次疲劳强度时用 0.8 来考虑拉压与扭剪载荷的换算关系。如果考虑对称弯曲疲劳极限与抗拉强度指标及材料扭剪疲劳极限与弯曲疲劳极限之间的关系(0.5),扭剪疲劳极限与抗拉强度指标之间可用系数 0.3 进行换算。

8) 平均应力

西屋方法和某制造厂方法均采用线性近似的 Goodman 公式考虑平均应力水平对疲劳强度的影响,该经验公式对延性合金偏保守,而采用平方近似的 Gerber 式一般可较好地描述延性合金的有关疲劳行为。值得指出的是,上述两种公式在小平均应力水平下差别较小,当平均应力较大时存在较大差别。

12.2.4　不同方法估算 S-N 曲线的差异性

在工程实践中,一般次同步扭振扰动产生的轴系应力水平要低于或者接近 S-N 曲线的疲劳极限,因此 S-N 曲线的 10^6 周次点影响比较大。按照上述三种方法计算的结果可参见表 12-6。

表 12-6　三种方法所估算的 10^6 周次疲劳寿命强度指标　　(单位:MPa)

方法	轴颈号						
	#1	#2	#3	#4	#5	#6	#7
某制造厂方法	153.20	124.20	150.10	144.50	144.50	138.90	149.50
西屋方法	102.90	84.30	104.40	100.50	100.50	96.60	105.50
图表估算法	68.22	48.92	63.37	59.70	59.70	56.03	62.84
上海汽轮机厂数据	81.10	81.10	95.40	95.40	95.40	95.40	120.00

注:图表估算法中考虑几何尺寸、表面状态、加工工艺、应力集中等因素时采用的参数进行选择的时候基于两个原则,包括接近实际情况和取保守值。

上述数据中差别较大的主要原因如下:

(1) 某制造厂方法的尺寸系数接近于 1.0,基本没有考虑尺寸因素对疲劳强度的影响,根据轴系轴颈结构的尺寸数据,一般应该有 0.75 左右的扭应力尺寸系数。

(2)某制造厂与西屋公式在估算光滑试样扭疲劳强度时换算系数为 0.3, 而本节所述方法采用的系数为 0.23。

(3)由于文献中对于疲劳极限强度对应寿命周次的具体数据描述存在一定差别, 因此本节所述方法所获疲劳强度对应的寿命周次可能要大于 10^6。

12.3 套装联轴器的应力集中问题

根据振动力学理论和汽轮发电机组轴系扭转振动的振型曲线可知, 由于汽轮发电机组轴系各轴段连接处(轴颈)直径最小, 扭转振动时其往往成为扭振的节点位置, 扭变形和扭应力也最大, 因而属于轴系扭振疲劳的危险部位。目前传统评价汽轮发电机组转子轴系扭振疲劳时一般也只考虑轴颈部位。锦界电厂一、二期机组前三阶扭振模态应力分布可参见图 12-12。

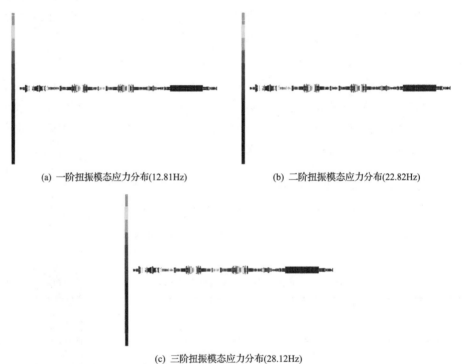

(a) 一阶扭振模态应力分布(12.81Hz)　　　　(b) 二阶扭振模态应力分布(22.82Hz)

(c) 三阶扭振模态应力分布(28.12Hz)

图 12-12　锦界电厂一、二期机组前三阶扭振模态应力分布

图 12-12 将整个轴系当成一个整体进行建模分析, 在轴段各半径变化形成的应力集中位置难以精确模拟应力的集中放大效应, 而正是各位置的应力集中最终会导致轴系发生显著损伤消耗。当然, 除了轴颈处, 这些局部应力集中也可能出现在其他地方。

整体锻造式联轴器将靠背轮与轴段一体化锻造制造, 其强度特性一般较轴颈要好, 但是如果联轴器采用套装式结构, 则强度要显著弱于轴颈。部分制造厂在汽轮机和发电机连接靠背轮上采用了套装式结构, 这种结构采用红套和锥销方式传递扭矩, 在锥销附近区域存在应力集中现象, 在极端条件下可能导致疲劳强度余量不足。

　　下面分别对不同状态下利用有限元模拟联轴器组件得到的应力分布结果进行分析，不同状态按照不同虚拟时间步区别，时间轴上 1 时刻为过盈套装下的状态，2 时刻为套装后 1500r/min 转速状态下，3 时刻以后在 3000r/min 转速下逐步增加扭功率，3 时刻点扭功率载荷为 0，5 时刻对应的扭功率为 600MW，7 时刻对应的扭功率为 1200MW。

12.3.1　套装工艺对联轴器组件应力分布的影响

　　图 12-13 是套装式联轴器在与发电机转子完成过盈套装之后的总体等效应力分布情况。图 12-14 是发电机转子轴段在与联轴器过盈配合情况下的应力分布，可看出在轴段外侧靠近锥销孔边缘处的应力载荷水平较内侧明显增大。图 12-15 是锥销孔边缘处的局部应力分布。由于联轴器靠近锥销孔侧有安装螺栓的厚壁靠背轮结构，该结构抵抗变形的能力较强，显然当联轴器与发电机转子轴段发生过盈配合以后，在靠背轮一侧转子轴段的应力水平较另一端明显大是符合实际情况的。

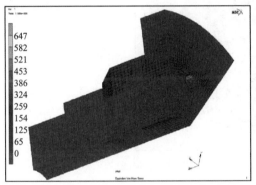

图 12-13　联轴器组件的应力分布(单位:MPa)

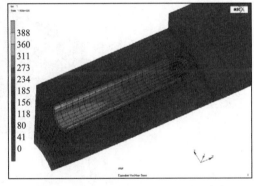

图 12-14　发电机转子轴段的应力分布(单位:MPa)

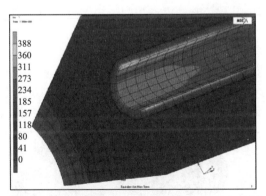

图 12-15　发电机转子轴段锥销孔端面的等效应力分布(单位：MPa)

　　图 12-16～图 12-18 是过盈配合后联轴器整体应力分布与销钉孔底部附近局部等效应力分布。由于销钉孔的存在及联轴器靠近发电机转子端的结构特征，该部位较发电机转子易于变形撑开，显然在销钉孔底部附近存在较大的应力集中，且倾向于拉应力状态。由图 12-16～图 12-18 可知，销钉孔底部对应联轴器外表面的外缘应力状态较图 12-15 显示的联轴器销钉孔底部局部区域应力状态大很多。

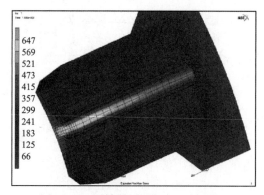

图 12-16　联轴器过盈配合时中心孔
表面的等效应力分布（单位：MPa）

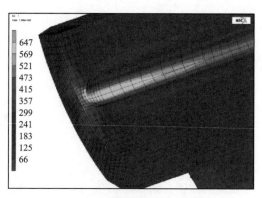

图 12-17　联轴器销钉孔底部附近
局部等效应力分布（单位：MPa）

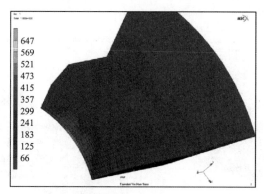

图 12-18　过盈装配后联轴器外部应力分布（单位：MPa）

参考图 12-16～图 12-18 上的应力数值可发现，若联轴器材料的屈服极限为 620MPa，联轴器部件销钉孔底局部区域达到或进入塑性状态的可能性相当大。

12.3.2　旋转状态对联轴器组件应力分布的影响

由于汽轮发电机转子在额定工况下时处于 3000r/min 的高速旋转状态，对于联轴器靠背轮这样质量和尺寸均相当大的结构，离心载荷对变形及应力分布的影响不能忽视。

图 12-19 是联轴器靠背轮锥销孔底端部等效应力分布，与图 12-17 比较后发现其应

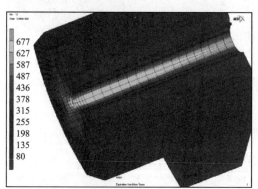

图 12-19　靠背轮锥销孔底端部等效应力（过盈配合、额定转速条件下的分布）（单位：MPa）

力集中处最大应力水平有较大程度的提高,由 647MPa 增长为 677MPa,且联轴器在套装、额定转速状态下其靠背轮中心孔锥销孔应力水平明显增加,这是与靠背轮受离心力后变形张开有直接关系的;同时由于结构方面的相互作用及锥销孔根部的结构因素,锥销孔根部应力也有较大程度的提高。

比较图 12-20 与图 12-14 表明,离心载荷时,发电机转子轴段应力水平有较大程度的下降,由 388MPa 减小为 318MPa,这一趋势是靠背轮在离心力作用下张开后对发电机转子轴段挤压力有所减小导致的。

12.3.3　扭功率对联轴器组件应力分布的影响

图 12-21 是联轴器组件承受 600MW 额定扭功率后的变形情况,图中变形放大系数为 5 倍,显示物理量为周向位移量。

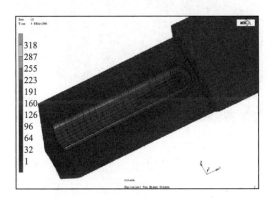
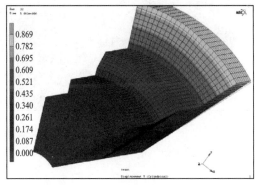

图 12-20　发电机转子轴段等效应力　　　　图 12-21　联轴器组件额定扭功率
(过盈配合、额定转速条件下的分布)(单位:MPa)　　状态的变形(单位:mm)

图 12-22 是联轴器组件承受 600MW 额定扭功率后的等效应力分布,图中数据显示其最大等效应力与无扭功率条件下接近,但是云图表明其应力分布已经开始呈现较明显的复杂不对称状态。显然,随着扭功率的增加,图 12-22 显示的不对称状态将进一步发展。

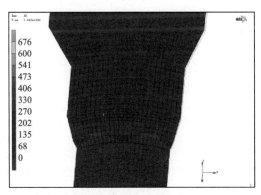

图 12-22　联轴器组件额定扭功率状态的等效应力分布(单位:MPa)

12.3.4 扭功率与联轴器组件危险部位应力之间的关系

鉴于影响联轴器组件扭转疲劳寿命的因素除了平均应力水平以外，其与应力变化幅值也有密切关系，在上述模型的基础上将联轴器组件在 0～1200MW 扭功率的应力分布进行了详细分析，并基于上述分析获得了扭功率与联轴器组件危险部位应力之间的对应关系。

根据疲劳强度的基本原理并结合工程实际，在联轴器组件上选取 6 处危险部位进行详细应力分析。其中联轴器 4 处、发电机轴段 2 处，如图 12-23、图 12-24 所示。

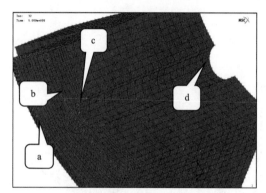

图 12-23　联轴器的危险部位示意图

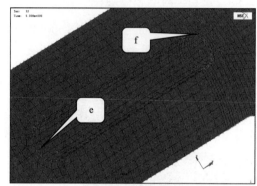

图 12-24　发电机轴段危险部位示意图

图 12-25～图 12-29 是图 12-23 中 b 处不同节点当联轴器承担 0～1200MW 扭功率时的等效应力、径向正应力、周向正应力、1-2 方向剪应力、2-3 方向剪应力，其他方向应力值较图中显示值要小。图中采用了柱坐标，其中 1 方向为径向，2 方向为周向，3 方向为轴向。

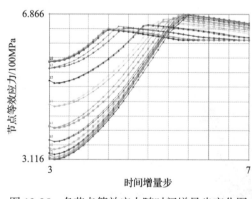

图 12-25　各节点等效应力随时间增量步变化图

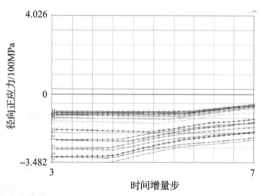

图 12-26　径向正应力随时间增量步变化图

由图 12-25～图 12-27 可知，联轴器 b 位置处的等效应力随扭功率(时间增量步与扭功率有对应关系)的增加并非线性增加，而是呈现复杂的非线性规律。

上述 a、b、c、d、e、f 处均由多个节点构成，最终可根据疲劳理论从中查得平均应力水平与应力变化幅度综合最大处即为联轴器组件的最危险位置。

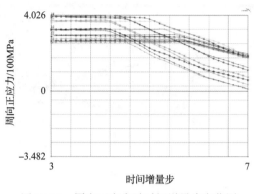

图 12-27　周向正应力随时间增量步变化图

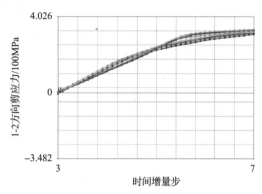

图 12-28　1-2 方向剪应力随时间增量步变化图

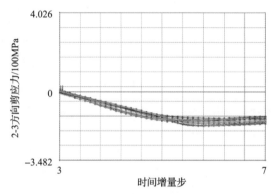

图 12-29　2-3 方向剪应力随时间增量步变化图

上述对联轴器部件采用弹塑性数值技术进行应力分析的结果表明，联轴器锥销孔底附近部位应力集中比较明显，在额定载荷下的应力值显著高于轴颈部分，属于轴系扭振疲劳的最薄弱部位之一，应该引起高度重视。

12.4　扭振抑制的效果比较

对于存在扭振风险的机组，采用不同抑制方式需要付出的经济成本不同，产生的抑制效果也存在明显差异；发生抑制时机组的负载水平不同，导致的损伤也有显著差别。

某厂机组在三相永久性短路故障下机组轴系出现扭振幅值缓慢收敛的特征，本节对其在不同情况下的扭振进行了仿真及损伤评估，参见表 12-7、图 12-30～图 12-33。

表 12-7　各条件下的损伤汇总　　　　　　　　　　（单位：%）

抑制情况	空载	半载	满载
无抑制	0.36	0.71	1.74
SEDC+SVG	9.60×10^{-3}	0.02	0.05

从表 12-7 和图 12-30～图 12-33 可见，抑制后损伤下降明显，采取抑制措施后短时间内可将扭振幅值降至较低水平。图 12-34 是抑制前后分解模态的扭振波形，可见，抑

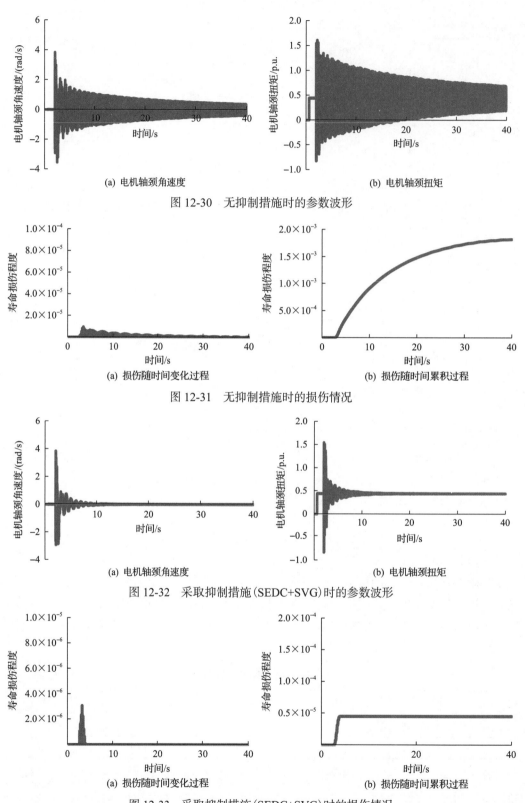

(a) 电机轴颈角速度

(b) 电机轴颈扭矩

图 12-30　无抑制措施时的参数波形

(a) 损伤随时间变化过程

(b) 损伤随时间累积过程

图 12-31　无抑制措施时的损伤情况

(a) 电机轴颈角速度

(b) 电机轴颈扭矩

图 12-32　采取抑制措施（SEDC+SVG）时的参数波形

(a) 损伤随时间变化过程

(b) 损伤随时间累积过程

图 12-33　采取抑制措施（SEDC+SVG）时的损伤情况

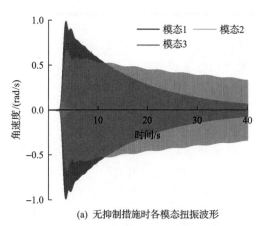

(a) 无抑制措施时各模态扭振波形

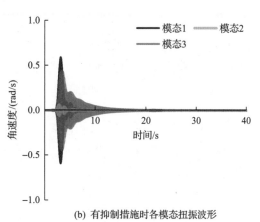

(b) 有抑制措施时各模态扭振波形

图 12-34　采取抑制措施（SEDC+SVG）与否的各模态扭振波形

制措施不仅可以加快扭振的收敛过程，也可以明显降低扭振发生后的暂态扭振峰值。当扭振的扭矩幅值降低至 0.2p.u.以下时，损伤较轻微。

12.5　轴系扭振监控中的几个问题

12.5.1　扭振监测点的选择

锦界电厂一、二期机组轴系前三阶模态振型曲线如图 12-35 所示。

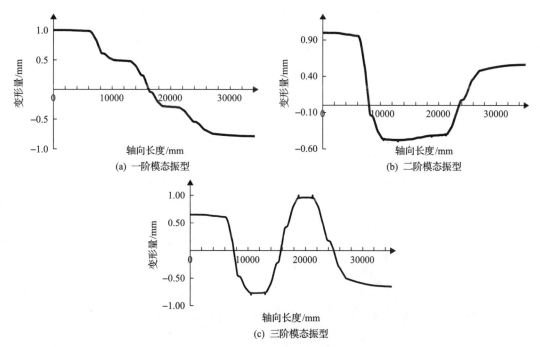

(a) 一阶模态振型

(b) 二阶模态振型

(c) 三阶模态振型

图 12-35　锦界电厂一、二期机组轴系前三阶模态振型曲线

参考锦界电厂三期轴系的模态振型曲线图 12-5 可知，由于机头和机尾为扭转振动的

自由端，这两个位置在各模态下的扭振幅度一般会高于其他位置。因此在进行轴系扭振监测时，最好的监测点应该在机头或者机尾中选择，而尽量避免选择轴颈位置，因为该位置虽然也裸露在汽缸之外可以测量，但是在部分模态下其可能属于扭振振型节点，扭振幅值较小，难以反映扭振的总体严重程度。

12.5.2　扭振保护定值与动作策略

在汽轮机轴系的扭振设备中采用了反时限保护原则，将轴系扭振疲劳损伤值与保护动作延时相对应。由于一个扭振往复过程也对应于一个循环扭应力波动周期，结合 S-N 曲线，根据这一应力波动的幅值就可以估算其对应的疲劳损伤大小，因此当各部位应力值与扭振测点处扭振幅值的关系确定以后，影响实际扭振反时限曲线的就是 S-N 曲线和模态频率。

目前的扭振保护定值与动作策略如下：

1）按照各模态分别拟定曲线

各模态下的扭振频率不一样，因此同样的持续时间发生的扭振疲劳周次就存在差异。如果不考虑扭振振型的差异，则频率越高在同样的扭振幅值下产生的损伤累积速度越快。按照 30Hz 的模态频率计算，完成 10^6 周次的总时间为 11.11h，即若出现该频率扭振幅值为 10^6 次点对应的应力水平的扭振现象，则 11.11h 后轴系将耗尽全部服役寿命。

2）按照寿命损伤值设定动作定值或报警定值

为了保证安全性，TSR 一般需要提前设定损伤限值，如以单次扭振事件累积损伤达到 1%作为扭振危险性动作的判据。

由疲劳损伤评估方法可知，损伤评估结果受到很多方面的不可控因素影响，导致损伤结果实际上为一个具有一定随机性和统计概率分布的数据，因此显然上述累积损伤定值 1%只能是表达了达到寿命损伤 1%这个量级水平，并不一定就是准确损伤的 1%，从这个角度讲，将这个 1%定值设为 3%或者 5%或者其他小于 10%的数值大体上是没有意义的。

当轴系总累积损伤达到 10%量级时表明轴系损伤已经达到一定程度，为保证安全可靠性，设定这一数据作为检修决策的依据定值，达到该定值时可以进行适当的探伤检修。

3）按照扭振幅值变化特性设定动作

根据 CIGRE 的相关规定和要求，除了三相短路等发生频率较低的极端冲击性故障可能导致轴系发生严重损伤以外，应该避免谐振持续性作用于汽轮发电机组轴系。除了振幅较为稳定的谐振以外，振幅持续增加的谐振也应该采取保护动作，这两种情况均需要分别设定动作定值予以避免。按照工程经验，各类型的机组在正常运行时各阶扭振幅值一般处于小于 0.04rad/s 的扭振幅值范围内，这一范围应可以保证机组 30 年的完整服役期；同时工程案例也表明，各阶扭振幅值在 0.4rad/s 有一定概率会导致轴系出现显著疲劳累积损伤出现，考虑到一定的安全系数，目前大多数 TSR 取 0.1rad/s 作为扭振起始记录阈值。

4) 保护动作的分级

当单次扭振事件累积损伤或者总累积损伤达到定值时，TSR 保护必须动作以降低轴系损伤风险。从前述分析可知，不同的平均应力对应的 S-N 曲线也有较大差异，这里的平均应力来自不同发电负荷在轴上的扭功率分配对应的扭应力，平均应力大则 S-N 曲线数值会减小，同样扭应力幅值对应的疲劳寿命会减小。因此，当发生持续性扭振现象时，为了降低扭振疲劳损伤的累积速度，优先的保护动作行为应该是及时降低机组发电机输出功率。同样的扭振强度下，比较低的发电机输出功率下产生的疲劳损伤要明显减小，当扭振消除后可以快速增加发电功率而不必停机。

当扭振幅值增加得很快或者扭振冲击过大时，仍然需要在一定时间内快速切机，作为保护机组轴系的最后一道防线。

12.6 本章小结

影响汽轮发电机组轴系扭振的因素众多且机理复杂，现有的机组扭振抑制技术还难以完全满足工程实际所需，因此轴系扭振过程及其特性参数的精确测量和分析对提高扭振模拟和预测的准确性以及对保护机组具有很大的理论和实际意义。

本章主要参考文献

张晓光. 1998. 国产 300, 600MW 汽轮机组轴系扭振研究的新思路. 吉林电力, (2): 17-19.

第13章 串补送出系统机组轴系次同步扭振的解决方案与工程实践

当汽轮发电机组经含串补的线路输送功率时，如果扰动过程中产生的次同步电流频率与机组固有模态频率接近工频互补，会引发机组轴系与电网之间的 SSR。本章以锦界电厂一、二期串补送出系统的 SSR 为例，进行仿真计算研究，根据工程实际情况制定了 SSR 抑制方案，通过稳态试验和人工短路故障试验验证工程应用效果。

13.1 锦界电厂一、二期串补送出系统的次同步谐振问题

锦界电厂一、二期串补送出系统结构如图 13-1 所示，系统包括锦界电厂和府谷电厂，过境山西输电到石家庄南，输电距离 439km，在山西忻都设置开关站。其中锦界电厂是坑口电站，一、二期共装 4 台 600MW 的汽轮发电机组，采用双回 500kV 紧凑型输电线路接至忻都开关站，输电距离 246km，线路锦界电厂侧每回配置一组 3×70Mvar 高抗，中性点小电抗(750±100)Ω，忻都侧每回配置一组 3×50Mvar 高抗，中性点小电抗(1050±100)Ω。邻近府谷电厂装两台 600MW 汽轮发电机组，采用一回的 500kV 紧凑型输电线路接至忻都开关站，输电距离 192km，线路两侧分别配置一组 3×50Mvar 高抗，中性点小电抗(1050±100)Ω。忻都开关站采用三回 500kV 紧凑型输电线路接至石家庄南，输电距离 193km，每回两侧分别配置一组 3×50Mvar 高压并联电抗器，中性点小

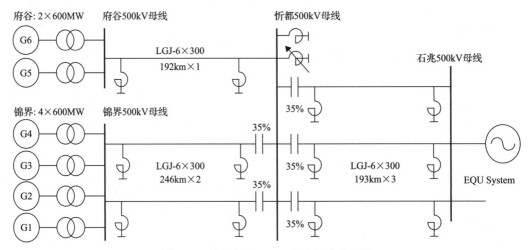

图 13-1 锦界电厂一、二期串补送出系统

电抗 (1050±100) Ω。此外忻都开闭所母线上安装 2 组 3×50Mvar 高抗，高抗中性点直接接地。

对锦界电厂一、二期串补送出系统进行稳定计算校核，结果表明：不采用串联补偿，锦界电厂一、二期机组最大允许输出功率为 1850MW，只能满足三台机组满发，存在窝电现象。为解决输出受限问题，在锦忻两回线、忻石三回线忻都站侧分别加装了串补装置（串补度为 35%）。加装串补后，锦界电厂四台机组满发工况下的暂态稳定满足要求，但特征值和时域仿真表明：锦界电厂一、二期串补送出系统存在严重的 SSR 问题，汽轮发电机组的轴系会发生发散性扭转振荡，系统主振频率对应机组的轴系扭振模态 3（27.79Hz），需要采取解决措施。

13.1.1 锦界电厂一、二期次同步扭振问题的特征值分析

对锦界电厂一、二期串补送出系统建立特征值分析模型，各机组的生产厂家及模型参数见附录 A。以锦界电厂一、二期#1 机组空载运行、#2～#4 机组半载运行和府谷电厂#1～#2 机组半载运行的工况（以下简称为开机方式一）为例，特征值分析结果如表 13-1 所示。共模模态表示四台机组共同对电网振荡的模式，异模模态表示机组相互之间扭振模式。从表中特征值分析结果可以看出，对应共模模态，锦界电厂一、二期机组模态 3 呈现负阻尼特性，表明四台机组与电网之间会出现模态 3 主导的发散振荡，模态 2 呈现较弱的正阻尼特性，模态 1 为稳定特性。异模模态 1 和 2 特征值结果表明机组间相互扭振模态均为稳定模态，也就是说不存在机组之间相互扭振发散的风险。

表 13-1 开机方式一下锦界电厂一、二期机组 SSR 特征值分析

模态	特征值		
	共模模态	异模模态 1	异模模态 2
扭振模态 1	−0.172±j13.47×2π	−0.397±j13.55×2π	−0.459±j13.54×2π
扭振模态 2	−0.090±j22.79×2π	−0.224±j22.81×2π	−0.244±j22.81×2π
扭振模态 3	0.0165±j27.79×2π	−0.143±j27.80×2π	−0.152±j27.83×2π
电气谐振模态	−19.67±j30.62×2π		

在该开机方式下，在锦忻串补线路采用不同串补度的情况下进行特征值分析，得到对应锦界电厂一、二期机组轴系扭振模态的特征值，特征值实部随串补度变化的情况如图 13-2 所示。

从图 13-2 可以看出，锦忻线串补度超过 30% 以后，模态 3 对应的特征值实部出现正值，模态 2 则在串补度约为 45% 以后出现正实部特征根，模态 1 在串补度超过 90% 后出现正实部特征值。特征值分析结果表明，在 35% 的串补度下，锦界电厂一、二期机组轴系扭振模态 1 和模态 2 稳定，而模态 3 则表现出负阻尼特性，是扭振不稳定的主导模态。

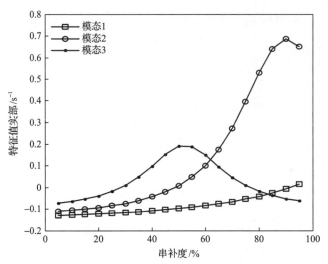

图 13-2　不同串补度下锦界电厂一、二期机组各模态特征值实部

13.1.2　锦界电厂一、二期次同步扭振问题的小扰动时域仿真

1. 时域仿真结果

以开机方式一为例，在 PSCAD/EMTDC 中对锦府串补送出系统进行稳态运行仿真。首先发电机以恒定转速模式运行，直至系统运行在对应的初始稳定状态，然后将发电机转子轴系动态加入仿真模型中。锦界电厂一期和府谷电厂一期的各发电机组的转速偏差如图 13-3 所示。锦界电厂一、二期 4 台发电机为同型号，府谷一期 2 台发电机为同型号，同型号机组的模态一致，因此只需以锦界#1 机、府谷#1 机为代表分析次同步扭振问题。

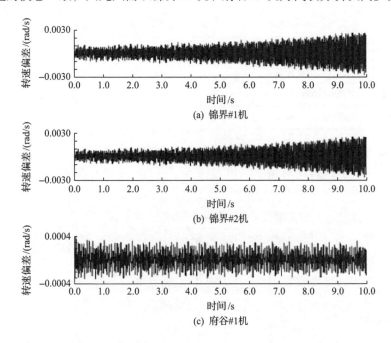

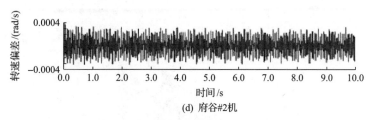

(d) 府谷#2机

图 13-3 无故障无 SSR 动态稳定器情况下各发电机的转速偏差

从图 13-3 可以看到，考虑轴系动态后，串补送出系统中锦界电厂一期机组发电机转速偏差呈现有规律的自发振荡，而府谷电厂机组转速稳定。表明锦府串补送出系统在串补投运的情况下，如果不采取措施，锦界电厂一、二期的机组会出现扭振发散现象，不能保持稳定运行。

2. 时频分析

为进一步揭示锦界电厂一、二期次同步扭振问题，利用 FFT 对图 13-3 所示锦界#1 机和府谷#1 机转速偏差信号进行时频分析，结果分别如图 13-4(a) 和 (b) 所示。

图 13-4 中，纵坐标表示模态转速的幅值，横坐标分别为时间轴和频率轴。沿频率轴可以观察任一时刻转速偏差信号中各模态分量所占的比例，沿时间轴可以观察某一模态转速信号的幅度随时间变化的情况。其他变量的时频分析意义类似。

图 13-4 的时频分析结果表明，锦界#1 机的转速偏差信号主要由次同步频率的模态 1、模态 2 和模态 3 分量组成。其中，模态 1 转速呈收敛趋势，模态 2 呈非常缓慢的发散趋势，模态 3 呈较快的发散趋势。对比图 13-2 的特征值分析结果，两者具有很好的一致性。府谷电厂机组各模态没有出现发散状态，如果计及机组机械阻尼作用，各模态将是稳定的。

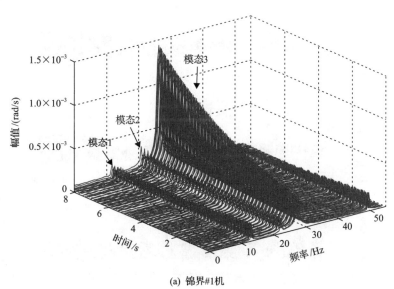

(a) 锦界#1机

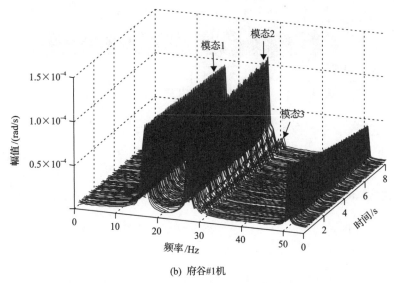

(b) 府谷#1机

图 13-4 锦界电厂、府谷电厂机组发电机转速偏差 FFT 分析

13.1.3 锦界电厂一、二期次同步扭振问题的大扰动时域仿真

对系统故障扰动进行仿真，进一步说明系统的次同步谐振问题。

1. 时域仿真

开机方式一基础上，在 0.2s 时锦忻 1 线首端发生单相瞬时接地短路故障，锦界电厂一期、府谷电厂一期发电机转速偏差如图 13-5 所示，锦界电厂一期发电机定子电流如图 13-6 所示。

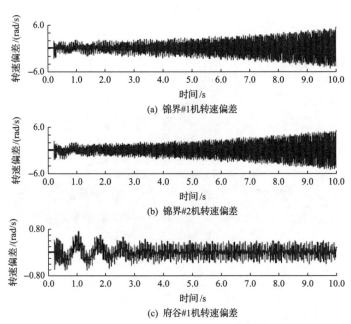

(a) 锦界#1机转速偏差

(b) 锦界#2机转速偏差

(c) 府谷#1机转速偏差

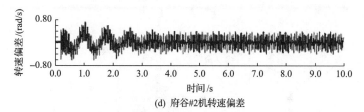

(d) 府谷#2机转速偏差

图 13-5 单相瞬时短路故障时锦界电厂一期、府谷电厂一期发电机转速偏差

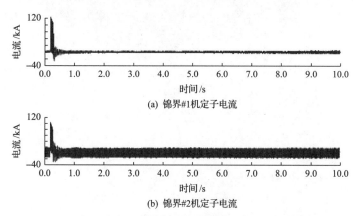

(a) 锦界#1机定子电流

(b) 锦界#2机定子电流

图 13-6 单相瞬时短路故障时锦界电厂一期发电机定子电流

由图 13-5 可见,故障扰动下,锦界电厂一期机组轴系出现快速的扭振发散,府谷电厂一期发电机转速经过机电摇摆后趋于稳定。图 13-6 中,故障消失后锦界电厂一期发电机定子电流有缓慢的发散趋势。

2. 时频分析

对图 13-5 中锦界#1 机、府谷#1 机转速偏差和图 13-6 中锦界#1 机定子电流进行 FFT 分析,结果分别如图 13-7 和图 13-8 所示。

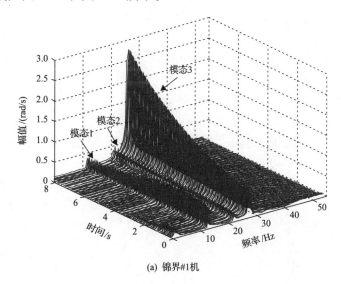

(a) 锦界#1机

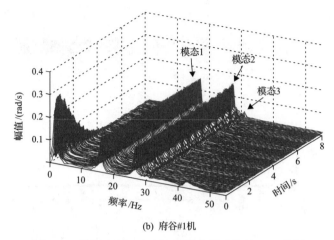

(b) 府谷#1机

图 13-7　锦界电厂、府谷电厂机组转速偏差 FFT 分析

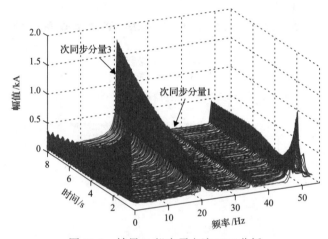

图 13-8　锦界#1 机定子电流 FFT 分析

图 13-7 的故障扰动仿真结果再一次说明，锦界电厂一、二期机组存在 SSR 问题，失稳主导模态为模态 3。

图 13-8 中，由于故障刚发生时的暂态电流数值较大，为了便于分析故障后电流的分量，作图时没有计及故障后 0.1s 的数据。由图 13-8 可见，故障发生后短时间内，发电机电流中主要包含工频分量、直流分量，次同步分量很小，工频分量和直流分量迅速衰减，次同步分量电流开始增长，其中主要有一个 20Hz 左右的次同步分量在不断增长，该次同步分量电流频率与机组轴系模态 3 固有扭振频率接近工频互补。

13.2　锦界电厂一、二期 SSR 抑制措施的选择

抑制 SSR 的措施有很多，其原理、效果、投资、适应性也各不相同，需要具体问题具体分析，寻求最合适的方案。

锦界电厂一、二期情况如下：

(1)机组升压变采用的是三相一体变压器,高压三绕组低压侧与中性点在主变箱内连接,无法接入阻塞滤波器,安装阻塞滤波器抑制 SSR 时需要更换成单相变压器,投资巨大。

(2)其送出线路已经确定采用固定串补,考虑采用可控串补、滤波串补、分段串补及调整系统运行方式等措施已不可能。

(3)机组采用 ABB 公司的励磁系统,虽然不能直接采用 GE 公司的 SEDC 装置,但国内当时正在研发 SEDC 装置,即使是更换励磁系统投资也相对较小,因此 SEDC 方案可以考虑。

(4)有两台 120MV·A 的 500kV/35kV 降压变压器,其正常负荷不大,如果在两台降压变压器 35kV 母线安装 SSR-DS I 会更加方便,因此该方案可以考虑。

从原理上分析,SEDC 通过励磁电流调节产生附加阻尼转矩,受励磁回路大电感和大时间常数的影响,且受励磁系统限幅及其控制能力的限制,实际抑制效果不理想。相比之下,SSR-DS I 直接快速调节电厂高压母线(或者机端)次同步电流从而产生阻尼转矩,可以根据需要来配置容量和调节能力,有较好的优势。

分别对 SEDC 和 SSR-DS I 方案进行分析计算,结果显示:SSR-DS I 方案可以保证在输电线路故障等大扰动情况下 SSR 的稳定性,而 SEDC 虽然可以通过提高控制系统增益来达到小扰动稳定,但是,当发生输电线路故障等大扰动时,励磁系统的自动电压调节器(AVR)动作后,留给 SEDC 调节励磁电压的空间减小,从而使 SEDC 作用效果减小,即在大扰动时,对于锦界电厂一、二期多数正常运行工况(投入 3~4 台发电机),采用SEDC 也不能有效抑制 SSR,还需要配合切 1~3 台机才能使 SSR 收敛稳定。

就锦界电厂一、二期的实际情况而言,采用 SEDC 还存在励磁系统更换或者改造的问题,实施及过渡难度相对较大。综上所述,锦界电厂一、二期机组抑制 SSR 时选取SSR-DS I 方案是最经济、实用、可靠的。

13.3 抑制次同步扭振同型并列机组非机端对称接入方式

目前抑制机组 SSO 的 SSR-DS 接入电网时有两种接入点,其一为接入(或经变压器接入)对应发电机的机端,这是早年美国一家电厂的接法;另一种是接入(或通过变压器接入)500kV 母线。这是锦界电厂工程中提出的接入方式,或称为非机端接入方式。

当 n 台同型机组并联运行时,如有 A、B、C、D 4 台机组,当采用机端接入方式时,如果接入点在 A 机组机端,那么 SSR-DS 注入 A 机组的电流与其他机组的电流在大小和相位上有可能不同,且随电网运行接线而变化,故可称为非对称接入方式。

如果从 500kV 母线接入,理论上可以证明,注入 A、B、C、D 各机组的电流在大小与相位上总是相同的(尽管其大小与相位也可能随运行工况而改变),故称为对称接入方式。

这两种接入方式均为电厂侧或机组侧接入方式。

13.3.1 系统接线对阻尼效果影响分析

大部分实际工程或者文献中，抑制次同步扭振装置一般是通过专用变压器接入发电机母线，如图 13-9 所示。这种接线方式会导致发电机机端短路故障概率增大，因此对 SSR-DSⅠ的可靠性要求很高，对某些电厂，还可能因机端缺少安装空间而难以实施。对于 n 台机组并列运行的大型火力发电厂，本书作者团队改变了在机端安装动态稳定器的接线方式，开创性地提出并研究了 m 套动态稳定器经启备变或特定变压器接入电厂升压变高压侧(500kV/750kV/1000kV)网侧的对称接入方式，如图 13-10 所示。设计原则为 m 套装置即可满足对 n 台机组的抑制需求，$m+1$ 套即为冗余设计，互为备用。

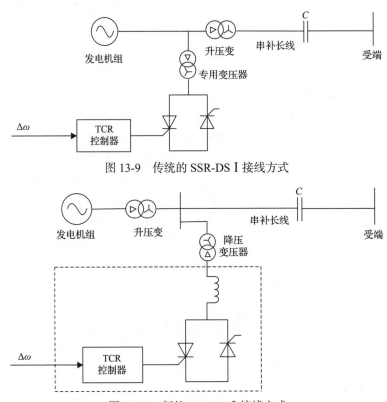

图 13-9　传统的 SSR-DSⅠ接线方式

图 13-10　新的 SSR-DSⅠ接线方式

在传统的机端接线方式下，每一套 SSR-DSⅠ对各台机组 SSR 的抑制作用可能不同，在串补线路严重工况时，对部分机组的抑制作用迅速下降，甚至产生反作用。新接线方式下每一套 SSR-DSⅠ对任一台机组 SSR 的抑制作用是相同的，有利于充分发挥每套 SSR-DSⅠ的潜力。此外，在冗余备用方面，对称接入方式具有主接线与机组转速测量信号线路全对称的特性，只需 m 套 SSR-DSⅠ动态稳定器即可实现对 n 台机组的抑制，若投入 $m+1$ 套，则其中任一台机组均有一套 SSR-DSⅠ冗余度的安全可靠性，而采用机端接线方式只能按一套 SSR-DSⅠ针对一台机组起抑制作用设计，n 台机组至少需配 n 套 SSR-DSⅠ。故需另外增加 n 套 SSR-DSⅠ，每台机组才有一套 SSR-DSⅠ的冗余备用。

采用对称接入方式，需要各机组同一模态的相角相同，幅值差别不大。因此需对多台同型并联机组次同步扭振相互作用与相互影响进行深入研究，包括各机组的各模态频率完全相同的理想情况，以及相互间略有偏差的情况。在取得确定性的研究结果后，才可以提出和使用非机端对称接入方式。

另外，当从主变 500kV 侧接入时，各 SSR-DS I 与各机组间的电气距离增大，存在是否会影响抑制效果的问题。研究表明，对于串补系统在 SSR 严重工况时，送出电气系统接近于次同步谐振状态，一般的"电气距离"概念不再适用，对抑制效果影响较复杂，还需深入具体地进行研究分析。

在分析计算发电机次同步扭振时，需要考虑发电机电势中的电磁暂态分量，这已成为学术界的共识。这样一来，分析中采用的发电机模型与相应微分方程组十分复杂，不能得出解析解和用公式表示的近似解，一般只能借助计算机编程技术求其数字解，这对深入理解次同步谐振的机理、影响因素，以及不同接线方式的性能比较，造成了很大困难。20 世纪 80 年代，Putman 和 Ramey 提出了一种分析汽轮发电机-串补线路系统次同步谐振的近似计算方法，可以求出解析公式。本书作者根据其参与的用 SSR-DS I 抑制 Mohave 电厂次同步谐振的实际工程中的经验，对发电机模型作适当简化，摒弃通常使用的 dq 坐标变换，使用瞬态对称分量变换，对简化的发电机模型方程进行变换处理，得到一组可以求出解析解的微分方程组，求出其解式，并可得到相应的等值回路。

假定发电机转子为圆柱体(即忽略凸极性)，且认为转子各绕组对称布置，计及发电机旋转电势和电势中的电磁感应项，即完整机电与电磁暂态过程。根据上述假定条件，按一般方式列出发电机在 abc 坐标系中的微分方程组，其与教科书中列举的一般电机方程完全相同。由于忽略凸极性，其中的定子各相绕组间的互感系数为常数，与转速无关。然后使用下列瞬时对称分量变换矩阵，对定子和转子绕组电压方程进行变换，分别得到正序、负序、零序方程，其中正序方程和负序方程为共轭形式，且对称状态下零序电压、电流为零，因此可以只考虑定转子绕组正序方程。

$$A = \frac{1}{3}\begin{bmatrix} 1 & 1 & 1 \\ 1 & \alpha & \alpha^2 \\ 1 & \alpha^2 & \alpha \end{bmatrix} \tag{13-1}$$

$$\alpha = -\frac{1}{2} + j\frac{\sqrt{3}}{2} \tag{13-2}$$

对正序方程进行小扰动下的线性化，得到适用于研究小扰动下发电机定子和转子绕组回路增量方程组，对其进行拉普拉斯变换后得

$$\Delta U_{1\alpha}[s] = (r_\alpha + L_\alpha s)\Delta i_{1\alpha}[s] + \frac{3}{2}Ms\left(\Delta i'_{1\beta}[s-j\omega] + jI_\beta\Delta\phi[s-j\omega]\right) \tag{13-3}$$

$$0 = \frac{3}{2}(r_\beta + L_\beta s)\Delta i'_{1\beta}s + \frac{3}{2}Ms\left(\Delta i_{1\alpha}[s+j\omega]\right) - jI_\alpha\Delta\phi s \tag{13-4}$$

式中，$\Delta U_{1\alpha}$ 为定子绕组正序瞬态电压分量的增量；s 为拉普拉斯变换算子；$\Delta U_{1\alpha}[s]$ 为 $\Delta U_{1\alpha}$ 的拉普拉斯变换象函数；r_α 为定子绕组电阻；L_α 为三相定子绕组综合自感；$\Delta i_{1\alpha}$ 为定子电流正序分量的增量；$\Delta i_{1\alpha}[s]$ 为 $\Delta i_{1\alpha}$ 的拉普拉斯变换象函数；M 为定、转子间综合互感；$\Delta i'_{1\beta}$ 为转子绕组折算到定子侧的正序瞬态电流分量的增量；r_β 为转子绕组电阻；$\Delta i'_{1\beta}[s-j\omega]$ 为 $\Delta i'_{1\beta}\mathrm{e}^{-j\omega t}$ 的拉普拉斯变换式；I_α、I_β 为定子、转子绕组稳态电流幅值；$\Delta\phi$ 为转子扭转角；$\Delta\phi[s-j\omega]$ 为 $\Delta\phi\mathrm{e}^{-j\omega t}$ 的拉普拉斯变换式；ω 为同步角频率。

式(13-4)中各量含义与式(13-3)中类似，注意下标 α 表示定子量而 β 表示转子量即可，在此省略，不再说明。

令 $s=s-j\omega$，并且两边同时乘以 $s/(s-j\omega)$，式(13-4)可变换为

$$0 = \frac{3}{2}\left(\frac{s}{s-j\omega}r_\beta + L_\beta s\right)\Delta i'_{1\beta}[s-j\omega] + \frac{3}{2}Ms\left(\Delta i_{1\alpha}[s] - jI_\alpha\Delta\phi[s-j\omega]\right) \tag{13-5}$$

联立式(13-3)和式(13-5)可以求得 $\Delta i_{1\alpha}[s]$，得到如图 13-11 所示的等值运算回路。

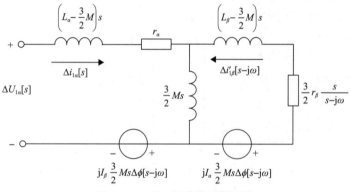

图 13-11　发电机等值运算回路

支路阻抗 $\frac{3}{2}Ms$ 远大于与其并联支路的等值阻抗，故可忽略 $\frac{3}{2}Ms$，得到

$$\Delta i_{1\alpha}[s] + \Delta i'_{1\beta}[s-j\omega] = 0 \tag{13-6}$$

因此，图 13-11 可近似简化为图 13-12。

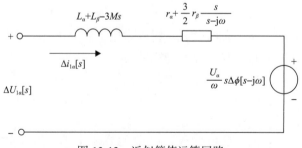

图 13-12　近似等值运算回路

在发电机大轴发生次同步扭振时，可认为其次同步扭振角位移具有如下形式：

$$\Delta \phi = \phi_{\mathrm{m}} \cos(\omega_{\mathrm{m}} t) \tag{13-7}$$

式中，ϕ_{m} 为扭振幅值；ω_{m} 为机械次同步扭振频率，从等值运算回路中可见，其中的等值运算电势为

$$\Delta E[s] = \frac{U_{\alpha}}{\omega} s \Delta \phi [s - \mathrm{j}\omega] \tag{13-8}$$

将式 (13-7) 中的 $\Delta \phi$ 进行拉普拉斯变换并考虑时滞的影响，与式 (13-8) 联立推导并求拉普拉斯反变换后，可得出

$$\Delta E[t] = \frac{U_{\alpha}\phi_{\mathrm{m}}}{2\omega} [\mathrm{j}(\omega + \omega_{\mathrm{m}}) \mathrm{e}^{\mathrm{j}(\omega + \omega_{\mathrm{m}})t} + \mathrm{j}(\omega - \omega_{\mathrm{m}}) \mathrm{e}^{\mathrm{j}(\omega - \omega_{\mathrm{m}})t}] = \Delta E_{\mathrm{sup}} + \Delta E_{\mathrm{sub}} \tag{13-9}$$

式中，ΔE_{sup} 为超同步频率分量；ΔE_{sub} 为次同步频率分量。

只考虑次同步频率的电势源 ΔE_{sub}，因 ΔE_{sub} 为一个稳态正弦波，其频率为 $\omega_{\mathrm{en}} = \omega - \omega_{\mathrm{m}}$，$\omega_{\mathrm{en}}$ 为与轴系扭振模态工频互补的电气谐振频率。令 $s = \mathrm{j}\omega_{\mathrm{en}}$，则得串补系统次同步谐振计算用近似等值线路图，如图 13-13 所示。

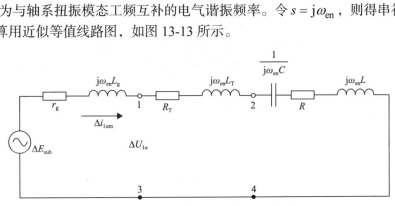

图 13-13　串补系统次同步谐振计算用近似等值线路

图 13-13 中，$\Delta i_{1\alpha \mathrm{m}}$ 为由 ΔE_{sub} 引起的次同步谐振电流，为 $\Delta i_{1\alpha}$ 的一部分；$L_{\mathrm{g}} = L_{\alpha} + \frac{3}{2}L_{\beta} - 3M$ 为发电机等值电感；$r_{\mathrm{g}} = r_{\alpha} - \frac{3}{2}r_{\beta}\dfrac{\omega_{\mathrm{en}}}{\omega - \omega_{\mathrm{en}}}$ 为发电机等值电阻；R_{T}、L_{T} 分别为升压变正序电阻与漏感；R、L、C 分别为线路正序电阻、电感、串补电容。

根据图 13-13 的近似等值线路图，可以对带串补电力系统次同步谐振状况进行计算与评估，并用来计算和评估机端接线方式下 SSR-DS I 对次同步谐振的抑制作用。

根据式 (13-9)，可解出 $\Delta i_{1\alpha \mathrm{m}}$ 复数值为

$$\Delta i_{1\alpha \mathrm{m}} = -\frac{U_{\alpha}\phi_{\mathrm{m}}}{2\omega} \frac{\mathrm{j}\omega_{\mathrm{en}}\mathrm{e}^{\mathrm{j}\omega_{\mathrm{en}}t}}{R + R_{\mathrm{T}} + r_{\mathrm{g}} + \mathrm{j}[\omega_{\mathrm{en}}(L + L_{\mathrm{T}} + L_{\mathrm{g}}) - 1/(\omega_{\mathrm{en}}C)]} \tag{13-10}$$

从式(13-10)可见，当系统在次同步电气谐振频率 ω_{en} 下共振时，有

$$\omega_{en}(L + L_T + L_g) = \frac{1}{\omega_{en}C}$$ (13-11)

则有

$$\Delta i_{1\alpha m} = -\frac{U_\alpha \phi_m}{2\omega} \frac{j\omega_{en} e^{j\omega_{en}t}}{R + R_T + r_g}$$ (13-12)

式中，t 为时间。式(13-12)值将很大，特别是

$$r_g = r_\alpha - \frac{3}{2} r_\beta \frac{\omega_{en}}{\omega - \omega_{en}}$$ (13-13)

r_g 在 ω_{en} 频率下(即次同步频率下)一般为负值。$\Delta i_{1\alpha m}$ 将在发电机内产生负阻尼，此 $\Delta i_{1\alpha m}$ 越大则负阻尼越大。如果在图 13-13 的 1、3 点之间(即发电机机端母线处)接入 SSR-DS I，可将 SSR-DS I 看作一个电流源，如果按照反馈的发电机轴系次同步扭振信号，对 SSR-DS I 进行调制控制，则此电流源可以在发电机中产生一个与 $\Delta i_{1\alpha m}$ 频率相同而相位相反的电流抵消 $\Delta i_{1\alpha m}$，从而抑制次同步谐振。因此，要比较两种 SSR-DS I 接线方式抑制次同步谐振的能力，只需分别算出其产生的流入发电机的次同步电流，并比较其大小即可。

在图 13-13 中的 1、3 点之间接入代表 SSR-DS I 的等值电流源，其次同步谐振分量的 $\Delta i_{1\alpha m}$：

$$\Delta i_{1\alpha m} = \frac{mv_\alpha}{2\omega L_s} e^{j(\omega_{en}t - r)}$$ (13-14)

式中，m 为对 SSR-DS I 的控制调制深度；L_s 为 SSR-DS I 稳态工作点(次同步谐振前)等值电感；v_α 为可通过控制来调整的位移相角。

按叠加原理，令 $\Delta E_{sub} = 0$，解出流入发电机的次同步频率电流分量：

$$\Delta i_{1gm1} = \Delta i_{1\alpha m} \frac{(R_T + R) + j\omega_{en}(L_T + L) - j\frac{1}{\omega_{en}C}}{R + R_T + r_g + j\left[\omega_{en}(L + L_T + L_g) - \frac{1}{\omega_{en}C}\right]}$$ (13-15)

将代表 SSR-DS I 的等值电流源改为从 2、4 点之间接入，则可解出新 SSR-DS I 接线方式下流入发电机的由 SSR-DS I 产生的次同步频率电流分量：

$$\Delta i_{1gm2} = \Delta i_{1\alpha m} \frac{R + \mathrm{j}\omega_{en}L - \mathrm{j}\dfrac{1}{\omega_{en}C}}{R + R_T + r_g + \mathrm{j}\left[\omega_{en}(L + L_T + L_g) - \dfrac{1}{\omega_{en}C}\right]} \tag{13-16}$$

SSR-DS I 容量与控制调制深度和接入方式无关，故式(13-15)和式(13-16)中的 $\Delta i_{1\alpha m}$ 相同。

当发生次同步谐振时，式(13-11)成立，则式(13-15)和式(13-16)分别变为

$$\Delta i_{1gm1} = \Delta i_{1\alpha m} \frac{R_T + R - \mathrm{j}\omega_{en}L_g}{R + R_T + r_g} \tag{13-17}$$

$$\Delta i_{1gm2} = \Delta i_{1\alpha m} \frac{R - \mathrm{j}\omega_{en}(L_g + L_T)}{R + R_T + r_g} \tag{13-18}$$

比较式(13-17)和式(13-18)可见，由于其分母相同(注意 r_g 为负值，$R + R_T + r_g$ 可能很小)，二者数量级相同。但按绝对值来说，式(13-18)可能小于式(13-17)(一般 $\omega_{en}L_T$ 大于 R_T)。因此，在抑制次同步谐振能力上，两种 SSR-DS I 接线方式并无明显差别。至于要定量地确定所需 SSR-DS I 容量，其与调制深度及扰动时的初值大小有关，在此不予讨论。基于以上理论分析可知，将 SSR-DS I 连接在升压变高压侧同样具有很好的抑制次同步谐振的能力。

从工程实施的角度来看，由于 SSR-DS I 占地面积较大，在电厂内并联于发电机出口母线会给施工安装带来不便。因此，新的 SSR-DS I 接线方式更为经济。工程经验表明，这种连接方式使系统整体安全性能更好，同时其抑制效果并没有受到严重的影响。

13.3.2　SSR-DS I 控制信号的选取

由于新的接线方式下的 SSR-DS I 装置同时抑制全厂机组的 SSR，锦界电厂一、二期四台机组同型，控制信号的选取有两种方案：一是每套 SSR-DS I 装置的控制信号取其中一台机组的转速信号；二是取锦界电厂一、二期四台机组的平均转速。理论上，当取单台机组的转速作为控制信号，每套 SSR-DS I 对应于一台发电机时，若线路故障，锦界电厂一、二期各机组的行为基本一致，其 SSR 抑制效果较好；若某台机组机端故障引发了扭振，其 SSR 抑制效果可能较差。

本节对线路、机端两种故障位置以及两种控制信号选取方式分别进行了仿真计算，结果见图 13-14～图 13-16。对比图中波形可见，对于机端故障，当控制信号取自故障机组时，则故障机组的阻尼和衰减较好，其他机组也是衰减的，但效果相对较差；当控制信号取四台机组的平均转速时，无论是线路故障还是机端故障 SSR-DS I 均能对各机组产生很好的 SSR 阻尼。因此，SSR-DS I 控制信号取四台机组的平均转速。

248 | 机网次同步扭振抑制机理与工程实践

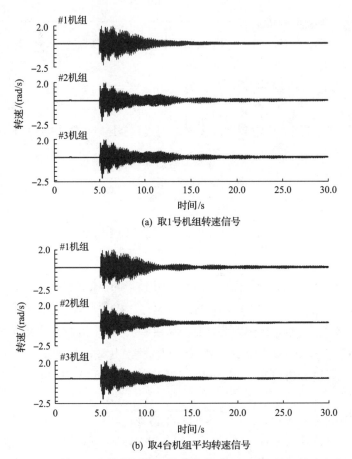

(a) 取1号机组转速信号

(b) 取4台机组平均转速信号

图 13-14 锦忻 1 线锦界侧出口单瞬故障时，#1～#3 机组转速变化

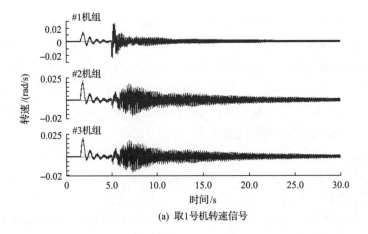

(a) 取1号机转速信号

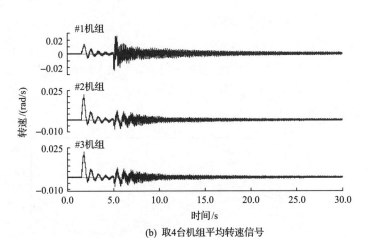

(b) 取4台机组平均转速信号

图 13-15　#1 机组机端单瞬故障时，#1～#3 机组转速变化

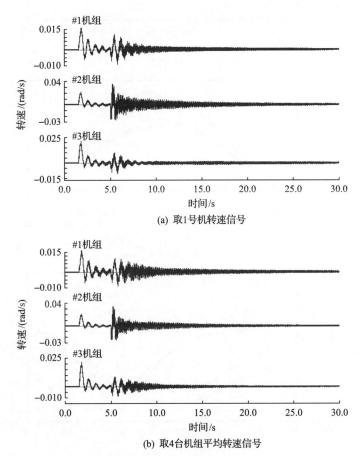

(a) 取1号机转速信号

(b) 取4台机组平均转速信号

图 13-16　#2 机机端单瞬故障时，#1～#3 机组转速变化

13.3.3　SSR-DS I 移相补偿环节参数选取

　　SSR-DS I 阻尼控制器移相补偿时间常数的整定计算,需要统筹考虑多种运行方式下的综合阻尼效果。图 13-17 给出了针对正常和线路 N–1 共 19 种运行方式下,补偿相位在 0°~360°变化时,模态阻尼(特征值实部)与补偿相位的关系。SSR-DS I 移相补偿环节参数整定结果如表 13-2 所示。

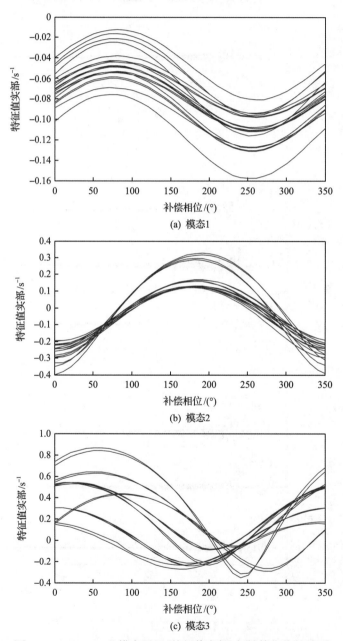

(a) 模态1

(b) 模态2

(c) 模态3

图 13-17　SSR-DS I 模态阻尼(特征值实部)与补偿相位的关系

表 13-2 SSR-DS I 移相补偿环节参数

模态	补偿相位/(°)	移相补偿时间常数/s
1	260	0.0056
2	10	0.1604
3	225	0.0038

13.4 SSR-DS I 的应用

13.4.1 SSR-DS I 的次同步谐振抑制作用特征值分析

根据 SVC 电流调制原理，在锦界电厂一、二期降压变的低压侧接入 SSR-DS I 型次同步谐振动态稳定器，用于抑制锦界电厂一、二期机组的 SSR。下面通过特征值分析研究其作用效果。以锦界电厂一、二期四台机组、府谷电厂两台机组均满载运行的工况(以下简称为开机方式二)为例，特征值分析结果如表 13-3 所示。

表 13-3 SSR-DS I 控制器参数

参数名	参数值	参数名	参数值
T_m	0.002653s	T_1	0.01045s
k	20	T_2	0.01s

1. 特征值分析采用的 SSR-DS I 控制模型

采用机组转速偏差反馈的 SSR-DS I 控制方式，分析 SSR-DS I 的作用效果，如图 13-18 所示。控制器采用超前滞后校正，由于锦界电厂一、二期串补送出系统的主导失稳模态为机组轴系的模态 3，控制参数主要按照模态 3 转速控制进行设计，如表 13-3 所示。

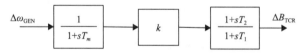

图 13-18 SVC 导纳调制控制策略

$\Delta\omega_{GEN}$ 为发动机转速增量；ΔB_{TCR} 为 TCR 导纳值

2. 系统 SSR 特性的特征值分析

SSR-DS I 未投入运行时，在开机方式二下，锦界电厂一、二期机组扭振模态和电气谐振模态的特征值分析结果如表 13-4 所示。由表 13-4 知，锦界电厂一、二期机组扭振模态的共模模态阻尼低于对应的异模模态阻尼，且其异模扭振模态阻尼均为正；共模扭振模态 1 和模态 2 阻尼为正，不存在 SSR 风险；模态 3 阻尼为负，存在 SSR 风险。同时，锦界电厂一、二期电气谐振模态阻尼为正，不存在发生电气自激的风险。

表 13-4　SSR-DSⅠ未投运时锦界电厂一、二期机组扭振模态和电气谐振模态特征值

模态	特征值		
	共模模态	异模模态 1	异模模态 2
扭振模态 1	$-0.117\pm j13.46\times2\pi$	$-0.325\pm j13.56\times2\pi$	—
扭振模态 2	$-0.066\pm j22.78\times2\pi$	$-0.202\pm j22.81\times2\pi$	—
扭振模态 3	$0.0361\pm j27.79\times2\pi$	$-0.133\pm j27.80\times2\pi$	—
电气谐振模态	$-19.74\pm j30.61\times2\pi$		

　　SSR-DSⅠ投入运行后，在开机方式一和开机方式二下，锦界电厂一、二期机组扭振模态和电气谐振模态的特征值分析结果如表 13-5 所示。由表 13-5 知，在 SSR-DSⅠ的作用下，锦界电厂一、二期机组各扭振模态阻尼均为正，系统无 SSR 风险；同时，锦界电厂一、二期电气谐振模态阻尼仍为正，不存在发生电气自激的风险。同时，SSR-DSⅠ对锦界电厂一、二期机组异模扭振模态阻尼的影响很小。

表 13-5　SSR-DSⅠ投入运行后锦界电厂一、二期机组扭振模态和电气谐振模态特征值

开机方式	模态	特征值		
		共模模态	异模模态 1	异模模态 2
开机方式一	扭振模态 1	$-1.202\pm j13.91\times2\pi$	$-0.397\pm j13.55\times2\pi$	$-0.466\pm j13.54\times2\pi$
	扭振模态 2	$-1.299\pm j23.07\times2\pi$	$-0.224\pm j22.81\times2\pi$	$-0.245\pm j22.81\times2\pi$
	扭振模态 3	$-2.013\pm j28.31\times2\pi$	$-0.143\pm j27.80\times2\pi$	$-0.153\pm j27.80\times2\pi$
	电气谐振模态	$-12.18\pm j30.31\times2\pi$		
开机方式二	扭振模态 1	$-1.367\pm j14.08\times2\pi$	$-0.325\pm j13.56\times2\pi$	—
	扭振模态 2	$-1.520\pm j23.13\times2\pi$	$-0.202\pm j22.81\times2\pi$	—
	扭振模态 3	$-2.835\pm j28.32\times2\pi$	$-0.133\pm j27.80\times2\pi$	—
	电气谐振模态	$-10.81\pm j30.47\times2\pi$		

　　锦界电厂一、二期安装的 4 台 SSR-DSⅠ投入运行前后，在开机方式一和开机方式二下，府谷电厂机组扭振模态和电气谐振模态的特征值分析结果如表 13-6 所示。由表 13-6 知，府谷电厂机组扭振模态阻尼均为正，不存在 SSO 风险，SSR-DSⅠ装置对府谷电厂机组无影响。同时，府谷电厂电气谐振模态阻尼均为正，不存在发生电气自激的风险。

表 13-6　SSR-DSⅠ投入运行前后府谷电厂机组扭振模态和电气谐振模态特征值

开机方式	模态	SSR-DSⅠ未投运时		SSR-DSⅠ投运时	
		共模模态	异模模态	共模模态	异模模态
开机方式一	扭振模态 1	$-0.145\pm j15.16\times2\pi$	$-0.260\pm j15.74\times2\pi$	$-0.136\pm j15.64\times2\pi$	$-0.260\pm j15.74\times2\pi$
	扭振模态 2	$-0.135\pm j26.05\times2\pi$	$-0.195\pm j26.10\times2\pi$	$-0.131\pm j26.05\times2\pi$	$-0.195\pm j26.10\times2\pi$
	扭振模态 3	$-0.211\pm j29.95\times2\pi$	$-0.215\pm j29.96\times2\pi$	$-0.213\pm j29.95\times2\pi$	$-0.215\pm j29.96\times2\pi$
	电气谐振模态	$-9.090\pm j42.37\times2\pi$		$-9.007\pm j42.34\times2\pi$	

续表

开机方式	模态	SSR-DS Ⅰ 未投运时		SSR-DS Ⅰ 投运时	
		共模模态	异模模态	共模模态	异模模态
开机方式二	扭振模态 1	$-0.131\pm j15.62\times2\pi$	$-0.230\pm j15.74\times2\pi$	$-0.120\pm j15.63\times2\pi$	$-0.230\pm j15.74\times2\pi$
	扭振模态 2	$-0.129\pm j26.05\times2\pi$	$-0.185\pm j26.10\times2\pi$	$-0.125\pm j26.05\times2\pi$	$-0.185\pm j26.10\times2\pi$
	扭振模态 3	$-0.211\pm j29.95\times2\pi$	$-0.214\pm j29.96\times2\pi$	$-0.211\pm j29.95\times2\pi$	$-0.214\pm j29.96\times2\pi$
	电气谐振模态	$-9.095\pm j42.34\times2\pi$		$-8.990\pm j42.34\times2\pi$	

3. 小扰动时域仿真验证

针对开机方式二，加入 SSR-DS Ⅰ 主电路及其控制详细模型，进行小扰动时域仿真，结果如图 13-19 所示。

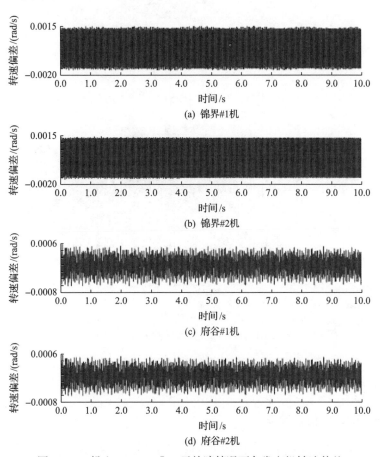

图 13-19　投入 SSR-DS Ⅰ，无故障情况下各发电机转速偏差

比较图 13-3 和图 13-19 可见，加入 SSR-DS Ⅰ 后，锦界电厂一、二期发电机转速偏差不再呈现自发振荡状态，表明 SSR-DS Ⅰ 起到了有效阻尼 SSR 的作用。

对图 13-19 中锦界 #1 机和府谷电厂#1 机转速偏差进行 FFT 分析,结果分别如图 13-20 (a)、(b)所示。

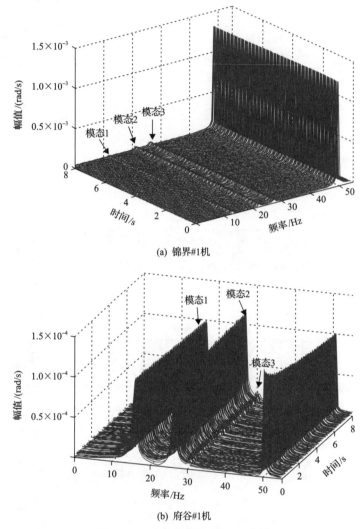

(a) 锦界#1机

(b) 府谷#1机

图 13-20　机组转速偏差 FFT 分析

从时频分析结果可以看出,各模态频率转速分量均得到了有效抑制,表明 SSR-DS I 能够有效提高系统的电气阻尼,抑制系统次同步扭振。

13.4.2　故障扰动时域仿真验证

鉴于故障扰动给系统带来的冲击影响较严重,针对开机方式一和开机方式二,本节采用详细电磁暂态仿真模型进行故障扰动仿真验证。仿真中系统的扰动设置为:0.5s 时刻忻都开关站母线发生 A 相瞬时接地故障,持续时间 0.1s 后故障消失。

SSR-DS I 未投入运行时,在开机方式一和开机方式二下,锦界电厂一、二期机组轴系转速偏差和扭矩仿真结果如图 13-21 所示,仿真结果表明锦界电厂一、二期机组轴系均存在发散的振荡模式。

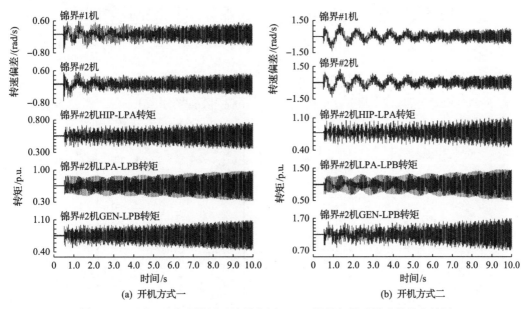

图 13-21　SSR-DS I 未投运时锦界电厂一、二期机组轴系转速偏差和转矩

SSR-DS I 投入运行后，在开机方式一和开机方式二下，锦界电厂一、二期机组轴系转速偏差和扭矩仿真结果如图 13-22 所示，仿真结果表明在 SSR-DS I 阻尼作用下，锦界电厂一、二期机组模态收敛。上述仿真结果验证了表 13-5 的特征值分析结果。

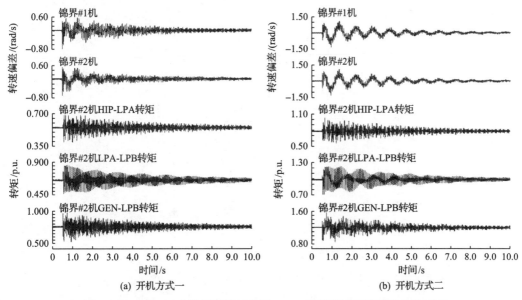

图 13-22　SSR-DS I 投运后锦界电厂一、二期机组轴系转速偏差和扭矩

以上分析表明，基于 SVC 电流调制的方法可以有效地抑制锦界电厂一、二期机组的次同步扭振。

13.5 基于SVC电流调制的锦界电厂次同步扭振抑制工程应用方案

锦界电厂次同步扭振抑制工程方案采用了 4 台 SSR-DS I，每两台为一组，每组通过一台 35kV 降压变接到发电机升压变的高压侧，系统方案如图 13-23 所示。每台 SSR-DS I

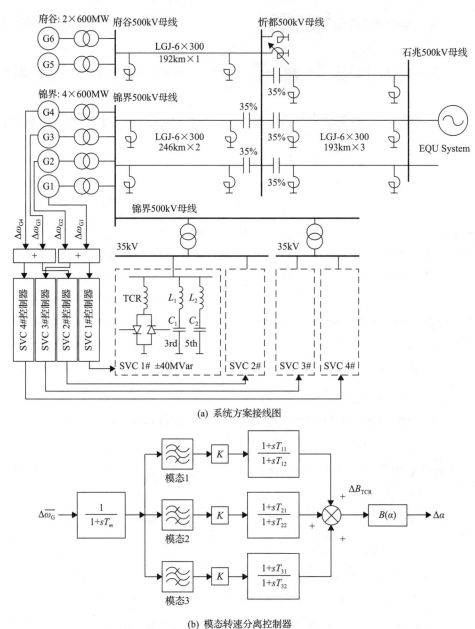

(a) 系统方案接线图

(b) 模态转速分离控制器

图 13-23 基于 SVC 导纳调制的锦界电厂串补送出系统次同步谐振抑制方案

采用容量为 80Mvar 的 TCR，另外配置容量为 40Mvar 的 3 次和 5 次谐波滤波器，TCR 的稳态运行点设置为吸收感性无功 40Mvar，稳态运行时总输出无功基本为零，调制作用下 SSR-DS I 输出无功容量可在±40Mvar 之间连续变化。

本方案有如下技术特点：

(1)四台 SVC 利用电厂厂用变接入高压母线，不同于接入机端方案，研究和工程应用效果表明，抑制装置接在高压母线，可以有效地发挥作用。

(2)四台 SVC 分为两组，每组两台 SVC，分别采用 1#、2#机转速平均值和 3#、4# 机转速平均值作为转速反馈信号，这样每组 SVC 可以兼顾 4 台机组的扭振抑制，两组可以互为备用。

(3)采用模态转速分离控制，可以合理地设置各模态电流调制权重，重点保证对不稳定主导模态的振荡抑制。

(4)SVC 的 TCR 支路采用三角连接方式，理论上没有 3 次谐波流入系统，该装置配置 3 次和 5 次谐波滤波器，主要是考虑到实际装置可能存在的非理想对称触发可能导致三次谐波放大问题。

13.5.1　典型系统扰动下 SVC 抑制 SSO 的作用

基于 PSCAD/EMTDC，本节通过时域仿真研究了多种可能方式下 SSR-DS I 的抑制效果，为了满足严重故障条件下的系统稳定运行需求，应同时保持两台 SSR-DS I 投入运行。

仍以开机方式一为例，接入一台 SSR-DS I，考虑如下典型系统操作和故障扰动形式，通过电磁暂态仿真研究利用 SVC 抑制锦界电厂串补送出系统的作用效果。

(1)锦忻 1 线串补旁路。

(2)忻石 2 线退出运行。

(3)锦忻 1 线末端 B 相单相接地，故障持续 0.05s 后消失。

1. 锦忻 1 线串补旁路

锦忻 1 线串补旁路引起的系统动态过程如图 13-24 所示，其中，图 13-24(a)是锦界 #1、#2 机，府谷#1、#2 机转速偏差，图 13-24(b)是 SSR-DS I 触发角、SSR-DS I 输出电流、TCR 输出电流，图 13-24(c)、(d)分别给出锦界电厂#1、#2 机机端电压、电流和锦界高压母线电压及锦忻双回线路电流。

2. 忻石 2 线退出运行

忻石 2 线退出运行引起的系统动态过程如图 13-25 所示，其中，图 13-25(a)是锦界#1 机、锦界#2 机、府谷 1#、府谷 2#机转速偏差，图 13-25(b)是 SSR-DS I 触发角、SSR-DS I 输出电流、TCR 输出电流，图 13-25(c)、(d)分别给出锦界#1、#2 机机端电压电流和锦界高压母线电压及锦忻双回线路电流。

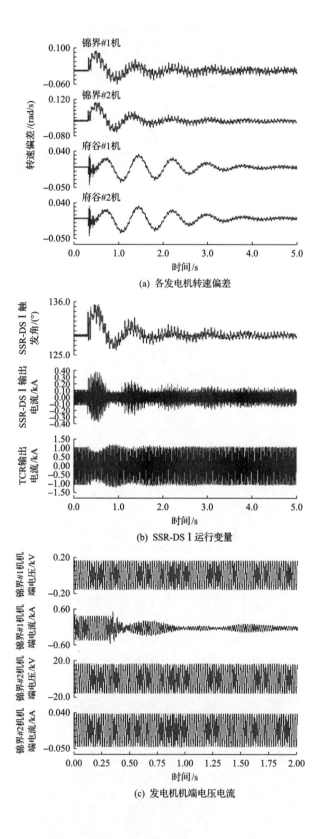

(a) 各发电机转速偏差

(b) SSR-DS I 运行变量

(c) 发电机机端电压电流

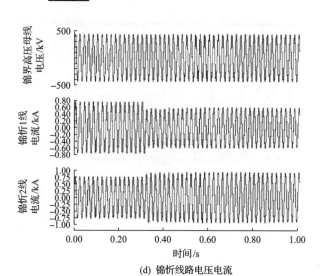

(d) 锦忻线路电压电流

图 13-24　具有 SSR-DS I 的锦界送出系统扰动响应(锦忻 1 线串补旁路)

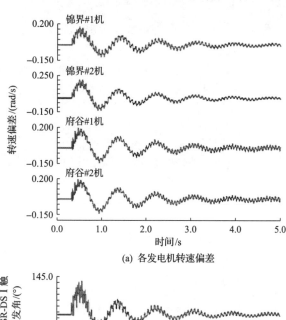

(a) 各发电机转速偏差

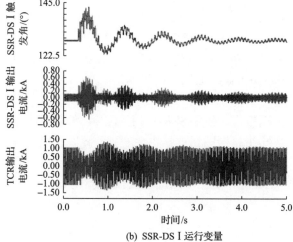

(b) SSR-DS I 运行变量

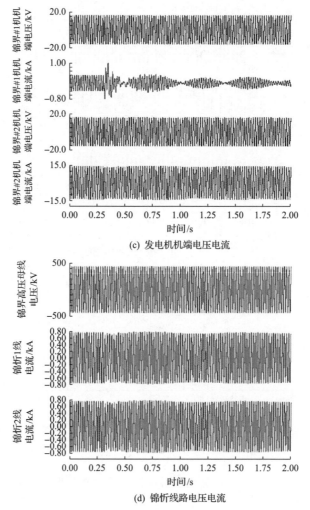

(c) 发电机机端电压电流

(d) 锦忻线路电压电流

图 13-25　具有 SSR-DS I 的锦界送出系统扰动响应(忻石 2 线退出运行)

3. 锦忻 1 线末端 B 相单相接地

锦忻 1 线末端 B 相单相接地引起的系统动态过程如图 13-26 所示。其中,图 13-26(a)是锦界机 #1 机、锦界机 #2 机、府谷机 #1 机、府谷机 #2 机转速偏差,图 13-26(b)是 SSR-DS I 触发角、SSR-DS I 输出电流、TCR 输出电流,图 13-26(c)、(d)分别给出锦界电厂#1、#2 机机端电压电流和锦界高压母线电压及锦忻双回线路电流。

由上述仿真结果可以看出,利用 SSR-DS I 可以有效地增强锦界电厂机组电气阻尼特性,达到抑制系统次同步扭振的目的。也会看到,故障扰动下单台 SSR-DS I 可能出现调制容量不足的问题,如图 13-26(b)所示,SSR-DS I 触发角出现饱和现象,导致扭振抑制过程的持续时间相对较长。因此需要研究应用方案中 SSR-DS I 容量选取的问题。

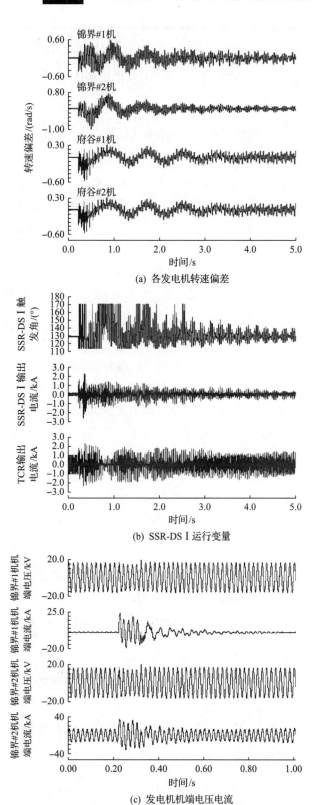

(a) 各发电机转速偏差

(b) SSR-DS I 运行变量

(c) 发电机机端电压电流

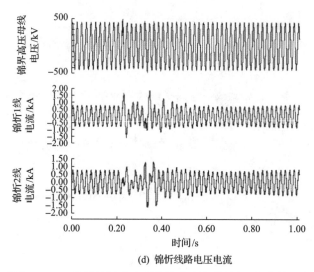

(d) 锦忻线路电压电流

图 13-26 具有 SSR-DS I 的锦界送出系统扰动响应(锦忻 1 线末端 B 相单相接地)

13.5.2 SSR-DS I 容量及其对 SSO 抑制效果

鉴于故障扰动给系统带来的冲击影响严重程度较高,本节以开机方式一为例,设定瞬时性故障扰动,故障持续 0.1s 后自动消失,对应于锦界 500kV 母线短路故障形式,通过仿真研究 SSR-DS I 抑制 SSO 的作用及其调节容量的影响。故障形式为各种类型短路故障,故障发生时刻以锦界 500kV 高压母线电压为参考,合闸角 0°;持续时间 0.1s 后自动消失。

SSR-DS I 触发角限制在 170°～114°范围内,计及滤波电容容量,SSR-DS I 输出容量在–40～40Mvar 可连续调节,不考虑轴系机械阻尼。

仍然以开机方式一为例,图 13-27 是锦忻 1 线首端 AB 相短路接地时单台 SSR-DS I

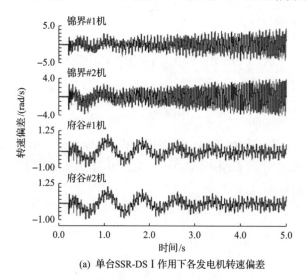

(a) 单台SSR-DS I 作用下各发电机转速偏差

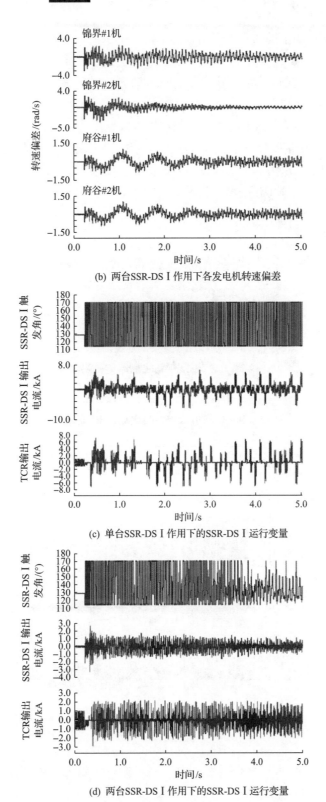

(b) 两台SSR-DS I 作用下各发电机转速偏差

(c) 单台SSR-DS I 作用下的SSR-DS I 运行变量

(d) 两台SSR-DS I 作用下的SSR-DS I 运行变量

图 13-27　具有 SVC 的锦界送出系统扰动响应(锦忻 1 线首端 AB 相短路接地)

和两台 SSR-DSⅠ作用下的仿真波形对比。单台 SSR-DSⅠ作用时，系统发散是因为触发控制角一直在上下限幅之间突变，实际上处于无调节状态，尝试改变控制器增益系数，在 100～500 范围内变化，系统状态没有得到改善。从触发角的变化对比可以看到，SSR-DSⅠ调节容量增加后，动态过程持续 4s 左右后，触发角不再达到限值，表明系统一直处于可控状态，SSR-DSⅠ的调节抑制作用得以发挥。

可以看出，投入更多台（3 台或 4 台）的 SSR-DSⅠ，系统阻尼特性会得到更好的增强。图 13-28 是四台 SSR-DSⅠ全部投入时的情况，观察触发角的变化，可见 SSR-DSⅠ投入台数越多，越能有效快速地抑制 SSO，减小轴系扭矩，这对于降低轴系疲劳寿命损耗无疑具有非常积极的意义。

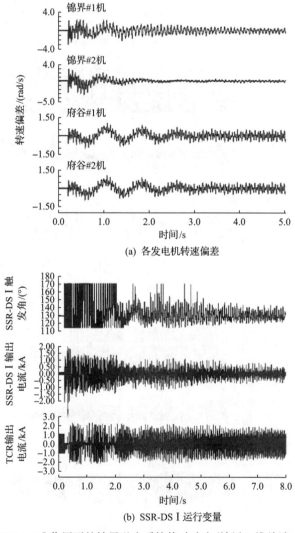

图 13-28　4 台 SSR-DSⅠ作用下的锦界送出系统扰动响应（锦忻 1 线首端 AB 相短路接地）

13.6 工程应用效果

SSR-DS I 抑制方案经过理论分析和仿真计算以及基于 RTDS 实时仿真的控制器硬件闭环测试分析验证后，装置于 2009 年 1 月投入现场，开展了静态调试、稳态运行试验和典型电网扰动试验，以下介绍稳态运行试验、人工短路故障以及实际电网故障时的情况。

1. 稳态运行试验

现场实际录波波形可以进一步说明 SSR-DS I 对系统 SSR 抑制的有效性，图 13-29 所示为正常运行方式下 SSR-DS I 逐台退出后再投入闭环的整个过程中锦界电厂一、二期机组轴系模态 3 的录波分析波形。当 4 台 SSR-DS I 全部退出时，模态 3 快速发散，这说明系统正常运行方式下存在模态 3 主导的不稳定扭振发散问题，与之前的特征值分析和时域稳态仿真结果相互印证。而当 SSR-DS I 重新投入后，模态 3 快速收敛，系统恢复稳定。

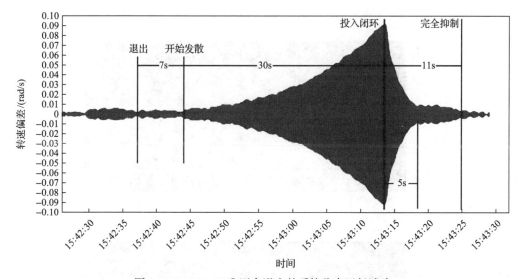

图 13-29 SSR-DS I 逐台退出的系统稳态运行试验

2. 人工短路故障：开关站设置一回线路末端单相接地短路故障

为了验证工程方案在电网故障扰动下的作用效果，现场进行了人工短路试验。在锦界电厂一、二期送出一回线路末端即靠近忻都开关站侧，设置单相人工短路故障，故障现场照片及锦界电厂一、二期机组扭振模态转速录波分析结果分别如图 13-30(a)～(d) 所示。

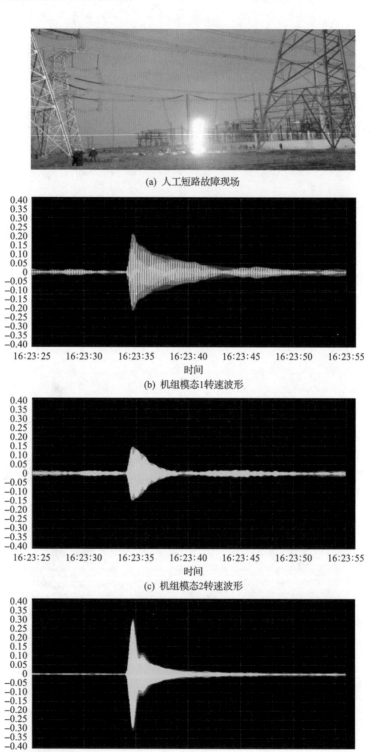

(a) 人工短路故障现场

(b) 机组模态1转速波形

(c) 机组模态2转速波形

(d) 机组模态3转速波形

图 13-30　人工短路故障试验的机组模态转速录波

从图 13-30 的录波分析结果可以看到，故障扰动下，模态 1 转速最大幅值约为 0.22rad/s，随后开始衰减，15s 内扭转速度降低到 0.03rad/s 以内；模态 2 转速最大幅值约为 0.15rad/s，5s 内衰减到 0.03rad/s 以内；模态 3 转速最大幅值约为 0.30rad/s，随后快速衰减，在大约 5s 后降低到 0.03rad/s 以内。

3. 实际运行中突发电网故障的抑制效果

锦界电厂 SSR-DS I 投运对于保障电厂安全发电运行起到了重要作用。运行期间，系统曾出现故障，SSR-DS I 成功地抑制了故障激发的次同步谐振。2010 年 2 月 6 日忻 2 线发生 BC 相两相短路，图 13-31 为锦界电厂机组扭振模态转速录波，从波形可以看到，故障发生后模态转速最大值抑制在 0.5rad/s，故障后 20s 内模态转速被抑制在 0.05rad/s。

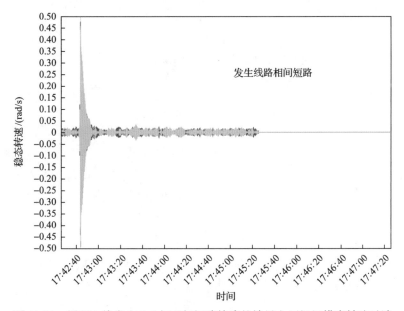

图 13-31　忻石 2 线发生 BC 相两相短路故障的锦界电厂机组模态转速录波

2010 年 4 月 1 日锦界电厂#4 主变高压侧发生单相接地故障，故障录波（图 13-32）显示最大模态转速被抑制在 0.6rad/s 之内，故障后约 20s 内模态转速收敛到很低的数值（<0.5rad/s）。

以上故障扰动下的录波分析结果表明，基于 SVC 电流调制的 SSR-DS I 装置在抑制故障大扰动下机组轴系扭振幅度上的作用非常明显，有效解决了锦界电厂一、二期因串补送出系统存在的机组次同步扭振问题，表明利用 SSR-DS I 抑制锦界电厂一、二期串补送出系统的工程方案设计和应用是成功的。

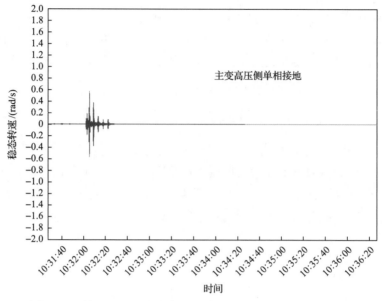

图 13-32 锦界电厂#4 主变高压侧单相接地的机组模态转速录波

13.7 本 章 小 结

锦界串补送出系统存在典型的 SSR 问题，表现为系统小干扰下锦界电厂机组在短时间内因 SSR 而扭振发散。如果不进行抑制，锦界机组无法正常运行。锦界电厂一、二期串补送出系统的 SSR 抑制项目是我国首个基于 SVC 电流调制实现 SSR 抑制的工程案例，该项目的成功实施填补了国内 SSR 抑制领域的部分空白，为后续基于 STATCOM 电流调制的 SSR 抑制方案提供了宝贵资料和经验。该项目通过分析机端接入和高压侧母线接入两种接入方式对阻尼效果的影响，创造性地提出了从高压侧母线接入的方式。对控制信号的选取、控制器参数的整定给出了详细的分析。

本章主要参考文献

Putman T H, Ramey D G. 1982. Theory of the modulated reactance solution for subsynchronous resonance. IEEE Transactions on Power Apparatus and Systems, 2(6): 1527-1535.

第 14 章　多机型多模态下各机组轴系次同步扭振综合抑制方案与工程实践

一种机型的汽轮发电机组轴系通常有 3～4 个固有扭振频率,系统中汽轮发电机组机型增加时,固有扭振频率一般也成倍增加,不同固有扭振频率与串补送出系统的电气谐振耦合程度不同,导致 SSR 问题更加复杂。本章以锦界电厂扩建后的串补送出系统为例进行分析计算,提出多机型多模态下各机组轴系次同步扭振综合抑制方案与工程实践。

14.1　多机型多模态系统

锦界电厂一、二期 4×600MW 机组截至 2008 年全部投运,2020 年 12 月锦界电厂三期 2×660MW 机组和府谷电厂二期 2×660MW 机组也并网投运,这两个电厂扩建机组均采用同一厂家生产的相同型号的发电机和汽轮机。锦界电厂三期和府谷电厂二期机组投运,锦界电厂、府谷电厂存在同一电厂不同型号机组、不同电厂相同型号机组的情况。锦府—忻都—石北电气系统将包括 10 台 3 种型号的大型火电机组和 9 条串补度不尽相同的串补线路,形成了多机型多模态的系统。系统的拓扑图如图 14-1 所示。

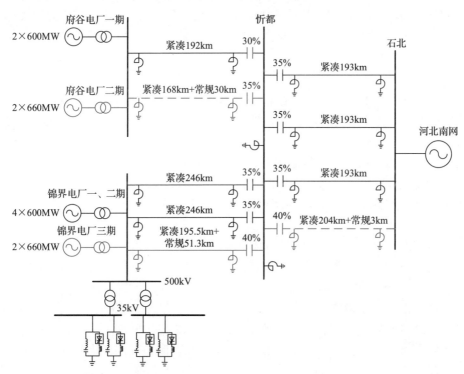

图 14-1　锦界、府谷电厂串补送出系统结构

14.1.1 锦界、府谷电厂扩建后系统次同步扭振问题的特征值分析

锦界/府谷电厂扩建后系统共存在九种不同的轴系自然扭振模态频率，对应不同的运行方式，这些扭振模态可能呈现不同的阻尼特性。本节以系统全接线、所有机组半载运行的工况为例，建立锦界/府谷电厂串补送出系统扩建后的全系统状态空间模型，各机组的生产厂家及模型参数见附录 C，计算在无动态稳定器投运情况下系统的特征值，结果如表 14-1 所示。

表 14-1 锦界、府谷电厂扩建后系统无动态稳定器时的特征值分析

模态	锦界电厂一、二期	锦界电厂三期	府谷电厂一期	府谷电厂二期
模态 1	$-0.1002\pm j13.51\times2\pi$	$-0.1010\pm j19.48\times2\pi$	$-0.1555\pm j15.68\times2\pi$	$-0.1165\pm j19.51\times2\pi$
模态 2	$-0.0340\pm j22.79\times2\pi$	$-0.0655\pm j23.83\times2\pi$	$-0.0556\pm j26.07\times2\pi$	$-0.0762\pm j23.84\times2\pi$
模态 3	$0.1306\pm j27.80\times2\pi$	$-0.1253\pm j40.43\times2\pi$	$-0.0623\pm j29.94\times2\pi$	$-0.1253\pm j40.43\times2\pi$

由特征值计算结果可得以下结论：

(1)对于锦界电厂一、二期机组，对应模态 3(27.80Hz)的特征值实部为正，表明在无动态稳定器投入情况下，该模态为不稳定模态；对应模态 2(22.79Hz)的特征值实部为较小的负值，表明该模态在机械阻尼不足的情况下也有可能出现缓慢收敛现象；对应模态 1 的特征值实部为较大的负值，表明该模态为稳定模态。

(2)锦界电厂三期机组对应模态 2(23.83Hz)、府谷电厂一期机组对应模态 2(26.07Hz)和模态 3(29.94Hz)、府谷电厂二期机组对应模态 2(24.84Hz)的特征值实部为均较小的负值，说明该工况下上述 4 个模态表现的电气阻尼较弱；其余各模态特征值实部均为较大的负值，表明各扭振模态为稳定模态。

以上分析表明，锦界、府谷电厂串补送出系统全接线方式下，锦界电厂一、二期机组的轴系扭振发散问题依然存在，主要表现为在模态 3(27.80Hz)下，机组轴系与串补系统之间的扭振相互作用引起的扭振发散现象；锦界电厂三期机组的轴系扭振模态与串补系统谐振特性之间基本不存在扭振相互作用，呈现稳定特性。府谷电厂一期#1、#2 机以及扩建的#3、#4 机扭振特性与串补系统谐振特性之间基本不存在扭振相互作用。

系统接线和运行方式变化时，电网侧电气谐振特性可能发生变化，各机组轴系的扭振特性也可能发生变化，可以针对典型运行方式进行类似分析，此处不一一列出。

14.1.2 锦界电厂扩建后多机型多模态系统的 SSR 问题

锦界电厂一、二期的次同步扭振抑制效果已在第 13 章进行了充分的验证。从理论角度分析，SSR-DS I 是针对锦界电厂一、二期机组设计的，根据其控制策略与控制器参数，只能产生对应于锦界电厂一、二期机组轴系模态的次同步电流，注入电网并流入机组，抑制锦界电厂一、二期机组轴系 SSR。为了进一步验证锦界电厂三期及送出系统的区域电网扩建后，原有的 SSR-DS I 型装置能否满足电网变化的需求，本节进行了仿真计算。

以某一扰动为例,分析仿真计算结果。扰动设置:10s 时刻,锦忻 2 线发生单相接地瞬时短路,10.1s 单相分闸,10.2s 重合闸成功。

图 14-2 所示为锦界电厂三期扩建后只投 SSR-DS I 时,对锦界机组 SSR 的抑制效果。计算结果表明,SSR-DS I 对锦界电厂一、二期机组轴系 SSR 仍能进行有效抑制,而即使调整其放大倍数、移相角,对锦界电厂三期机组轴系 SSR 也无抑制能力。

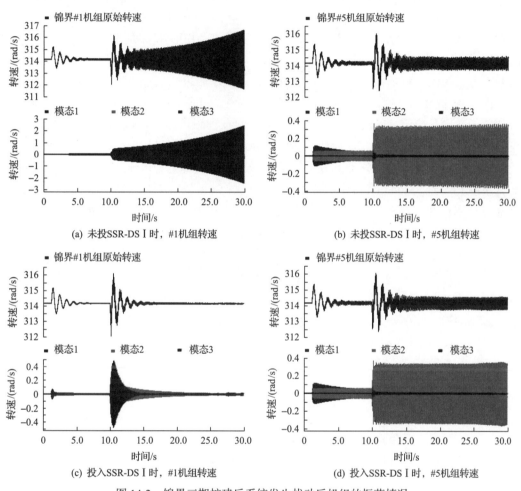

图 14-2 锦界三期扩建后系统发生扰动后机组的振荡情况

14.2 基于 STATCOM 电流调制的系统解决方案

锦界电厂三期机组投运后,由于三期机组轴系参数与一、二期机组不同,且串补线路增多,该送出系统发生 SSR 的风险增大。特别是府谷电厂二期两台机组与锦界电厂三期两台机组为同型机组,轴系各次同步扭振模态的频率大致相同,导致相应的机电耦合次同步谐振问题复杂化,非并联同型机组之间有相互激发的风险。因此,为了有效抑制锦界电厂三期投运后机组轴系的 SSR,同时兼顾锦界电厂一、二期机组轴系的 SSR,需要研究新型的抑制 SSR 的方案。

基于 SVC 电流调制的 SSR-DS I 功率器件（晶闸管）为半控型，采用相控方式，调制波形效率和响应速度会受到一定的限制。另外，SSR-DS I 为无源装置，输出容量受接入点系统电压的影响较大（与电压的平方成正比），因此抑制效果会受到一定的影响。

基于 STATCOM 的 SSR-DS II 功率器件为全控型，接到锦界电厂 35kV 母线上，以含有发电机轴系扭振模态频率的转速偏差 $\Delta\omega$ 作为其控制器的输入信号，通过 PWM 调制出相应的次同步分量电流并注入系统，流入发电机，产生抑制次同步扭振的电磁转矩（正阻尼）。为了减小 SSR-DS II 进入系统中的谐波，通常采用 SPWM 对 SSR-DS II 中的变换器开关进行控制，将谐波频率限制在较高的开关频率附近。

由式(9-11)～式(9-13)可知，SSR-DS II 所产生的电流中，除了含有抑制次同步扭振所需要的次同步电流 Δi 外，还包含基波电流 i_0。在理想条件下，通过对参数进行适当调整，可以使基波电流为零，从而使 SSR-DS II 在未发生次同步扭振时接近零功率运行。但在实际中，为了补偿换流器的开关损耗，维持直流侧的电容电压，以及高次谐波的存在，系统必须向 SSR-DS II 提供一定的功率，但与 SSR-DS I 在稳态下的运行状态相比，这部分功率相对小得多。因此当系统未发生次同步扭振时，通过调节使得 SSR-DS II 输出基波电压的幅值接近其接入点的系统电压幅值，这样在系统和换流器的连接线上只存在由系统提供的很小功率，以补偿开关产生的损耗以及由换流器产生的谐波功率。

锦界电厂配置两台 SSR-DS II（2×±40Mvar），分别接入两台降压变压器的 35kV 母线侧。在 PSCAD/EMTDC 仿真计算平台上，利用测试信号法测出了锦界电厂三期投运后，加入/不加 SSR-DS II 情况下锦界#1 机组的电气阻尼，如图 14-3 所示。

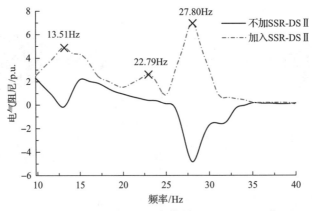

图 14-3 锦界电厂三期投运后，加入/不加 SSR-DS II 情况下锦界#1 机组的电气阻尼

从图 14-3 可以看出，在未投入 SSR-DS II 时，锦界#1 机组在模态 1、模态 3 频率下具有负的电气阻尼，存在 SSR 风险；投入 SSR-DS II 后，锦界#1 机组的电气阻尼明显增大，在各模态下均为正值。由此可见，SSR-DS II 能够有效提高锦界#1 机组各模态频率下的电气阻尼，抑制系统的次同步扭振。

14.2.1　SSR-DSⅡ控制策略研究与控制信号处理技术

SSR-DSⅡ型动态稳定器主电路采用链式 H 桥级联结构，每相支路上串联有 14 个 H 桥，开关管可使用 IGBT 或者 IEGT。STATCOM 主电路采用的控制结构见 9.3 节和 9.4 节。

锦界电厂有两种机型，共 6 个次同步模态频率。机组轴系 $\Delta\omega$ 信号进入控制器后，分别进入 6 个通道，每个通道对应一个模态频率并以该模态频率为中心频率进行窄带通滤波，然后分模态进行比例放大和移相补偿。

对装置抑制性能影响较大的参数主要是模态通道中的放大倍数和移相角度。取多台机组的转速平均值作为控制信号，并将动态稳定器通过降压变接入 500kV 侧属于对称接入方式，可提高抑制效果适应性和控制鲁棒性，该接入方式只有在同型并联机组各模态能维持大致相同的相位的条件下才可使用。锦界电厂一、二期机组投运时的经验表明，实测同型并联机组间同一模态的相位一般是相同的，即使因扰动偶尔偏离也会很快趋于一致。本章后续将详细分析机组相互作用对转速信号获取的影响。

14.2.2　同型及非同型并联机组次同步扭振的非机端对称接入方式

对于多机组电力送出系统，其机组轴系次同步扭振控制是一个多输入多输出复杂系统。作为控制执行装置，其输出的电流即为受控的多机组电力送出系统的输入，从不同电网位置输入，控制系统微分方程组的结构与参数也会不同，从而抑制机组轴系 SSR 的效果也会有变化。因此，动态稳定器的接入方式对其有效性、经济性和可靠性等有很大影响。其接入方式分为以下三种。

(1)接入方式 1：SSR-DSⅡ通过降压变接入 500kV 侧系统。

(2)接入方式 2：在每台机组机端 20kV 母线处经变压器各接入一套 SSR-DSⅡ。

(3)接入方式 3：锦界电厂一、二期 4 台机组共用 2 套 SSR-DSⅡ，通过降压变接入 500kV 侧系统；锦界电厂三期 2 台机组，每台机组机端 20kV 母线各接入 1 套 SSR-DSⅡ。

锦界电厂一、二期抑制机组轴系 SSR 的工程经验表明，在一般条件下，采用接入方式 2 和 3 抑制机组轴系 SSR 的能力，与接入方式 1 无明显差别。但是，若考虑热备用，采用接入方式 2 时动态稳定器至少需 12 套，而采用接入方式 3 需用 6~7 套。因此，这两种接入方式的经济性远低于接入方式 1，其可实施性也很低，接入这么多套装置需很大场地，在已建成的电厂中很难实现。

除此之外，采用接入方式 2，从发电机机端接入，有以下不足。

(1)虽然通过专用变并设置了支路断路器，但专用变与断路器本身也非绝对可靠，仍增加了发电机母线故障概率。

(2)为降低母线继发故障风险，提高断路器、互感器及专用变的可靠性，需设计性能优良的变压器和断路器，以保证发电机运行的安全性，但其造价将极其昂贵。

(3)当动态稳定器发生故障，断路器没有有效切断时，将对发电机造成灾难性的损坏。

(4)建设和检修期间影响发电机的正常运行。

(5)影响发电机和变压器的大差保护。

(6)运行损耗高,维修费用高。

采用接入方式 1,SSR-DSⅡ通过降压变接入 500kV 母线,有效解决了装置组合运行问题,达到了 1+1>2 的功效,对整体装置的运行和相互支撑过渡而言是一种较为理想的方案。仅需两套装置(互为备用)即可对锦界电厂 6 台发电机组起到有效的抑制作用;当其中一台动态稳定器出现故障后,不会对发电机造成直接破坏性的影响,保证发电机的安全运行。这种接入方式运行可靠性更高,维护更方便;设备造价较低;不影响发电机及变压器的纵差保护;在安装施工和调试期间,不影响电厂的正常输电;运行损耗及维修费用低;施工简单方便,便于实施;对厂用电系统运行无影响。

综合比较三种接入方式,锦界电厂三期工程选择接入方式 1,一次系统接线方案如图 14-4(a)所示。

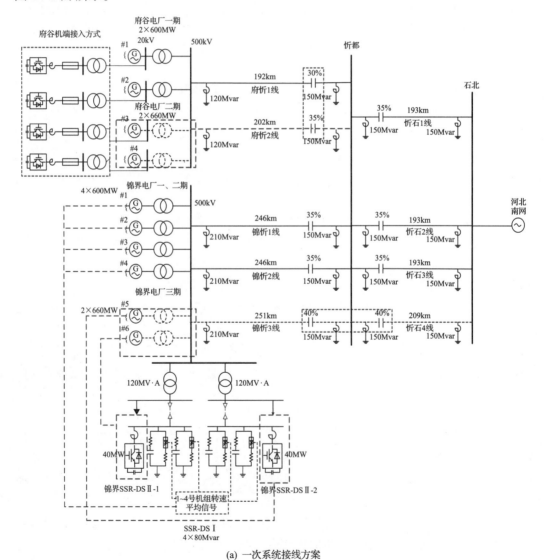

(a) 一次系统接线方案

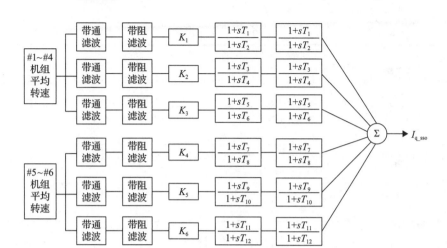

(b) 分离模态转速控制

图 14-4　基于 STATCOM 电流调制的锦界电厂三期串补送出系统次同步扭振抑制方案

14.3　模态滤波器、控制器移相参数及增益设计

SSR-DS Ⅱ 控制器共 6 个模态信号处理通道，共 12 个比例、移相环节参数需要优化调整，包括放大倍数 $K_1 \sim K_6$，移相角 $\theta_1 \sim \theta_6$。

显然，即使针对某一个具体工况，通过手动连续调整 12 个参数的组合来得到最优结果也几乎是不可能完成的任务。在具体分析过程中发现，放大倍数和移相角的设计基本是解耦的，六个模态的移相角设计也是解耦的。因此，可以分别设计放大倍数和六个模态的移相角。

利用仿真分析设计控制参数，首先固定移相角，寻找放大倍数的最优值。在各典型危险工况下利用仿真得到放大倍数的最优参数，即在该参数下，综合考虑各个典型工况的模态均能快速收敛。然后利用得到的最优放大倍数，继续求解移相角的最优值。在每种工况下，得到各模态能够收敛的移相角范围。所有典型工况移相角范围的交集即为求得的典型移相角范围值，其中心角即为最优移相角。利用得到的放大倍数和移相角进一步对所有工况进行校核。

值得注意的是，锦界电厂一、二期机组模态 3 和锦界电厂三期机组模态 2 的频率和电网谐振的互补频率比较接近，在大部分危险工况下的系统阻尼为负，发生 SSR 的风险较高。而锦界电厂一、二期机组模态 1、2 和锦界电厂三期机组模态 1 发生 SSR 的风险较低。锦界电厂三期机组模态 3 频率和电网谐振频率的互补频率相差很多，因而没有发生 SSR 的风险。

14.3.1　放大倍数优化

针对四种典型严重工况进行仿真，并从中归纳得到合理的滤波器比例移相参数。工况选择如表 14-2 所示。

表 14-2　典型工况表

工况	具体情况
1	锦府送出全接线基础上，府忻 1 线串补退出，全部机组半载运行。在锦忻 2 线锦界母线侧发生三相短路，投入一套 SSR-DS II
2	锦府送出全接线基础上，府忻 1 线串补退出，全部机组半载运行。在锦忻 2 线忻都母线侧发生三相短路，投入一套 SSR-DS II
3	锦府送出全接线基础上，府忻 1 线串补退出、府忻 2 线串补退出，全部机组半载运行。在锦忻 2 线锦界母线侧发生三相短路，投入一套 SSR-DS II
4	锦府送出全接线基础上，府谷电厂#2 机、府忻 1 线串补退出，其余机组半载运行。在锦忻 2 线锦界母线侧发生三相短路，投入一套 SSR-DS II

　　将各仿真波形汇总后可得到比例环节的调整对锦界电厂机组模态转速的影响，如图 14-5～图 14-8 所示。

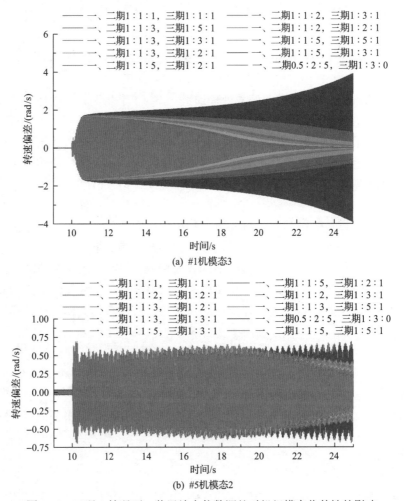

(a) #1机模态3

(b) #5机模态2

图 14-5　工况 1 情况下，装置放大倍数调整对机组模态收敛性的影响

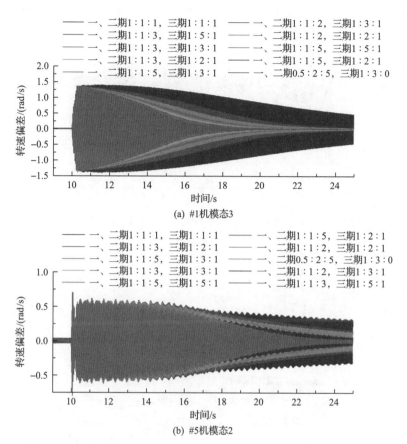

(a) #1机模态3

(b) #5机模态2

图 14-6 工况 2 情况下，装置放大倍数调整对机组模态收敛性的影响

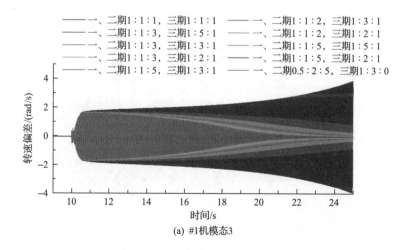

(a) #1机模态3

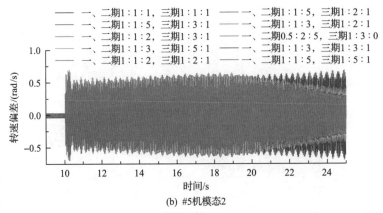

(b) #5机模态2

图 14-7　工况 3 情况下，装置放大倍数调整对机组模态收敛性的影响

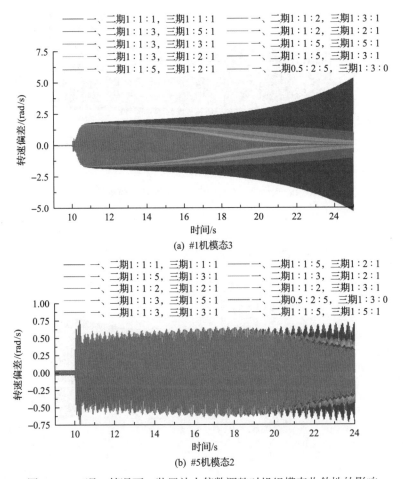

(a) #1机模态3

(b) #5机模态2

图 14-8　工况 4 情况下，装置放大倍数调整对机组模态收敛性的影响

由图可知，在四种工况下，当 SSR-DSⅡ滤波环节中模态占比选取为：锦界电厂一、二期机组模态比 0.5∶2∶5，锦界电厂三期机组模态比 1∶3∶0 时，SSR-DSⅡ对所有模态 SSR 能达到最佳抑制效果。

14.3.2 移相角优化

在 14.3.1 节列出的四种工况中，分别调整各模态的移相角，使各模态振荡既不收敛，也不发散，以确定各模态移相角的临界值。四种工况下的移相角范围如表 14-3 所示。选取中心角作为最优移相角。由表 14-3 可知，锦界#1～#4 机组模态 3 SSR 风险最高，移相角范围也最窄。

表 14-3　各模态移相角范围

机组	模态	抑制范围/(°)		移相角选择/(°)
#1～#4 机组	模态 1	−40	140	50
	模态 2	−50	130	40
	模态 3	0	80	26
#5～#6 机组	模态 1	−20	120	50
	模态 2	−10	120	55
	模态 3	0	360	—

14.4　机组相互作用对转速信号获取的影响

SSR-DSⅡ型动态稳定器中 SSR 控制器采用多台机组转速偏差的平均值作为输入信号，如果多台机组的转速相位呈反相位，则多个转速取平均值后的结果可能很小甚至趋近于 0，SSR 控制器输出的附加电流指令值不能达到调制 SSR-DSⅡ输出电流的作用，无法起到较好的抑制机组次同步扭振的效果。但是，若多台机组间的转速相位差处于 90°以内，则各转速信号叠加之后并不会相互削弱，可以通过控制器得到有效的输出指令值，用于调制 SSR-DSⅡ输出电流。

通过对典型工况的仿真计算，分别比较研究电厂同型并联机组、异型并联机组及同型非并联机组间转速偏差信号相位的相互关系，判别各机组间是否存在相互扭振问题，进而评估基于机组转速平均值反馈方案的抑制效果。

14.4.1　同型并联机组间相互扭振对转速偏差信号获取的影响

锦界电厂一、二期 4 台机组型号、参数一致，属于同型并联机组类型。图 14-9 给出了 14.3.1 节中给出的典型工况 4 情况下线路故障后暂态过程中锦界#1～#3 三台机组的转速偏差信号曲线。

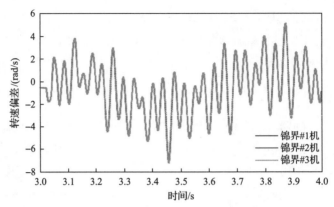

图 14-9　锦界#1 机、#2 机、#3 机转速偏差曲线(1)

由图 14-9 可见,锦界电厂一、二期机组出力相同时,同型并联机组在故障后的暂态过程中转速偏差曲线几乎是重合的,说明多台机组间转速偏差相位是同相位的,即各机组间不存在相互扭振的问题,各机组转速偏差信号在 SSR-DSⅡ中叠加处理时不会相互淹没,可以有效输出控制信号来调制 SSR-DSⅡ输出电流。

为继续探究同型并联机组在不同负载工况下,是否存在相互扭振的情况,在 14.3.1节中给出的典型工况 4 基础上仿真分析锦界电厂#1 机满载、#2 机半载、#3 机空载的工况,锦界电厂一、二期三台机组在故障后暂态过程中的转速偏差信号曲线如图 14-10所示。

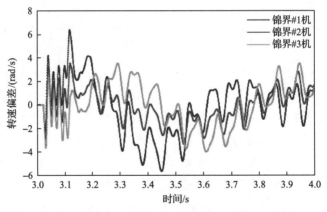

图 14-10　锦界#1 机、#2 机、#3 机转速偏差曲线(2)

由图 14-10 可见,同型并联机组在不同负载工况下的暂态过程中,各机组转速偏差信号虽然幅值大小不同,但是相位基本一致;图中满载的锦界#1 机与半载的锦界#2 机转速偏差信号相位几乎重合,空载的锦界#3 机转速偏差信号相位与前两者略有偏差,但均在小于 90° 范围内,说明同型并联机组间并无相互扭振问题,从多台机组中提取的转速偏差信号在 SSR-DSⅡ的抑制控制器中叠加处理时不会相互淹没,可以有效输出控制信号来调制 SSR-DSⅡ输出电流。

14.4.2 异型并联机组间相互扭振对转速信号获取的影响

锦界电厂三期机组和电厂一、二期机组属于异型并联类型，锦界#1 机和#5 机在故障暂态过程中的转速偏差信号曲线如图 14-11 所示。

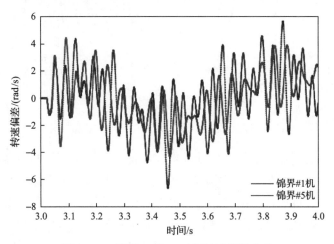

图 14-11 锦界#1 机、#5 机转速偏差曲线

由图 14-11 可见，异型并联机组在系统受故障扰动后转速偏差信号相位呈现不规则变化，其原因是这两种类型的机组轴系固有扭振频率不同，而转速偏差信号中含有各种扭振频率的分量，导致故障后转速偏差差异越来越大。

因此，在提取机组转速偏差信号作为 SSR-DSⅡ 抑制路径输入信号时，需要对两种机型的转速信号分别处理。取#1～#4 机组四台同型机组的转速偏差信号平均值作为一路输入，取#5～#6 机组两台同型机组的转速偏差信号平均值作为另一路输入，两路通道单独进行各自固有扭振频率的滤波及相位补偿，有效避免异型并联机组转速偏差信号直接相加后互相淹没的问题，从而使得叠加后的值可以作为附加电流指令值来调制 SSR-DSⅡ，输出相应模态频率的电流分量。

因此对于异型并联机组而言，各机组转速偏差信号的相位不同，需要通过采用对不同型号机组的转速信号分开处理的方法，规避异型机组转速偏差信号在 SSR 抑制控制器中相互影响的问题。

14.4.3 同型非并联机组间相互扭振对转速信号获取的影响

锦界电厂三期工程机组与府谷电厂二期工程机组型号参数一致，通过变压器接入各自电厂的 500kV 高压母线上，属于同型非并联机组。在 14.3.1 节中给出的典型工况 4 情况基础上，锦界#5 机满载，府谷#3 机半载，图 14-12 给出了该工况下锦界#5 机和府谷#3 机故障后暂态过程中的转速偏差信号曲线。

由图 14-12 可见，锦界与府谷两电厂同型非并联机组转速偏差信号幅值不等，但相位基本一致，相位差小于 90°。且锦界与府谷两电厂本身仅通过较远的忻都开关站连在

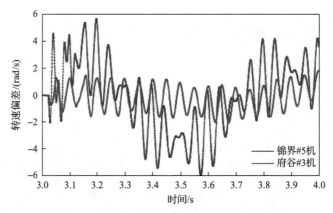

图 14-12　锦界#5 机、府谷#3 机转速偏差曲线

一起，因此两电厂的耦合程度很低，计及次同步扭振分量在电网中的衰减趋势，可判断锦界与府谷电厂中的同型非并联机组间的相互影响很弱，几乎可忽略不计。

通过上述对比分析可以得出结论，同型并联机组和同型非并联机组在故障后暂态过程中不会出现相互扭振的情况，从多台机组中提取的转速偏差信号在 SSR-DSⅡ 抑制控制器中叠加处理时不会相互淹没，即可以采用发电机组转速平均值反馈的抑制方案；异型并联机组间转速偏差信号差异较大，需通过对不同型号机组的转速信号分开叠加处理，以避免异型并联机组转速偏差信号在 SSR 抑制控制器中相互影响的问题。

14.5　多台机组之间 SSR 相互作用研究

14.5.1　同型并联机组间相互作用研究

本节将研究锦界电厂同型机组#1～#4 机之间的相互作用，以及府谷电厂同型机组#1、#2 机之间的相互作用。

仿真工况：在锦界电厂三期完整扩展拓扑基础上，退出锦界电厂三期#5、#6 机、府谷二期#3、#4 机，退出府忻 2 线串补，全机组半载。

$t=10$s 时，在锦界电厂#1 机机械转矩上施加 $0.2\cos(2\pi\times27.80t)$ 的扰动（与模态 3 对应），10.1s 时切除扰动，进行仿真分析，结果如图 14-13～图 14-15 所示。

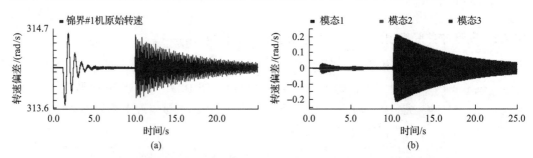

图 14-13　锦界#1 机转速偏差曲线（同型并联机组对锦界 #1 机组施加扰动）

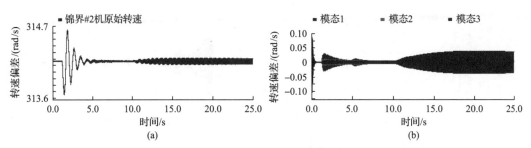

图 14-14　锦界#2 机转速偏差曲线（同型并联机组对锦界 #1 机组施加扰动）

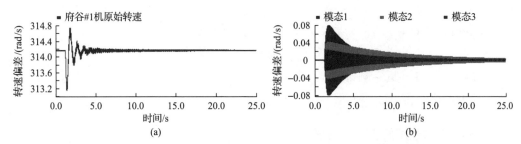

图 14-15　府谷#1 机转速偏差曲线（同型并联机组对锦界 #1 机组施加扰动）

从结果中可以得出，锦界#1 机上施加的短暂扰动会激发该机组扭振模态 3 的响应，对同型并联机组（锦界#2 机）的次同步扭振现象同样具有激发作用，而对于异型非并联机组（府谷#1 机）基本无影响。

同样，t=10s 时，在府谷#1 机机械转矩上施加 $0.2\cos(2\pi \times 26.07t)$ 的扰动（与模态 2 对应），10.1s 时切除扰动，进行仿真分析，结果如图 14-16～图 14-18 所示。

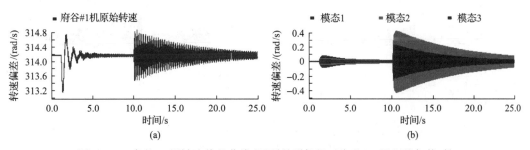

图 14-16　府谷#1 机转速偏差曲线（同型并联机组对府谷 #1 机组施加扰动）

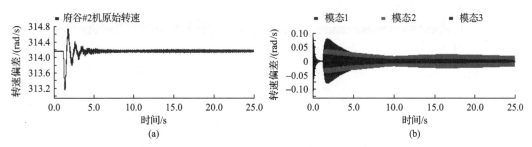

图 14-17　府谷#2 机转速偏差曲线（同型并联机组对府谷 #1 机组施加扰动）

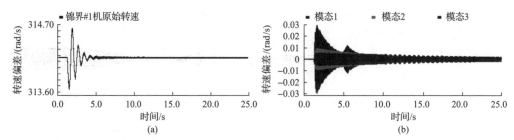

图 14-18   锦界#1 机转速偏差曲线（同型并联机组对府谷 #1 机组施加扰动）

从结果中可以得出，府谷#1 机上施加的短暂扰动会激发该机组扭振模态 2 的响应。对同型并联机组府谷#2 机的次同步扭振现象同样具有激发作用，而对于异型非并联机组（锦界#1 机）有一定的影响（可看到锦界#1 机模态 3 有小幅度振荡现象）。这是因为，府谷电厂一期机组模态 2 振荡频率和锦界电厂一、二机组模态 3 振荡频率非常接近，且锦界电厂一、二期机组模态 3 阻尼很弱，很容易受到系统干扰。

14.5.2   异型并联机组间相互作用研究

锦界电厂#1～#4 机和#5、#6 机，府谷电厂#1、#2 机和#3、#4 机均属于异型并联机组。在某台机组中施加该机组固有扭振频率的扰动，观察其异型并联机组转速的响应。

仿真工况：在锦界电厂三期完整拓扑基础上，切除锦忻Ⅰ线串补，全机组半载。

t=10s 时，在锦界#1 机机械转矩上施加 $0.2\cos(2\pi \times 27.80t)$ 的扰动（与模态 3 对应），10.1s 时切除扰动，进行仿真分析，结果如图 14-19 和图 14-20 所示。

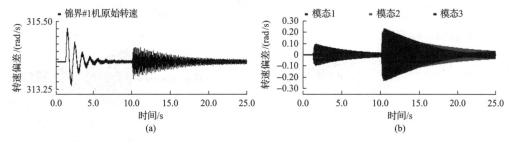

图 14-19   锦界#1 机转速偏差曲线（异型并联机组对锦界 #1 机组施加扰动）

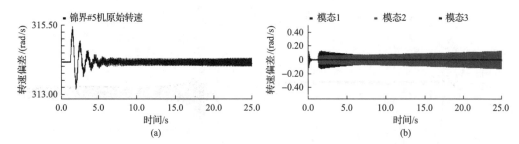

图 14-20   锦界#5 机转速偏差曲线（异型并联机组对锦界 #1 机组施加扰动）

可以看出，锦界 #1 机上施加的短暂扰动会激发该机组扭振模态 3 的响应。对于异型并联机组（锦界#5 机）无影响（锦界#5 机组模态 2 缓慢发散是在该系统拓扑下的自然振荡发散现象，与#1 机扰动无关）。这是因为，锦界#1 机模态 3 振荡频率和锦界#5 机模态 2 振荡频率相差较大（大于 3Hz），其机组间相互影响较小。

同样，t=10s 时，在府谷#1 机机械转矩上施加 $0.2\cos(2\pi\times26.07t)$ 的扰动（与模态 2 对应），10.1s 时切除扰动，进行仿真分析，仿真结果如图 14-21、图 14-22 所示，府谷#1 机上施加的短暂扰动会激发该机组扭振模态 2 的响应。对于异型并联机组（府谷#3 机）无影响（府谷#3 机模态 2 等幅振荡是在该系统拓扑下的自然振荡现象，与#1 机无关）。府谷#1 机模态 2 振荡频率和府谷#3 机模态 2 振荡频率有差距，且府谷#3 机模态 2 的阻尼较强，受府谷#1 机影响较小。

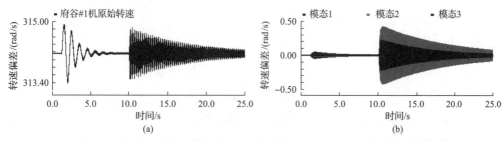

图 14-21　府谷#1 机转速偏差曲线（异型并联机组对府谷 #1 机组施加扰动）

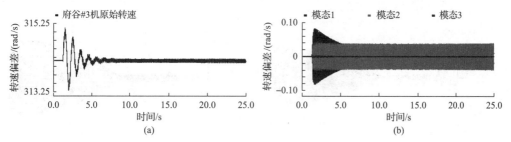

图 14-22　府谷#3 机转速偏差曲线（异型并联机组对府谷 #1 机组施加扰动）

14.5.3　同型非并联机组间相互作用研究

锦界#5、#6 机和府谷#3、#4 机属于同型非并联机组。选择工况：在锦界电厂三期完整拓扑基础上，退出忻石 2 线，全机组半载。t=10s 时，在锦界 #5 机机械转矩上施加 $0.2\cos(2\pi\times23.83t)$ 的扰动（与模态 2 对应），10.1s 时切除扰动，进行仿真分析，结果如图 14-23 和图 14-24 所示。

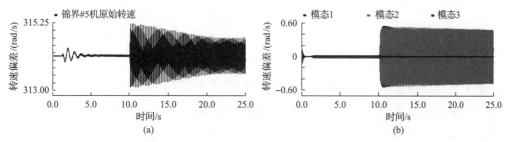

图 14-23　锦界#5 机转速偏差曲线（同型非并联机组对锦界 #5 机组施加扰动）

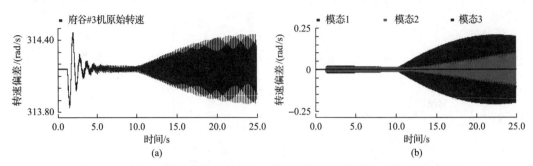

图 14-24　府谷#3 机转速偏差曲线（同型非并联机组对锦界 #5 机组施加扰动）

可以看出，锦界#5 机上施加的短暂扰动会激发该机组扭振模态 2 的响应，同时同型非并联机组府谷#3 机模态 2 会被激发。

同样，t=10s 时，在府谷#3 机机械转矩上施加 $0.2\cos(2\pi\times23.83t)$ 的扰动（与模态 2 对应），10.1s 时切除扰动，进行仿真分析，仿真结果表明，府谷#3 机上施加的短暂扰动会激发该机组扭振模态 2 的响应。同时同型非并联机组（锦界#5 机）模态 2 会被激发。结果如图 14-25 和图 14-26 所示。

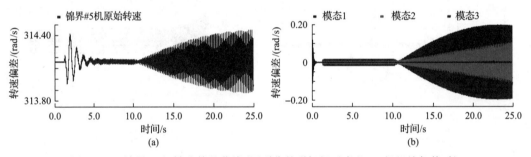

图 14-25　锦界#5 机转速偏差曲线（同型非并联机组对府谷 #3 机组施加扰动）

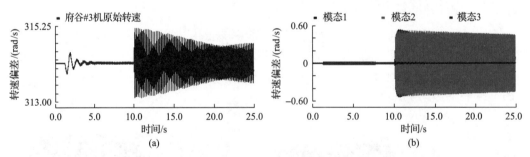

图 14-26　府谷#3 机转速偏差曲线（同型非并联机组对府谷 #3 机组施加扰动）

综上可知，机组模态振荡频率之差是反映机组之间相互作用强弱的一个重要指标。无论机组是否并联在同一条母线，机组扭振模式的振荡频率之差越小（差值 3Hz 作为分界线），机组之间的相互作用越强烈。

14.6　对各种运行工况和不同故障的适应性

14.6.1　对各种运行工况的适应性

考虑发电机组空载、半载和满载出力变化，锦府送出系统十台发电机不同排列组合高达上千种。研究中设想最严重的情况，即机械阻尼为 0。在此基础上，将各发电机组、输电线路以及各串补按 N–2 原则排列组合，共有 398 种不同的运行方式。由于部分发电机组和线路参数相同，独立的运行方式减为 141 个。对 141 种工况分别用频率扫描和电磁暂态仿真进行分析，有 39 种次同步扭振比较危险的典型运行工况。

研究 SSR-DSⅡ装置投运对锦界电厂三期扩建后系统 SSR 的抑制效果时，在 39 种典型运行工况下分别在典型的不同故障位置发生不同类型的短路故障进行了仿真分析，证明 SSR-DSⅡ装置抑制效果良好。因此可以认为 SSR-DSⅡ装置对几乎所有可能的运行工况都具有良好的抑制效果，具有较好的运行工况适应性。

14.6.2　对不同故障的适应性

本节研究 SSR-DSⅡ装置对不同故障位置、发生不同类型故障的抑制效果。

系统典型不同故障位置示意图如图 14-27 所示，图中将府谷电厂及府忻串补线路进行了等效处理。仿真设置锦忻 1 线、府忻 1 线退出，全部机组半载运行，分别在 10s 时于图中 6 个位置分别发生单相接地、两相和三相短路故障，考察 SSR-DSⅡ装置的抑制效果。图 14-28～图 14-30 所示分别为接入 SSR-DSⅡ后，在故障点 2 位置发生单相接地、两相和三相短路故障后，各机组的转速曲线图。可知虽然三相短路故障对系统的扰动更为剧烈，但 SSR-DSⅡ依然具有良好的抑制效果。受篇幅所限，其余 5 个故障点的仿真结果图不予列出。对比可知在不同位置发生不同类型短路故障后，SSR-DSⅡ均具有良好的抑制效果。

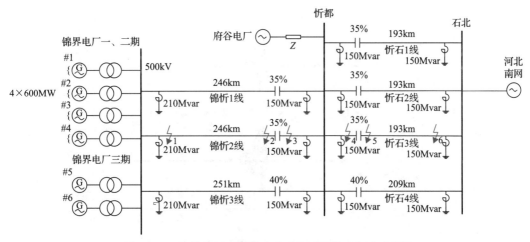

图 14-27　锦界电厂三期扩建后系统不同故障位置示意图

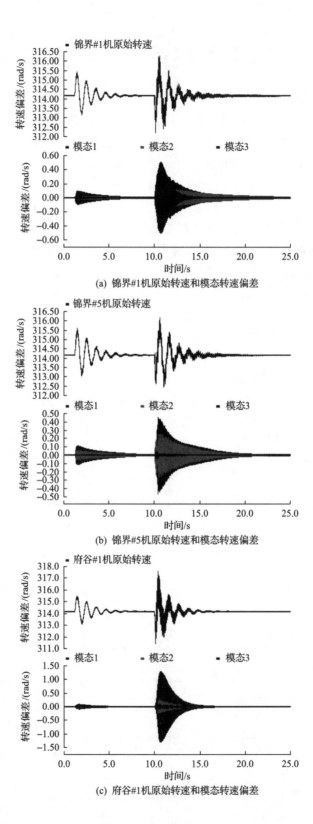

(a) 锦界#1机原始转速和模态转速偏差

(b) 锦界#5机原始转速和模态转速偏差

(c) 府谷#1机原始转速和模态转速偏差

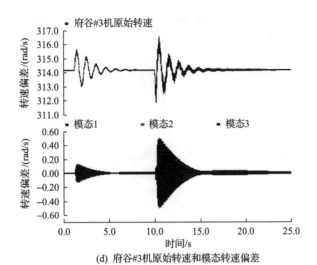

(d) 府谷#3机原始转速和模态转速偏差

图 14-28　故障点 2 发生单相接地故障后各机组转速曲线图

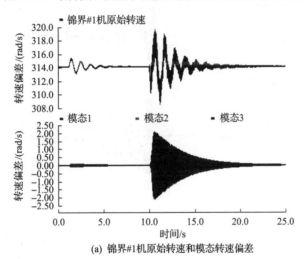

(a) 锦界#1机原始转速和模态转速偏差

(b) 锦界#5机原始转速和模态转速偏差

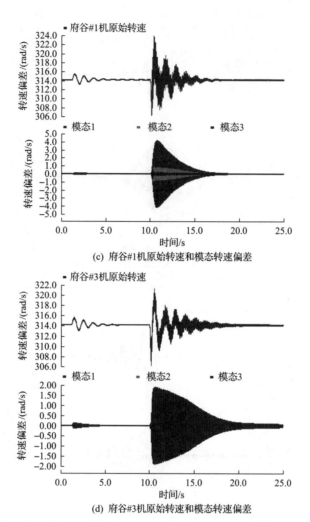

(c) 府谷#1机原始转速和模态转速偏差

(d) 府谷#3机原始转速和模态转速偏差

图 14-29　故障点 2 发生两相短路故障后各机组转速曲线图

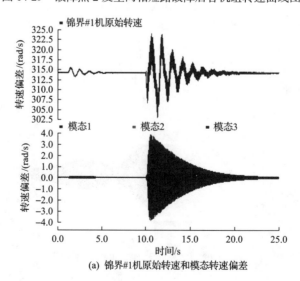

(a) 锦界#1机原始转速和模态转速偏差

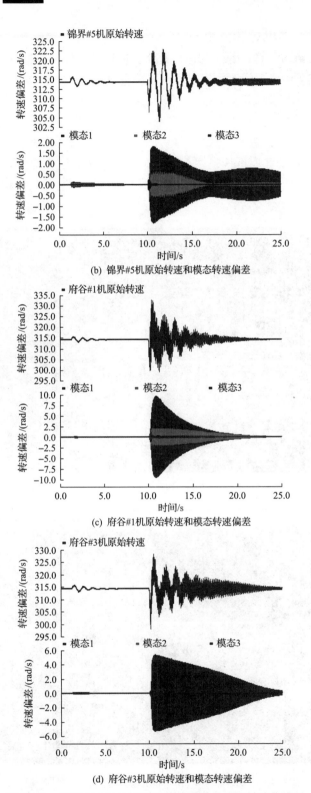

(b) 锦界#5机原始转速和模态转速偏差

(c) 府谷#1机原始转速和模态转速偏差

(d) 府谷#3机原始转速和模态转速偏差

图 14-30　故障点 2 发生三相短路故障后各机组转速曲线图

在 RTDS 仿真实验中对于不同位置发生不同短路类型故障时系统 SSR 振荡风险的研究同样证明了 SSR-DSⅡ对各种工况各种短路类型均具有优良的适应性。

RTDS 仿真实验中工况设置：锦府送出系统全部机组、线路、串补投运，各台发电机组半载运行，锦界电厂仅投运两套 SSR-DSⅡ，分别在府忻线近端、忻都站母线、石北站母线、锦忻线近端发生短路故障。其中，锦忻线近端故障仿真波形图如图 14-31 所示。可知在同一位置下，三相短路故障最严重，两相短路次之，单相接地短路最轻微。同种故障类型下，在忻石线和府忻线发生故障的影响比较轻微。在锦忻线近端发生短路对锦界电厂一、二期机组模态影响较大，而在忻都站母线侧发生短路对锦界电厂三期机组模态影响较大。

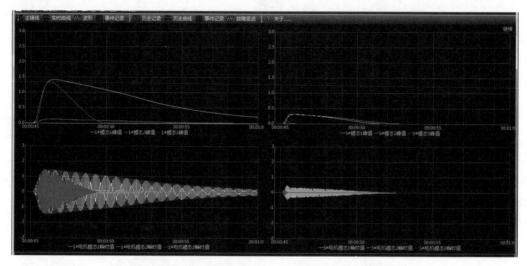

(a) 锦忻线近端三相短路时锦界#1、#5机模态转速峰值和瞬时值

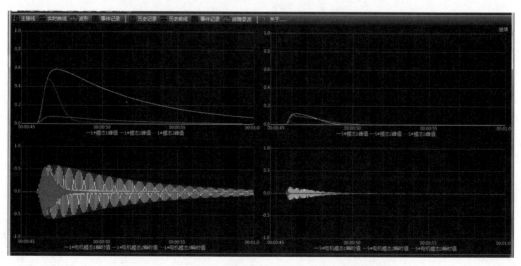

(b) 锦忻线近端单相短路时锦界#1、#5机模态转速峰值和瞬时值

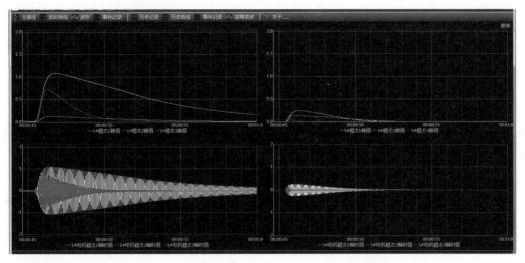

(c) 锦忻线近端两相短路时锦界#1、#5机模态转速峰值和瞬时值

图 14-31　RTDS 仿真实验

14.7　电厂扩建过渡阶段装置投运过程的相互影响分析

锦界电厂次同步扭振抑制设备由 SSR-DS I 向 SSR-DS II 的过渡阶段中会出现电厂现有的 4 台 SSR-DS I 与新装设的 2 台 SSR-DS II 同时投入运行的情况，因此有必要讨论过渡阶段中动态稳定器的抑制效果。

仿真工况：锦界电厂动态稳定器全部投入(4 台 SSR-DS I 和 2 台 SSR-DS II)，锦忻 1 线退出，全部机组半载运行，锦忻 2 线近端发生三相短路故障，0.1s 后线路两侧断路器断开，同时故障被清除。仿真结果如图 14-32～图 14-34 所示。

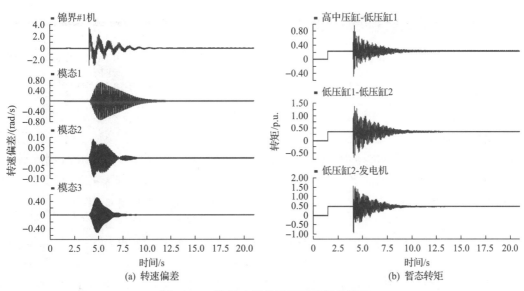

图 14-32　锦界#1 机轴系转速和暂态转矩

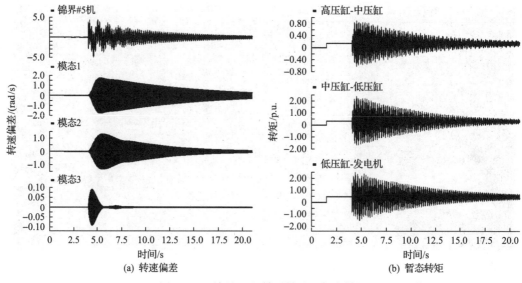

图 14-33　锦界#5 机轴系转速和暂态转矩

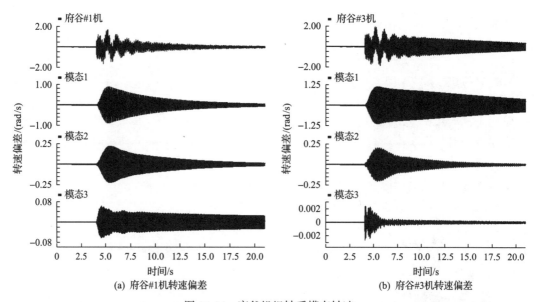

图 14-34　府谷机组轴系模态转速

　　由仿真结果可见，在过渡阶段，锦界电厂 4 台 SSR-DS Ⅰ 和 2 台 SSR-DS Ⅱ 动态稳定器全部投入运行时，各机组的轴系模态转速均能快速收敛，表明此时的 SSR 抑制效果较好。府谷电厂各机组的模态转速也呈现较快收敛状态，表明过渡阶段，各种动态稳定器同时投入运行时，不会发生相互作用和相互影响从而弱化装备的抑制能力。

14.8　锦界三期 SSR-DS Ⅱ 配置方案及效果

　　基于 STATCOM 电流调制的 SSR 动态稳定器经过理论和仿真以及基于 RTDS 实时仿

真的控制器硬件闭环测试分析验证后，安装于现场。完成 2 套 SSR-DS Ⅱ（2×40Mvar）次同步扭振动态稳定器静态调试后开展了激发抑制试验。

1）对锦界#1 机模态 3 的激发抑制试验

在锦界电厂三期投产前，SSR-DS Ⅱ装置对锦界电厂一、二期机组的 3 个固有频率模态进行了激发抑制试验。图 14-35 为在 SSR-DS Ⅰ 运行的前提下激发锦界#1 机模态 3，SSR-DS Ⅱ装置投入和不投入时，锦界#1 机模态 3 的收敛情况。对比图中曲线可知，SSR-DS Ⅱ装置不投入时，锦界#1 机模态 3 经 8.92s 后衰减为 0.01rad/s；投入时，锦界#1 机模态 3 经 3.81s 后衰减为 0.01rad/s，锦界#1 机模态 3 的收敛速度大幅提升。

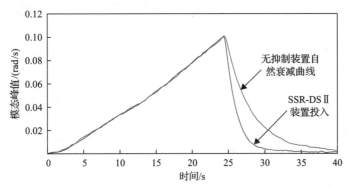

图 14-35　锦界#1 机模态 3 的激发抑制试验图

2）对锦界#5 机的激发抑制试验

在系统某一运行方式下，进行 SSR-DS Ⅱ 投运与不投运情况下的激发抑制试验，对比两种情况下#5 机各模态的衰减曲线，如图 14-36 和图 14-37 所示。#5 机模态 1、模态 2 分别激发到 0.04rad/s 时的衰减曲线对比结果表明，抑制设备不投运时#5 机模态 1 衰减至 0.01rad/s 所需时间为 10.91s，投入一套 SSR-DS Ⅱ后，模态 1 衰减至 0.01rad/s 所需时间为 3.08s；抑制设备不投运时模态 2 衰减至 0.01rad/s 所需时间为 17.96s，投入一套 SSR-DS Ⅱ后，模态 2 衰减至 0.01rad/s 所需时间为 8.76s。

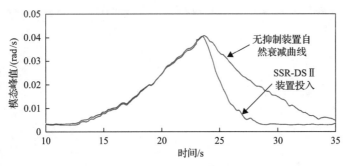

图 14-36　锦界#5 机模态 1 的激发抑制试验图

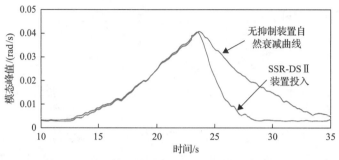

图 14-37　锦界#5 机模态 2 的激发抑制试验图

根据现场的模态激发抑制试验可知，锦界电厂三期工程配置 2 套 SSR-DSⅡ，在有效抑制三期机组次同步扭振问题的同时，可覆盖解决锦界电厂一、二期机组的次同步扭振问题。

14.9　工程应用效果

案例一：2021 年 2 月 28 日 18:47:00，锦界电厂#2 降压变高压侧 B 相接地故障，保护跳闸，通过该变压器接入系统的 2 套 SSR-DSⅠ和 1 套 SSR-DSⅡ同时退出运行，仅剩 #1 降压变所带 2 台 SSR-DSⅠ和 1 台 SSR-DSⅡ运行。#2 SSR-DSⅡ事故录波如图 14-38 所示。录波分析表明，故障扰动激发了各机组轴系扭振模态，在#1 降压变所带抑制装置的作用下，#2～#4 机的模态 3 扭振得到了快速抑制，最大模态转速变化幅度不超过 0.25rad/s，模态 1 和模态 2 扭振也较快地收敛，模态 1 最大转速变化幅度为 0.4rad/s，模态 2 最大转速为 0.15rad/s；#5、#6 机三个模态的最大转速变化幅度为 0.25rad/s，6 台机组所有模态均有效收敛。

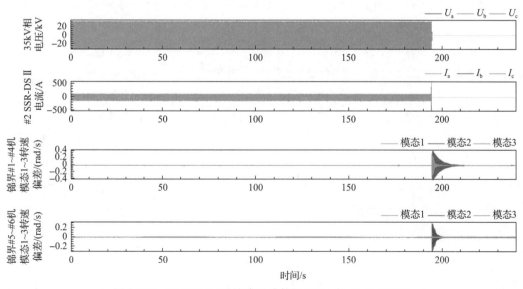

图 14-38　#2 SSR-DSⅡ故障录波数据(2021 年 02 月 28 日)

案例二：2021 年 3 月 10 日 18:55:30 锦忻 1 线串补退出，2021 年 3 月 11 日锦忻 1 线串补投入，两次串补动作引起的扰动过程录波如图 14-39 和图 14-40 所示。故障录波中录波通道配置分别为：Wave18～20 为降压变 35kV 相电压(kV)，Wave1～3 为 SSR-DS Ⅱ输出电流(A)，Wave22～24 为锦界#1～#4 机模态 1～3［(rad/s)］，Wave25～27 为锦界#5、#6 机模态 1～3［(rad/s)］。从录波分析可见，串补投退引起的扭振模态转速变化幅度较小，不超过 0.04rad/s，且很快收敛。

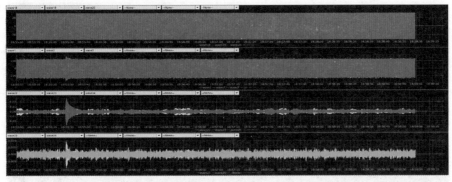

图 14-39　锦忻 1 线串补退出(2021 年 03 月 10 日 18:55:30)

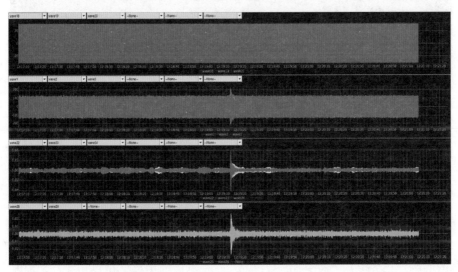

图 14-40　锦忻 1 线串补投入(2021 年 03 月 11 日 12:19:10)

案例三：2021 年 3 月 13 日 09:44:59，忻石 2 线发生单相永久故障，单相重合闸动作，重合于永久故障，断开故障线路。图 14-41 给出了 SSR-DS Ⅱ的扭振录波情况，图中各通道录波量与图 14-40 相同。由图 14-41 可见，SSR-DS Ⅱ对锦界#1～#6 机均进行了有效抑制。

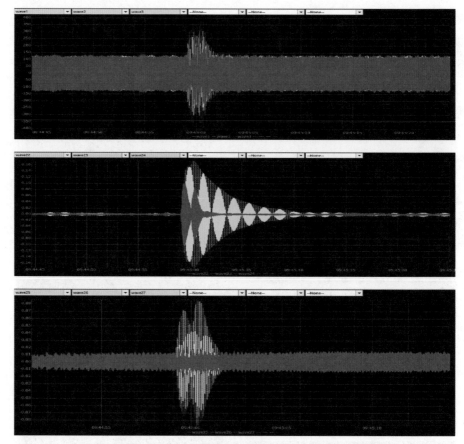

图 14-41　忻石 2 线单相永久故障锦界电厂 SSR-DS Ⅱ 录波

以上典型扰动及故障录波分析表明，SSR-DS Ⅱ 在锦界电厂串补送出系统多模态次同步扭振抑制工程中的应用是非常成功的，为国内大型火电基地外送系统次同步扭振/谐振抑制研究提供了成功范例。

14.10　本章小结

本章以锦界电厂三期投运后的系统为例，分析研究了多机型送出系统下多模态次同步扭振的问题。锦界电厂三期建成后，锦界-府谷电厂输出环境是包括 10 台 3 种型号的大型火电机组，9 条串补度不尽相同的串补线路复杂系统。采用理论分析与电磁暂态仿真相结合的方式，按照最终确定的控制策略方案及参数，基于 RTDS 与 PSCAD/EMTDC 数字仿真进行性能验证、参数优化，研究了重要参数允差范围及锦界电厂机组之间与府谷电厂机组之间 SSR 相互作用与相互影响。

(1) 构建了锦界电厂三期工程 SSR 抑制方案框架。通过对 SSR-DS Ⅱ 控制策略的研究，提出了其控制结构和控制框图，确定了其六通道六模态抑制的分模态控制方式。

(2) 通过对比 3 种接入方式，确认了 SSR-DS Ⅱ 通过降压变接入 500kV 侧的方案。该方案运行可靠性更高，维护更方便，设备造价较低，且对厂用电系统无影响。

（3）同型并联机组和同型非并联机组在故障后暂态过程中不会出现相互作用的情况，从多台机组中提取的转速偏差信号在 SSR-DSⅡ抑制控制器中叠加处理时不会相互淹没，即基于发电机组转速平均值反馈的抑制方案是有效的；异型并联机组间转速偏差信号虽然差异较大，但是通过对不同型号机组的转速信号分开叠加处理，也可有效规避异型并联机组转速偏差信号在 SSR 抑制控制器中相互影响的问题。

（4）锦界电厂三期机组与府谷电厂二期机组型号参数相同，机组间存在相互作用（如出现拍频现象），但拍频现象对 SSR-DSⅡ抑制效果影响较小。

（5）SSR-DSⅡ在抑制锦界电厂串补送出系统多模态次同步扭振的工程应用为国内大型火电基地外送系统的次同步扭振抑制提供了成功范例。

第 15 章　火电基地经 HVDC 与交流串补线路混联外送系统机组轴系次同步扭振问题的解决方案与工程实践

对于火电基地经 HVDC 与交流串补线路混联外送系统，高压直流输电中控制回路作用会引起次同步扭振，加上交流串补输电，对火电机组轴系次同步扭振的综合影响变得复杂。本章以呼伦贝尔火电基地抑制次同步扭振工程实践为例，分析火电基地经 HVDC 与交流串补线路混联外送系统机组轴系次同步扭振问题，并提出解决方案。

15.1　呼伦贝尔火电基地外送系统简介

呼伦贝尔火电基地总装机容量 5800MW，生产的电力主要送往黑龙江和辽宁，送出系统主接线图见附图 B-1。其中 A 电厂一期和二期通过双回交流线路接入 500kV 冯屯变电站。在伊-冯双回线上加装 30% 固定串补(FSC)及 15%可控串补(TCSC)；呼贝电厂、A 电厂三期、鄂温克电厂发电机组输出功率主要通过额定电压 ±500kV、额定容量 3000MW 的双极呼辽直流送出。

15.2　呼伦贝尔火电基地外送系统的次同步扭振问题

呼贝电厂、A 电厂三期、鄂温克电厂发电机组输出功率主要通过直流送出，A 电厂一期和二期通过交流串补送出，这种交流串补与直流输电线路混联复杂系统存在次同步扭振风险，将对汽轮发电机组轴系寿命造成严重的危害。

为此，呼伦贝尔火电基地外送系统在 HVDC 控制器中增设 SSDC、在部分发电机组安装 SEDC，此后系统的次同步扭振趋于稳定和收敛。然而，从系统实际运行记录看，虽然以上抑制措施有针对性地限制了大扰动下的等幅和增幅次同步扭振，但是，仍然存在明显的小扰动和直流功率快速调节引起的频繁超标的低幅次同步扭振现象，而且随着 HVDC 输送功率的逐渐增大，这种长时间周期性疲劳累积形成的对机组轴系运行寿命的影响不容忽视。

对呼贝电厂机组现场录波图进行分析，当直流输送功率在 1600MW 以上时，机组轴系扭振保护装置开始频繁启动报警和疲劳损伤累积计算，并且两台机组基本同时启动，每台机组的启动次数达到 150～350 次之多，尤其是在直流单极运行期间，启动次数更是成倍增加，最多可达 917 次/d，统计如表 15-1 所示。

表 15-1　2011 年呼贝电厂#2 机 TSR 启动次数统计

日期	#2 机 TSR 启动次数 /(次/d)	直流单/双极运行工况
3 月 1 日	380	双极运行（单机运行）
3 月 2 日	180	双极运行（单机运行）
3 月 3 日	167	双极运行（单机运行）
3 月 7 日	196	双极运行（单机运行）
4 月 8 日	337	双极运行（单机运行）
4 月 9 日	207	双极运行（单机运行）
4 月 10 日	127	双极变单极运行（单机运行）
4 月 11 日	478	单极运行（单机运行）
4 月 12 日	611	单极运行（单机运行）
4 月 13 日	160	单极运行（单机运行）
4 月 14 日	134	单极变双极运行（单机运行）
4 月 15 日	257	双极运行（单机运行）
5 月 23 日	346	双极变单极运行（单机运行）
5 月 24 日	580	单极运行（单机运行）
5 月 25 日	917	单极运行（单机运行）

呼贝电厂#1 机 2011 年 11 月 3 日 TSR 录波如图 15-1 所示，机组扭振模态呈现频繁被激发的振荡模式，其中模态 1（19.3Hz，图中红色曲线）转速幅值最高达到 0.1851rad/s。基于现场录波数据的疲劳累积寿命损耗计算分析认为，如果呼贝电厂机组继续按照此工况运行，正常服役年限约为 5 年，甚至更短。在某些特殊工况下，机组的安全运行得不到保障。

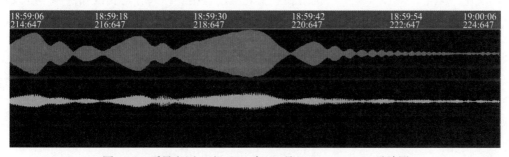

图 15-1　呼贝电厂#1 机 2011 年 11 月 3 日 19:00 TSR 录波图

15.3　呼伦贝尔火电基地次同步扭振问题分析

为了明晰呼伦贝尔火电基地机组次同步扭振发生的机理，本节利用复转矩系数法在交直流混联和直流孤岛运行的典型工况下对呼伦贝尔火电基地机组的阻尼特性进行分析，同时通过时域仿真手段对模态振荡频繁被激发的原因进行了验证研究。

15.3.1 呼伦贝尔火电基地机组阻尼特性分析

采用复转矩系数法分别在交直流混联和直流孤岛运行方式下，对呼伦贝尔火电基地外送系统的阻尼特性进行分析，重点分析呼辽直流负荷大小对系统阻尼特性的影响，得到的结果如附录 B.2 所示，归纳总结为以下几点。

1. 呼贝电厂机组阻尼特性

呼伦贝尔火电基地交直流混联和直流孤岛运行方式下，呼贝电厂机组扭振模态稳定，但是电气阻尼较弱，直流孤岛运行方式下电气阻尼更弱；另外，相比直流半载或单极运行方式，直流满功率运行时机组电气阻尼更弱，并且会出现较小的电气负阻尼。

2. 鄂温克电厂机组阻尼特性

与呼贝电厂相似，鄂温克电厂机组在次同步频率段的电气阻尼受交直流混联和直流孤岛运行方式以及直流输送功率的影响，呈现一定的不同特性。交直流混联运行方式下，鄂温克电厂机组电气阻尼均为正，但是阻尼均较弱；直流孤岛运行方式下，部分次同步频率段鄂温克电厂机组呈现较弱的负电气阻尼。综合机械阻尼和电气阻尼，鄂温克电厂机组轴系扭振模态是稳定的，但是由于部分工况下扭振模态电气负阻尼的削弱作用，同样存在扭振模态被激发和收敛较慢的问题。

3. A 电厂机组阻尼特性

交直流混联且直流满功率运行时，A 电厂一期机组扭振模态 3 和模态 4 以及二期和三期机组模态 3 呈现较弱的正电气阻尼。直流孤岛运行方式下，A 电厂三期机组经过呼辽直流送出，机组电气阻尼在次同步频率段呈现负电气阻尼特性，对应模态 2 和模态 3 呈现负电气阻尼。对比呼贝电厂机组和鄂温克电厂机组，距离呼辽直流和伊冯串补线路电气距离更近的 A 电厂机组的电气阻尼更弱。

15.3.2 呼伦贝尔火电基地机组 SSO 问题仿真研究

针对呼伦贝尔火电基地外送系统，建立详细的电磁暂态仿真模型，在故障扰动下进行数字仿真，分析系统中机组的电气阻尼特性。仿真计算过程中，直流附加阻尼控制 SSDC 一直投入运行，计及各机组的机械阻尼，呼贝电厂机组机械阻尼取为 $0.069s^{-1}$。考虑如下工况。

工况 1：交直流混联运行，呼伦贝尔火电基地所有机组半载，伊冯线 30%固定串补以及 15%可控串补均投入，直流双极半载运行（P_{DC}=1500MW）。

工况 2：交直流混联运行，呼伦贝尔火电基地所有机组满载，伊冯线 30%固定串补以及 15%可控串补均投入，直流双极满载运行（P_{DC}=3000MW）。

工况 3：交直流混联运行，呼伦贝尔火电基地所有机组半载，伊冯线 30%固定串补以及 15%可控串补均投入，直流单极满载运行（P_{DC}=1500MW）。

工况 4：直流孤岛运行，呼贝电厂 1#/2# 机组、鄂温克电厂 1#/2# 机组以及 A 电厂三期 5# 机组满载，伊冯线 35% 固定串补以及 15% 可控串补均投入，直流双极满载运行（P_{DC}=3000MW）。

工况 5：直流孤岛运行，呼贝电厂 1#/2# 机组、鄂温克电厂 1#/2# 机组以及 A 电厂三期 5# 机组满载，伊冯线 35% 固定串补以及 15% 可控串补均投入，直流双极半载运行（P_{DC}=1500MW）。

故障设置：单相瞬时短路。故障发生时刻为 t=0.2s，故障持续时间为 0.1s，故障切除后单相重合，重合闸动作时间为 1s。设置的故障点为呼伦贝尔开关站至呼伦贝尔换流站的线路末端。

通过以上五种运行方式下的仿真，分析直流孤岛运行方式下输送功率对系统 SSO 阻尼特性的影响、直流系统单极和双极运行系统的 SSO 阻尼特性、交直流混送与直流孤岛运行方式对 SSO 特性的影响。

呼贝电厂#1 机组机头（高中压缸轴段）模态转速、高中压缸-低压缸暂态转矩最大值以及模态阻尼、衰减时间如表 15-2 所示。

表 15-2 模态转速、高中压缸-低压缸暂态转矩最大值、模态阻尼及衰减时间

工况	模态转速最大值/(rad/s)		暂态转矩最大值/p.u.		模态阻尼/s⁻¹		衰减时间/s	
	模态 1	模态 2	模态 1	模态 2	模态 1	模态 2	模态 1	模态 2
工况 1	0.2080	0.2369	0.0524	0.0719	0.1372	0.0855	7.29	11.69
工况 2	0.2820	0.3774	0.0757	0.1147	0.1481	0.0835	6.75	11.97
工况 3	0.3142	0.2828	0.0829	0.0775	0.1233	0.1096	8.11	9.12
工况 4	0.6757	0.6225	0.1784	0.1883	0.4926	0.0988	2.03	10.12
工况 5	0.3355	0.3080	0.0873	0.0934	0.2105	0.0948	4.75	10.55

表 15-2 中衰减时间是指模态转速的幅值从最大值衰减到最大值的 e^{-1} 的时间，模态阻尼为衰减时间的倒数。

从表 15-2 可以看出，SSO 特性受系统运行方式影响。呼伦贝尔火电基地外送系统有三种典型的运行方式对系统 SSO 的影响较大：直流孤岛运行方式、直流系统运行方式（单极/双极）、交直流混送运行方式。为了得到更精确的分析结果，对呼贝电厂机组轴系进行了模态频率、暂态转矩和时频分析，分析结果如下：

（1）故障扰动发生后，在所有运行方式下呼贝电厂机组轴系模态均受到激发，但均可保持收敛稳定。

（2）呼辽直流满载运行时，故障扰动后呼贝电厂机组轴系模态转速和暂态转矩幅值较大。

（3）呼贝电厂机组轴系模态 2 的阻尼受呼辽直流单极/双极运行的影响较小，模态 1 的阻尼受呼辽直流单极/双极运行的影响较明显，呼辽直流单极运行时，模态 1 的阻尼较小。

15.3.3　呼贝电厂机组频繁扭振的机理分析

以上电气阻尼特性分析和时域仿真表明，呼伦贝尔火电基地外送系统中各电厂机组轴系扭振模态是稳定的，但是因为阻尼较弱，一旦被激发起来，衰减较为缓慢。实际电网运行时随机的扰动始终存在，因此，从机理上分析，图 15-1 所示的呼贝电厂机组频繁扭振特性与机组的弱电气阻尼特性及系统扰动有关。为了明确系统中 SSO 的扰动源，分别分析直流系统功率调节或波动的幅值、频繁程度和直流输送功率等因素对呼贝电厂 SSO 的影响。

呼辽直流系统功率频繁调节或波动时，相当于在直流系统的直流电流指令值上连续施加阶跃扰动，使得整流侧触发角发生相应变化，从而调节直流系统的输送功率。仿真中在直流系统的直流电流指令值上连续施加一定幅值的阶跃扰动，用来模拟直流系统功率调节或波动的扰动。将呼贝电厂#1 机组的仿真计算与录波结果进行对比表明：

(1)施加该扰动后进行机组扭振响应的仿真计算，仿真计算结果与现场录波结果吻合，可见呼辽直流系统功率调节或波动产生的扰动会对呼贝电厂机组造成影响，是引起呼贝电厂 SSO 的一种扰动源。

(2)在相同的工况下，呼贝电厂机组模态转速的大小与直流系统功率调节的幅值和频繁度有关。直流系统功率调节幅值越大，引起的呼贝电厂 SSO 问题越严重。直流系统功率调节越频繁，引起的呼贝电厂 SSO 问题越严重。

15.4　呼贝电厂次同步扭振问题解决方案

本节针对呼贝电厂 2×600MW 机组的次同步扭振问题，对其汽轮发电机组轴系疲劳寿命危险部位确定、*S-N* 曲线的建立与应力分布以及发电机组 SSO 问题风险评估从理论到实践进行深入剖析，掌握了其频繁超标的低幅次同步扭振的特征，对其产生机理与诱发原因、抑制措施进行了量化分析，提出了采用基于电压源型换流器技术的 SSO-DS 来解决这一问题。

呼贝电厂共有两台机组，采用两台基于 STATCOM 电流调制的动态稳定器(SSO-DSⅡ)，分别通过厂用变接到#1 和#2 发电机机端。每台 SSO-DSⅡ容量为±20Mvar。

呼贝电厂次同步扭振现场调试分三个阶段，完成了以下 8 个方面的试验内容：①SSO-DSⅡ并网核相试验；②SSO-DSⅡ高压带电单体试验；③SSO-DSⅡ控制策略的有效性验证试验；④轴系扭振实时监测数据记录和计算分析；⑤轴系扭振频率扫描测量；⑥SSO-DSⅡ控制器参数校正；⑦控制参数调整与电压闪变治理；⑧单、双机连续观察试运行。

15.4.1　SSO-DSⅡ装置抑制 SSO 的有效性验证试验结果

在现场通过扰动激发机组扭振模态 1 发生超标次同步扭振，比较了投入和不投入 SSO-DSⅡ装置时的录波，结果如图 15-2 所示。可以看出，投入 SSO-DSⅡ后模态 1 迅速衰减，验证了 SSO-DSⅡ控制策略的有效性。

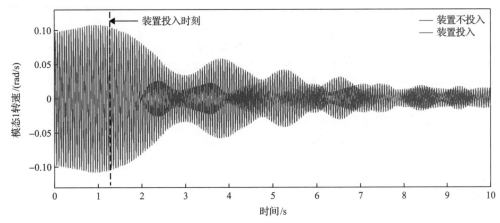

图 15-2　投入/不投入装置，模态 1 典型波形比较

15.4.2　SSO-DSⅡ装置试验、投运的情况

根据现场发电运行条件，分阶段完成了首台 SSO-DSⅡ参数调试及软启动试验、单台 SSO-DSⅡ装置试运行和参数设置、双台 SSO-DSⅡ装置同时投入运行等工作。

双台 SSO-DSⅡ装置同时投入运行与未投入时#2 机组模态 1 典型波形对比如图 15-3 所示。可知，未投入 SSO-DSⅡ的情况下，呼贝电厂#2 机组模态 1 转速最大到 0.1654rad/s，已经超过报警阈值(0.1rad/s)；当 SSO-DSⅡ投入后，#2 机组模态 1 最大转速为 0.028rad/s，远低于报警阈值(0.1rad/s)。

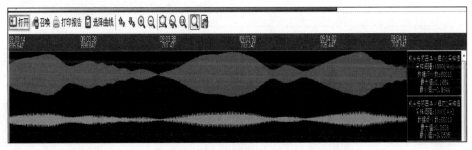

(a) 未投入SSO-DSⅡ(最大值0.1654rad/s)

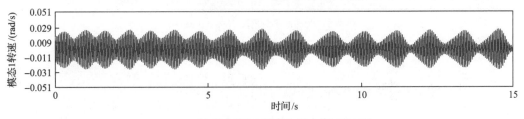

(b) 双台SSO-DSⅡ投入(最大值0.028rad/s)

图 15-3　投入与未投入 SSO-DSⅡ时，#2 机组模态 1 典型波形

双台 SSO-DSⅡ装置同时投入运行后，连续 5 天的 2 台发电机模态 1 监测记录如表 15-3 所示。由记录结果可见，发电机 TSR 报警 100%解除，机组扭振模态转速最大值均处于低

于疲劳累计启动阈值的安全范围，表明了 SSO-DSⅡ在抑制机组频繁扭振方面的有效性。

表 15-3　双台 SSO-DSⅡ投入后 2 台发电机模态 1 监测情况

时间	#1 机组报警次数/次	#2 机组报警次数/次	#1 机组扭振模态转速 最大值/(rad/s)	#2 机组扭振模态转速 最大值/(rad/s)
第 1 天	0	0	0.030	0.029
第 2 天	0	0	0.029	0.028
第 3 天	0	0	0.028	0.028
第 4 天	0	0	0.031	0.030
第 5 天	0	0	0.033	0.031

15.4.3　呼伦贝尔地区电厂机组对比情况

为了进一步校核装置的抑制性能，在呼辽直流大负荷试验时，将呼贝电厂与 A 电厂三期、鄂温克电厂的次同步扭振情况进行了对比，其间各个电厂典型模态振荡波形如图 15-4 所示。

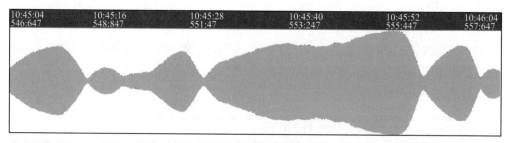

(a) A电厂三期机组模态2振荡波形(最大0.21rad/s)

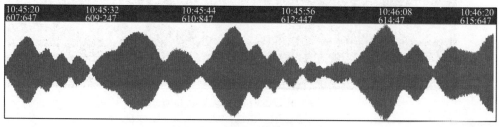

(b) 鄂温克电厂模态1振荡波形(最大0.16rad/s)

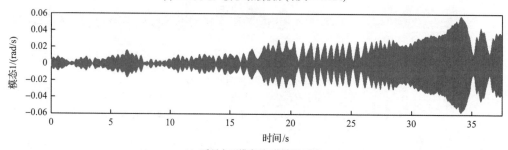

(c) 呼贝电厂模态1振荡波形(最大0.056rad/s)

图 15-4　呼辽直流大负荷期间某时段三个电厂次同步扭振模态录波对比

呼辽直流大负荷运行的条件下，呼贝电厂机组模态 1 最大转速 0.056rad/s，而 A 电厂三期和鄂温克电厂机组轴系扭振模态转速最大分别达到 0.21rad/s 和 0.16rad/s。

对呼贝电厂、A 电厂三期和鄂温克电厂部分 TSR 录波数据进行了统计，统计情况如表 15-4 所示。

表 15-4　呼辽直流大负荷试验次同步扭振情况统计

机组	统计内容	第 1 阶段	第 2 阶段	第 3 阶段	第 4 阶段	第 5 阶段	第 6 阶段	总计
A 电厂三期 #5 机组	TSR 报警次数/次	0	0	21	1	10	1	33
	疲劳累计次数/次	0	0	10	2	14	0	26
	超过 0.1rad/s 次数/次	0	0	21	1	8	1	31
	最大值/(rad/s)	—		0.210	0.113	0.187	0.110	—
鄂温克电厂 #1 机组	TSR 报警次数/次	3	3	16	1	11	3	38
	超过 0.1rad/s 次数	1	1	12	0	6	0	20
	最大值/(rad/s)	0.123	0.153	0.200	0.090	0.160	0.064	—
鄂温克电厂 #2 机组	TSR 报警次数/次	2	1	19	0	11	6	39
	超过 0.1rad/s 次数/次	1	1	9	0	6	3	20
	最大值/(rad/s)	0.125	0.103	0.200	—	0.190	0.160	—
呼贝电厂 #1 机组	TSR 报警次数/次	0	0	0	0	0	0	0
	疲劳累计次数/次	0	0	0	0	0	0	0
	超过 0.1rad/s 次数/次	0	0	0	0	0	0	0
呼贝电厂 #2 机组	TSR 报警次数/次	0	0	0	0	0	0	0
	疲劳累计次数/次	0	0	0	0	0	0	0
	超过 0.1rad/s 次数/次	0	0	0	0	0	0	0

注：鄂温克电厂报警阈值为 0.05rad/s，保护启动阈值 0.087rad/s；A 电厂三期报警阈值为 0.07rad/s，保护启动阈值 0.13rad/s；呼贝电厂报警阈值为 0.1rad/s，保护启动阈值 0.176rad/s。

第 1 阶段：9:10～09:28，直流功率上升至 2500MW。
第 2 阶段：9:28～09:47，直流功率上升至 3000MW。
第 3 阶段：9:47～11:47，直流功率保持 3000MW。
第 4 阶段：11:47～1:54，极 Ⅰ 电压降至 80%。
第 5 阶段：11:54～12:41，极 Ⅱ 电压降至 80%。
第 6 阶段：12:41～13:05，直流功率下降至 1800MW。

通过对比各电厂的次同步扭振情况可以看出，在呼辽直流大负荷试验期间，A 电厂三期和鄂温克电厂次同步扭振现象较严重，呼贝电厂未出现报警，进一步校核了呼贝电厂投运的 SSO-DS Ⅱ 在大负荷工况下抑制性能的有效性。

15.4.4 大扰动试验结果

为了进一步校核装置的抑制性能，开展了大扰动试验，观察 SSO-DS Ⅱ 不投入和投入时呼贝电厂 SSO 的收敛/发散情况。此处仅列出某一种大扰动下的对比曲线，如图 15-5 所示。对比图中模态 1 振荡情况可以看出，在 SSO-DS Ⅱ 不投入时，模态 1 由峰值衰减到 17%峰值的时间在 7s 左右，在 SSO-DS Ⅱ 投入后，模态 1 由峰值衰减到 10%峰值的时间在 2s 以内，表明 SSO-DS Ⅱ 能够有效提高系统阻尼。其他扰动情况类似，结果表明，投入 SSO-DS Ⅱ 装置后，大扰动下呼贝电厂模态 1 可快速收敛。

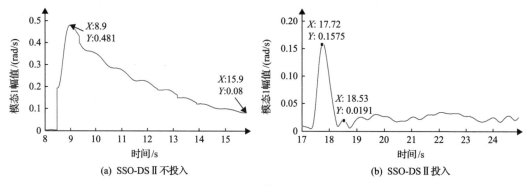

图 15-5 某大扰动下模态 1 转速波形包络线

15.5 呼伦贝尔地区网架升级对系统 SSO 特性的影响

15.5.1 网架升级后的系统概况

原呼伦贝尔地区火电主要通过呼辽直流和伊冯线送出，主网架结构较单一。但是随着扎青±800kV 特高压直流系统与多条 500kV 交流线路投运，呼伦贝尔火电基地外送系统网架结构发生变化，扩建后的呼伦贝尔火电基地外送系统如附录 B 所示。扩建后的新电网系统新增了鲁固特高压直流(简称扎青直流)和 500kV 环网，网架结构得到一定程度的加强，可能改善呼伦贝尔火电基地机组轴系次同步扭振问题，但是因为主网架线路电气距离较长，仍有必要针对网架升级后的送出系统进行研究，分析电厂机组轴系次同步扭振风险。

15.5.2 大扰动下呼贝电厂机组的 SSO 特性

对网架升级后呼贝电厂在各种运行方式、故障(或扰动)类型、故障点以及机组不同出力等多种运行工况下进行轴系次同步扭振仿真研究，并与网架升级前进行比较性仿真研究，图 15-6 给出了网架升级前后呼伦贝尔火电基地外送系统交直流联合运行时大扰动下呼贝电厂机组模态转速对比。

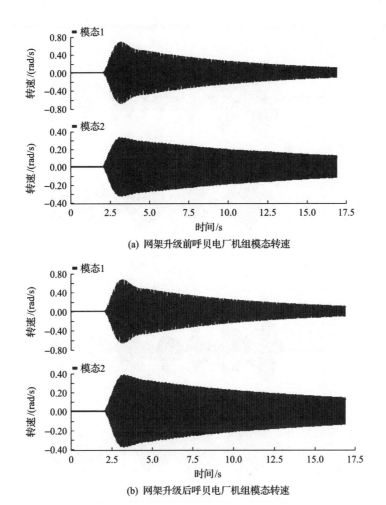

(a) 网架升级前呼贝电厂机组模态转速

(b) 网架升级后呼贝电厂机组模态转速

图 15-6 交直流混联运行时，大扰动下呼贝电厂机组轴系次同步扭振模态转速

研究结果表明，呼贝电厂送出系统发生大扰动后，电厂机组轴系的 2 个次同步扭振模态均会被激发，其幅值大致按指数规律逐渐衰减，均为稳定收敛状态，扭振过程中，轴系各环节承受的扭矩也按指数规律逐渐衰减。对不同故障类型、不同故障点以及机组出力变化进行排列组合，分析计算每一种组合发现，暂态扭矩最大值不超过 2 倍标幺值，不会对轴系造成立即损坏。按照实际大扰动发生的频度，也不会对机组轴系预期寿命产生影响。

15.5.3 小扰动下呼贝电厂机组的次同步扭振特性

针对网架升级前后的呼伦贝尔火电基地外送系统，采用直流功率调节的小扰动方式，在定电流指令中加入幅值不大于 5%定值的不规则扰动，通过详细时域仿真研究呼贝电厂机组在扰动源作用下的扭振响应特性。

1. 系统网架升级前后呼辽直流功率调制扰动下的机组扭振响应特性

对呼伦贝尔火电基地外送系统呼辽直流功率施加小幅度调制扰动，对比分析网架升级前后呼贝电厂机组轴系的扭振模态波形，如图 15-7 和图 15-8 所示。计算结果表明，

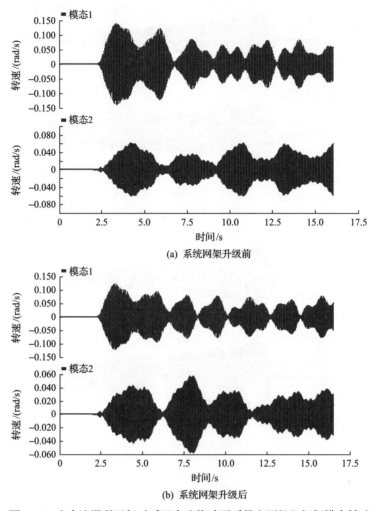

(a) 系统网架升级前

(b) 系统网架升级后

图 15-7　交直流混联运行时呼辽直流扰动下呼贝电厂机组扭振模态转速

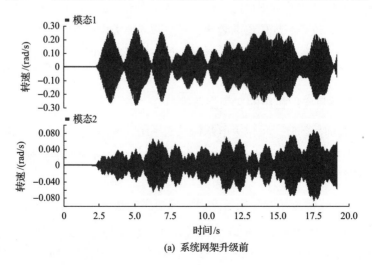

(a) 系统网架升级前

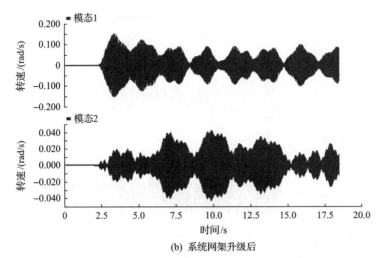

(b) 系统网架升级后

图 15-8 直流孤岛运行时呼辽直流扰动下呼贝电厂机组扭振模态转速

系统网架升级后，机组扭振响应幅度有所减小，网架升级一定程度上增强了呼贝电厂机组电气阻尼。

2. 系统网架升级后扎青直流功率调制扰动下的机组扭振响应特性

对网架升级后呼伦贝尔火电基地外送系统的扎青直流功率施加小幅度调制扰动，分别观察交直流混联和直流孤岛运行情况下，呼贝电厂机组轴系的扭振模态波形，如图 15-9 所示。

由图 15-9 可见，在系统网架升级后，在扎青直流功率调制扰动作用下，呼贝电厂机组的扭振模态转速都会受到持续激发，交直流混联运行方式下机组模态 1 转速最大值为 0.018rad/s 左右，直流孤岛运行方式下机组模态 1 转速最大值为 0.06rad/s 左右。

扎青直流整流站距离呼贝机组较远，离东北主网较近，而呼辽直流整流站则距离呼贝电厂机组较近，离东北主网较远。因此，在交直流混联运行时扎青直流扰动对呼贝电厂的次同步扭振的影响远小于呼辽直流扰动对其影响，也远小于系统扩建后孤岛运行下

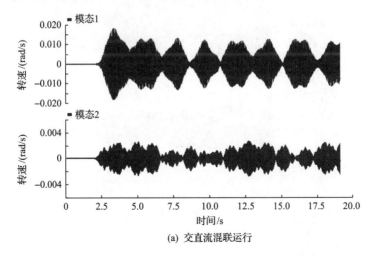

(a) 交直流混联运行

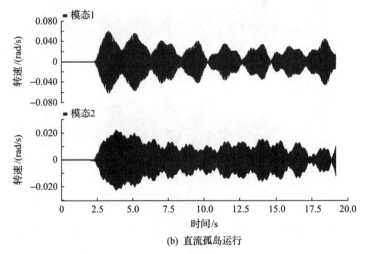

(b) 直流孤岛运行

图 15-9 系统网架升级后扎青直流功率调制扰动下呼贝电厂机组扭振模态转速

扎青直流扰动对其影响。与呼辽直流受扰动结果对比可见，扎青直流扰动对激发机组扭振的作用要小得多，仿真结果与理论分析一致。

15.5.4 网架升级后 SSO-DS Ⅱ 对呼贝电厂机组扭振的抑制作用

上述分析表明，呼伦贝尔系统网架升级后，呼贝电厂机组扭振的响应幅度有所降低，有利于 SSO-DS Ⅱ 对呼贝电厂机组扭振的抑制作用。为了验证 SSO-DS Ⅱ 的抑制效果，本节对网架升级后呼贝电厂机组轴系次同步扭振进行了仿真计算。其中某一大扰动下机组轴系次同步扭振模态波形如图 15-10 所示。结果表明，投入 SSO-DS Ⅱ 装置，能有效抑制机组轴系 2 个模态的次同步扭振，使其快速收敛，化解了轴系次同步扭振风险。

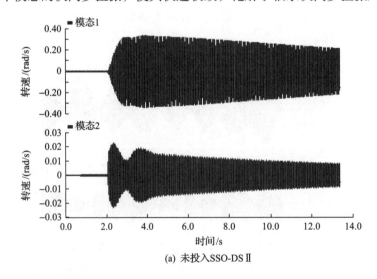

(a) 未投入SSO-DS Ⅱ

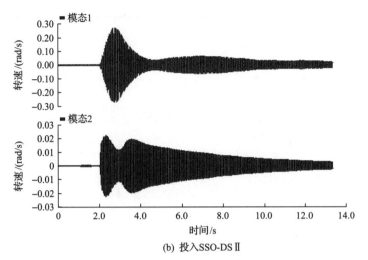

(b) 投入SSO-DSⅡ

图 15-10　呼贝电厂机组轴系次同步扭振模态波形

15.6　本 章 小 结

呼伦贝尔火电基地外送系统是次同步扭振问题的一个典型工程案例，系统中包含交流串补和直流输电，系统具有如下特点：

(1)交直流混联运行时，交流串补输电引起的送端系统电气谐振特性对所有机组在次同步频率范围的电气阻尼特性有削弱作用，但是不存在直接与机组发生扭振相互作用导致发散性次同步扭振的条件。

(2)由于送端系统电源为主，地方负荷很小，电厂机组与呼辽直流之间的耦合作用较强，进一步削弱了机组的电气阻尼；直流孤岛运行方式下部分机组会出现较弱的负电气阻尼。

(3)综合阻尼特性分析表明，呼伦贝尔火电基地各电厂机组扭振模态是稳定的，但是在某些运行方式下部分机组轴系扭振模态呈现极弱的负阻尼特性，容易在系统扰动时，产生类似现场录波看到的频繁扭振现象，严重时超过轴系疲劳损伤阈值。

结合呼贝电厂频繁低幅扭振的次同步扭振问题，本书作者团队研制了 SSO-DSⅡ，并成功应用于呼贝电厂，理论、仿真分析和现场试验、运行结果均表明该抑制方案明显提高了机组的电气阻尼，快速有效地解决了复杂交直流混合输电系统中长期困扰的频繁超标的低幅次同步扭振问题，在该领域内属世界首例成功实施的工程应用案例。

第16章　风火发电经特高压交流串补和直流线路混合外送系统次同步扭振的解决方案

风火发电经特高压交流串补和直流线路混合外送系统，次同步扭振存在相互耦合现象。本章以锡林郭勒电源基地为例，分析风电场接入、交流串补输电、直流输电对系统次同步扭振的影响程度。

16.1　锡林郭勒地区电网系统结构

16.1.1　锡林郭勒地区电网系统概况

锡林郭勒—山东特高压交流工程配套电源共 7 个煤电项目，容量合计 8620MW，包括神华胜利电厂 2×660MW、E 电厂 2×660MW、F 电厂 2×660MW、G 电厂 2×660MW、H 电厂 2×660MW、I 电厂 2×350MW、J 电厂 2×660MW 机组。其中 G 电厂和 H 电厂接入锡林郭勒换流站，J 电厂接入锡林郭勒特高压站，其余电厂接入胜利特高压站。

各电厂接入系统方案为：J 电厂以 2 回 500kV 线路接入锡林郭勒特高压站，G 电厂、H 电厂打捆以 2 回 500kV 线路接入锡林郭勒换流站，F 电厂、神华胜利电厂、E 电厂均以 1 回 1000kV 线路单独接入胜利特高压站，I 电厂以 2 回 500kV 线路接入胜利特高压站。

锡林郭勒 1000kV 特高压站有两个风电场汇集站接入，分别为正蓝旗汇集站和正镶白旗汇集站；胜利特高压站有一个风电场汇集站接入，即阿巴嘎旗汇集站；锡林郭勒换流站有两个风电场汇集站接入，分别为锡林浩特市汇集站和苏尼特旗汇集站。

锡林郭勒—泰州±800kV 特高压直流输电工程，起点为内蒙古锡林郭勒地区，落点为江苏泰州地区，直流线路长度 1620.4km。

承德串补站位于锡林郭勒—北京东 1000kV 线路上，锡林郭勒—承德串补站线路长度为 68km，承德串补站—北京东长度为 289.7km，承德串补站分别在锡林郭勒—北京东的 1000kV 线路上安装 1 套串补，串补度 41.2%（采用两组串补设备、双平台串联接线，即 20.6%+20.6%），额定电流 5080A。锡林郭勒基地各电厂机组参数、直流系统参数、交流输电线路参数以及等值阻抗参数见附录 E。

锡林郭勒基地具体电网线路长度及高抗容量如图 16-1 所示。

16.1.2　风电场汇集站接入情况

锡林郭勒地区规划有 5 个风电场汇集站。其中锡林郭勒盟 1000kV 特高压站处的正蓝旗汇集站和正镶白旗汇集站容量分别为 1200MW 和 1800MW；胜利特高压站处的阿巴嘎旗汇集站 1300MW；锡林郭勒换流站处的锡林浩特市汇集站和苏尼特旗汇集站分别为 1300MW 和 1400MW。其中每个风电场的风机类型 20% 为直驱风机，80% 为双馈风机。

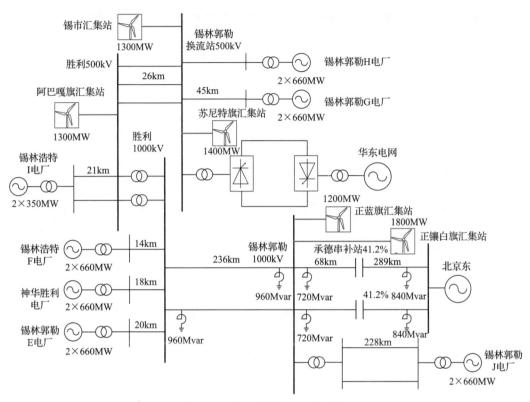

图 16-1　锡林郭勒基地电网结构

直驱永磁风力发电机由风力机、永磁同步发电机(PMSG)、全功率变换器以及滤波电路组成，其中全功率变流器由机侧变流器及其控制系统、直流电容环节、网侧变流器及其控制系统组成。风机机侧变流器和网侧变流器均采用 dq 解耦控制，机侧变流器的控制目标为实现风功率的最大功率跟踪，网侧变流器控制则是实现直流电压的稳定，进而调节风机并网的有功和无功功率。直驱永磁风力发电机系统结构如图 16-2 所示，典型参数见附录 E.5。

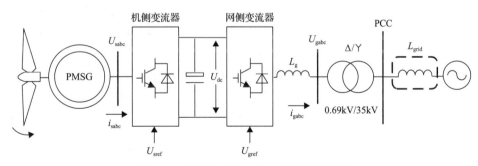

图 16-2　直驱永磁风力发电机结构示意图

双馈风力发电机组由风力机械动力部分、双馈感应发电机(DFIG)、转子侧变流器(rotor-side converter, RSC)及其控制系统、网侧变流器(grid-side converter, GSC)及其控制系统，以及滤波电路等组成。双馈风力发电机组的 RSC 和 GSC 均采用 dq 解耦控制，其中 RSC 的控制目标是实现最大功率跟踪和控制定子输出无功功率，GSC 的控制目标是实现背靠背变流器直流母线电压的稳定。双馈风电系统结构如图 16-3 所示，典型参数见附录 E.5。

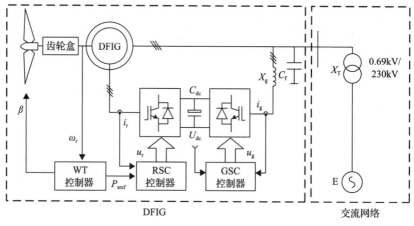

图 16-3　双馈风电系统结构示意图

β 为风向角控制量；ω_r 为转速信号

16.2　F 电厂抑制 SSO 的效果分析

由于锡林郭勒基地电网结构的复杂性，各个电厂均存在不同程度的次同步扭振风险。目前各个电厂采取或推荐采用的防控措施见表 16-1。

表 16-1　各电厂采用或推荐采用的防控措施

电厂	G 电厂	H 电厂	I 电厂	E 电厂	F 电厂	神华胜利电厂
防控措施	TSR	TSR	TSR +ITTP（+BF）	TSR+SEDC+SSO-DS	TSR+SEDC+SSO-DS	TSR+SSO-DS

16.2.1　SEDC 抑制次同步扭振的仿真分析

针对锡林郭勒—山东送出系统中存在次同步扭振风险的 F 电厂火电机组模态 2，利用 SEDC 控制策略进行抑制。在 PSCAD/EMTDC 平台上，建立锡林郭勒—山东特高压输电系统的电磁暂态模型进行时域仿真，分析抑制效果。仿真工况：直流功率半载，单串补，I 电厂 2 台、G 电厂 2 台、H 电厂 2 台、J 电厂 1 台、神华胜利电厂 2 台、E 电厂 2 台、F 电厂 1 台机组半载运行。

1. 模态滤波器设计

经过详细对比分析，选用四阶 Butterworth 带通滤波器作为模态滤波器，模态 1 滤波器的中心频率为 22.4Hz，带宽为 2Hz；模态 2 滤波器的中心频率为 27.9Hz，带宽为 2Hz；模态 3 滤波器的中心频率为 59.1Hz，带宽为 2Hz。

2. 待补偿相位特性

对锡林郭勒基地发电机组次同步扭振问题进行时域仿真分析，发现 F 电厂机组的次同步扭振风险最大，因此针对该机组设计 SEDC。由于励磁控制器具有相位滞后特性，需要设计出合理的 SEDC 参数，首先求取电磁转矩 T_e 相对于励磁参考电压 U_{ref} 的滞后相位。采用测试信号法，可以得到从 ΔU_{ref} 到 ΔT_e 的频率特性，如图 16-4 所示。

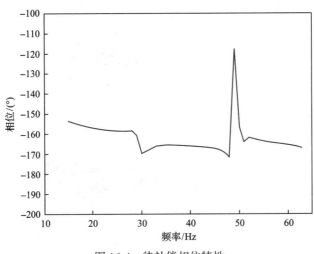

图 16-4　待补偿相位特性

3. 相位补偿环节设计

综合考虑励磁系统引起的相位滞后、滤波环节引起的相位偏差等，相位补偿环节所需补偿的角度如表 16-2 第二列所示，由于待补偿角度较大，而每个超前滞后环节补偿的角度通常不超过 60°，所以需要三阶超前补偿。如果采用滞后补偿再反向的方法，那么三个模态需要补偿的角度分别为 20°、20.4°、14°，每个模态仅需一阶滞后补偿，这样可以大大降低控制器的阶数，简化控制器的设计。因此，这里选择滞后补偿再反向的方法，相位补偿环节的参数如表 16-2 第三、四、五列所示。其中，增益的设定需要结合时域仿真，根据每个模态阻尼的强弱以及输入信号的强弱来调整。

表 16-2　相位补偿环节参数（完全补偿）

模态	待补偿角度/(°)	T_1/s	T_2/s	增益倍
模态 1	−160	0.004975	0.010147	−40
模态 2	−159.6	0.003965	0.008208	−50
模态 3	−166	0.002104	0.003447	−2200

4. 仿真分析

　　未投入 SEDC 时，F 电厂机组三个模态的转速偏差如图 16-5 所示。可见，模态 1 阻尼较弱，振荡收敛缓慢；模态 2 为负阻尼，振荡发散；模态 3 振荡幅值很小，轻微发散。投入 SEDC 后，F 电厂机组三个模态的转速偏差如图 16-6 所示。可见，模态 1 阻尼增强，振荡快速收敛；模态 2 变为正阻尼，但仍然收敛缓慢；模态 3 振荡幅值变得更小，且缓慢收敛。

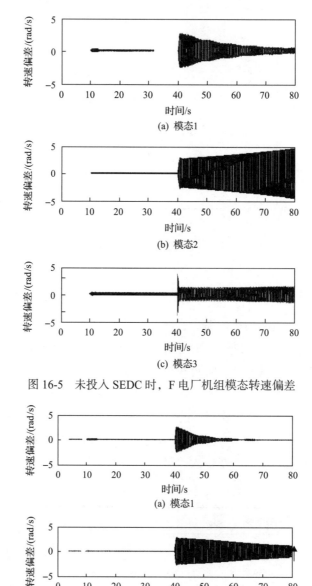

(a) 模态1

(b) 模态2

(c) 模态3

图 16-5　未投入 SEDC 时，F 电厂机组模态转速偏差

(a) 模态1

(b) 模态2

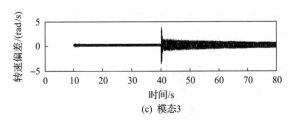

(c) 模态3

图 16-6　投入SEDC后，F 电厂机组模态

由以上分析可得以下结论：

(1) F 电厂机组投入 SEDC 相较于未投入 SEDC，模态 1 阻尼增强，振荡收敛速度加快。

(2) 模态 2 由负阻尼变为正阻尼，振荡由发散变为收敛，但仍然收敛缓慢，这是由于模态 2 自身阻尼太弱，而励磁系统容量有限，SEDC 发挥的作用受限。

(3) 模态 3 振荡幅值变得更小，振荡由轻微发散变为缓慢收敛，SEDC 发挥的作用有限。这是因为一方面该模态振荡幅值很小，也就是 SEDC 的输入信号很小，可控性较小；另一方面该模态频率较高，为 59.1Hz，而励磁系统具有低通特性，较高频率的信号很难通过励磁控制器。

综上可知，对于锡林郭勒—山东输电系统，SEDC 对抑制火电机组的次同步扭振可以发挥一定的作用，但受励磁系统容量限制，发挥的作用有限。

16.2.2　SSO-DS 抑制次同步扭振的仿真分析

针对锡林郭勒—山东送出系统中存在次同步扭振风险的 F 电厂火电机组模态 2，利用 SSO-DS 抑制策略进行抑制。在 PSCAD/EMTDC 平台上，利用锡林郭勒—山东特高压输电系统的电磁暂态模型进行时域仿真，分析抑制效果。仿真工况和采用 SEDC 抑制策略时所设置的工况一致。设定 SSO-DS 装置稳态输出功率为 30Mvar(感性无功)，抑制效果对比如图 16-7 和图 16-8 所示。

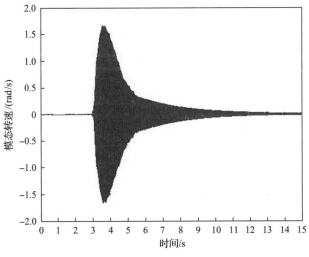

图 16-7　采用 SSO-DS抑制措施后模态 2 的振荡情况

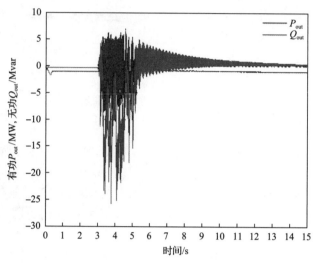

图 16-8　SSO-DS 输出的有功及无功

16.3　神华胜利电厂抑制 SSO 的效果分析

16.3.1　厂变低压侧 SSO-DSⅡ不同容量下的抑制效果

神华胜利电厂每台机组均有一台配套的厂用变压器，该变压器为三绕组变压器，容量为 50Mvar，低压侧电压等级为 10kV。SSO-DSⅡ直接挂接在 10kV 母线上。

本节仿真中提供了投入 SSO-DSⅡ容量为 15Mvar、20Mvar、25Mvar 或 35Mvar 时神华胜利电厂机组轴系模态 1、模态 2 扭振的转速偏差波形以及低压缸-发电机轴段扭矩波形，可以对比不同容量 SSO-DSⅡ的抑制效果，分别见图 16-9～图 16-11。

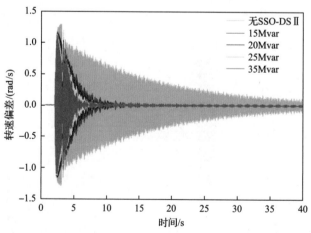

图 16-9　SSO-DSⅡ不同容量时机组模态 1 转速偏差波形图

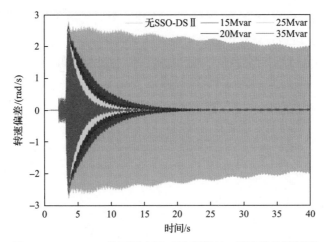

图 16-10　SSO-DSⅡ不同容量时机组模态 2 转速偏差波形图

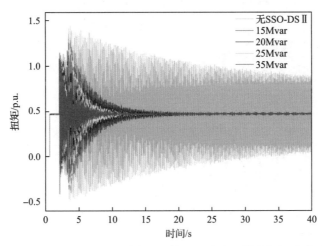

图 16-11　SSO-DSⅡ不同容量时低压缸-发电机轴段扭矩波形图

从上述波形中可以看出：SSO-DSⅡ能够将模态由振荡发散抑制为收敛，抑制效果明显，衰减速度快。可见，SSO-DSⅡ能够有效地提高系统在火电机组负阻尼频率段的阻尼能力。SSO-DSⅡ容量越大，对发电机组轴系扭振的抑制效果越佳；对于模态 1 而言，容量增加其衰减速度变化不大，对模态 2 而言，随着容量的增加，模态振荡衰减的速度加快。

对于模态 1，未使用 SSO-DSⅡ时，其最大转速偏差可达 1.29rad/s，使用 SSO-DSⅡ进行抑制后，该模态最大转速偏差有所减小，在所试验的 SSO-DSⅡ容量范围内，最大转速偏差最多减小到 1.107rad/s，最少减少到 1.146rad/s。

对于模态 2，未使用 SSO-DSⅡ时，其最大转速偏差可达 2.77rad/s，使用 SSO-DSⅡ进行抑制后，该模态最大转速偏差有所减小，在所试验的 SSO-DSⅡ容量范围内，最大转速偏差最多减小到 2.45rad/s，最少减小到 2.62rad/s。

使用 SSO-DSⅡ之后，低压缸-发电机轴段扭矩振荡状况同样有所改善，最大扭矩有所减小。未使用 SSO-DSⅡ时，扭矩最大值为 1.41p.u.，SSO-DSⅡ为 15Mvar 时，扭矩最大值减小到 1.32p.u.，SSO-DS Ⅱ 为 35Mvar 时，扭矩最大值减小到 1.3p.u.。胜利电厂选取厂变低压侧接入 SSO-DS Ⅱ 型，单台机组对设计 SSO-DS Ⅱ 容量为 25Mvar。

不同容量的 SSO-DS Ⅱ 对应的抑制效果不同，容量越大抑制效果越明显。抑制效果与 SSO-DS Ⅱ 容量的对应关系如图 16-12 所示。

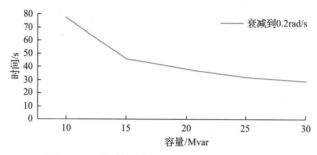

图 16-12　抑制效果与 SSO-DS Ⅱ 容量的关系

16.3.2　轴系疲劳分析计算

暂态扭矩放大风险评估需要考虑各种可能的系统故障及其发生的概率、各种可能的故障点、故障发生时系统的运行方式等。根据仿真的不同故障形式、不同故障位置时故障的严重程度，挑选其中最严重的工况，计算其暂态过程中轴系疲劳累积程度。

本节针对无动态稳定器和采用厂用变接入 25Mvar SSO-DS Ⅱ 的两种情况，按照扭角速度和扭功率仿真计算数据对机组损伤进行评价。

仿真工况为：神华胜利电厂单机半载，其余电厂双机半载，锡林郭勒—北京东 1000kV 双线双串补，串补度为 41.2%，故障形式为一回线路三相永久性短路，故障位置为承德串补站北京东侧出线，故障时刻为 2s，故障持续时间为 100ms，100ms 后切除锡林郭勒—北京东 1000kV 一回线。

得出的寿命损伤数据分别如表 16-3、表 16-4 所示。

表 16-3　寿命损伤(扭角速度计算数据)

位置	0 负荷三相短路+无抑制	50%负荷三相短路+无抑制	0 负荷三相短路＋厂用变 25Mvar SSO-DS Ⅱ	50%负荷三相短路＋厂用变 25Mvar SSO-DS Ⅱ
高压缸后轴颈	5.79×10^{-5}	8.73×10^{-5}	4.43×10^{-5}	6.99×10^{-5}
中压缸前轴颈	0.000122	0.000148	1.01×10^{-4}	1.22×10^{-4}
中压缸后轴颈	0.000163	0.000253	2.43×10^{-5}	3.51×10^{-5}
低压缸前轴颈	**0.000274**	**0.000457**	**3.87×10^{-5}**	**5.80×10^{-5}**
低压缸后轴颈	1.82×10^{-13}	1.01×10^{-12}	9.66×10^{-15}	5.35×10^{-14}
发电机前轴颈	6.69×10^{-5}	0.00013	9.53×10^{-6}	1.53×10^{-5}
低压缸-发电机联轴器	**0.018746**	**0.036051**	**0.002314**	**0.004535**

注：加粗表示较为严重，下同。

表 16-4 寿命损伤（扭功率计算数据）

位置	0 负荷三相短路 + 无抑制	50%负荷三相短路 + 无抑制	0 负荷三相短路 + 厂用变 25Mvar SSO-DS II	50%负荷三相短路 + 厂用变 25Mvar SSO-DS II
低压缸前轴颈	0.000972	0.001539	9.16×10^{-5}	0.000142
低压缸-发电机联轴器	**0.02379**	**0.04574**	**0.00373**	**0.00726**

从表 16-3、表 16-4 可知，分别采用扭角速度和扭功率计算数据评估寿命损伤，得到的结果在量级上是一致的，在三相短路故障、电厂机组半载工况时，联轴器部位的疲劳累积达到 3.6%，当 SSO-DS II 投入后联轴器部位的疲劳累积降至 0.45%，抑制效果明显。

16.4 SSO-DS II 和 SEDC 抑制效果对比

16.4.1 响应时间对比

SSO-DS II 响应速度较快，其响应速度与系统电抗大小有关，两种系统电抗下衰减系数与 STATCOM 容量的关系曲线见图 16-13。衰减系数大则响应速度快。

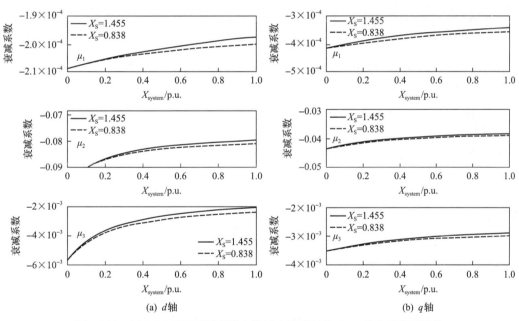

(a) d 轴   (b) q 轴

图 16-13 SSO-DS II 经不同连接电抗接入系统时的 d、q 轴电流衰减系数

X_S 为系统电抗；X_{system} 为 STATCOM 等值阻抗标幺值

16.4.2 阻尼转矩的输出能力对比

由于 SEDC 仅能通过调节 d 轴各绕组的次同步电流来改变产生的抑制次同步扭振的电磁转矩，而 SSO-DS II 通过作用于发电机 d、q 轴各绕组的次同步电流来影响其产生的电磁转矩，次同步频率的电磁转矩大幅提高，可达到 SEDC 的 6 倍以上，抑制能力更强，如图 16-14 所示。

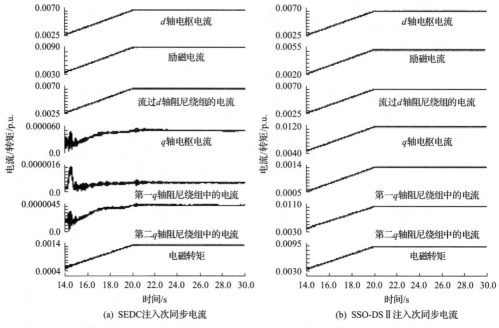

图 16-14　不同抑制措施下注入发电机各定子绕组、感应到转子绕组的次同步电流及电磁转矩

16.5　风电场对火电机组轴系扭振的影响

锡林郭勒地区风电装机 7000MW，接近火电装机容量。风电通过变流器接入系统，某些系统运行条件下变流器及风机控制回路可能出现振荡现象，其对火电机组轴系扭振的影响必须加以研究。为此首先建立锡林郭勒系统的状态空间模型，基于典型风机控制参数，通过特征值分析研究系统固有的特征模式，明确主导各特征模式稳定性的相关元件和控制环节，分析风电控制和火电机组轴系扭振模式的稳定性及其相互影响，进一步通过时域仿真对特征值分析结果进行验证，由此明确风火联合电源基地外送系统中，风电对火电机组轴系电气阻尼特性的影响，以及激励火电机组轴系扭振的作用机理。

16.5.1　锡林郭勒风火联合外送系统的特征值分析

本节基于典型风电控制参数和初始运行方式，建立锡林郭勒风火联合外送系统的线性化状态空间模型，分析系统固有特征模式及其稳定性。为了分析风电稳定性的影响，算例分析中将其中风场 W1 的控制参数设定为导致控制不稳定的数值。

1. 振荡模态分析

将直驱风电场网侧变流器内侧 q 轴控制比例增益与 d 轴控制比例增益参数保持一致，统称为网侧内环比例增益，记为 K_{pc}，调整直驱风场 W1 网侧变流器内环比例增益 K_{pc1} 为 0.3，剩余四个风场网侧内环比例增益 K_{pc2}、K_{pc3}、K_{pc4}、K_{pc5} 保持为 1.5，其余参数见附录 E.5，得到全系统以火电机组、风机以及直流输电线路为主要参与环节的振荡模态，如表 16-5 所示。

表 16-5　全系统振荡模态

振荡模态	特征值	振荡模态	特征值	振荡模态	特征值
$\lambda_{1,2}$	$-187.5\pm j142.3\times2\pi$	$\lambda_{35,36}$	$-2.24\pm j49.99\times2\pi$	$\lambda_{69,70}$	**$-0.079\pm j18.70\times2\pi$**
$\lambda_{3,4}$	$-185.0\pm j142.2\times2\pi$	$\lambda_{37,38}$	$-2.29\pm j49.99\times2\pi$	$\lambda_{71,72}$	**$-0.003\pm j32.43\times2\pi$**
$\lambda_{5,6}$	$-188.2\pm j142.2\times2\pi$	$\lambda_{39,40}$	$-2.43\pm j49.99\times2\pi$	$\lambda_{73,74}$	**$-0.016\pm j19.20\times2\pi$**
$\lambda_{7,8}$	$-189.5\pm j141.9\times2\pi$	$\lambda_{41,42}$	$-2.90\pm j49.99\times2\pi$	$\lambda_{75,76}$	**$17.3\pm j27.2\times2\pi$**
$\lambda_{9,10}$	$-191.5\pm j140.1\times2\pi$	$\lambda_{43,44}$	$-5.63\pm j49.99\times2\pi$	$\lambda_{77,78}$	$-25.44\pm j3.12\times2\pi$
$\lambda_{11,12}$	$-105.4\pm j132.3\times2\pi$	$\lambda_{45,46}$	**$-0.003\pm j29.98\times2\pi$**	$\lambda_{79,80}$	$-25.17\pm j3.10\times2\pi$
$\lambda_{13,14}$	$-83.9\pm j121.7\times2\pi$	$\lambda_{47,48}$	**$-0.065\pm j22.64\times2\pi$**	$\lambda_{81,82}$	$-0.914\pm j1.79\times2\pi$
$\lambda_{15,16}$	$-75.5\pm j117.0\times2\pi$	$\lambda_{49,50}$	**$-0.013\pm j27.96\times2\pi$**	$\lambda_{83,84}$	$-0.881\pm j1.64\times2\pi$
$\lambda_{17,18}$	$-22.1\pm j112.4\times2\pi$	$\lambda_{51,52}$	**$-0.069\pm j21.85\times2\pi$**	$\lambda_{85,86}$	$-0.372\pm j1.34\times2\pi$
$\lambda_{19,20}$	$-57.4\pm j109.0\times2\pi$	$\lambda_{53,54}$	**$-0.002\pm j40.41\times2\pi$**	$\lambda_{87,88}$	$-0.558\pm j1.42\times2\pi$
$\lambda_{21,22}$	$-86.8\pm j102.3\times2\pi$	$\lambda_{55,56}$	**$-0.006\pm j22.97\times2\pi$**	$\lambda_{89,90}$	$-0.743\pm j1.55\times2\pi$
$\lambda_{23,24}$	$-83.6\pm j102.2\times2\pi$	$\lambda_{57,58}$	**$-0.086\pm j17.68\times2\pi$**	$\lambda_{91,92}$	$-0.667\pm j1.54\times2\pi$
$\lambda_{25,26}$	$-83.5\pm j102.0\times2\pi$	$\lambda_{59,60}$	**$-0.017\pm j26.63\times2\pi$**	$\lambda_{93,94}$	$-0.176\pm j3.13\times2\pi$
$\lambda_{27,28}$	$-83.0\pm j101.8\times2\pi$	$\lambda_{61,62}$	**$-0.061\pm j21.79\times2\pi$**	$\lambda_{95,96}$	$-0.176\pm j3.13\times2\pi$
$\lambda_{29,30}$	$-81.0\pm j100.7\times2\pi$	$\lambda_{63,64}$	**$-0.003\pm j31.90\times2\pi$**	$\lambda_{97,98}$	$-0.176\pm j3.13\times2\pi$
$\lambda_{31,32}$	$-1.25\pm j50.00\times2\pi$	$\lambda_{65,66}$	**$-0.081\pm j19.10\times2\pi$**	$\lambda_{99,100}$	$-0.176\pm j3.13\times2\pi$
$\lambda_{33,34}$	$-1.64\pm j49.99\times2\pi$	$\lambda_{67,68}$	**$-0.003\pm j31.89\times2\pi$**	$\lambda_{101,102}$	$-0.176\pm j3.13\times2\pi$

注：加粗说明有谐振风险。

　　由表 16-5 可得，蒙能锡林浩特电厂、大唐锡林浩特电厂、神华胜利电厂、北方胜利电厂、华润五间房电厂、京能五间房电厂以及查干淖尔电厂的轴系扭振对应 λ_{45}–λ_{74}，模态频率对应火电机组固有频率，火电机组模型将自阻尼及互阻尼参数均设置为零，导致与火电机组相关模态实部均靠近虚轴。同时，系统中存在一对实部为正的不稳定模态 $\lambda_{75,76}$，模态参与因子如图 16-15 所示，该模态与直驱风电场 W1 强相关，剩余四个风场在该模态中有微小的参与程度，火电机组及直流系统在该模态中基本无参与。

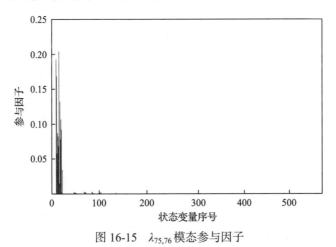

图 16-15　$\lambda_{75,76}$ 模态参与因子

图 16-15 中，状态变量序号：1～22 表示直驱风电场 W1，23～44 表示直驱风电场 W2，45～66 表示直驱风电场 W3，67～88 表示直驱风电场 W4，89～110 表示直驱风电场 W5，111～135 表示双馈风电场 W6，136～160 表示双馈风电场 W7，161～185 表示双馈风电场 W8，186～210 表示双馈风电场 W9，211～235 表示双馈风电场 W10，236～259 表示蒙能锡林浩特电厂，260～287 表示大唐锡林浩特电厂，288～315 表示神华胜利电厂，316～343 表示北方胜利电厂，344～371 表示华润五间房电厂，372～399 表示京能五间房电厂，400～427 表示查干淖尔电厂，428～489 表示交流网络，490～494 表示直流线路。

2. 风电主导特征模式分析

进一步研究各直驱风场主导特征模式的稳定性问题，将各个直驱风电场的网侧变流器内环比例增益保持在 0.3，得到系统特征值，其中存在 5 对不稳定的振荡模态，如表 16-6 所示。5 对不稳定模态频率均处于次同步频段，且频率在 20～30Hz，各模态稳定性有所差异。各模态的参与因子如图 16-16 所示。

表 16-6 不稳定振荡模态特征值

振荡模态	特征值
$\lambda_{1,2}$	$16.77\pm j27.32\times 2\pi$
$\lambda_{3,4}$	$27.14\pm j24.73\times 2\pi$
$\lambda_{5,6}$	$9.89\pm j28.51\times 2\pi$
$\lambda_{7,8}$	$35.01\pm j22.20\times 2\pi$
$\lambda_{9,10}$	$22.71\pm j25.66\times 2\pi$

(a) $\lambda_{1,2}$ 模态参与因子

(b) $\lambda_{3,4}$ 模态参与因子

(c) $\lambda_{5,6}$ 模态参与因子

(d) $\lambda_{7,8}$ 模态参与因子

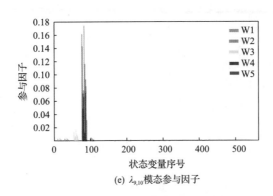

(e) $\lambda_{9,10}$ 模态参与因子

图 16-16 各振荡模态参与因子分析

由图 16-16 可知，系统中存在 5 个不稳定振荡模态，分别由不同风电场主导。$\lambda_{1,2}$ 模态由 W1 风电场主导，其余四个风电场参与程度弱；$\lambda_{3,4}$ 模态由 W3 风电场主导，其余四个风电场参与程度弱；$\lambda_{5,6}$ 模态与 W2 风电场状态变量强相关，其余四个风电场参与程度弱；$\lambda_{7,8}$ 模态与 W5 风电场强相关，其余四个风电场参与程度弱；$\lambda_{9,10}$ 模态与 W4 风电场强相关，其余四个风电场参与程度弱。模态中某一风电场参与程度较高可能是某一风电场主导该模态，说明对比其他风电场，这一风电场的参数在该运行状态下对模态振荡特性产生了较大影响。

以上特征值分析结果表明，控制参数对于风电主导的振荡模式具有重要影响，系统中火电机组轴系扭振呈现较弱的正电气阻尼特性，风电振荡频率位于次同步频率范围，如果与机组轴系扭振固有频率接近，可能存在激励机组轴系扭振的风险。

16.5.2 时域仿真分析

本节根据系统结构及各设备模型、参数，建立锡林郭勒地区新能源及火电机组混合外送系统电磁暂态仿真模型。利用电磁暂态仿真验证特征模式分析结果，进一步分析风电次同步扭振对火电机组轴系的影响。

1. 振荡模态时域仿真分析

保持各直驱风电场网侧内环比例增益为 1.5，其余参数设置见附录 E.5。于 t=3.0s 减小 W1 网侧内环比例增益 K_{pc1} 为 0.3，各风电场的有功功率响应与各自有功出力的比值如图 16-17 所示。可知，当 W1 网侧内环比例增益减小时，各风电场有功功率发散后进入等幅振荡状态，表明系统此时不稳定，与特征值计算结果一致。观察风电场有功功率振荡波形周期，确定振荡频率约为 27.78Hz，与表 16-5 中的振荡频率 27.2Hz 相近。同时，各风电场响应与出力比值中，W1 风场的振荡幅值最大，剩余 4 个风场的振荡幅值均较小，说明 W1 风场在振荡中占主导地位，与参与因子分析结果一致。

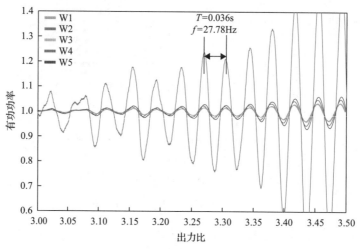

图 16-17　风电场有功功率响应与出力比值曲线

2. 多风电场不稳定模态仿真分析

保持各直驱风电场网侧内环比例增益为 1.5，剩余参数设置见附录 E.5。于 $t=3.0$s 减小各风场网侧内环比例增益 K_{pc} 为 0.3，各风电场输出有功功率波形频谱分析结果如图 16-18 所示。由图中各频率分量的振荡幅值可知，5 个风电场振荡波形主要的频率分量为 25Hz、25.5Hz、26.2Hz、27Hz 以及 28Hz，对应特征值分析结果里面的 5 个不稳定振荡模态，频率有少许误差，说明这些风电场均参与了这 5 个不同的振荡模态。

16.5.3　火电机组轴系扭振现象

随着新能源发电的不断发展，风电场越来越多地接入电网中向外送电，当风电场发生次同步扭振事故时，含有次同步分量的功率也将传输至汇流母线中。当附近接有火电机组时，若风电场功率振荡频率与附近火电厂的轴系固有频率相同，将引起火电机组发生轴系扭振。

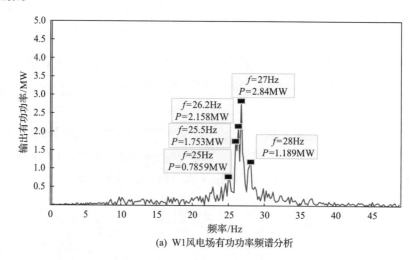

(a) W1风电场有功功率频谱分析

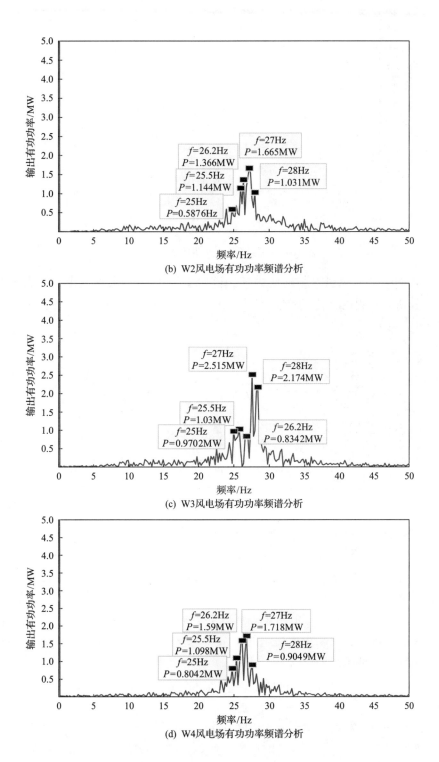

(b) W2风电场有功功率频谱分析

(c) W3风电场有功功率频谱分析

(d) W4风电场有功功率频谱分析

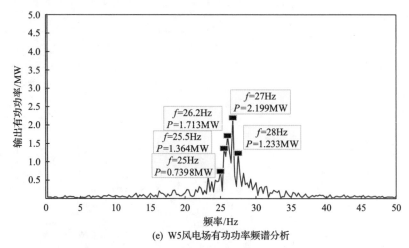

(e) W5风电场有功功率频谱分析

图 16-18　各风电场有功功率频谱分析

保持算例中各直驱风电场网侧内环比例增益为 1.5，剩余参数设置见附录 E.5。于 $t=2.0\text{s}$ 减小 W1 网侧内环比例增益 K_{pc1} 为 0.3，W1 风电场的输出有功功率如图 16-19 所示。

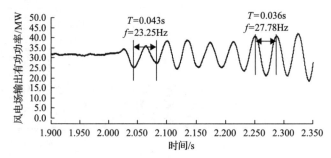

图 16-19　W1 风电场输出有功功率波形

减小网侧内环比例增益后，风电场输出有功功率波形振荡发散，系统进入不稳定状态。同时，波形初始发散时频率约为 23.25Hz，进入等幅振荡后频率为 27.78Hz，与 F 电厂机组固有频率 27.90Hz 以及 E 电厂固有频率 26.52Hz 较为接近，将引起火电机组轴系扭振。将系统中各电厂火电机组转速偏差分离得到轴系各个模态扭振波形，如图 16-20 所示。显然，F 电厂与 E 电厂的机组轴系发生了明显的扭振现象，两者机组的模态 2 幅值达到 0.3rad/s 左右，将对火电机组的轴系产生危害。而其余机组轴系模态频率均远离风电场振荡频率，轴系扭振幅值小。

若在 $t=2\text{s}$ 时刻，将 W1 网侧内环比例增益 K_{pc1} 由 1.5 减小为 0.4，W1 风电场的输出有功功率如图 16-21 所示。

此时，波形初始发散时频率约为 30.67Hz，进入等幅振荡后频率为 34.30Hz，与各电厂机组固有频率均有一定差距。此时所有机组转速偏差较小，如图 16-22 所示，各模态幅值均小于 0.03rad/s，基本没有受到风场振荡的影响。

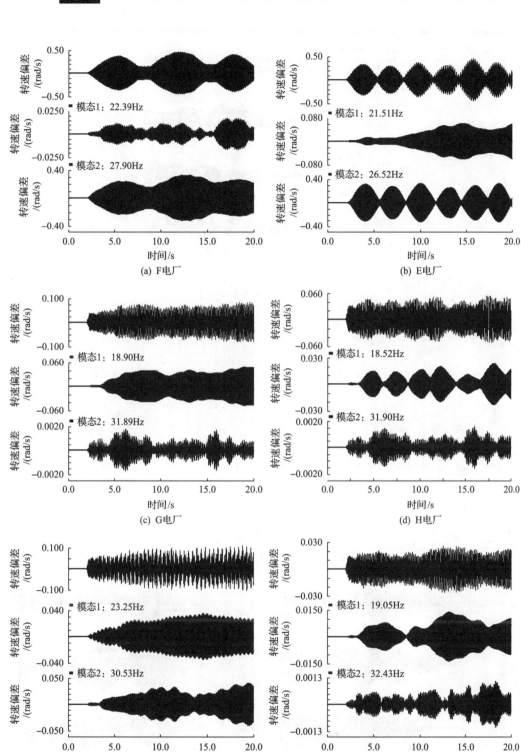

(a) F电厂　　　　　　　　　　　　　　(b) E电厂

(c) G电厂　　　　　　　　　　　　　　(d) H电厂

(e) I电厂　　　　　　　　　　　　　　(f) J电厂

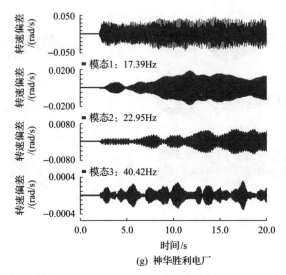

(g) 神华胜利电厂

图 16-20　火电机组轴系模态转速

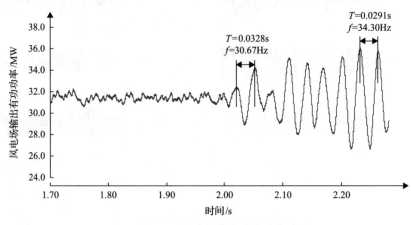

图 16-21　W1 风电场输出有功功率波形

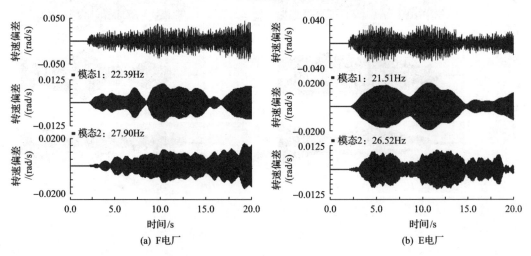

(a) F电厂　　　　　　　　　　　　　　　　　　　(b) E电厂

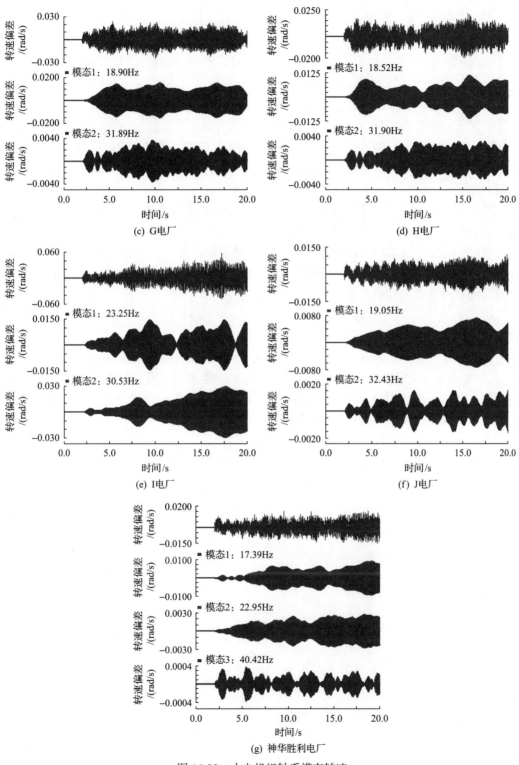

图 16-22 火电机组轴系模态转速

16.6 本 章 小 结

锡林郭勒地区风电场接入、直流和交流串补输电的同时存在，可能导致基地内火电机组轴系频繁低幅次同步扭振，轴系寿命受到了影响。

工程应用表明，在系统响应时间方面，SEDC 与 SSO-DS Ⅱ 相差不大，但在阻尼转矩的输出能力方面，SSO-DS Ⅱ 远强于 SEDC。SEDC 仅在小扰动时具备抑制 SSO 的能力，无法在大扰动时有效抑制 SSO。基于 SEDC 和 SSO-DS Ⅱ 的抑制能力的差别，二者不能互为备用。因此，SEDC+SSO-DS Ⅱ 的配置方案是不合理的，仅 SSO-DS Ⅱ 即可解决次同步扭振问题。

锡林郭勒基地风火发电经特高压交流串补和直流线路混合外送系统的次同步扭振问题与耦合作用机理方面，初步研究结论如下：

(1)风电场对机组轴系扭振电气阻尼影响不明显，一般不会引起负阻尼振荡。系统中存在几对振荡模态均与相应的某个风电场强相关，与其余风电场弱相关，而火电机组及直流系统在该模态中基本无参与。

(2)风电控制参数在某些取值范围会引起次同步功率持续振荡。当风电场的控制参数和运行参数变化时，新能源外送系统中会出现不稳定的状态，风电场输出有功功率波形迅速发散，并网系统的振荡频率随着运行状态和风机控制参数相应在变化。

(3)如果功率振荡频率刚好与火电机组轴系自然频率相近，可能激起轴系持续扭振，属于强迫振荡性质。风电场并网振荡与控制参数、电网结构特性以及系统运行方式有关，呈现较宽频段范围的振荡特性，因此火电机组轴系扭振受风电振荡激发的风险应予以关注。

此外，直流系统、风电场在故障情况下对系统 SSO 的影响有待进一步研究。

附录 A　锦界电厂一、二期串补送出系统

A.1　锦界电厂一、二期串补送出系统结构

锦界电厂一、二期串补送出系统结构如附图 A-1 所示，系统包括锦界电厂和府谷电厂，过境山西输电到石家庄北，输电距离 439km，在山西忻都设置开关站。其中锦界电厂是坑口电站，一、二期共装机 4 台 600MW 的汽轮发电机组，采用双回 500kV 紧凑型输电线路接至忻都开关站，输电距离 246km，线路锦界电厂侧每回配置一组 3×70Mvar 高抗，中性点小电抗(750±100)Ω，忻都开关站侧每回配置一组 3×50Mvar 高抗，中性点小电抗(1050±100)Ω。邻近府谷电厂装机两台 600MW 汽轮发电机组，采用一回的 500kV 紧凑型输电线路接至忻都开关站，输电距离 192km，线路两侧分别配置一组 3×50Mvar 高抗，中性点小电抗(1050±100)Ω。忻都开关站采用三回 500kV 紧凑型输电线路接至石家庄北，输电距离 193km，每回两侧分别配置一组 3×50Mvar 高压并联电抗器，中性点小电抗(1050±100)Ω。此外忻都开闭所母线上安装 2 组 3×50Mvar 高抗，高抗中性点直接接地。

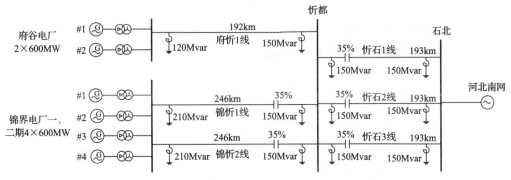

附图 A-1　锦界电厂一、二期串补送出系统

A.2　汽轮发电机组的集中参数模型

锦界电厂一、二期 4 台发电机为上海汽轮机厂出产的同型号的机组，额定容量 667MV·A，额定功率因数 0.9，定子额定电压 20kV。机组轴系按照四段集中质量块弹簧模型考虑，如附图 A-2 所示。

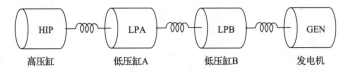

附图 A-2　锦界电厂一、二期汽轮发电机组的集中参数多质量块弹簧模型

轴系各质量块惯性时间常数、质量块间刚度系数、轴系计算模态频率与振型、实测模态阻尼以及各模态转动惯量分别如附表 A-1～附表 A-5 所示。锦界电厂一、二期机组轴系振型曲线如附图 A-3 所示。

附表 A-1　轴系各质量块惯性时间常数

质量块	惯性常数（SB=667MV·A）			输入功率/%
	lb·in²	kg·m²	s	
HIP	18188300	5319	0.3935	51.8
LPA	39408100	11525	0.8526	24.1
LPB	39402900	11523	0.8525	24.1
GEN	32576500	9527	0.7048	

附表 A-2　质量块间刚度系数

质量块	刚度系数（SB=667MV·A）		
	lbf·in/rad	N·m/rad	p.u./rad
HIP-LPA	6.48084×10^8	0.7323×10^8	34.4932
LPA-LPB	8.61346×10^8	0.9733×10^8	45.8437
LPB-GEN	9.60189×10^8	1.0850×10^8	51.1045

附表 A-3　轴系计算模态频率与振型（按发电机轴段为单位归一化）

质量块	模态 0（0.0000Hz）	模态 1（13.3386Hz）	模态 2（22.7289Hz）	模态 3（27.7503Hz）
HIP	1.0000	−1.2717	1.8237	−1.1285
LPA	1.0000	−0.6229	−0.8777	1.3633
LPB	1.0000	0.3833	−0.7907	−1.6693
GEN	1.0000	1.0000	1.0000	1.0000

附表 A-4　模态阻尼实测值（厂家提供资料，单位 s^{-1}）

序号	项目	模态 1	模态 2	模态 3	备注
1	空载	0.0229	0.0170	0.0402	并解测量
2	340MW	0.0729	0.0900	0.0819	跳合线，U2 并解及甩负荷
3	600MW	0.0839	0.1116	0.1161	跳合线测量

附表 A-5　模态转动惯量

单位	模态 0	模态 1	模态 2	模态 3
N·m²	3.7894×10^4	2.4294×10^4	4.3300×10^4	6.9832×10^4
lb·in²	1.2958×10^8	0.8307×10^8	1.4806×10^8	2.3879×10^8

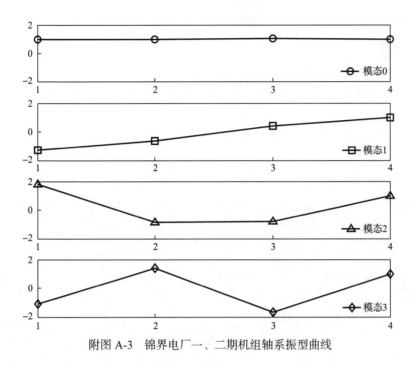

附图 A-3　锦界电厂一、二期机组轴系振型曲线

A.3　励磁系统模型及参数

锦界电厂一、二期 4 台发电机均采用机端自并励静态励磁系统，配有 AVR 和 PSS，其励磁系统原理线路如附图 A-4 所示。

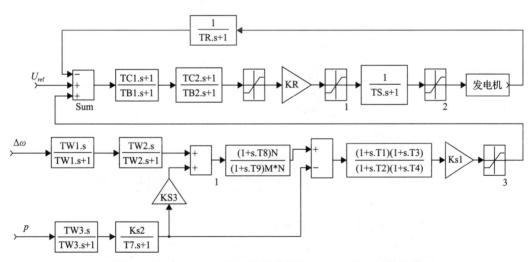

附图 A-4　Unitroll-5000 型励磁调节器 PID AVR 和 PSS 数学模型

附录 B 呼伦贝尔火电基地外送系统

B.1 呼伦贝尔火电基地外送系统主接线

呼伦贝尔火电基地外送系统主接线如附图 B-1 所示。

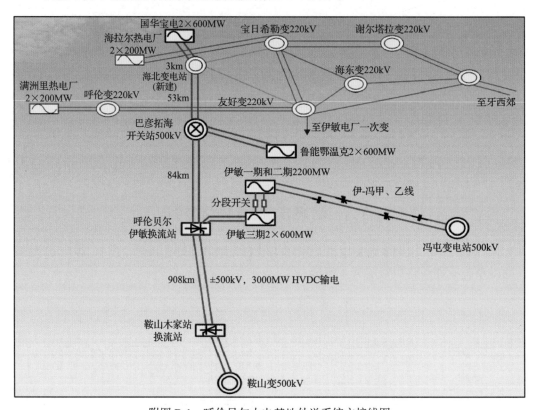

附图 B-1 呼伦贝尔火电基地外送系统主接线图

B.2 呼伦贝尔火电基地各电厂机组阻尼特性

本节采用复转矩系数法分别在交直流混联和直流孤岛运行的情况下对呼伦贝尔火电基地外送系统的阻尼特性进行分析,重点分析呼辽直流负荷大小对系统阻尼特性的影响。考虑如下三种交直流混联运行工况(工况 1、工况 2、工况 3)和两种直流孤岛运行工况(工况 4、工况 5),并分别考虑直流全功率和半载运行。

(1)工况 1:呼贝电厂、鄂温克电厂、A 电厂所有 10 台机组均半载运行;呼辽直流双极输送功率 1500MW,其余约 1400MW 经伊冯串补线路送出。

(2)工况 2：呼贝电厂、鄂温克电厂、A 电厂一期机组均满载运行，A 电厂三期#6 机组退出运行，A 电厂三期#5 机组和二期机组半载运行；呼辽直流双极输送功率 3000MW，其余约 1300MW 经伊冯串补线路送出。

(3)工况 3：呼贝电厂、鄂温克电厂、A 电厂所有 10 台机组均半载运行；呼辽直流单极输送功率 1500MW，其余约 1400MW 经伊冯串补线路送出。

(4)工况 4：A 电厂母线分段开关打开，A 电厂三期#6 机组退出运行，鄂温克电厂、呼贝电厂、A 电厂三期#5 机组均满载运行；呼辽直流双极输送功率约 3000MW。

(5)工况 5：A 电厂母线分段开关打开，A 电厂三期#6 机组退出运行，鄂温克电厂、呼贝电厂、A 电厂三期#5 机组均半载运行；呼辽直流双极输送功率约 1500MW。

1. 呼贝电厂机组阻尼特性

呼贝电厂机组轴系有两个扭振模态，根据厂家提供的轴系模型计算得到模态 1（18.18Hz）和模态 2（22.98Hz），现场实测模态频率为模态 1（19.3Hz）和模态 2（23.67Hz），对应实测模态阻尼如附表 B-1 所示。

附表 B-1 呼贝电厂 600MW 机组发电机轴系扭振阻尼参数

模态	扭振频率(测量值)/Hz	扭振频率(计算值)/Hz	模态阻尼/s⁻¹		
			空载机械阻尼	半载总阻尼	满载总阻尼
模态 1	19.30	18.1869	0.043	—	—
模态 2	23.67	22.9896	0.043	—	—

对呼贝电厂机组进行电气阻尼扫描，选取交直流混联直流半载的工况和直流孤岛满功率运行工况为例，结果分别如附图 B-2(a)、(b)所示。

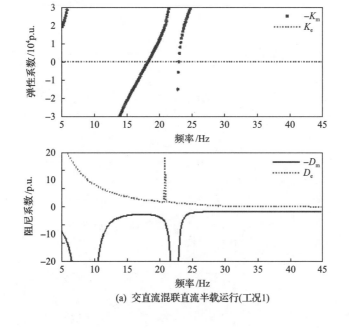

(a) 交直流混联直流半载运行(工况1)

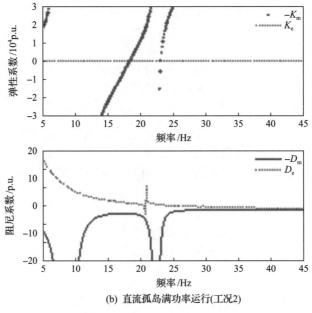

(b) 直流孤岛满功率运行(工况2)

附图 B-2　呼贝电厂机组电气阻尼特性

　　附图 B-2(a)中电气复转矩系数的弹性系数过零点分别对应呼贝电厂的轴系扭振模态频率,阻尼系数表示呼伦贝尔火电基地交直流混联直流半载运行工况下的机组电气阻尼。从图示结果可以看出,在次同步频率段呼贝电厂机组电气阻尼均呈现较弱的正阻尼,考虑到正的机械阻尼特性,说明机组轴系的扭振模态是稳定的,即使扭振模态被激发,但是呈收敛趋势。对上述五种典型工况的电气阻尼特性进行比较,可以发现交直流混联运行和直流孤岛运行方式以及直流半载和满功率运行下的差别,如附图 B-3 所示。

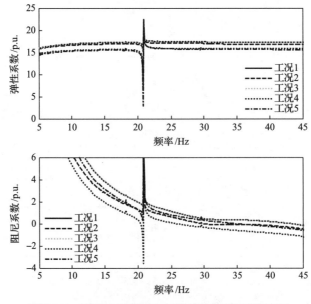

附图 B-3　呼贝电厂机组电气阻尼特性(各工况对比)

由附图 B-3 可知，较之交直流混联运行方式，呼辽直流双极半载(工况 1)的工况，呼辽直流满载(工况 2)时，呼贝电厂机组的电气阻尼更弱；呼辽直流单极运行(工况 3)时，呼贝电厂机组的电气阻尼曲线与呼辽直流双极运行(工况 1)时基本重合；呼辽直流孤岛运行(工况 4 和工况 5)时，呼贝电厂机组的电气阻尼进一步削弱，并在部分次同步频率段开始呈现负阻尼特性。

2. 鄂温克电厂机组阻尼特性

鄂温克电厂机组轴系有两个扭振模态，根据厂家提供的轴系模型计算得到工况 1(20.54Hz)和工况 2(29.36Hz)，相关参数如附表 B-2 所示。

附表 B-2 鄂温克 600MW 机组轴系扭振阻尼参数

工况	扭振频率(测量值)/Hz	扭振频率(计算值)/Hz	模态阻尼/s⁻¹		
			空载机械阻尼	半载总阻尼	满载总阻尼
工况 1	—	20.5407	—	—	—
工况 2	—	29.3677	—	—	—

以上五种工况下对鄂温克电厂机组进行电气阻尼扫描，结果分别如附图 B-4(a)、(b)所示。

复转矩系数分析结果表明，与呼贝电厂相似，鄂温克电厂机组在次同步频率段的电气阻尼特性受交直流混联和直流孤岛运行方式以及直流输送功率的影响，呈现一定的不同特性。交直流混联运行方式下，鄂温克电厂机组电气阻尼均为正，但是阻尼均较弱，直流孤岛运行方式下，部分次同步频率段呈现较弱的负电气阻尼。综合机械阻尼和电气

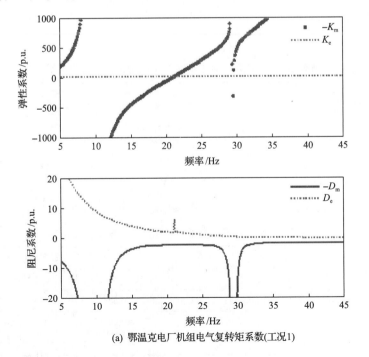

(a) 鄂温克电厂机组电气复转矩系数(工况1)

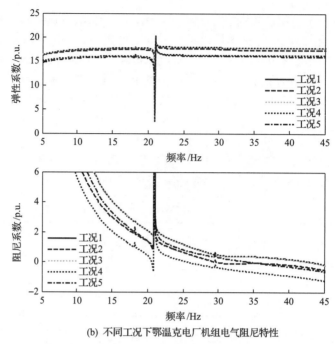

(b) 不同工况下鄂温克电厂机组电气阻尼特性

附图 B-4 鄂温克电厂机组复转矩电气阻尼特性分析

阻尼,鄂温克机组轴系扭振模态是稳定的,但是由于部分工况扭振模态下电气负阻尼的削弱作用,同样存在扭振模态被激发和收敛较慢的问题。

3. A 电厂机组阻尼特性

A 电厂共有三期工程,一、二、三期机组轴系扭振阻尼参数分别如附表 B-3~附表 B-5 所示。

附表 B-3 A 电厂一期 500MW 机组轴系扭振阻尼参数

工况	扭振频率(测量值)/Hz	扭振频率(计算值)/Hz	模态阻尼/s⁻¹		
			空载机械阻尼	半载总阻尼	满载总阻尼
工况 1	14.70	14.7010	0.15	0.21	0.34
工况 2	28.03	28.0327	0.20	0.31	0.38
工况 3	30.93	30.9391	0.22	0.30	0.42
工况 4	35.76	35.7670	0.19	0.33	0.40

附表 B-4 A 电厂二期 600MW 机组轴系扭振阻尼参数

工况	扭振频率(测量值)/Hz	扭振频率(计算值)/Hz	模态阻尼/s⁻¹		
			空载机械阻尼	半载总阻尼	满载总阻尼
工况 1	12.44	12.5116	0.044	0.084	0.114
工况 2	21.21	20.7518	0.044	0.041	0.069
工况 3	25.14	25.6456	0.026	—	—

附表 B-5 A 电厂三期 600MW 机组轴系扭振阻尼参数

工况	扭振频率(测量值)/Hz	扭振频率(计算值)/Hz	模态阻尼/s⁻¹		
			空载机械阻尼	半载总阻尼	满载总阻尼
工况 1	13.991	14.0292	—	—	—
工况 2	23.72	23.9339	—	—	—
工况 3	28.23	28.0856	—	—	—

针对以上五种工况对 A 电厂机组进行电气阻尼扫描,结果分别如附图 B-5 和附图 B-6 所示。

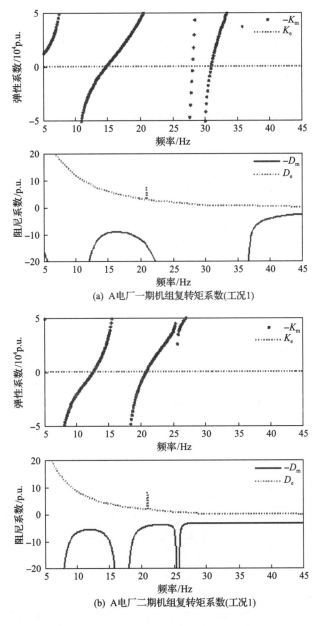

(a) A电厂一期机组复转矩系数(工况1)

(b) A电厂二期机组复转矩系数(工况1)

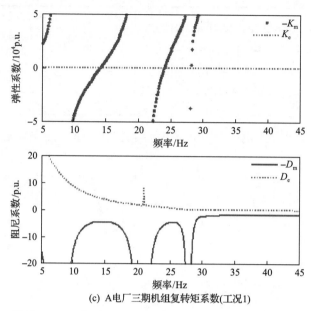

(c) A电厂三期机组复转矩系数(工况1)

附图 B-5 A电厂一、二、三期机组复转矩系数分析结果

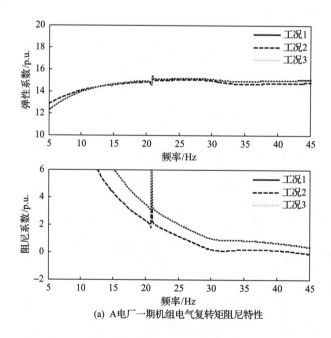

(a) A电厂一期机组电气复转矩阻尼特性

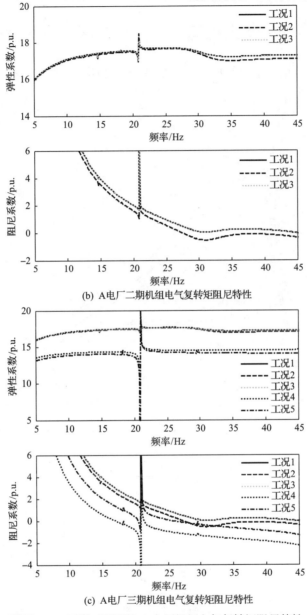

附图 B-6　不同工况下的 A 电厂机组电气复转矩阻尼特性

　　附图 B-6 的结果表明，交直流混联工况下，半载运行和单极运行工况下一期、二期和三期机组的电气阻尼特性基本相近（工况 1 和工况 3），均为正电气阻尼；直流满功率运行时，在次同步频率段，A 电厂一期机组扭振模态 3 和 4 以及二期和三期机组模态 3 呈现较弱的正电气阻尼。孤岛运行方式下，A 电厂三期机组发电经过呼辽直流送出，机组电气阻尼在次同步频率段呈现负电气阻尼特性，对应模态 2 和模态 3 呈现负电气阻尼。对比呼贝电厂机组和鄂温克电厂机组，距离呼辽直流和伊冯串补线路电气距离更近的 A 电厂各期机组的电气阻尼更弱。

B.3 呼伦贝尔火电基地外送系统网架升级后的结构

呼伦贝尔火电基地外送系统网架升级后的结构如附图 B-7 所示。

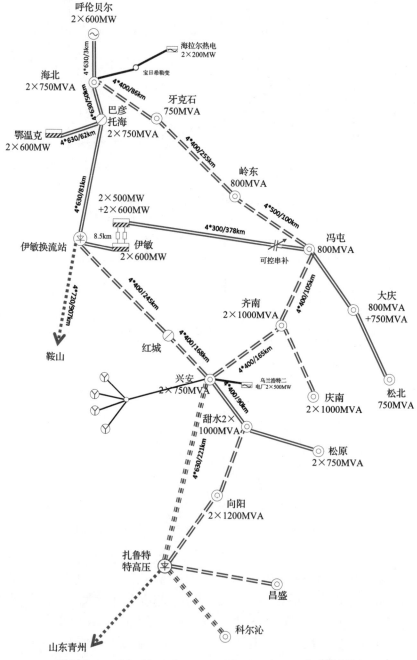

附图 B-7 呼伦贝尔火电基地送出系统网架升级后的结构图

4*400/255km 表示采用 4 分裂导线、导线截面积为 400mm², 线路长度 255km

附录C 锦界电厂三期多机多模态系统

相比于锦界电厂一、二期电厂拓扑，锦界电厂三期新建了两台660MW的发电机，同时为了提升线路传输容量，在锦界和忻都之间新增了一条251km的输电线路，称为锦忻3线；在忻都和石北之间新增了一条209km的输电线路，称为忻石4线。两条线路分别加装了串补度为40%的串联补偿装置。附近的府谷电厂二期同样新建了两台660MW的发电机，同时新增了一条202km的输电线路，称为府忻2线。同时，在原来的府忻1线和新建的府忻2线上，分别新加装了串补度为30%和35%的串联补偿装置。这样锦界电厂和府谷电厂将成为共有10台600MW以上机组的大型火电基地点对网送出的典型案例工程。

锦界电厂三期和府谷电厂二期建成后，锦界、府谷电力送出系统接线如附图C-1。

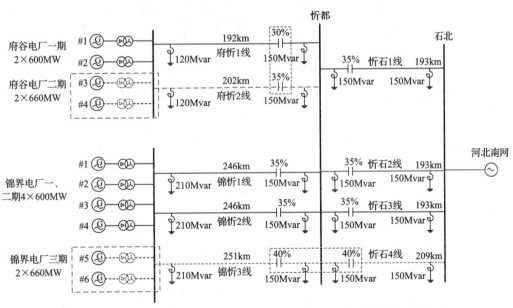

附图C-1 锦界电厂三期电厂投运后电力送出系统(红色虚线部分为新建设备)

C.1 新增输电线路主要电气参数

锦界电厂—忻都开闭所—石北500kV变电所都采用LGJ—300×6紧凑输电线路，新增线路电气参数见附表C-1。

附表 C-1　新增线路电气参数

线路名称	长度/km	串补度/%	正序			零序		
			电阻/Ω	电抗/H	电纳/F	电阻/Ω	电抗/H	电纳/F
锦忻 3 线	246	40	1.638×10^{-2}	2.001×10^{-1}	5.585×10^{-6}	2.025×10^{-1}	7.779×10^{-1}	2.262×10^{-6}
府忻 2 线	202	35						
忻石 4 线	209	40	1.615×10^{-2}	2.005×10^{-1}	5.585×10^{-6}	1.608×10^{-1}	1.286	2.262×10^{-6}

C.2　新增变压器参数

新增变压器参数如附表 C-2 所示。

附表 C-2　新增变压器参数

升压变压器参数	数值
额定容量/(MV·A)	780
电压组合	550±2×2.5%/20 kV
接线方式	Ynd11
额定电流/A	819/22517
短路阻抗/%	15
额定频率/Hz	50

C.3　锦界电厂、府谷电厂新增机组轴系、模态频率及振型参数

锦界电厂三期和府谷电厂二期使用哈汽机组，其轴系采用四质量块模型，包括高压缸(HP)、中压缸(MP)、低压缸(LP)及发电机四个质量块，如附图 C-2 所示。

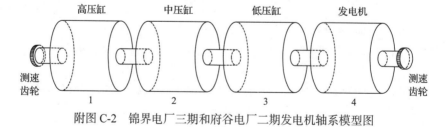

附图 C-2　锦界电厂三期和府谷电厂二期发电机轴系模型图

C.4　新增发电机机电参数

锦界电厂和府谷电厂新增机组详细的发电机机电参数整理如附表 C-3。

附表 C-3　锦界电厂和府谷电厂新增发电机机电参数

项目	单位	锦界#5、#6 机(哈汽)
额定容量	MV·A	733
额定功率因数 $\cos\varphi_n$	—	0.9
定子额定电压 U_n	kV	20
短路比	—	0.5
定子每相直流电阻	Ω	—
转子每相直流电阻	Ω	—
转子绕组自感	H	—
直轴同步电抗(不饱和值) X_{du}	%	290.88
直轴同步电抗(饱和值) X_d	%	249.624
横轴同步电抗(不饱和值) X_{qu}	%	283.140
横轴同步电抗(饱和值) X_q	%	242.985
直轴瞬变电抗(不饱和值) X'_{du}	%	33.352
直轴瞬变电抗(饱和值) X'_d	%	29.350
横轴瞬变电抗(不饱和值) X'_{qu}	%	47.591
横轴瞬变电抗(饱和值) X'_q	%	41.880
直轴超瞬变电抗(不饱和值) X''_{du}	%	24.333
直轴超瞬变电抗(饱和值) X''_d	%	22.386
横轴超瞬变电抗(不饱和值) X''_{qu}	%	23.684
横轴超瞬变电抗(饱和值) X''_q	%	21.789
直轴开路瞬变时间常数 T'_{d0}	s	8.728
横轴开路瞬变时间常数 T'_{q0}	s	0.97
直轴开路超瞬变时间常数 T''_{d0}	s	0.046
横轴开路超瞬变时间常数 T''_{q0}	s	0.067

C.5　励磁调节器参数和 PSS 参数

锦界电厂三期机组的励磁调节器分为三个模块，即并联 PID 模型、电压闭环模型和电流闭环模型，其模型分别见附图 C-3～附图 C-5，参数分别见附表 C-4～附表 C-6。

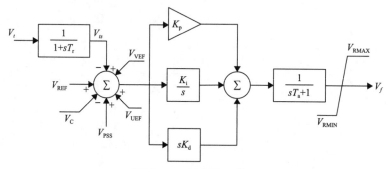

附图 C-3　并联 PID 模型

T_r 代表电压测量时间常数，为 0.005；T_a 代表励磁系统自身时间常数，为 0.0016

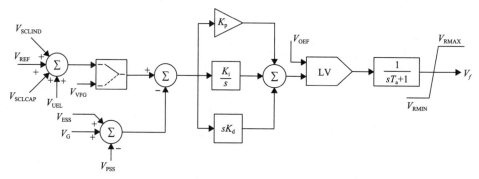

附图 C-4　电压闭环模型

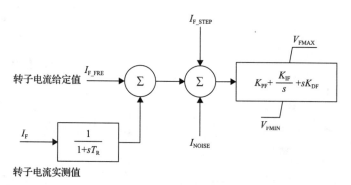

附图 C-5　电流闭环模型

附表 C-4　PID 参数整定及模型

项目	K_p/p.u.	K_i/p.u.	K_d/p.u.
定子电压闭环	60	20	0
转子电流闭环	30	10	0

附表 C-5 电压闭环模型参数

名称	备注	单位
V_G：发电机定子电压	测量值	—
V_{REF}：定子电压参考值	空载 5～120，负载 90～110	—
V_f：励磁电压	输出值	—
V_{RMAX}：励磁电压上限	$1.35 \times U\_2 \times \cos\alpha\_\min$	—
V_{RMIN}：励磁电压下限	$1.35 \times U\_2 \times \cos\alpha\_\min$	—
V_{UEL}：欠励限制输出	默认 0～5	%
V_{SCLIND}：定子电流限制器感性输出	默认 -10～0	%
V_{SCLCAP}：定子电流限制器容性输出	默认 0～10	%
K_p：比例环节参数	需现场试验整定，默认 60	p.u.
K_i：积分环节参数	需现场试验整定，默认 20	p.u.
K_d：微分环节参数	需现场试验整定，默认 0	p.u.
T_a：励磁系统自身时间常数，	为 0.0016	s
V_{PSS}：PSS 输出	需现场试验整定，默认 -5～5	%
V_C：调差输出	默认 -15～15	%

附表 C-6 电流闭环模型参数

名称	备注	单位
I_F：发电机转子电流	测量值	%
I_{F_REF}：转子电流给定值	空载 5～120，负载 90～110	%
I_{F_STEP}：转子电流阶跃量	0～3	%
I_{NOISE}：噪声电流测量值	测量值	%
K_{PF}：比例环节参数	需现场试验整定，默认 30	p.u.
K_{IF}：积分环节参数	需现场试验整定，默认 10	p.u.
K_{DF}：微分环节参数	需现场试验整定，默认 0	p.u.
V_{FMAX}：电流环输出限幅上限	0～5	%
V_{FMIN}：电流环输出限幅下限	0～5	%

附录 D SSR-DS 工程主要调试项目

SSR-DS 工程主要调试试验分为三个阶段。

第一阶段为 RTDS 试验，主要试验项目有：SSR-DS 控制器 IO 接口精度、延时测试、SSR-DS 基本功能测试、SSR-DS 外特性测试、数字仿真与数模混合对比仿真试验、电网不同运行方式下和暂态故障下的参数整定、模拟现场试验。

第二阶段为 SSR-DSⅡ装置本体调试试验，主要试验项目有：充电试验、SSR-DSⅡ装置启停试验、SSR-DSⅡ装置保护试验、SSR-DSⅡ装置精度试验、SSR-DSⅡ装置满载试验、SSR-DSⅡ装置旁路试验、SR-DSⅡ装置输出特性试验。

第三阶段为 SSR-DSⅡ装置抑制功能验证试验，主要试验项目有：机组模态频率测定试验、参数有效性验证试验。

附录 E　锡林郭勒基地送出系统

E.1　机组轴系模型

神华胜利电厂、F 电厂、E 电厂、G 电厂、H 电厂、J 电厂机组的轴系均采用四质量块弹簧模型，分别代表高压缸(HP)、中压缸(IP)和低压缸(LP)以及发电机(GEN)轴段集中质量块，模型结构如附图 E-1 所示。

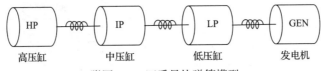

附图 E-1　四质量块弹簧模型

I 电厂的轴系采用三质量块弹簧模型，分别代表高中压缸(HIP)、低压缸(LP)以及发电机(GEN)轴段集中质量块，模型结构如附图 E-2 所示。

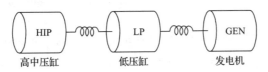

附图 E-2　三质量块弹簧模型

每个电厂的机组轴系模型各质量块惯性常数和输入蒸汽功率占比以及各质量块间刚度系数分别如附表 E-1～附表 E-7 所示。基于表中轴系模型参数，可以计算得到该系统各电厂机组轴系的扭振自然模态频率。

附表 E-1　神华胜利电厂 1-2 号机组轴系四质量块模型参数

质块	等效惯量/(kg·m²)	输入/出功率/%	质块间	质块间的等效刚度/(N·m/rad)
1	1812.5	29.20	1 和 2	7.7135×10^7
2	5850.0	39.83	2 和 3	1.4026×10^8
3	33750.0	30.97	3 和 4	1.03005×10^8
4	10003.0			

根据附表 E-1 中数据计算，得到神华胜利电厂发电机组轴系扭振自然模态频率为 17.39Hz、22.95Hz、40.42Hz。

附表 E-2　F 电厂 1-2 号机组轴系四质量块模型参数

质块	等效惯量/(kg·m²)	输入/出功率/%	质块间	质块间的等效刚度/(N·m/rad)
1	1262.9	31.3	1 和 2	133693000
2	5359.3	39.6	2 和 3	159512000
3	32285.1	29.1	3 和 4	173964000
4	9859.7			

根据附表 E-2 中数据计算,得到 F 电厂发电机组轴系次同步扭振固有频率为 22.39Hz、27.90Hz。

附表 E-3　E 电厂 1-2 号机组轴系四质量块模型参数

质块	等效惯量/(kg·m²)	输入/出功率/%	质块间	质块间的等效刚度/(N·m/rad)
1	1330.7	31.3	1 和 2	122610000
2	5313.1	39.6	2 和 3	146470000
3	33872.8	29.1	3 和 4	161925000
4	9859.7			

根据附表 E-3 中数据计算,得到 E 电厂发电机组轴系次同步扭振固有频率为 21.51Hz、26.52Hz。

附表 E-4　G 电厂 1-2 号机组轴系四质量块模型参数

质块	等效惯量/(kg·m²)	输入/出功率/%	质块间	质块间的等效刚度/(N·m/rad)
1	1205.0	31	1 和 2	102916000
2	3573.0	39	2 和 3	191949000
3	30337.0	30	3 和 4	120277000
4	10975.1			

根据附表 E-4 中数据计算,得到 G 电厂发电机组轴系次同步扭振固有频率为 18.90Hz、31.89Hz。

附表 E-5　H 电厂 1-2 号机组轴系四质量块模型参数

质块	等效惯量/(kg·m²)	输入/出功率/%	质块间	质块间的等效刚度/(N·m/rad)
1	12100.0	32.2	1 和 2	104089000
2	35730.0	37.3	2 和 3	191930000
3	30470.7	30.5	3 和 4	129222000
4	127130.0			

根据附表 E-5 中数据计算,得到 H 电厂发电机组轴系次同步扭振固有频率为 18.52Hz、31.90Hz。

附表 E-6 I 电厂 1-2 号机组轴系三质量块模型参数

质块	等效惯量/(kg·m²)	输入/出功率/%	质块间	质块间的等效刚度/(N·m/rad)
1	3392.0	71.9	1 和 2	97800000
2	18860.0	28.1	2 和 3	128000000
3	7386.4			

根据附表 E-6 中数据计算，得到 I 电厂发电机组轴系次同步扭振固有频率为 23.25Hz、30.53Hz。

附表 E-7 J 电厂 1-2 号机组轴系四质量块模型参数

质块	等效惯量/(kg·m²)	输入/出功率/%	质块间	质块间的等效刚度/(N·m/rad)
1	1094.82	32.7	1 和 2	106580743.0
2	3866.58	37.2	2 和 3	192338552.5
3	27333.99	30.1	3 和 4	120279204.7
4	10974.72			

根据附表 E-7 中数据计算，得到 J 电厂发电机组轴系次同步扭振固有频率为 19.05Hz、32.43Hz。

E.2 同步发电机电气参数

同步发电机采用详细的六绕组 Prk 方程模型的电气参数如附表 E-8 所示。

附表 E-8 同步发电机电气参数

项目	单位	神华胜利电厂	大唐锡林郭勒电厂	E 单厂	G 电厂	H 电厂	I 电厂	J 电厂
额定容量	MV·A	733	733	733	733	733	412	733
额定功率因数	—	0.90	0.90	0.90	0.90	0.90	0.85	0.90
额定电压	kV	20	22	22	20	20	20	20
定子每相直流电阻(75℃)	—	0.001270	0.001810	0.001200	0.001375	0.001340	0.002060	0.002060
直轴同步电抗 X_{du}	%	249.624	208.110	208.110	238.000	247.000	217.490	217.490
横轴同步电抗 X_{qu}	%	242.985	208.110	208.110	232.000	242.000	217.490	217.490
直轴瞬变电抗 X'_{du}	%	33.352	30.050	30.050	33.600	33.300	27.730	27.730
横轴瞬变电抗 X'_{qu}	%	47.591	41.730	41.730	48.50	48.300	38.630	38.630
直轴超瞬变电抗 X''_{du}	%	24.333	21.180	21.180	25.10	25.000	19.030	19.030
横轴超瞬变电抗 X''_{qu}	%	23.684	21.180	21.180	24.70	24.800	19.030	19.030
直轴开路瞬变时间常数 T'_{do}	s	8.728	8.450	8.450	8.610	7.850	11.317	11.317
横轴开路瞬变时间常数 T'_{qo}	s	0.9700	0.9390	0.9390	0.9560	0.8720	1.2574	1.2574
直轴开路超瞬变时间常数 T''_{do}	s	0.0460	0.0470	0.0470	0.0450	0.0450	0.0488	0.0488
横轴开路超瞬变时间常数 T''_{qo}	s	0.0670	0.0660	0.0660	0.0660	0.0650	0.0679	0.0679

E.3　各电厂的主变参数

该系统每个电厂的发电机出口变压器参数如附表 E-9 所示。

附表 E-9　发电机出口变压器参数

序号	名称	单位	神华胜利电厂	F 电厂	E 电厂	G 电厂	H 电厂	I 电厂	J 电厂
1	额定容量	MV·A	795	810	780	750	790	450	790
2	连接组别	—	YNd11	YNd11	YNd11	YNd11	YNd11	YNd11	YNd11
3	电压变比	kV	(1100/1.73) −4×1.25% /20	(1100/1.732) −4×1.25% /22	(1100/1.732) /22	(550/1.732) −2×2.5% /20	(550/1.732) ±2×2.5% /20	(550/1.732) −2×2.5% /20	(550/1.732) ±2×2.5% /20
4	阻抗电压	%	18±5	14.08	14	13.88	14.4±5	14±5	14.4±5
5	空载电流	%	0.120	0.120	0.200	0.075	0.030	0.090	0.030
6	负载损耗	kW	1078.00	1164.30	993.00	1241.00	1655.80	918.55	1655.80
7	空载损耗	kW	428.00	407.10	450.00	317.40	258.00	190.09	258.00

E.4　锡泰特高压直流系统基本参数

锡林郭勒—泰州±800kV 特高压直流输电工程额定输送功率为 10000MW, 额定直流电压±800kV, 起点内蒙古锡林郭勒地区, 落点江苏泰州地区。直流线路长度 1620.4km, 直流额定电流 6250A, 直流最小电流 625A。具体相关参数见附表 E-10。

附表 E-10　锡泰特高压直流系统基本参数

序号	项目	单位	数值
1	额定容量	MV·A	10000
2	极数	—	双极
3	脉动数	—	12
4	整流侧额定交流电压	kV	530
5	逆变侧额定交流电压	kV	520
6	额定直流电压	kV	800

E.5　风电场物理参数及控制参数

直驱风电场物理参数及控制参数如附表 E-11 所示。

附表 E-11 直驱风电场物理参数及控制参数

符号	含义	数值
R_{tur}	风力机叶片半径	33m
v_{w0}	初始风速	7m/s
u_n	额定电压	690V
L_s	定子电抗	0.4539p.u.
L_g	网侧滤波电感	0.44p.u.
C_{dc}	直流电容	0.3F
T_m	测量滤波时间常数	0.001s
K_{p1}	机侧变流器有功功率控制比例增益	1.0p.u.
T_{i1}	机侧变流器有功功率控制积分常数	0.05s
K_{p2}	机侧变流器 q 轴电流控制比例增益	2.5p.u.
T_{i2}	机侧变流器 q 轴电流控制积分常数	0.0333s
K_{p3}	机侧变流器 d 轴电流控制比例增益	2.5p.u.
T_{i3}	机侧变流器 d 轴电流控制积分常数	0.0333s
K_{p4}	网侧变流器直流电压控制比例增益	0.8p.u.
T_{i4}	网侧变流器直流电压控制积分常数	0.1s
K_{p5}	网侧变流器 q 轴电流控制比例增益	1.5p.u.
T_{i5}	网侧变流器 q 轴电流控制积分常数	0.05s
K_{p6}	网侧变流器 d 轴电流控制比例增益	1.5p.u.
T_{i6}	网侧变流器 d 轴电流控制积分常数	0.05s
K_{pPLL}	锁相环控制比例增益	50p.u.
T_{iPLL}	锁相环控制积分常数	0.002s

双馈风电场物理参数及控制参数如附表 E-12 所示。

附表 E-12 双馈风电场物理参数及控制参数

符号	含义	数值
R_{tur}	风力机叶片半径	38.5m
v_{w0}	初始风速	7m/s
u_n	额定电压	690V
C_{dc}	直流电容	0.3F
T_m	测量滤波时间常数	0.001s
K_{p1}	机侧变流器有功功率控制比例增益	0.1p.u.
T_{i1}	机侧变流器有功功率控制积分常数	0.0745s
K_{p2}	机侧变流器无功功率控制比例增益	0.1p.u.

符号	含义	数值
T_{i2}	机侧变流器无功功率控制积分常数	0.0745s
K_{p3}	机侧变流器 q 轴电流控制比例增益	0.1p.u.
T_{i3}	机侧变流器 q 轴电流控制积分常数	0.54s
K_{p4}	机侧变流器 d 轴电流控制比例增益	0.1p.u.
T_{i4}	机侧变流器 d 轴电流控制积分常数	0.54s
K_{p5}	网侧变流器直流电压控制比例增益	0.2p.u.
T_{i5}	网侧变流器直流电压控制积分常数	0.3024s
K_{p6}	网侧变流器 q 轴电流控制比例增益	3.2p.u.
T_{i6}	网侧变流器 q 轴电流控制积分常数	0.3089s
K_{p7}	网侧变流器 d 轴电流控制比例增益	3.2p.u.
T_{i7}	网侧变流器 d 轴电流控制积分常数	0.3089s
K_{pPLL}	锁相环控制比例增益	50p.u.
T_{iPLL}	锁相环控制积分常数	0.001s

E.6 交流线路参数

电磁暂态建模中输电线路均采用分布参数 Begeron 数学模型。各线路长度以及阻抗参数如附表 E-13 和附表 E-14 所示。

附表 E-13 输电线路参数

序号	线路名称	电压等级/kV	回数	线路长度/km
1	承德串补站—北京东	1000	2	289
2	锡林郭勒—承德串补站	1000	2	64
3	胜利站—锡林郭勒站	1000	2	236
4	胜利站—锡林郭勒换流站	500	3	26
5	胜利站—I 电厂	500	2	21
6	胜利站—F 电厂	1000	1	14
7	胜利站—E 电厂	1000	1	20
8	胜利站—神华胜利电厂	1000	1	18
9	锡林郭勒换流站—G 电厂	500	1	45
10	锡林郭勒换流站—H 电厂	500	1	45
11	J 电厂—锡林郭勒站	500	2	228

附表 E-14　锡林郭勒外送输电线路阻抗参数

项目	单位	大唐—胜利	胜利—锡林郭勒	锡林郭勒—隆化	承德—北京东	J 电厂—锡林郭勒	其他 500kV 线路
正序电阻	Ω/km	0.0199	0.0073	0.0091	0.0071	0.012510	0.01241
正序电抗	Ω/km	0.2603	0.2602	0.2649	0.2555	0.264888	0.2745
正序电容	μF/km	0.01502	0.0140	0.0142	0.0148	0.013705	0.01330
零序电阻	Ω/km	0.1490	0.1171	0.1919	0.1790	0.195053	0.20390
零序电抗	Ω/km	0.6026	0.67	0.7967	0.8180	0.751492	0.82240
零序电容	μF/km	0.00945	0.0087	0.0086	0.0081	0.007874	0.00836

E.7　等值系统阻抗参数

北京东为边界点的受端系统电压和容量基准值：$V_B=1050kV$，$S_B=100MV\cdot A$。

折算到北京东 1000kV 母线的系统阻抗标幺值如下：

正序等值阻抗：$0.00014+j0.00575$。

零序等值阻抗：$0.00032+j0.00723$。